insel taschenbuch 5138
Prof. Dr. Andreas Michalsen
Ernährung. Meine Quintessenz

Prof. Dr. med. Andreas Michalsen, geboren 1961 in Bad Waldsee als Sohn eines Kneipp-Arztes, ist Internist, Ernährungsmediziner und Fastenarzt. Als Professor für Klinische Naturheilkunde der Charité Berlin und Chefarzt der Abteilung Innere Medizin und Naturheilkunde am Immanuel Krankenhaus Berlin forscht, lehrt und behandelt er mit den Schwerpunkten der Ernährungsmedizin, des Heilfastens und der Mind-Body-Medizin. Michalsen publiziert und referiert international im Bereich der Naturheilkunde und Komplementärmedizin. Bei Insel erschienen seine beiden Bestseller *Heilen mit der Kraft der Natur* und *Mit Ernährung heilen. Besser essen – einfach fasten – länger leben.*

Udo Ludwig, geboren 1958 in Werl, ist ein vielfach ausgezeichneter Journalist und langjähriger Ressortleiter beim *Spiegel*. Für seine Arbeit erhielt er unter anderem den Henri-Nannen-Preis.

Regina Carstensen, geboren in Hamburg, seit Anfang der Nullerjahre freie Lektorin und Ghostwriterin, davor Redakteurin bei *Spiegel* TV und beim *Spiegel*, Ressortleiterin bei *Cosmopolitan*.

Friedrich-Karl Sandmann, geboren 1948 in Ostwestfalen, veröffentlichte als Verleger zahlreiche nationale und internationale Bestseller. Seit 2016 ist er verlegerischer Herausgeber für den Insel Verlag.

Aus Gründen der besseren Lesbarkeit wird im Folgenden auf die gleichzeitige Verwendung weiblicher und männlicher Sprachformen verzichtet und das generische Maskulinum gebraucht, damit sind selbstverständlich alle Personen gleichberechtigt angesprochen und mitgemeint.

2. Auflage 2026

Erste Auflage 2026
insel taschenbuch 5138

Gestaltung und Satz: Sofarobotnik, Augsburg & München
Umschlagfoto: © Immanuel Krankenhaus Berlin, Foto: Anja Lehmann
Lithografie: Jan Russok, RR Creative Service
Illustrationen: S. 13 shutterstock.com/Vectomart; S. 36 istockphoto.com/Tigatelu; S. 205 shutterstock.com/mayalis. Sonstige Illustrationen: Sofarobotnik, Augsburg & München
Druck: CPI books GmbH, Leck
Printed in the EU
ISBN 978-3-458-68438-1

Insel Verlag Anton Kippenberg GmbH & Co. KG
Torstraße 44, 10119 Berlin
info@insel-verlag.de
www.insel-verlag.de

PROF. DR.
ANDREAS MICHALSEN

ERNÄHRUNG
MEINE QUINTESSENZ

Kraftvoll und gesund bleiben! Sicher länger leben!

Unter Mitarbeit von
Udo Ludwig und Regina Carstensen

Herausgegeben von
Friedrich-Karl Sandmann

Insel Verlag

Inhalt

Was mir wirklich wichtig ist

Vorwort

Alle wissen, was gesunde Ernährung ausmacht, das ist uns längst bekannt. Wir haben gehört, dass Essen mit vielen Ballaststoffen unser Herz schonen kann und sekundäre Pflanzenstoffe bei Krebs vorbeugen, uns ist auch klar, dass zu viel Zucker schadet und eine einzige Tasse mit Ingwertee am Tag nicht wirklich etwas nützt, um ungesunde Nahrung auszugleichen, sie beruhigt nur unser Gewissen. Gut, wir wissen nicht genau, wie einzelne Nahrungsmittel in unserem Körper zusammenwirken, aber ist das denn wirklich so wichtig?

Ja, das ist es. Denn trotz unseres vermeintlichen Wissens über eine gesunde Ernährung läuft etwas grundlegend falsch. Nicht nur bei uns selbst, sondern in der Gesellschaft. Es ist geradezu dramatisch, eine Katastrophe, der wir uns noch gar nicht wirklich bewusst sind. Hitzig wird darüber debattiert, dass entweder Fette oder Kohlenhydrate ungesund sind, wobei oftmals sämtliche Fette und Kohlenhydrate über einen Kamm geschoren werden, eine differenzierende Betrachtung findet nicht statt. Eine solche ist aber notwendig – und ich versuche sie in diesem Buch. Seitdem sich die Ernährungswissenschaft als eigenes Fach etablierte, untersuchte sie Proteine, Fettsäuren und Kohlenhydrate, Mineralien und Vitamine, analysierte Makro- und Mikronährstoffe. Das große Ganze aber, die übergeordnete Struktur eines Lebensmittels, wurde vernachlässigt – ein schwerer Fehler. Erst seit einiger Zeit hat sich gezeigt, dass ein Nahrungsmittel in seiner Ganzheit mehr ist als die Summe seiner Teile. Und dieses Wissen, ein ganz neues Wissen, möchte ich Ihnen hier vermitteln. Es hilft Ihnen, einen Weg bei der Ernährung zu finden, durch den Sie nicht nur lange leben, sondern auch gesund leben können. Ich denke, keiner von uns möchte in seinen letzten Lebensjahrzehnten nur noch von Arzt zu Arzt rennen, viele Tabletten einnehmen, eine eingeschränkte Lebensqualität haben, womöglich sogar noch in ein Pflegeheim kommen, sondern jeder strebt doch ein genussvolles, freudvolles und fittes hohes Alter an. Länger leben und dabei gesund leben ist kein illusorisches Heilsversprechen, sondern eine Tatsache, die ich nach vielen Jahren als Arzt in der Klinik und in meiner Sprechstunde bei meinen Patienten beobachten konnte.

Dennoch löst dieses neue Wissen nicht etwa allein das Problem, dass immer mehr Menschen in Deutschland unter Herz-Kreislauf-Krankheiten, Diabetes Typ 2 oder Adipositas leiden. Bei unseren vermeintlichen Kenntnissen über gesunde Ernährung müsste sich die Zahl der erkrankten Menschen in den letzten Jahren verringert haben, doch das ist nicht der Fall. Genau das Gegenteil trifft zu – immer mehr Menschen leiden unter diesen Zivilisationskrankheiten in einem geradezu epidemischen Ausmaß. Dabei könnten sie verhindert werden, dann, wenn wir uns von der industriell hergestellten Nahrung verabschieden, denn medizinisch gesehen ist sie eine tickende Zeitbombe. Es handelt sich dabei um eine Nahrung, die in mehreren Produktionsschritten verändert, verarbeitet und mit Zusatzstoffen versehen wird und ein hohes Suchtpotenzial in sich birgt. Viele entwickeln geradezu einen Heißhunger darauf. Diese Produkte werden billig hergestellt und teuer verkauft – und führen im Körper zu massiven schädlichen Langzeitfolgen.

Doch die Verantwortung kann nicht nur bei den Einzelnen liegen, grundsätzlich ist eine Ernährungswende zu fordern. Ernährung wird von politischer und sozialer Seite viel zu wenig ernst genommen. Was uns fehlt, ist entschlossen ins Handeln zu kommen, von medizinischer, politischer und gesellschaftlicher Seite.

Landwirtschaft, Ernährungsindustrie und Ernährungswissenschaft hatten in der Vergangenheit allesamt das hehre Ziel, Menschen satt zu machen und Hunger und Mangel zu vermeiden. Das ist in den westlichen Industrieländern gelungen. Die Entwicklung von Dünger, die Einführung von landwirtschaftlichen Maschinen, die hochtechnisierte Produktion von Lebensmitteln, Kühlketten und modernen Transporttechniken, von Pestiziden und neuen Saatgutsorten – all diese Fortschritte führten zu einer gigantischen Steigerung der Nahrungsmittelproduktion. Auch die Sicherheit der Lebensmittel profitierte davon. Dann aber setzten sich Partikularinteressen, Lobbyismus, Gier, Bequemlichkeit und der große Appetit durch. Ebenjene Überflutung mit süßen, salzigen, fettigen, energiedichten und tierischen Nahrungsmitteln. Der gemeinschaftliche Erfolg der Nahrungsindustrie ist ein Pyrrhussieg, denn er hat zu hohe ökologische Kosten für die Erde, er hinterlässt große Schäden für das Klima, die Wasserressourcen, die Biodiversität, das Tierwohl – und letztlich für uns. Wenn wir so weitermachen und nicht gegensteuern, bringt er uns um. Und nicht anders den Planeten. Deshalb plädiere ich für eine Planetarische Diät (Planetary Health Diet), mit der es möglich wäre, viele Probleme gleichzeitig zu lösen. Sie ist der schnellste und mächtigste Hebel, um die Erde wieder zu einem gesunden Ort werden zu lassen. Und was auf den planetarischen Teller kommt – auch davon erzähle ich hier.

Es braucht nur ein wenig Mut, um eigene Verhaltensweisen zu verändern. Früher waren meine Lieblingsgerichte Schweinebraten mit Spätzle und Maultaschen, heute sind es Gemüsepasta oder ein indischer Linsen-Dal. Ich habe nichts vermisst, zwang mich nicht zur Askese und stellte fest, dass viele gesunde Gerichte gar nicht kompliziert oder teuer sein müssen und wunderbar schmecken. Das hat auch meine Familie für sich entdeckt.

In diesem Buch trage ich meine persönlichen und klinischen Erfahrungen als Arzt zusammen, meine Quintessenzen, die Ihnen verdeutlichen sollen, dass eine gesunde Ernährung präventiv wirkt, doch auch diverse Krankheiten, wie eine Fettleber, Depressionen oder Rheuma, heilen oder zumindest Beschwerden wirkungsvoll lindern kann. In vielen Fällen wird es möglich, Tabletten wegzulassen oder zu reduzieren. Die Frage, ob wir durch eine gute Ernährung länger leben können, kann ich mit einem eindeutigen Ja beantworten. Skeptiker, die der Ansicht sind, dass ein Leben in Askese einem bestimmt einfach nur länger vorkomme, entgegne ich, dass von Askese nicht die Rede sein kann. Eine gesunde Ernährung schmeckt köstlich, gibt Vitalität, Frische und Lebensqualität. Sie erweckt keine Illusion eines Lebensgewinns, sondern schenkt tatsächlich mehr gute Jahre ohne Krankheiten.

Und vielleicht kann ich Sie auch überzeugen – sich verstärkt für eine andere Ernährungsweise auf gesellschaftlicher Ebene einzusetzen. Ein gesunder Mensch und ein gesunder Planet bilden eine Einheit, sie bedingen sich gegenseitig und sind untrennbar. »One Health« ist die Muster-Speisekarte für den Menschen und den Planeten – ohne enthemmte Massentierhaltung, stattdessen mit Lebensmitteln, die den Namen wirklich verdienen. Ist die Erde gesund, können auch wir kraftvoll und gesund bleiben und sicher länger leben.

Prof. Dr. med. Andreas Michalsen

Die Verbindung zwischen Kopf und Bauch

Wie Darm und Leber unsere Gesundheit bestimmen

Unsere Verdauung ist für unsere Gesundheit von zentraler Bedeutung. Sie ist eine Meisterleistung an Steuerung und Kommunikation in unserem Körper, ein multidisziplinäres Teamwork von Gehirn, Nerven- und Muskelzellen, von Enzymen, Hormonen, Botenstoffen. Alles, was wir täglich – und häufig in zu großen Mengen – zu uns nehmen, muss aufwendig gefiltert, abgebaut, umgewandelt, verwertet, recycelt oder gänzlich entsorgt werden. Am Ende dieser Vorgänge steht die Nährstoffaufnahme, die Energie für unser Leben liefert und von der letztlich auch unsere Gesundheit abhängt. Da die Inhaltsstoffe und die Kombinationen verschiedenster Nahrungsmittel komplex sind, wir zu viel, zu oft und zu schnell essen, wird der Körper überfordert und an die Grenzen seiner Fähigkeit zur Selbstregulation gebracht.

Die Forschung entschlüsselt die zentrale Bedeutung des Darms für unsere Gesundheit

Nach Jahrhunderten des Daseins als Aschenputtel in der Medizin wird der Darm seit Kurzem nicht mehr unterschätzt, im Gegenteil: Der Darm und die Ansammlung der Billionen von Mikroorganismen, denen er Heimat gibt, die Mikrobiota oder das Mikrobiom, sind das Hot Topic der Medizin. Der Darm kann vielerlei unangenehme Beschwerden bereiten. Das Reizdarmsyndrom verursacht Blähungen, Durchfall, Bauchschmerzen. Entzündungen führen zu akuten Infektionen und starken Beschwerden, schlimmstenfalls fördert dies die Entstehung von Darmkrebs. Zunehmend leiden die Menschen unter Nahrungsmittelunverträglichkeiten, laut einer repräsentativen Erhebung rund ein Fünftel aller Deutschen.

Im Medizinstudium lernte ich, dass der Dickdarm in der Hierarchie der Verdauung – aber auch in der Rangfolge sämtlicher Körperorgane – ziemlich weit unten steht. Lässt man das Mikrobiom außer Acht, scheint das auch gerechtfertigt, zumindest wenn man die Abfolge der Verdauung nur stofflich betrachtet. Anders gesehen beginnt die Verdauung jedoch bereits im Kopf und setzt hier mittels komplexer neurohormonaler Signale des Gehirns ein: Zur Kommunikation und Koordination werden schon vor und dann während des Essens Botenstoffe ausgeschüttet. Die im Mund hoffentlich gut gekaute und eingespeichelte Nahrung wird geschluckt und erreicht über die Speiseröhre den Magen, wo sie ein Säurebad erwartet: Aufgrund ihres extrem sauren pH-Werts von 1,5 bis 2 ist die Magensäure ein hochwirksamer Schutz gegen ungebetene Mikroben und Bakterien. Nur wenige Bakterien sind überhaupt in der Lage, in einem solchen Milieu zu überleben. Eine Art von Bakterien hat aber enorme Bedeutung: die Helicobacter pylori. Für die Entdeckung, dass diese kleinen stäbchenförmigen Gäste in erster

Linie für Magengeschwüre verantwortlich sind, wurde zwei australischen Forschern, Barry Marshall und John Robin Warren, 2005 der Nobelpreis verliehen. Sobald sich dieses Bakterium eingenistet hat und Beschwerden bereitet, sollte es tunlichst mit Antibiotika vertrieben werden. Im Magen wird die Speise durch Salzsäure, Enzyme und kräftige Schaukelbewegungen in eine dickflüssige Masse umgewandelt.

Je nachdem, was wir gegessen haben, benötigt der Magen zwischen ein und zwei Stunden für leicht Verdauliches wie Obst oder Gemüse und sechs bis acht Stunden für stark Eiweißlastiges, vor allem für Fleisch oder sehr Fettiges. Der Magen ist so etwas wie ein Häcksler in unserem Körper. Erst wenn die größten Teile im Speisebrei nicht mehr größer als eine Erbse sind, wird die Masse in den Dünndarm entlassen. Dort beginnt die Feinarbeit, und die Wege der unterschiedlichen Bestandteile der Nahrung trennen sich. Die in der Leber produzierten Gallensäfte werden in der Gallenblase gesammelt und in die Gallengänge gegeben, die Bauchspeicheldrüse stellt spezielle Enzyme her, die das Eiweiß spalten. Alles landet im Zwölffingerdarm. Im Dünndarm wird zusammen mit weiteren Säften aus der Bauchspeicheldrüse und der Galle auch die ätzende Magensäure neutralisiert.

Der Dünndarm, der sich über bis zu fünf Meter durch den Bauchraum windet, absolviert ein Hochleistungsprogramm. Eine besondere Rolle spielt dabei die Vergrößerung der Oberfläche. Hierfür hat der Darm sogenannte Zotten, etwa ein Millimeter hohe, fingerartige Ausstülpungen; sie sind mit unzähligen kleinen, fadenförmigen Fortsätzen bestückt. Durch diese Struktur entsteht eine enorme Oberfläche. Vor einigen Jahren dachte man noch, sie könne bis zu 300 Quadratmeter groß sein. Inzwischen weiß man, dass es nur 30 Quadratmeter sind. Aber immerhin: Diese Fläche dient der schnellen und umfassenden Aufnahme der Nährstoffe aus dem Speisebrei. Zuvor spalten Enzyme die zerkleinerte Nahrung in immer kleinere Moleküle auf: Eiweiße in Aminosäuren, Kohlenhydrate in Zucker und Fette in Fettsäuren und Monoglyceride. Erst in dieser Form gelangen die Nährstoffteilchen zusammen

Unser Verdauungssystem

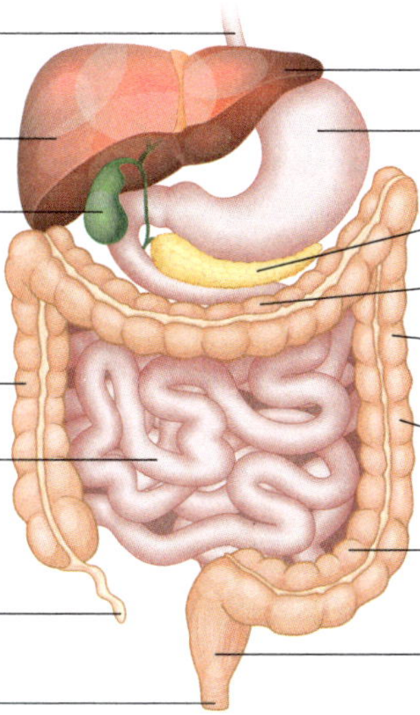

Rein optisch ist der Darm keine Schönheit. So empfand ich es zumindest in meiner Zeit, als ich in der Chirurgie arbeitete. Er besteht aus großen und kleinen Darmschlingen, die den Bauchraum ausfüllen. Der Dünndarm hat die Anmutung eines Fahrradschlauchs, beim Dickdarm sieht man, wie der Name schon sagt, großvolumigere Konturen. Innen erinnert er an eine Art Relief wie bei einem Kreuzgang.

mit ebenfalls absorbierten Vitaminen und Mineralien über die Darmwand ins Blut. Von dort gelangen die Stoffe in die Leber. Von hier aus geht das, was unser Verdauungstrakt aus der Nahrung herausgequetscht hat, schließlich über das Blut in die Zellen, wo alles »endverbraucht« wird und uns diese neue Energie das Leben ermöglicht.

Was tagtäglich geschieht und sich so einfach anhört, ist in Wahrheit eine beeindruckende Leistung besonders des Dünndarms. Sie ist aber auch so anstrengend für die Zellen der Darmwand, dass täglich Milliarden von Darmepithelzellen neu gebildet werden und die Darmschleimhaut immer wieder runderneuert wird. Alle drei bis vier Tage regeneriert sie sich einmal komplett! Die abgestoßenen Zellreste werden Teile des Stuhlgangs. Das ist einer der Gründe dafür, warum selbst beim längeren Fasten immer noch kleinere Mengen Stuhlgang entstehen.

Hat der Dünndarm seinen Job erledigt, gelangt der noch unverdaute Rest in den Dickdarm. Auf den ersten Blick sieht es aus, als wäre der Dickdarm lediglich der Ort, an dem die Nahrungsreste vorbereitet werden, um sie dann auszuscheiden. Restwasser und Salz werden entzogen und zurück in die Blutbahn gebracht, der Stuhl wird trockener. Dafür kommt Schleim für eine bessere Gleitfähigkeit hinzu. Das ist aber nur die eine, vielleicht die langweiligere Funktion des Dickdarms. Vereinfacht kann man die Aufgabenteilung zwischen Dünn- und Dickdarm so zusammenfassen: Der Dünndarm verdaut, der Dickdarm verstoffwechselt. Denn die im Dickdarm eintreffenden Nahrungsreste, allen voran die nicht unmittelbar verwertbaren Ballaststoffe, treffen jetzt auf die Welt des Mikrobioms – es warten Billionen von Bakterien und Mikroorganismen, die sich über den Speiserest hermachen und ihn durch Enzyme und Fermentierung verdauen und sich davon selbst ernähren. Bei ballaststoffreicher Nahrung mit viel Gemüse und Vollkorngetreide ist es ein Festmahl für das Mikrobiom, bei Junkfood und überwiegend tierischen Lebensmitteln eine karge Angelegenheit mit wenig erfreulichen Folgen.

Inzwischen wissen wir, dass dieses Mikrobiom von ganz wesentlicher Bedeutung für unsere gesamte Gesundheit ist. Was noch bis zu Beginn dieses Jahrhunderts pauschal als »Darmflora« bezeichnet wurde und fast nur in naturheilkundlichen Kreisen Beachtung fand, hat sich in den vergangenen Jahren zu einem der dynamischsten und wichtigsten Felder der medizinischen Forschung entwickelt. Das Mikrobiom des Darms (von griechisch mikrós, »klein«, und bios, »Leben«) ist eine gigantische Ansammlung von Mikroben, die mit uns leben: Bakterien, Viren, Pilze, Archaeen und sogar Parasiten.

So komplex der Zusammenhang zwischen Mikrobiom, Ernährung, Gesundheit und Krankheit ist, so einfach ist das Grundprinzip der Symbiose mit unseren Mitbewohnern: Sie bekommen Kost und Logis gratis und helfen uns dafür, aus der Nahrung das zu gewinnen, was unserem Körper zugutekommt. Die Darmbakterien spalten die Ballaststoffe auf, produzieren für den Darm gesunde kurzkettige Fettsäuren und stellen sogar einige Vitamine und Aminosäuren her, aus denen wiederum wichtige Proteine zusammengesetzt werden. Die Mikroorganismen beseitigen aber auch Giftstoffe, wie sie etwa beim Abbau der Gallensäure entstehen. Darüber hinaus regeln sie auch den pH-Wert des Darms.

Vieles am Mikrobiom ist beeindruckend, allein das Gewicht von gut zwei Kilogramm und die schiere Anzahl der Mikroorganismen. Es ist ein großes Ökosystem, manche verwenden das Bild eines Dschungels, in dem sich eine unübersehbare Zahl größerer und kleinerer Tierchen tummeln. Lange stand die Medizin dieser Komplexität hilflos gegenüber.

Mehr als zwei Jahrzehnte habe ich versucht, über mikrobiologische Stuhltests, in denen mit klassischen Laborverfahren der Mikrobiologie die Bakterien auf Nährplatten ausgezählt werden, Rückschlüsse auf die Darmgesundheit meiner Patienten und den Verlauf ihrer Erkrankungen zu ziehen. Es gelang mir nicht, und so schwand irgendwann mein Vertrauen in diese Diagnosemethode, die sich als zu fehleranfällig erwiesen hatte. Lagen die Röhrchen mit den Stuhlproben etwa bei warmer Temperatur irgendwo herum oder waren sie zu lange unterwegs, waren die Ergebnisse verfälscht. Gastroenterologen sind der Ansicht, dass man für verwertbare Ergebnisse die Proben über eine Darmspiegelung gewinnen müsse. Aber wer lässt schon eine Darmspiegelung über sich ergehen, um das Mikrobiom analysieren zu können?

Schließlich wurde die Diagnosetechnik revolutioniert. Es begann die Ära der Genanalyse der Mikroorganismen in unserem Stuhl, die Gensequenzierung. Die Überraschung war zunächst groß, als festgestellt wurde, dass man durch die klassische mikrobiologische Analyse nur etwa ein Prozent der Mikroben erfasst hatte, also nur an der Oberfläche gefischt hatte und deshalb so gut wie nichts über das Mikrobiom wusste. Seither geht die Entwicklung rasant weiter.

Erst mit der 16S-Sequenzierung – und neuerdings mit der Shotgun- oder Schrotschuss-Analyse zur Gensequenzierung und schließlich mit der von künstlicher Intelligenz (KI-)gestützten biomathematischen Verarbeitung. Es ist eine extrem komplexe Arbeit, die ohne leistungsfähige Computerprogramme nicht zu leisten wäre. Die Datenmengen, die bei der Gensequenzierung der Billionen von Mikroorganismen gewonnen werden, und die Wechselwirkungen mit anderen Faktoren ermöglichen uns Einblicke in das Verdauungssystems, die lange Zeit unvorstellbar waren.

Wissenschaftlicher stellten nun fest, dass sie die Hälfte der winzigen Tierchen, die sie im Mikrobiom identifizieren konnten, bis dahin nicht kannten. Sie hatten noch keine biologischen Namen. Die Forscher gaben ihnen teilweise wilde Spitznamen. Inzwischen konnten sie 30 Prozent der Mikrolebewesen charakterisieren. Zwar geht die Forschung davon aus, dass sie nicht mehr viel Zeit benötigen wird, um alle Mikrolebewesen zu klassifizieren, aber noch ist es leider zu früh, um die Erkenntnisse zielgerichtet in der Arztpraxis anwenden zu können.

Es ist naheliegend, dass eine gute Balance im Darm generell zu weniger Entzündungen führt und damit der Körper weniger altert, Inflammaging genannt. Der russisch-ukrainische Immunologe Ilja Iljitsch Metschnikow (1845–1916) entdeckte die Fresszellen, die Makrophagen. Der Nobelpreisträger ahnte schon Anfang des 20. Jahrhunderts, wie wichtig bestimmte Bakterien für uns sind. Er mutmaßte, dass das Geheimnis des von ihm beobachteten langen Lebens bulgarischer Bergbauern in den Lederbeuteln begründet liege, in denen sie ihre Milch beförderten. Bei längerem Transport wurde die Milch darin aufgrund des Wirkens »guter« Bakterien sauer und somit zu einer Art probiotischem Getränk. Es entwickelte sich eine große Nachfrage nach diesem Nahrungsmittel mit dem Lactobacillus bulgaricus, das augenscheinlich viele Lebensjahre schenkte. Metschnikow führte noch viele weitere Forschungsarbeiten durch, die zeigten, dass milchsäureproduzierende Bakterien, wie sie in Sauermilch und Joghurt, ganz besonders aber in Kefir vorkommen, schädliche Bakterien verdrängen.

Wie der Darm unter Stress gerät

Heute sind sich alle Wissenschaftler einig: Das Mikrobiom ist von zentraler Bedeutung für unsere Gesundheit. Führende Forschergruppen etwa am King's College in London bewerten aufgrund ihrer Big-Data-Ergebnisse von mehr als 50 000 Teilnehmern, 50 Bakterienspezies als eher gesund und 50 als ungesund. Der Zusammenhang mit Ernährung, aber auch mit Rauchen, Alkohol, Bewegung, mit Medikamenten oder Infektionen (etwa Covid-19) ist eindeutig. Negative Einflüsse wie zum Beispiel schlechtes Essen können zu einer Fehlbesiedelung des Darms, zu einer Dysbiose führen – einer Störung des natürlichen Gleichgewichts des Mikrobioms. Die Ernährungsweise ist vermutlich der entscheidende Grund dafür, dass der Zustand des Mikrobioms von Menschen aus den westlichen Industrienationen immer problematischer wird. Überernährung, die typische »Diät« mit ihrem Übermaß an Junkfood, Zucker, schädlichem Fett und Kohlenhydraten, zu viel Fleisch und zu wenig Gemüse, Hülsenfrüchten, Obst und Vollkorngetreide führen zu einer Verarmung des Mikrobioms und zu Dysbiosen, die vielen Erkrankungen den Weg ebnen.

Schon länger spricht man von **Präbiotika**, wenn es um ballaststoffreiche Nahrungsmittel geht, die besonders nahrhaft für unser Mikrobiom sind. Beispiele sind Vollkorngetreide und Pflanzen, die viel des besonderen Ballaststoffs Inulin enthalten, das unter anderem in Schwarzwurzeln, Pastinaken, überhaupt in jedem Wurzelgemüse, in Zwiebeln und Knoblauch, Chicorée, Topinambur oder Artischocken reichlich enthalten ist. Diese Präbiotika füttern das Mikrobiom und helfen dabei, dass gute Bakterien im Darm dominieren.

Lange Zeit war im komplexen Zusammenspiel des Mikrobioms mit unserem Körper unbekannt, was die Mikroorganismen letztlich aus der Nahrung, die wir aufnehmen, machen – also welche Stoffwechselprodukte bei der Fermentierung entstehen. Für das, was schlussendlich unser Körper aus dem Essen gewinnt, wurde schließlich ein Fachbegriff gefunden: **Postbiotika**, auch postbiotische Metaboliten genannt. Es gibt Tausende von Stoffwechselprodukten, doch wie sie wirken, was sie Gutes tun und was sie uns auch antun, bekommen wir in der Regel nicht mit. Wir wissen aber, dass die Endprodukte dieser bakteriellen Verdauungsprozesse auch Gase verursachen, zum Beispiel beim Verzehr von Hülsenfrüchten. Diese enthalten Mehrfachzucker, die durch gasbildende Bakterien verspeist werden und Blähungen verursachen. Auch Darmblähungen sind im Grunde ein Werk des Mikrobioms.

Wissenschaftlicher Konsens besteht auch darin, dass eine Gruppe von Produkten des Mikrobioms äußerst positiv für unsere Gesundheit ist, gemeint sind die kurzkettigen Fettsäuren wie die Propion-, Essig- oder Buttersäure. Sie sind ein großartiges Beispiel für die Symbiose zwischen Menschen und Bakterien. Die Bakterien des Mikrobioms können beim Fermentieren kurzkettige Fettsäuren aus den Ballaststoffen bilden, diese wirken sich günstig auf das Immunsystem des Darms aus, sie sind entzündungshemmend und senken das Risiko für Adipositas, Diabetes Typ 2 und Autoimmunerkrankungen. Vor allem aber ernähren die Fettsäuren die Darmzellen und tragen so zur gesamten Darmgesundheit bei. Es wundert daher nicht, dass bei der Entstehung chronisch entzündlicher Darmerkrankungen wie Morbus Crohn oder Colitis ulcerosa offenbar ein Mangel an kurzkettigen Fettsäuren im Darm mitverursachend ist.

Die kurzkettigen Fettsäuren sorgen zudem für ein chemisch saures Milieu im Darm, was die Produktion guter Postbiotika fördert und es Salmonellen und anderen Erregern erschwert, uns krank zu machen. Bei Patienten mit neurologischen Erkrankungen wie Multiple Sklerose, Alzheimer oder Parkinson wird neueren Forschungsergebnissen zufolge häufig eine verminderte Anzahl propionbildender Bakterienstämme diagnostiziert. Wissenschaftler untersuchen derzeit, ob die Einnahme des Salzes der Propionsäure hilft, die Erkrankungen zu bekämpfen.

Als der britische Arzt James Parkinson (1755–1824) im Jahr 1817 seinen Essay über die »Schüttellähmung« schrieb, erwähnte er bereits explizit die den Magen-Darm-Trakt betreffenden Symptome und hob hervor, dass sie einen entscheidenden Anteil an dieser Erkrankung haben. 200 Jahre später ist man bei der Spurensuche im

Darm endlich weiter und beim Mikrobiom angekommen. Beschwerden wie Verstopfung und Geschmacksverlust treten bei vielen Parkinson-Patienten schon Jahre vor den neurologischen Beschwerden auf. Dann wurde erkannt, dass bei Parkinson ein falsch gefaltetes Protein namens Alpha-synuclein im Gehirn die Krankheit mit verursacht. Genau dieses Alpha-synuclein findet sich beim Menschen mit Parkinson aber auch im Darm. Mediziner vermuten, dass es über den Vagusnerv, den Highway zwischen Darm und Kopf, ungebeten ins Gehirn reist. Kann man diese Dysbiose im Darm beeinflussen und sich somit vor Parkinson schützen oder die Krankheit behandeln? Im Tierversuch haben Wissenschaftler es bereits geschafft. Das heißt aber noch lange nicht, dass dies auch beim Menschen gelingen wird.

Kurzkettige Fettsäuren entscheiden ebenso darüber, ob Sport und Bewegung wirklich gesund für den Stoffwechsel sind. Schon länger ist bekannt, dass nicht alle Diabetes-Patienten von Sport profitieren, manche haben eine »Bewegungsresistenz«. In einer Studie der University of Hong Kong absolvierten 39 Patienten mit beginnendem Diabetes Typ 2 ein Sport- und Bewegungsprogramm, parallel dazu wurde ihr Mikrobiom untersucht. Nach zwölf Wochen sahen die Wissenschaftler bei allen Teilnehmern eine Gewichtsabnahme, aber nur bei zwei Dritteln verbesserten sich durch die Bewegung der Diabetes und die Blutfette, bei dem Rest tat sich nichts. Diese sogenannten Non-Responder hatten einen besonders hohen Anteil an Bakterien, die Gifte wie Kresol und Phenol sowie verzweigtkettige Aminosäuren produzieren, die Responder hingegen stellten unter anderem viele gute kurzkettige Fettsäuren her.

Einige Menschen haben durch Stress eine viel zu schnelle Verdauung. Durch eine gestörte Nährstoffaufnahme kann eine Mangelsituation entstehen, obwohl ausreichend Essen auf dem Teller ist. Oft aber geschieht genau das Gegenteil: Der Stuhlgang bleibt viel zu lange im Darm, ohne dass wir es merken. Muss sich jedoch der Darm zu lange mit den Resten des Essens herumplagen, kann das Entzündungen der Schleimhaut hervorrufen. Es kann zu Nahrungsunverträglichkeiten kommen und das Risiko von Darmkrebs erhöhen. Das Gefährliche ist, dass wir nicht bemerken, wenn der Kot tagelang im Darm bleibt, obwohl wir regelmäßig auf der Toilette sind.

In der Wissenschaft wird daher die sogenannte Transitzeit der Nahrung beschrieben und gemessen. Sie ist vermutlich bei 24 Stunden optimal und sollte nicht länger als 48 Stunden betragen. Sie selbst können Ihre Transitzeit ganz einfach durch den Rote-Bete-Test erfassen. Dafür essen Sie eine Portion Rote Bete und beobachten, nach welcher Zeit der Stuhlgang erstmals rot gefärbt ist. Eine ideale Verdauungsgeschwindigkeit wird durch eine Kombination aus einer darmverträglichen und pflanzenbetonten Ernährung mit viel Ballaststoffen, gründlichem Kauen und nicht zu viel Stress erreicht.

Auf der anderen Seite kann vor allem bei proteinreicher Ernährung, die von vielen Sportlern bevorzugt wird, bei einer unvollständigen Verdauung im Magen und Zwölffingerdarm und einer anschließend trägen Durchreise durch den Dickdarm Ammoniak entstehen, das Muskelschwäche, Müdigkeit und Erschöpfung hervorrufen kann. Ein ähnlicher Effekt tritt eventuell auf, wenn wir die oft verordneten Säureblocker zu uns nehmen. Der Magen ist zwar dann nicht mehr übersäuert und Sodbrennen und Gastritis können verschwinden, doch der Nachteil ist, dass die Medikamente zu einer schlechteren Verdauung der Proteine beitragen. Es kommt zu unerwünschten Reaktionen im Dickdarm.

Patientengeschichte – Das Eigenbrauerei-Syndrom

Die Geschichte dieses Patienten liegt schon eine Weile zurück, sie hat mich sehr beeindruckt. Ein Mann von Mitte fünfzig wurde stationär in die Innere Medizin unserer Klinik eingeliefert. Er hatte Übergewicht, Bluthochdruck, einen beginnenden Diabetes, und sein Internist, so erzählte der Mann, habe ihm nach einem Ultraschall gesagt, dass sich bei ihm eine Fettleber abzeichne. Auffallend war zudem, dass seine Frau berichtete, ihr Mann wirke zunehmend unkonzentriert und aufbrausend, sei tagsüber oft schläfrig und wie benommen.

Wir planten, den Schlaf genauer zu untersuchen, aber eine schwere Schlafstörung, ein Schlaf-Apnoe-Syndrom, konnten wir als Ursache für die häufige Benommenheit ausschließen. Als alle Laborergebnisse vorlagen, waren wir über das Ausmaß der Leberfunktionsstörung und der Höhe der Leberwerte erstaunt. Es zeichnete sich eine Fettleberentzündung ab. Wir führten nochmals ein ausführliches Gespräch mit dem Patienten über seinen Alkoholkonsum. Der Patient verneinte vehement, dass er Alkohol trinken würde, sagte aber auch, dass er sich häufiger fast wie betrunken fühle. Da einige Lehrbücher der Naturheilkunde auf das Autointoxikations-Syndrom hinwiesen, also auf eine Vergiftung von innen durch Darmbakterien, nahmen wir abermals Blut ab und bestimmten den Blutalkoholgehalt. Zu unserer Verblüffung lag dieser bei 1,6 Promille, obwohl der Patient nun schon seit drei Tagen im Krankenaus war und versichert hatte, dass er das Krankenhausgelände nicht verlassen habe.

Mein damaliger Chef stellte die Diagnose »Eigenbrauerei-Syndrom«, also Betrunkenheit von innen. Der Grund lag in einer Fehlbesiedlung des Darms mit Bakterien, wie wir bei der Untersuchung des Stuhls sahen. Wir behandelten den Patienten mit einer Fastentherapie, einem siebentägigen Heilfasten nach Mayr, und verabreichten zusätzlich gesundheitsfördernde probiotische Bakterienstämme. Die Therapie zeigte bald Wirkung. Der Mann fühlte sich nach einigen Tagen frischer und wacher, der Alkoholspiegel war bei null.

Inzwischen wurde in Studien die Existenz des »Eigenbrauerei-Syndroms« wissenschaftlich nachgewiesen. Ursache sind tatsächlich Fehlbesiedlungen von Bakterien und Pilzen im Darm, etwa mit Saccharomyces oder Klebsiellen, die wiederum in ihrem Stoffwechsel Alkohol produzieren, der dann über den Darm in das Blut übertritt.

Diese Geschichte illustriert einen besonders auffälligen Fall, die Spitze des Eisbergs sozusagen. Aus unverdächtigen Nährstoffen wie Kohlenhydraten können durch ein schlechtes Mikrobiom hochproblematische Giftstoffe entstehen. In der Naturheilkunde wurde dieses Phänomen schon vor vielen Jahrzehnten von dem Mediziner Karl Pirlet (1920–2010) beschrieben, er nannte es Autointoxikation, Selbstvergiftung.

Postbiotika können Gutes produzieren wie etwa Vitamine, aber auch krank machen, ein Beispiel dafür ist – neben dem Eigenbrauerei-Syndrom – das Trimethylamin (TMA). Das Gas entsteht, wenn wir Cholin oder L-Carnitin zu uns nehmen – es findet sich reichlich in Fleisch und Eiern. Wird dieses Essen nicht sonderlich im Magen und im Dünndarm verdaut, können die Bakterien im Dickdarm TMA daraus machen, und das riecht nach faulem Fisch. Gefährlich für unseren Körper wird es, sobald die Leber daraus Trimethylamin-N-Oxid (TMAO) produziert. TMAO erhöht das Risiko für Herzkrankheiten, Diabetes Typ 2 und Prostatakrebs.

Große Beachtung erfuhr eine Studie von Forschern der renommierten Cleveland State University. Die Wissenschaftler verabreichten den Studienteilnehmern eine Mahlzeit mit reichlich Cholin, nämlich zwei hart gekochte Eier, und maßen wenig später deren TMAO-Werte. Die waren stark angestiegen. Danach gaben sie den Probanden Antibiotika, die die gefährlichen Darmbakterien angriffen, anschließend wiederholten sie das Experiment. Dieses Mal wurde kein giftiges TMAO mehr im Blut gemessen. Es kann natürlich keine Lösung sein, beim Essen von Eiern oder Fleisch jedes Mal Antibiotika zu schlucken. Die Folgen eines solchen Vorgehens wären noch fataler. Von Bedeutung ist auch, dass nicht alle Menschen negativ auf Cholin und L-Carnitin reagieren, es kommt – mal wieder – auf das Mikrobiom an. Da wir derzeit nicht genau erfassen können, welcher Mensch zu viel TMAO aus Cholin und L-Carnitin im Darm bildet, empfehle ich den sicheren Weg: keine oder wenig Eier und kaum Fleisch zu essen, dann bildet sich grundsätzlich ein besseres Mikrobiom aus.

Es gibt immer mehr Entdeckungen solcher Art. So ist zum Beispiel seit Langem bekannt, dass Salz bei Menschen Bluthochdruck verursachen kann. Viele Jahre dachte man, dass die Ursache die vermehrte Wasserfüllung der Blutgefäße und Nieren sei. Inzwischen hat man aber herausgefunden, dass das Salz bestimmten Bakterien im Darm hervorragend schmeckt. Diese vermehren sich dann stark – und deren Stoffwechselprodukte erzeugen schließlich den erhöhten Druck in den Blutgefäßen.

Der Darm ist kein reines Verdauungsorgan. Er beherbergt 70 Prozent aller körpereigenen Immunzellen, die zusammen mit der Darmschleimhaut und dem Mikrobiom ein höchst effektives Abwehrsystem bilden. Gute Bakterien verdrängen krank machende Mitbewerber oder bekämpfen Eindringlinge mit selbst gebildeten antibakteriellen Stoffen. Ganz tief im Bauch befinden sich die Darmbakterien, die über eine Schleimschicht von den darunterliegenden Darmepithelzellen getrennt sind. Die Darmepithelzellen enthalten Transportsysteme und können Nährstoffe aufnehmen, sie werden durch flexible Proteinverbindungen, Tight Junctions, zusammengehalten. Arbeiten sie optimal, lassen sie alle erwünschten Nährstoffe durch, verhindern aber die Durchreise unerwünschter Mikroorganismen und Gifte in den Körper. Klappt diese Türsteherfunktion nicht so gut, spricht man von »Leaky Gut«, einer geschädigten, undichten Darmschleimhaut; daraus können dann gesundheitliche Probleme resultieren. Zusätzlich bilden verschiedene Immunzellen als letzte Bastion gegen lästige Eindringlinge ein eigenes Immunsystem, das GALT, die englische Abkürzung für Gut-Associated Lymphoid Tissue. Diese Kampfeinheit unseres Körpers soll Krankheitserreger gezielt ausschalten, aber freundlich zu körpereigenen Zellen und Nahrungsbestandteilen sein.

Ich beschreibe diese Vorgänge so ausführlich, weil sie für unsere Gesundheit von extremer Wichtigkeit sind. Denn dieses gestaffelte Abwehrsystem kann bei Infektionen, Entzündungen, Stress und schlechter Ernährung ins Wanken geraten. Störende Bakterienarten, die in einem gesunden Mikrobiom unter Kontrolle sind, können bei Fehlfunktionen dieses sensiblen Abwehrsystems schweren Schaden anrichten. Aus einer ungesunden Nahrung entstehen dann noch ungesündere Stoffwechselprodukte. Darmentzündungen wie Colitis ulcerosa, Morbus Crohn oder das Reizdarmsyndrom sind dann die Folge. Aber auch Nahrungsmittelallergien sind letztlich das Ergebnis einer unpräzisen Abwehr unseres Darms.

Ist das Immunsystem durch eine Dysbiose schlecht trainiert, kann die Erkennung körpereigener und fremder Zellen durcheinandergeraten. Man vermutet heute, dass Autoimmunerkrankungen wie rheumatoide Arthritis, Morbus Bechterew, Multiple Sklerose oder Morbus Parkinson durch ein aus der Balance geratenes Mikrobiom »getriggert« werden, das heißt, mit ausgelöst werden. Nach neueren Studien ist auch bei der Alzheimer-Demenz das Mikrobiom ursächlich involviert. Veränderungen des Mikrobioms sind schon im Vorstadium der Erkrankung zu finden. Die Forschung geht weiter und möglicherweise kann in einigen Jahren ein Stuhltest Auskunft darüber geben, wie hoch unser Risiko ist, an Demenz zu erkranken.

So läuft der Darm wieder rund

Die Interpretation moderner Gensequenzierungen des Mikrobioms ist komplex und letztlich immer noch zu schwierig, als dass es in die praktische Medizin Eingang gefunden hätte. Ich gehe aber davon aus, dass in den kommenden Jahren die Fortschritte schnell voranschreiten werden, gerade auch durch die künstliche Intelligenz. Ein Befund ist aber schon heute erkennbar und einfach zu bewerten: die Biodiversität des Mikrobioms. Eine große Artenvielfalt ist nicht nur Voraussetzung für ein gesundes Ökosystem unserer Erde, sie spielt auch in unserem Bauch eine große Rolle. Wenn im Wald Tiere, Pflanzen, Insekten und Mikroben zusammenleben, ergänzen sie sich und profitieren voneinander. Die einen leben vom Abfall oder den Ausscheidungen der anderen und umgekehrt. Genauso funktioniert die Symbiose in unserem Körper, das für beide Seiten vorteilhafte Zusammenspiel von Mikrobiom und Mensch. Je artenreicher das Mikrobiom ist, desto stabiler ist unsere Gesundheit und desto mehr sind wir vor Krankheiten geschützt.

Inzwischen sind mehr als 1500 Mikroben- und Bakterienarten im Darm des Menschen identifiziert, und die Anzahl der Entdeckungen steigt kontinuierlich mit den feiner werdenden Messmethoden. Individuell finden sich rund 150 Bakterienarten im Mikrobiom eines Europäers. Was sich enorm anhört, ist indes kein besonders guter Befund. Das Mikrobiom hat aufgrund unseres modernen Ernährungs- und Lebensstils bereits ziemlich gelitten. Denn bei

Bevölkerungen mit ursprünglicherem Lebensstil zeigen sich in der Regel rund 300 und mehr Arten von Bakterien. Das Mikrobiom bei indigenen Stämmen enthält etwa doppelt so viele Bakterienarten wie die Darmflora von Menschen in der westlichen Welt.

Forschungen zeigen immer wieder den Zusammenhang: Je natürlicher und traditioneller unsere Ernährung und je natürlicher unser Lebensstil ist, desto mehr Bakterienarten befinden sich im Mikrobiom. Aber das ist nicht naturgegeben, wir können einiges tun, um unsere Diversität zu erhöhen: viele Ballaststoffe essen, Fermentiertes (milchsauer vergorene Lebensmittel) essen, viele unterschiedliche Pflanzen zu uns nehmen. Jedem pflanzlichen Lebensmittel – zu denen etwa auch Kaffee, Erbsen, Nüsse oder Äpfel zählen – können die Biomathematiker der führenden Mikrobiom-Labore inzwischen auch typische Bakterienstämme zuordnen. Es gilt die Formel: Je vielfältiger pflanzlich wir essen, desto diverser wird unser Mikrobiom.

Meine Empfehlung: Essen Sie 30 unterschiedliche Pflanzensorten pro Woche. Das klingt zunächst einmal nach sehr viel, aber es gelingt viel leichter, als Sie vielleicht zunächst denken. Weizen, Roggen, Hafer, Leinsamen, Reis, Kartoffeln als sättigende Basis, dazu Zwiebeln, Knoblauch, ein paar Blättchen Basilikum, Petersilie, Kreuzkümmel, Ingwer, Oliven(öl) und Essig, ein Fruchtaufstrich (nicht zu süß!), ein paar Nüsse und Mandeln, Kaffee, Tee und ein paar Stücke Bitterschokolade. Und dann brauchen Sie nur noch zehn pflanzliche Produkte aus dem großen Bereich Obst, Gemüse, Salate und Hülsenfrüchte hinzuzufügen und ihr Mikrobiom ist glücklich.

Schließlich sollten wir darauf achten, dem Mikrobiom nicht zu viel zuzumuten. Alkohol, Rauchen, Stress, Industrie-Essen mit Zusatzstoffen, Süßstoffe, Konservierungsstoffe sowie gewisse Medikamente mag das Mikrobiom überhaupt nicht. Neben Antibiotika zählen zu den schädlichen Medikamenten die viel zu häufig verordneten Säureblocker, die sogenannten Protonenpumpenhemmer, und verschiedene Schmerzmittel. Bei Medikamenten sind besonders wir Ärzte gefragt. Antibiotika sind bei schweren Erkrankungen ein Segen, aber sie sollten nicht bei einer einfachen Erkältung eingesetzt werden. Inzwischen gibt es Kampagnen wie »Klug verschreiben«, aber deren Wirkung ist leider bislang überschaubar; es werden immer noch viel zu viele Antibiotika verschrieben. Wir alle können dazu beitragen, dass dies weniger wird, indem wir uns bei einer Erkältung erst mal ins Bett legen und vielleicht ein paar Heilpflanzen und Tees nutzen.

Das Darm-Mikrobiom hängt übrigens auch mit dem Mikrobiom im Mund zusammen. Beide können sich positiv wie negativ beeinflussen. Mein Ratschlag ist daher, auf eine gute Zahnpflege zu achten, Zahnseide zu verwenden, gegebenenfalls die Zunge zu schaben und bei Parodontose das Ölziehen zu nutzen.

Ölziehen

Die morgendliche Mundspülung mit Speiseöl stammt aus dem Ayurveda. Sie sorgt zwar nicht dafür, dass der Körper Schlacken absondert, wie oft behauptet wird, doch die Spülung kann über den Speichel schon früh am Tag die Verdauung in Gang setzen. Studien haben gezeigt, dass das Ölziehen eine wirksame Therapie gegen Parodontose und die entzündliche Parodontitis ist, Krankheitserreger im Mund bekämpft und gegen Mundgeruch vorbeugt. Dabei hat es weniger unerwünschte Wirkungen als chemisches Mundwasser. So funktioniert Ölziehen: Nehmen Sie jeden Morgen einen Esslöffel mit Bio-Speiseöl (Sonnenblume, Sesam, Olive) in den Mund. Bewegen Sie das Öl etwa drei bis fünf Minuten lang im Mund – auch zwischen den Zähnen, indem Sie es durch die Zwischenräume hindurchpressen. Spucken Sie das Öl aus und spülen Sie den Mund mit Wasser. Putzen Sie sich danach die Zähne.

Das Mikrobiom ist individuell

Bei der Erforschung des Mikrobioms wird mehr und mehr deutlich, dass jeder Mensch ein individuelles Mikrobiom hat und dass auch dessen Reaktion auf Nährstoffe sehr unterschiedlich ist. Deshalb fällt es auch so schwer zu definieren, wie ein optimales Mikrobiom aussehen sollte. Interessanterweise aber stimmen viele der im Enddarm lebenden Bakterienarten bei den meisten Menschen überein.

Die Besiedlung des Darms mit Mikroben beginnt unmittelbar bei der Geburt. Studien bei Primaten zeigen, dass die Ernährung der Mutter während der Schwangerschaft einen Einfluss auf das Mikrobiom der Kinder hat. Auch die Art der Geburt spielt eine Rolle, ob ein Kind mit einem Kaiserschnitt oder durch eine natürliche Entbindung zur Welt gekommen ist. Die natürliche Entbindung ist besser, und auch das Stillen hat einen positiven Einfluss. Im ersten Lebensjahr sind in den Stuhlproben von Mutter und Kind rund zur Hälfte die gleichen Stämme von Mikroorganismen vorhanden. Im permanenten Austausch mit Bakterien der näheren Umgebung – vor allem durch die Nahrung – entwickelt sich das Mikrobiom der Kinder bis zum Alter von etwa zwei bis drei Jahren stetig weiter und ähnelt dann bereits dem eines Erwachsenen. Die Gemeinsamkeiten des Mikrobioms von Mutter und Kind gehen nach drei Jahren auf etwa 25 Prozent zurück. Danach stabilisieren sich die Verhältnisse mit einer Übereinstimmung von 19 Prozent im Alter von 18 Jahren. Gewisse Gemeinsamkeiten halten sich aber, selbst wenn die Kinder nicht mehr zu Hause wohnen. Sie betragen im Alter von 30 Jahren noch 14 Prozent und sind selbst bei älteren Erwachsenen noch nachweisbar. Die Kinder werden von der Mutter offenbar lebenslang geprägt, wobei die Lebens- und Ernährungsgewohnheiten eine Rolle spielen, die in einer Familie über Generationen hinweg weitergegeben werden.

Es spricht vieles dafür, dass die Zusammensetzung des Mikrobioms nicht stark vererbt wird. Der Lebensstil und die Nähe zwischen Menschen haben eine Bedeutung. Menschen, die unter einem Dach wohnen – gleichgültig, ob sie eine Familie oder WG-Partner sind –, weisen auch Gemeinsamkeiten im Mikrobiom auf. In einer Studie, veröffentlicht 2023 im Fachblatt *Nature*, wurden sogar Gemeinsamkeiten zu Nachbarn und Bewohnern derselben Ortschaft deutlich. Selbst Städte haben »eigene« Mikrobiome!

Diese Forschungsergebnisse haben eine hohe Bedeutung für uns. Sie zeigen, dass unsere Lebensumstände wesentlich dazu beitragen, wie es in unserem Bauch aussieht. Und sie zeigen, dass wir selbst viel dazu beitragen können, gesund zu bleiben. Besonders wichtig sind für die lebenslange Prägung des Mikrobioms die ersten zwei bis drei Lebensjahre. Deswegen sollten auch in dieser Zeit keine übertriebene Hygiene oder ein zu leichtfertiger Einsatz von Antibiotika erfolgen. Das bedeutet jedoch nicht, dass sich niemand mehr um sein Mikrobiom bemühen sollte, weil es schon im Kleinkindalter definiert wird. Im Gegenteil: Im Mikrobiom herrschen dynamische Verhältnisse. Veränderungen und Verschiebungen sind grundsätzlich lebenslang möglich, sie benötigen in der Regel drei bis sechs Monate. Bei deutlichen Ernährungsumstellungen – wenn zum Beispiel ein leidenschaftlicher Fleischesser zum Vegetarier wird – kann dieser Wandel auch schneller gehen. Das bedeutet, dass wir das Schicksal unseres Mikrobioms letztlich zum größeren Teil in unserer Hand haben.

Das Altern unseres Immunsystems

Falten und graue Haare machen uns in der Regel nicht froh, aber sie sind medizinisch ohne Bedeutung. Eine der gefährlicheren Folgen des Älterwerdens ist aber die Immunoseneszenz, das Altern unseres Immunsystems. Wenn das Immunsystem immer mehr schwächelt, werden wir anfälliger für lebensbedrohliche Lungenentzündungen oder andere schwere Infekte. Auch die Wirksamkeit von Impfungen reduziert sich. Einige Studien konnten zeigen, dass die Ernährung einen großen Einfluss auf die Alterung des Immunsystems ausübt, vor allem der Verzehr von Gemüse und Obst. Dabei hat das Mikrobiom wieder einmal eine große Bedeutung. Grundsätzlich verändert sich auch das Mikrobiom mit dem Alter. Vor allem die Biodiversität nimmt ab. Studien an Supercentenarians, also Menschen, die 110 Jahre und älter waren, zeigten, dass diese eine auffallend gut erhaltene Artenvielfalt aufweisen. Zudem fiel den Forschern auf, dass diese gesunden Methusalems häufiger Bakterien wie Bifidus, Akkermansia oder Christensenellaceae in ihrem Darm beherbergen und reichlich kurzkettige Fettsäuren produzieren. Ob das nun aber die Henne oder das Ei ist, lässt sich derzeit nicht sagen. Jedenfalls essen diese sehr gesunden alten Menschen mikrobiomfreundlich. Zahlreiche Unternehmen forschen weltweit zu den Effekten von Probiotika, Präparaten oder Nahrungsmittel mit lebensfähigen Mikroorganismen, zum Beispiel Milchsäurebakterien und Hefen, um das Mikrobiom zu verändern. Man darf gespannt sein, ob sich hieraus irgendwann einmal eine echte Anti-Aging-Pille entwickeln wird.

Dick durch Bakterien

Die Mikrobiom-Forschung hat ein ehernes Gesetz der Ernährungswissenschaft infrage gestellt. »Eine Kalorie ist eine Kalorie«, so lautete viele Jahrzehnte lang ein Lehrsatz. Esse ich mehr Kilokalorien, als ich verbrauche, werde ich dick. Inzwischen ist bekannt, dass übergewichtige Menschen ein andersartiges Mikrobiom besitzen als durchschnittlich gewichtige, es zieht mehr Energie aus der Nahrung. Den Beweis erbrachten 2023 Forscher um Steven Smith von der Arizona State University. Sie gaben Studienteilnehmern unter strenger Kontrolle über elf Tage lang zwei unterschiedliche Kostformen, die die identische Menge Kilokalorien enthielten. Der Unterschied: Einmal war die Ernährung unfreundlich und einmal günstig für das Mikrobiom. Die gesunde Variante bestand vorwiegend aus Ballaststoffen, resistenter Stärke und nicht zu fein gemahlenem und püriertem Essen. Das Ergebnis war frappierend: Bei der mikrobiom-freundlichen Kost blieben im Schnitt 116 Kilokalorien mehr im Stuhlgang zurück. Das hatte zwei Ursachen: Einige Kilokalorien wurden wohl in den groben Ballaststoffen für den Dünndarm nicht entdeckt. Zudem stieg die Anzahl von günstigen Bakterien, die die Nahrung fermentieren, also umwandeln.

Das heißt, dass eine Kilokalorie tatsächlich nicht immer eine Kilokalorie ist, sobald sie in den Darm wandert. Dies erklärt auch, dass laut einiger Studien übergewichtige Patienten mit einer niedrigen Darmbakterienvielfalt und ungünstigeren Bakterienarten schlechter auf kalorienreduzierte Diäten ansprechen. So konnte nachgewiesen werden, dass adipöse Menschen eine geringere Biodiversität als schlanke Menschen haben. Wissenschaftler machten an Mäusen eine erstaunliche Entdeckung: Sie übertrugen den Stuhl dicker, übergewichtiger Mäuse auf dünne Mäuse und stellten fest, dass die Dünnlinge plötzlich fett wurden, ohne dass deren Ernährung geändert wurde. Die Vermutung: Die Zusammensetzung des Mikrobioms kann einen entscheidenden Einfluss auf die Futterverwertung haben. Einige Bakterien sind zudem in der Lage, mit eigenen Enzymen unverdauliche Ballaststoffe in Zucker und Fettsäuren umzuwandeln, die der Körper dann aufsaugt. Die Folge ist, dass mehr Energie aus der Nahrung gezogen wird, besonders gilt dies für Kohlenhydrate.

Die »Ausrede« vieler dicker Menschen, sie könnten nichts für ihre überflüssigen Pfunde, sie seien eben gute Futterverwerter, ist also nicht ganz falsch. Dafür sind aber nicht die Hormone oder irgendwelche Drüsen verantwortlich, wie man früher vermutete. Es ist nicht naturgegeben, was die Mikroorganismen im Darm aus der Nahrung machen. Wir können selbst einiges dazu beitragen, dass unser Darm bestens funktioniert. Für unsere Gesundheit gilt die Formel: Entscheidend ist, was wir essen, wie wir essen und was unsere Darmbakterien daraus machen.

Wie wichtig das Mikrobiom ist und wie stark es leidet, wenn wir ungesund leben, konnten Forscher am Weizmann-Institut in Rechovot, Israel, aufzeigen. Sie fanden heraus, dass das Mikrobiom einen eigenen Biorhythmus besitzt. Ihr Tag-Nacht-Rhythmus wird durch den Zeitpunkt der Nahrungsaufnahme bestimmt. Das könnte einer der Gründe für die positive Wirkung des Intervallfastens sein.

Ich gehe davon aus, dass sich unsere innere Uhr durch das Fasten beruhigt und das zum Abschmelzen des Körpergewichts beiträgt. Und die Ergebnisse der israelischen Wissenschaftler können auch erklären, warum etwa Schichtarbeit oder ein Jetlag unsere Verdauung durcheinanderbringen.

Daran schließt sich die Frage an, wie belastbar das Mikrobiom ist. Was tun wir ihm im Urlaub oder an den Wochenenden an, wenn wir beim Essen oder Trinken womöglich über die Stränge schlagen? Schadet es, wenn man sich mal ein paar Tage nur von Junkfood, Limo und alkoholischen Getränken ernährt? Die Antwort ist eindeutig: leider Ja. Bei extremen Ausschweifungen – sich beispielsweise eine Woche lang fast nur von Chicken Nuggets, Burger, Schnitzel oder Fritten zu ernähren –, bekommt das Mikrobiom tatsächlich Probleme. Zwar ist es ziemlich widerstandsfähig, es besitzt die Fähigkeit, sich zu erholen. Dazu muss es aber vor den Exzessen stabil gewesen sein, und man sollte die »Challenge«, die man ihm zumutet, nicht übertreiben. Wir können uns das Mikrobiom wie eine gespannte Feder vorstellen: Wird sie zu oft und zu lange gedehnt, leiert sie irgendwann aus.

Da das Mikrobiom ein komplexes Gebilde ist, ist es momentan noch schwierig zu diagnostizieren, was die konkreten Ursachen für bestimmte Beschwerden sind. Erst recht ist es herausfordernd, die richtige Therapie abzuleiten, wenn es ihm fühlbar nicht gut geht. Sucht man heute eine Apotheke auf, hat man beim Anblick der unzähligen Probiotika-Packungen – meist haben sie ein »flora«, »bio« oder »biotic« im Namen – den Eindruck, dass diese gezielt gegen fast alle Krankheiten eingesetzt werden können. Die Studienlage ist aber sehr schmal, und viele der angepriesenen Wirkungen sind noch reine Mutmaßungen – unterstützt vor allem durch ein lautes Marketing. Stellen wir uns das Mikrobiom erneut als großen Dschungel mit Billionen von Mikroorganismen und mehr als tausend Spezies vor, so wird deutlich, dass die bloße Gabe von ein paar Bakterienstämmen eher ein niedlicher Therapieansatz bleiben muss. Der entscheidende Punkt ist, wie man Bakterien dazu bringt, sich dauerhaft bei uns im Bauch anzusiedeln. Sie dürfen nicht nur als Durchreisende kurz im Darm auftauchen, um dann wieder zu verschwinden.

Sicher ist, dass die Zahl der Erkrankungen, bei denen die Behandlung mit Probiotika erfolgreich ist, wachsen wird. Mögliche Indikationen sind schon heute Darmentzündungen, das Reizdarmsyndrom, Durchfallerkrankungen, Verstopfung, Allergien. Spannend sind erste Ergebnisse zu den Wirkungen von Probiotika bei Erkältungen und Infekten. Aber es wird wohl noch eine Weile dauern, bis man herausgefunden hat, wie präzise Krankheiten nachhaltig behandelt oder vorgebeugt werden können, indem wir Bakterien verabreichen.

Nochmals zu den Löchern im Darm. Die Darmwand kann man sich wie einen verschlossenen Mund vorstellen, durch den nichts dringt. Die Zwischenräume zwischen den Zähnen, um im Bild zu bleiben, sind mit einer Art Reißverschlusssystem geschlossen. Sie werden durch Proteinmoleküle gebildet, den schon erwähnten Tight Junctions. Wie der Mund lässt sich der Darm bei Bedarf öffnen, ohne dass wir allerdings etwas davon mitbekommen. Türöffner ist ein Protein namens Zonulin, es wird von den Darmepithelzellen produziert und kann im Stuhl gemessen werden. Pflanzenstoffe wie Flavonoide in Obst und Beeren unterstützen die gute Funktion dieser Darmbarriere. Zusatzstoffe in Industrie-Essen, Medikamente wie Antibiotika, Schmerzmittel oder Alkohol, größere Mengen an Fruktose und Zucker, aber auch Konservierungsstoffe schaden ihr.

Muten wir unserem Darm zu viel zu, lösen sich die Tight Junctions zwischen den Zellen zu weit auf, die Barriere der Darmschleimhaut leckt, sie wird undicht. Es entsteht ein Leaky Gut, ein »löchriger« Darm, durch den Krankheitserreger wie Viren, Bakterien und Pilze, Giftstoffe und Abfallprodukte der Darmbakterien dann ins Blut gelangen können. So können auch giftige Stoffe – Endotoxine – aus der Hülle abgestorbener Bakterien ins Blut und von dort aus ins Binde- und Fettgewebe gelangen und dort Entzündungen auslösen. Das kann schon nach einer Mahlzeit mit viel gesättigten Fetten der Fall sein. Noch vor wenigen Jahren haben Wissenschaftler die Existenz des Leaky Gut infrage gestellt. Inzwischen ist die Existenz dieser Löcher hinreichend belegt, zunächst durch Bluttests. Seit einiger Zeit werden nun auch mit einer faszinierenden neuen Technik, der konfokalen Laserendoskopie (CLE), bei einer Spiegelung des Darms Löcher in der Wand sichtbar. Dazu spritzt man ein Kontrastmittel. Bei einer intakten Darmepithelbarriere tritt kein Kontrastmittel in den Dünndarm über.

Die neue Technik hilft auch der Frage auf den Grund zu gehen, ob bei Unverträglichkeiten von Nahrungsmitteln – etwa auf Kuhmilch oder Weizen – die Darmschleimhaut in Mitleidenschaft gezogen wird. Besteht eine Unverträglichkeit, sehen wir in der Tat den Austritt der Kontrastmittel in den Darm. Natürlich ist diese Technik noch zu aufwendig und belastend, um alle Lebensmittel durchzutesten, aber sie hat die Existenz des Leaky Gut gesichert. Und sie ist heute schon bei der Diagnostik eines Reizdarmsyndroms hilfreich. Wahrscheinlich hängt auch die müde machende Wirkung schwer verträglicher Mahlzeiten (»Suppenkoma«) mit einer undichten Darmbarriere zusammen. Toxische Substanzen und Bakterienteile können ins Blut übertreten und Menschen schlapp machen. Mit dem Einsatz der Laser-Endoskopie kann vielleicht in Zukunft vielen Betroffenen geholfen werden.

Quintessenz: der Darm

- Der Darm freut sich über gesunde, besonders pflanzliche Nahrung. Versuchen Sie divers zu essen, nehmen Sie sich vor, pro Woche 30 unterschiedliche Pflanzensorten zu essen. Kaufen Sie nach der Regenbogen-Formel ein, also farbenfroh, von Rot, Orange, Gelb, Grün bis hin zu Violett. Die Farben weisen auf einen hohen Gehalt von Polyphenolen hin. Diese Abwehrstoffe der Pflanzen sind bestes Futter für gute Bakterien.
- Bitterstoffe, Gewürze und Nüsse sind ideal für den Darm und die Verdauung, weiterhin Sauerkraut, Kimchi, Joghurt (auch vegan), Sauerteigbrot, Tempeh, reifer Käse, kalte Kartoffeln und Nudelsalat, saure Gurken (wobei die meisten Gurken im Glas heute nicht fermentiert, sondern nur mit Essig versetzt sind).

- Schützen Sie den Darm vor Gift. Damit sind in erster Linie das Industrie-Essen, hochverarbeitete Lebensmittel und Fertiggerichte gemeint. Diese gehören ebenso wenig auf den Teller wie Wurst und belasteter Fisch.
- Verzichten Sie auf Süßstoffe, und denken Sie daran, dass Alkohol dem Mikrobiom schadet. Der Darm ist eine gut funktionierende Maschine, aber auch er braucht mal eine Pause. Versuchen Sie deshalb zu fasten – und wenn es nur für einige Stunden ist.

So stärken wir unsere Leber, das wichtigste Organ für ein kraftvolles Leben

Während der Darm und seine Bedeutung heute medizinisch in einem helleren Licht erstrahlen als noch vor zehn Jahren, arbeitet ein anderes Organ weiterhin unermüdlich im Dienste unserer Gesundheit – und leider im Schatten unseres Bewusstseins. Gibt es für Herzen Schrittmacher, für Nieren die Ersatztherapie mittels Dialyse und lassen sich Lungen zumindest für eine begrenzte Zeit beatmen, so sind die Möglichkeiten, das Organ aufzupeppen, bei der Leber begrenzt. Bei Leberversagen müssen die Betroffenen auf ein Spenderorgan für eine Transplantation hoffen.

Möchte man die Leistung der Leber angemessen würdigen, so ist sie das wahre Wunderwerk unseres Körpers: ein Hidden Champion. Sie ist vieles zugleich: zentrales Organ für den Stoffwechsel, Energiereaktor, Entgiftungszentrale und eine Art Warenumschlagplatz für die gesamte Körperchemie. Dabei produziert sie unablässig lebenswichtige Proteine wie Hormone, Enzyme, Transportproteine für Nährstoffe und zudem täglich fast einen Liter Gallenflüssigkeit, die für die Aufnahme und Verdauung von Fetten und Vitaminen aus dem Darm notwendig ist. Die Leber ist mit einem Gewicht von 1,5 bis zwei Kilogramm auch die größte Drüse des menschlichen Körpers.

Vor allem verarbeitet, verwertet und speichert die Leber die Nährstoffe aus dem Darm. Es ist immer noch ein großes Rätsel, wie sie all diese Stoffwechsel- und Energieprozesse steuert und organisiert. Unzählige Signalmoleküle und Rezeptoren stimmen sich offenbar sekündlich ab, ohne dass wir davon etwas mitbekommen. Es ist eine großartige Leistung der Leber, dass wir von all diesen Vorgängen nichts spüren. Die rackert und rackert und quält uns nicht mit Schmerzen – von einer Ausnahme abgesehen, wenn die

Die Leber

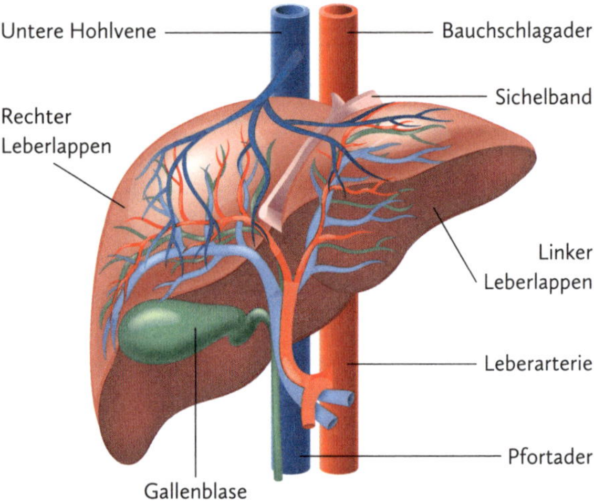

Alles Blut aus Darm, Magen, Bauchspeicheldrüse, Milz und Gallenblase wird über eine Vene, die Pfortader, in die Leber transportiert. Sie führt dem Organ alle mit der Nahrung in den Blutkreislauf gelangten Substanzen – Nährstoffe wie Giftstoffe – zur Weiterverarbeitung zu.

Die Aufgaben der Leber:

- Abbau schädlicher Substanzen und Entgiftung
- Produktion von Gallenflüssigkeit, Speicherung in der Gallenblase
- Stoffwechsel, Verwertung und Transport von lebenswichtigen Nährstoffen
- Speicherung von Nährstoffen zur späteren Verwertung
- Bildung von Eiweißen für den Heilungsprozess, Hormonen, Cholesterin, Gerinnungsfaktoren
- Filterung von ca. 1,5 l Blut pro Minute

Leberkapsel stark gedehnt wird. Selbst wenn sie erkrankt ist, spüren wir lediglich einen erheblichen Vitalitätsverlust. Sprichwörtlich heißt es daher: »Die Müdigkeit ist der Schmerz der Leber.«

Es gibt einen spannenden Bezug zur Sichtweise der antiken medizinischen Lehren und deren Ärzte auf die Leber. Sowohl in der antiken Medizin der Griechen und Römer als auch in der traditionellen chinesischen und indischen Medizin werden Lebererkrankungen mit psychischen Beschwerden in Verbindung gebracht. Lebererkrankungen sollen demnach reizbar machen, ärgerlich, sogar cholerisch. Das Wort »cholerisch« stammt vom griechischen Wort für Galle (cholé). Der Volksmund hat auch hier Formulierungen gefunden: »Es kommt einem die Galle hoch.« Oder: »Dem ist wohl eine Laus über die Leber gelaufen.« Zusammenhänge von Lebererkrankungen und psychischem Unwohlsein sind nach heutigen Erkenntnisstandards nicht belegt, aber da Erkrankungen der Leber müde machen und Müdigkeit in der Regel Reizbarkeit und Unausgeglichenheit zur Folge haben, gibt es doch eine naheliegende Verbindung. Aus meiner Erfahrung heraus sind Menschen mit Lebererkrankungen überdurchschnittlich häufig emotional belastet und tatsächlich oft überspannt und gereizt.

Die neue Volkskrankheit – wie eine Fettleber entsteht

Als ich mit meiner internistischen Tätigkeit begann, war die häufigste Lebererkrankung die virale Leberentzündung, die Hepatitis. Es gibt verschiedene Formen der Hepatitis, die mit den Buchstaben A bis E versehen sind. Es sind ernste Erkrankungen, aber glücklicherweise konnten in den letzten zwei Jahrzehnten enorme Fortschritte in der medikamentösen Behandlung der Hepatitis gemacht werden. Dazu kommt die Prävention durch die Schutzimpfungen, für mich sind die medizinischen Fortschritte bei Leberentzündungen ein gutes Beispiel für den Erfolg der modernen Medizin.

Man könnte also meinen, der Leber, diesem überragenden Organ unseres Körpers, würde es immer besser gehen, gesundet am wissenschaftlichen Fortschritt. Aber im Schatten dieses Erfolgs ist im Laufe der Jahre eine andere Bedrohung zur Volkskrankheit geworden – die Fettleber. Die Fettleber ist eine Folge von Über- und Fehlernährung, von zu hohem Alkoholkonsum, manchmal auch von Medikamenten. Inzwischen sind etwa 25 Prozent der Bevölkerung in Deutschland betroffen. Dachte man früher noch, dass die Fettleber nur eine unwichtige Nebendiagnose bei der Ultraschalluntersuchung des Bauchraums darstellt, so steht heute fest, dass die Fettleber sehr wohl ein ernst zu nehmender medizinischer Befund ist.

Denn aus der Fettleber entwickelt sich häufig, sofern keine Besserung eintritt, eine Fettleberentzündung und schließlich eine Leberzirrhose. Das Problem ist gewichtig, denn bis heute gibt es keine Medikamente gegen eine Fettleber. So drängt sich die Frage auf: Wie können wir uns besser um unsere Leber kümmern?

Die gute Nachricht ist, dass die Leber unser Organ ist, das sich am besten von Schädigungen erholen kann. Sie hat ein geradezu fantastisches Potenzial, sich zu regenerieren. Die einfachste Möglichkeit, einer Fettleber vorzubeugen, ist es natürlich, Extreme beim Essen und Trinken zu meiden.

Zur Linderung des Problems sind Kreuzfahrten jedenfalls nicht empfehlenswert. Berühmt wurde die Studie der Arbeitsgruppe des US-amerikanischen Endokrinologen und Diabetologen Guenther Boden, unter Wissenschaftlern wird sie auch die AIDA-Studie genannt. Die Forscher gaben Probanden eine Woche lang jeden Tag 6000 Kilokalorien einer ungesunden »Western Diet« zu essen. Das sind rund zweieinhalbmal so viel Kilokalorien wie die Standardempfehlungen vorgeben. Doch wer einmal auf einem Kreuzfahrtschiff gereist ist, wird wissen, dass solche extensiven Nahrungsaufnahmen durchaus vorkommen. Und das betrifft nicht nur sämtliche All-you-can-eat-Angebote, mit denen auch einige Restaurants werben. Bei der Studie von Boden und seinem Team hatte das exzessive Essen nachhaltige Folgen für die Gesundheit der Teilnehmer. Sie nahmen im Schnitt 3,5 Kilogramm zu und es zeichnete sich bereits die erste Stufe eines Diabetes mellitus ab, der wichtigsten Ursache einer Fettleber.

Weiterhin nicht gut für die Leber ist der längere Besuch von Rockfestivals. So untersuchten dänische Forscher den Stoffwechsel von 14 Besuchern des berühmten Roskilde Festivals auf der Insel Seeland. Sie fassten die Ernährungsform der jungen Erwachsenen während des Festivals folgendermaßen zusammen: eine Woche lang Fast Food und Alkoholtrinken. Es war wenig verwunderlich, dass das schlechte Essen und das exzessive Trinken der Gesundheit der Untersuchten nicht bekömmlich waren. Aber die Schnelligkeit, mit der es zu gesundheitlichen Schädigungen kam, überraschte die Experten. Nach der Festivalwoche verschlechterte sich die Insulinfunktion bei fast allen Probanden. Bei vier der 14 Festivalbesuchern sah man im Ultraschall bereits Anzeichen einer Fettleber.

Die Leber reagiert auf zu viel Gift und zu viel ungesundes Essen mit Größenwachstum und Einlagerung von Fett. Daraus wird dann die Fettleber, die im Ultraschall vergrößert ist und viel heller als gesundes Lebergewebe erscheint. Das Tröstliche aber ist, dass sich dieser Prozess der Verfettung wieder umkehren kann. Niemand muss also bei der Erstdiagnose wegen des Befunds verzweifeln. Auch nicht angesichts der Tatsache, dass es bisher kein Medikament gibt, das uns dabei hilft, das krank machende Fett wieder abschmelzen zu lassen. In diesem Fall sind wir auf uns selbst angewiesen: Die Leber kann in kurzer Zeit wieder vollständig gesund werden, vor allem durch Fasten, eine Umstellung der Ernährung und des Lebensstils. Diese Regeneration sehen wir quasi im Stundentakt beim Heilfasten, ebenso, wenn auch etwas weniger stark ausgeprägt, bei speziellen Leberdiäten (siehe S. 334 ff.).

Selbstverständlich sollte es das Ziel sein, eine Fettleber gar nicht erst entstehen zu lassen. Schaffen Sie es, eine vollwertige pflanzenbetonte Ernährung mit nicht zu viel Zucker zu sich zu nehmen und nicht oder nur ganz wenig Alkohol, Softdrinks und Limonaden zu trinken, wird es recht unwahrscheinlich, dass Ihr Arzt beim Ultraschall das unsympathische Wort Fettleber in den Mund nehmen muss.

Wie wir unsere Leber schützen und heilen können

Die Leber ist also eines unserer wichtigsten Organe, auf das wir Rücksicht nehmen können, indem wir uns gut ernähren. Es gibt zudem etliche Methoden, um das Organ vor der Wandlung in eine Fettleber zu schützen.

Ein besonderes Thema bei der Fettleber ist der Fruchtzucker, die Fruktose. Dieser wird während des Stoffwechsels im Verdauungstrakt nicht wie andere Zucker über die Insulinsteuerung in die Zelle geschleust, sondern er wandert direkt in die Leber. Viele Menschen nehmen heute schwindelerregende Mengen von Fruchtzucker zu sich. Nicht weil sie den ganzen Tag Äpfel oder Orangen essen, wie der Name Fruchtzucker vermuten lässt, sondern über Softdrinks, Fertigprodukte, Säfte, Süßungsmittel (wie Agavensirup) und Süßigkeiten (siehe S. 91 f.). Wird der Verzehr von Fruchtzucker eingeschränkt, bessert sich schon nach wenigen Wochen die Leberverfettung – dies zeigte eindeutig eine Studie mit dem passenden Namen FRUITLESS.

Obst kann hingegen, auch wenn es manchmal gegenteilige Meinungen gibt, durchaus reichlich gegessen werden. Aber nur als ganzes Obst, nicht in Form von Säften oder Mus. Nicht verarbeitetes Obst ist kaum eine Belastung für die Leber, da die darin enthaltenen vielen Ballaststoffe die Fruktose-Aufnahme regulieren.

Unter den Nährstoffgruppen belasten die gesättigten Fette die Leber am meisten, wie viele Studien zeigen. Gesättigte Fette finden sich vor allem in Fleisch, Wurst, fetten Milchprodukten, Eiern, aber auch in Palm- und Kokosöl. Auf der anderen Seite kann durch eine äußerst fettreiche, auch ketogen genannte Ernährung die Fettleber reduziert werden, wenn dabei nicht zu viele gesättigte Fette aufgenommen werden. Durch das weitgehende Weglassen von Zucker und die dann körpereigene Produktion von Ketonkörpern wird tatsächlich relativ rasch an Gewicht abgenommen und auch der Fettgehalt der Leber reduziert sich. Die Sache hat aber einen Haken. Eine ketogene Ernährung ist extrem arm an Ballaststoffen und sekundären Pflanzenstoffen. Beides ist auf Dauer sehr nachteilig für das Mikrobiom im Darm (siehe S. 11 ff.), damit für die gesamte Gesundheit und langfristig auch für die Leber. Daher sollte eine ketogene Ernährung höchstens kurzfristig eingesetzt werden, zudem sollte sie so weit wie möglich aus pflanzlichen Fetten bestehen. Spanische Mediziner konzipierten die mediterrane ketogene Ernährung. Dabei gibt es Olivenöl bis zum Anschlag, Nüsse, Avocados, Hülsenfrüchte und wenig Pasta, Brot und Nudeln. Die traditionelle Mittelmeerkost, die neben Olivenöl und Hülsenfrüchten auch auf viel Gemüse, Obst, Beeren, Vollkorngetreide und damit Ballaststoffen beruht, ist jedoch mit Sicherheit nachhaltiger. Und sie ist die wohl am einfachsten umzusetzende gesunde Kost für die Leber.

Es verwundert kaum, dass die mediterrane Ernährung umso lebergesünder ist, je mehr biologisch aktive Pflanzenstoffe sie enthält. In einer viel beachteten Studie mit übergewichtigen Patienten, die an einer Fettleber litten, der DIRECT-PLUS-Studie, wurde die mediterrane Ernährung bei einer zweiten Teilnehmergruppe noch durch Extragabe konzentrierter Pflanzenstoffe erweitert: mit grünem Tee (drei bis vier Tassen pro Tag) und einem Eiswürfel-Shake aus Wolffia globosa, einem Wasserlinsengewächs. Die umgangssprachliche Bezeichnung für Wolffia klingt etwas unattraktiv, es ist die Entengrütze, die aber viele gesunde Pflanzenstoffe enthält und zudem kostengünstig ist. Das Ganze wurde als »Green Mediterranean Diet« bezeichnet, als grüne Mittelmeerdiät. Spannend war bei dem Ergebnis, dass beide Teilnehmergruppen an Gewicht verloren, aber die grüne Mittelmeerdiät war viel erfolgreicher, was den Rückgang der Fettleber anbelangte: ein doppelt so starker Rückgang des intrazellulären Leberfetts um fast 40 Prozent. In der Analyse zeigte sich zudem ein Zusammenhang mit der Veränderung des Darm-Mikrobioms.

Besteht bereits eine Fettleber, rate ich zu einer »Leberkur«. Für mich am bemerkenswerten sind die rapiden Besserungen einer Fettleber durch Heilfasten. Zusammen mit dem Team der Fastenklinik Buchinger Wilhelmi am Bodensee hatte ich die Gelegenheit, die Daten von über 1400 Fastenden bezüglich ihres Heilerfolgs wissenschaftlich zu analysieren. In einer speziellen Analyse der Daten von über 800 Fastenden widmeten wir uns der Fettleber. Weltweit wird für die Abschätzung einer Fettleber der Fatty Liver Index (FLI) verwendet. Dies ist eine Formel, die auf Basis verschiedener Leberwerte und des Body Mass Index (also des Körpergewichts im Verhältnis zur Körpergröße) das Maß der Leberverfettung berechnet. Wir schauten uns nur den Fettleberindex vor und nach einer Fastenkur mit einer durchschnittlichen Fastendauer von zehn Tagen an. Das Ergebnis war beeindruckend. Zu Beginn hatten die meist übergewichtigen Patienten im Durchschnitt bereits eine Fettleber, nach zehn Tagen hatte sich der Mittelwert normalisiert.

Einer der renommierten Diabetologen, Peter Schwarz aus Dresden, lässt seine Patienten sogar 14 Tage nur mit Wasser fasten. Seine Begründung für dieses etwas rustikale Vorgehen liegt in der unguten Rolle der Fettleber bei Diabetes Typ 2 mit Fettleibigkeit. Immer mehr Daten zeigen nämlich, dass die Fettleber verhindert, dass durch Bewegung und gesunde Ernährung überflüssiges Gewicht reduziert werden kann. Man wird zum »Non-Responder«, zu einem Patienten, der darauf nicht mehr anspringt. Hier kann kein Medikament helfen. Durch Fasten aber wird die Fettleber mehr oder weniger »geheilt«, der Teufelskreis durchbrochen. Danach wirken Sport und gesunde Ernährung wieder. Es muss aber keinesfalls ein zweiwöchiges Wasserfasten sein. Es ist empfehlenswerter, innerhalb von sechs Monaten zweimal eine Woche traditionell zu fasten (täglich 200 bis 300 Kilokalorien) oder drei- bis viermal in einem Jahr eine Fasting-Mimicking-Diät (FMD) über fünf Tage durchzuführen, eine kalorisch stark reduzierte Diät, die durch Aufnahme bestimmter Nahrungsmittel (Gemüsesuppen, Haferflocken, Nüsse; täglich 600 bis 700 Kilokalorien) einen dem Fasten vergleichbaren Effekt bewirken kann. Die Leber ist auch für diese kürzeren Fastenzeiten sehr dankbar, mit diesen Kuren kann man die Fettleber genauso gut wegschmelzen.

Es gibt noch andere erfolgreiche Leberkuren, zum Beispiel die »Leber-Schrumpf-Kur«. Diese Liver Schrinking Diet wurde von US-amerikanischen Chirurgen als Vorbereitung bei bariatrischen

Operationen, also Eingriffen zur Therapie starker Fettleibigkeit, entwickelt. Dabei ging es darum, die Qualität der Eingriffe zu verbessern. Die Leber ist das zweitgrößte Organ unseres Körpers und liegt im rechten oberen Bereich des Bauchs. Sie hat zwei Lappen, wobei der linke Lappen teils über dem Magen liegt. Ist die Leber stark vergrößert, versperrt sie dem Chirurgen etwa bei Magenbypässen oder Schlauchmagen-OPs die Sicht und den Weg. Der Chirurg ist nicht mehr in der Lage, während der Operation die zu große Leber schonend zur Seite zu drängen. Das kann zur Folge haben, dass statt eines minimalinvasiven laparoskopischen Eingriffs über ein Endoskop dann eine offene Bauchoperation erfolgen muss und zudem die Wundheilung erschwert ist. Aus diesem Grund versuchen die Mediziner, die Leber vor der OP zu schrumpfen.

Die »Leber-Schrumpf-Diät« ist eine ein- bis zweiwöchige niedrigkalorische Diät (täglich 800 bis 1200 Kilokalorien) mit stark reduzierten Anteilen von Fett und Kohlenhydraten und viel Protein. Wie beim normalen Fasten wird der Stoffwechsel Richtung Fettabbau gedrängt, und in der Leber werden Kohlenhydratreserven (Glykogen) aufgebraucht. Weil Glykogen Wasser bindet, nimmt die Leber schnell an Volumen ab. Die gewünschte Folge: Der Chirurg kann wieder übersichtlich operieren. Für eine gewisse Zeit ist die Leberschrumpfkur gut umsetzbar. Protein wird durch Hülsenfrüchte, fettarmen Joghurt, Fisch, Tofu und Proteinshakes zugeführt, Brokkoli und Hafer stehen zudem auf dem Speiseplan. Früchte und Obst, mit Ausnahme von Äpfeln, werden hingegen nur wenig gegessen. Alkohol, Softdrinks, Fruchtsäfte sowie fettige Milchprodukte sind nicht erlaubt.

Ließe sich diese Leberschrumpfkur nicht auch grundsätzlich einsetzen, um die Fettleber zu bekämpfen? Tatsächlich gibt es solche Ansätze, die dann als Leberfasten bezeichnet werden. Dagegen ist grundsätzlich nichts einzuwenden, allerdings halte ich das »richtige« Fasten für deutlich wirkungsvoller, konkret ein mehrtägiges Heilfasten oder eine Scheinfasten-Diät, gefolgt von Intervallfasten (siehe S. 332 ff.).

Immer wieder gibt es wissenschaftliche Studien, vor denen ich den Hut ziehe. Eine solche ist eine 2014 im US-amerikanischen

Fachblatt *Hepatology* veröffentlichte, die die leberschädigende Wirkung von Snacks untersuchte. Die Endokrinologin Karin Koopman von der Universität Amsterdam wollte wissen, ob es einen Unterschied macht, wenn man eine große Portion eher ungesunder Extrakilokalorien zusammen mit der Hauptmahlzeit einnimmt oder als Zwischenmahlzeit snackt. 36 Freiwillige nahmen an der Studie teil. Weitere acht Personen wurden aufgefordert, die kommenden sechs Wochen wie gewohnt zu essen, sie dienten als Kontrollgruppe. Die anderen Teilnehmer wurden in vier Gruppen aufgeteilt und erhielten pro Tag 1000 Extrakilokalorien durch Shakes. Dabei gab es die flüssigen Kilokalorien entweder als Kombination aus Fett und Zucker oder nur als Süßgetränk. Dann wurde nochmals aufgeteilt: Die eine Hälfte sollte die flüssigen Kalorienbomben zusammen mit den drei Hauptmahlzeiten zu sich nehmen, die andere als Snack zwischendurch. Das erste Ergebnis war wie erwartet. Im Durchschnitt legten die überernährten Teilnehmer in den sechs Studienwochen 2,5 Kilogramm an Gewicht zu. Eine Überraschung boten aber die Messungen des Fettgehalts der Leber und des Bauchraums. Der Bauchraum wurde nur bei der Snack-Gruppe umfangreicher, und zwar beim Süßgetränk um 110 Prozent und bei der Kombination aus Fett und Zucker um 45 Prozent. Bei der Bauchfettansammlung waren die Snacks mit einer Fett-süß-Mischung besonders ungünstig. Das bedeutet, dass die Leber die Extrakilokalorien dann nicht verkraftet, wenn die Anzahl der Mahlzeiten durch das Snacking erhöht wird, nicht aber, wenn alles auf einen Schlag verzehrt wird.

Eine bahnbrechende Entdeckung war das, es schlug die Stunde des Intervallfastens, um einer Fettleber vorzubeugen. Die erste Stufe des Intervallfastens ist also das Weglassen von Snacks und das Verzehren aller überschüssiger Kilokalorien bei den Hauptmahlzeiten. Es ist besser, etwas Süßes als Dessert zu genießen als zum Nachmittagskaffee. Und es muss auch nicht immer das typische 16:8-Stunden-Intervallfasten sein (dabei wird 16 Stunden am Stück auf eine Nahrungsaufnahme verzichtet), um seine Gesundheit zu unterstützen. Allerdings geht kein Weg dran vorbei: Mit einer

16:8-Stunden-Diät lassen sich deutlich bessere Effekte in Bezug auf die Fettleber, das Gewicht und die Vorbeugung von Diabetes Typ 2 erreichen als mit einer Diät light (siehe auch S. 373 ff.).

Um der Leber etwas Gutes zu tun, ist neben dem Fasten das Beste, auf eine pflanzenbetonte, vollwertige Nahrung und eine ausreichende Proteinzufuhr zu achten. Mir ist aber auch wichtig, auf besondere Lebensmittel aufmerksam zu machen, die man als Leberschutzstoffe bezeichnen kann. Ich lege Ihnen ans Herz – oder besser: an die Leber –, diese möglichst oft zu essen beziehungsweise zu trinken:

- In **Zitronen** etwa findet sich der sekundäre Pflanzenstoff Naringin – dieser hat in Laborversuchen eine präventive und therapeutische Wirkung bei einer Fettleber gezeigt. Naringin findet sich im Saft der Zitrone, vor allem aber in und unter der Schale, kurz bevor das Weiße beginnt. Es schmeckt bitter. Bei der Reifung der Zitrone wird Naringin durch das Enzym Naringinase teilweise in süßes Naringenin umgewandelt, das ebenfalls zahlreiche günstige Wirkungen hat, so für die Immunabwehr. Das Hinzugeben von geriebener Zitronenschale bei Kuchen oder Desserts ist also eine ziemlich gute Idee und reduziert die Belastung der Leber. Allerdings sollte die Schale nicht zu weit abgerieben werden, denn das Weiße darunter ist dann doch ziemlich bitter. Wird Zitronenschale verzehrt, ist es wichtig, dass es sich um Bio-Zitronen handelt. Wegen der dicken Schale ist es grundsätzlich erlaubt, Zitrusfrüchte mit höheren Dosen an chemischen Pestiziden zu behandeln. Viele Hersteller nutzen das aus. Achtung: Wenn es sich um keine Bio-Zitronen handelt, wird bisweilen das Label »unbehandelt« auf die Ware gedruckt. Dadurch entsteht der Eindruck, dass es sich um Bio-Produkte handelt. Dem ist aber nicht so. Die Bezeichnung bedeutet lediglich, dass die Früchte nach der Ernte nicht mehr gewachst und mit Konservierungsstoffen besprüht wurden. Was mit den Früchten am Baum passierte, ist dabei nicht relevant.

Übrigens: Wer partout keine Zitronen mag, dem seien Grapefruits und Orangen empfohlen, in deren Schalen sich ebenfalls Naringin und weitere gesunde Flavonoide (natürliche Pflanzenfarbstoffe befinden, die dafür verantwortlich sind, dass Kirschen rot sind und Auberginen violett).

- Der sekundäre Pflanzenstoff **Sulforaphan** ist wiederum in Brokkoli, vielen Kohlsorten, in Rucola, Rettich, Radieschen, Kresse oder Senf enthalten. Sulforaphan trägt, das haben Tierversuche gezeigt, zu deutlichen Verbesserungen einer Fettleber bei. Dabei kommt vor allem dem Peptid FGF-21 (Fibroblast Growth Factor), das auch beim Fasten aktiviert wird, eine wichtige Rolle zu, um die Leber zu entfetten. Brokkoli, Grünkohl und andere Kreuzblütler sollten im Idealfall mehrmals in der Woche auf dem Speiseplan stehen. Achten Sie auf die Regel »Hacken und warten« (siehe S. 323 f.).
- **Hülsenfrüchte, Soja und Tofu** sind ebenfalls gute Helfer im Kampf gegen die Fettleber, da sie Proteine und Ballaststoffe liefern, aber nicht wie tierische Proteinlieferanten gesättigte Fette enthalten. Gerade Linsen sind durch die Kombination von wertvollen Proteinen, sekundären Pflanzenstoffen und Ballaststoffen eine hervorragende Nahrung, um die Leber gesund zu halten.
- Unter den Anti-Fettleber-Mitteln sticht eine besondere Form der Ballaststoffe hervor. In einer viel beachteten Studie führte der Verzehr von täglich 40 Gramm **resistenter Stärke** nicht nur zu besserer Gewichtsabnahme, sondern halbierte auch den Fettgehalt der Leber innerhalb von vier Monaten. Ein enormer Effekt! Die resistente Stärke förderte das Wachstum von Darmbakterien, die den Fettabbau und Abtransport in der Leber begünstigen. Resistente Stärke findet sich in abgekühlten Nudeln, in Reis, Mais, Kartoffeln oder grünen Bananen.
- Bestimmte Heilpflanzen können ebenfalls die Heilung einer Fettleber unterstützen. Zwar gilt hier, wie oftmals bei Fettleber-Therapien, dass die wissenschaftliche Beweislage noch sehr dünn ist. Allerdings gibt es für zwei Heilpflanzen, der **Mariendistel** und dem **Ginseng**, viel versprechende Daten

aus Tierversuchen und auch gute Hinweise aus Studien am Menschen. Da beide Arzneipflanzen äußerst verträglich sind, gehören sie für mich zum Therapiekonzept bei einer ausgeprägten Fettleber.

- **Nüsse** sind bei einer Fettleber ein sehr zu empfehlendes Nahrungsmittel. Wie bei vielen anderen Erkrankungen ist die Walnuss die Königin, die Nuss mit dem größten Einfluss. Mit den in ihr enthaltenen pflanzlichen Omega-3-Fettsäuren in Verbindung mit den Ballaststoffen profitiert die Leber doppelt.
- In der Naturheilkunde werden seit Jahrhunderten **Bitterstoffe** zur Lebertherapie eingesetzt. Das können Tropfen oder Teemischungen sein, enthalten sind darin meist Löwenzahn, Schafgarbe, Tausendgüldenkraut, Wermut, Enzian, Bitterschleifenblume und Artischocke. Bitterstoffe fördern die Gewichtsabnahme über die Sekretion von GLP-1 (Glucagon-like Peptide-1), ein Peptidhormon. Bitterstoffe unterstützen zudem die Gallesekretion, was wiederum die Fettverdauung verbessert und die Leber entlastet. Auch bitter schmeckende Lebensmittel können die Leber schützen, etwa Chicorée, Endivie, Radicchio, Ingwer, Kreuzblütler wie Brokkoli, Weißkohl, Kohlrabi, Rettich, Rucola oder Kresse. Bereiten Sie sich also einen Radicchio- und Rucola-Salat mit Walnüssen zu, reiben Sie die Schale von Orangen hinein und trinken danach einen Espresso. Ein Stück Bitterschokolade zum Nachtisch ist auch nicht verkehrt. Und fertig ist die leichte, ideale Mahlzeit zum Schutz der Leber.
- **Kreuzkümmel** ist eines der meist verbreiteten Gewürze der asiatischen und speziell der indischen Küche. Er enthält Thymoquinone, sein wichtigster Wirkstoff. Sowohl in Tierstudien als auch in einigen Untersuchungen am Menschen fanden sich einige beachtliche Wirkungen von Kreuzkümmel auf die Fettleber, auf Leberentzündungen und ganz allgemein auf den Stoffwechsel. Es ist hinreichend belegt, dass Kreuzkümmel die Leberwerte und Blutfette verbessern. In einigen Studien wurde auch eine gewichtsreduzierende Wirkung von Kreuzkümmel beschrieben, wobei ich diesen Effekt im Vergleich zu anderen

Methoden eher vernachlässigen würde. Die notwendige »Dosis« für Kreuzkümmel ist etwa ein bis zwei Gramm pro Tag (ungefähr ein Teelöffel). Einige schrecken vor Kreuzkümmel zurück, weil er sehr intensiv schmeckt. Aber es gibt einen einfachen Tipp: Bereiten Sie fettigere Gerichte mit Kreuzkümmel zu – und Ihre Leber wird sich freuen. Da Kreuzkümmel entzündungshemmend wirkt, ist er für mich wie Kurkuma oder Ingwer ein Gewürz, das man möglichst oft auf dem Teller und im Kochtopf haben sollte.

- **Getränke** spielen bei der Prävention und Therapie der Fettleber eine große Rolle. Natürlich sollte man sich beim Alkoholkonsum mäßigen, genauso sind Limonaden und Softdrinks nachteilig. Zudem wurde immer angenommen, dass sich Kaffee ungünstig auswirken könnte. Es war aber eine große Überraschung, als mehr und mehr Studien belegten, dass regelmäßiges Kaffeetrinken mit einem geringeren Risiko für Fettleber, Übergewicht, anderen Lebererkrankungen und Diabetes Typ 2 verbunden ist. Heute gilt als gesichert: Kaffee ist gut für die Leber. Warum das so ist, ist noch nicht endgültig bewiesen. Einige Inhaltsstoffe scheinen eine Schutzwirkung zu besitzen, dazu zählt auch das Koffein. Zudem macht uns Koffein aktiv, es trägt dazu bei, dass wir uns mehr bewegen und eine ausreichende Zahl an Schritten täglich schaffen. Beim grünen Tee kommt ein charakteristischer Wirkstoff zum Zuge: Das Epigallocatechingallat, kurz EGCG, gehört zu den Polyphenolen, bioaktiven Substanzen, und kann helfen, unsere Leber zu schützen.

Quintessenz: die Leber

- Die Leber ist ein unterschätztes Organ, weil wir sie kaum einmal spüren. Dabei ist sie lebenswichtig, hart im Nehmen und hat eine wunderbare Eigenschaft: Sie lässt sich schnell regenerieren, wenn man ihr einmal viel zu viel zugemutet hat. Auch wenn wir über Wochen oder Monate über die Stränge geschlagen haben, erholt sie sich wieder.
- Selbst wenn wir schon Anzeichen einer Fettleber haben, helfen Heilfasten (S. 339 ff.) oder Intervallfasten (S. 363 ff.), um das Organ wieder fit zu machen. Einfacher ist es natürlich, es gar nicht erst so weit kommen zu lassen. Hierbei hilft: kein Alkohol oder nur in Maßen, ebenso sollten Sie es mit Limonaden, Softdrinks und Säften halten.
- Für eine vollwertige und pflanzenbetonte Ernährung mit viel Ballaststoffen und ausreichend Proteinen wird die Leber uns ewig dankbar sein. Kaffee und grüner Tee, Zitronen mit geriebener Schale, bitteres Gemüse und Salate, Brokkoli und verschiedene andere Kohlsorten, Kardamom und Kreuzkümmel unterstützen die Gesundheit der Leber ebenso wie Omega-3-Fettsäuren aus Algen, Leinsamen, Walnüssen sowie Lein- oder Rapsöl.

Hastiges Essen schadet uns – wie wir es besser machen können

Nicht nur das falsche Essen, auch das schnelle Essen schadet auf Dauer unserem Körper. Wie unsere Nahrung verstoffwechselt wird, was in den Körperzellen ankommt, ob es gesund oder ungesund ist, ob es uns übergewichtig macht oder schlank bleiben lässt, alles dies hängt nicht nur von dem ab, was vor uns auf dem Teller liegt. Die komplexe Steuerung – beginnend vom Gehirn, den Hormonen und Botenstoffen, den Transportsystemen –, die Abstimmung der unterschiedlichen Verdauungsprozesse sowie deren Geschwindigkeit entscheiden mit darüber, wie gut unser Essen für den Körper ist. Wir können uns das Ganze wie eine Produktionsstätte in der Fabrik vorstellen, eine Art Fließband.

Die Arbeit beginnt im Mund, mit dem Speichel, den die Speicheldrüsen abgeben, dann geht es weiter mit dem Kauen mithilfe der Zähne und der Zunge, schließlich mischen sich Magen und Darm ein, und letztlich endet der Prozess mit dem Gang zur Toilette. Vergleichen wir diesen Vorgang mit einem Orchester, stellt sich die Frage, wer der Dirigent dieses komplizierten Ablaufs ist.

Wie so oft in unserem Körper steht das Gehirn an oberster Stelle. Dort wird nicht nur entschieden, ob wir uns einen Salat oder einen Burger bestellen. Das Gehirn beeinflusst als Kontrollzentrum maßgeblich das komplexe und netzartige Nervensystem des Bauchraums, es bestimmt darüber, wie und wann die mehr als 30 Neurohormone des Magen-Darm-Trakts ausgeschüttet werden. Die zentrale Rolle spielt dabei das autonome Nervensystem, und wie der Name schon sagt, haben wir willentlich keinen Einfluss darauf – im Gegensatz etwa zu den Nerven, die unsere Muskeln steuern. Das autonome Nervensystem programmiert alle lebensnotwendigen Grundfunktionen unseres Körpers. Es ist jeden Tag 24 Stunden aktiv und steuert automatisch Funktionen wie Herzschlag, Atmung, Blutdruck – und die Verdauung.

Verantwortlich ist dafür eine Art Super-Highway, Nervus vagus genannt, der vom Gehirn hinunter in den Körper führt. Doch dieser Nervus vagus handelt nicht autark. Jede Kau- und Schluckbewegung etwa, der Duft des Essens, die chemische Zusammensetzung der Speisen im Mund oder die Dehnung des Magens werden genauestens von Sensoren aufgezeichnet, an das Gehirn gemeldet und über den Nervus vagus koordiniert.

Es ist ein äußerst komplexes System. Auch psychischer Stress, Sorgen, Ängste, körperliche Bewegung, Raumtemperatur, Licht, Farben, Berührung und Schlaf haben einen starken Einfluss auf das autonome Nervensystem. Unterteilt wird es in den Sympathikus und Parasympathikus. Der Sympathikus ist, vereinfacht formuliert, für Anspannung, Kampf und Flucht, Leistung und Wachheit zuständig. Der Parasympathikus für Ruhe und Entspannung, aber ebenso für die Verdauung. Wenn wir uns dies bewusst machen, wird die Bedeutung unseres heutigen Lebensstils für den Darm und die Verdauung deutlich. Eine gute Verdauung und eine optimale Aufnahme der Nährstoffe unserer Nahrung sind abhängig von der Ruhe, die wir uns gönnen. Und die haben wir leider immer seltener beim Essen. Fast Food ist deshalb der Inbegriff für ungesundes Essen. Schon das englische Wort fast, also »schnell«, deutet darauf hin, dass es nicht gesund sein kann. Wie kam es eigentlich dazu, dass Schnelligkeit beim Essen eine solche Wichtigkeit bekam? Den ersten Hamburger servierte vermutlich bereits um 1895 der deutschstämmige Louis Lassen in New Haven im US-amerikanischen Bundesstaat Connecticut, zunächst als »Steak Sandwich« oder »Louis' Lunch«. Im Jahr 1948 eröffneten die Brüder Richard und Maurice McDonald ihr erstes Restaurant in San Bernardino, Kalifornien. Es war ein Meilenstein der Ernährungsindustrie, erstmals wurde die Herstellung der Hamburger mit technischen Systemen unterstützt und beschleunigt. Möglichst keine Zeit zu verlieren, lautete die Devise, die Brüder McDonald warben mit dem »Speedee Service System« für schnelle Zubereitung und Bedienung. Die rasche Entwicklung zu einem Weltkonzern wäre in der vorindustriellen Zeit unvorstellbar gewesen. Über Jahrhunderte wurde im Kontext der Familien gekocht und gegessen. Erst die wirtschaftlichen und gesellschaftlichen Veränderungen konnten Fast Food so erfolgreich werden lassen.

Zeitdruck und die Beschleunigung des Alltags raubten unserem gemeinsamen Essen zunehmend die Grundlage, für das Kochen und Vorbereiten der Nahrung blieben immer weniger Raum. Entscheidender noch war die Trennung von Wohnort und Arbeitsstätte. Die Mittagspause fand nicht mehr zu Hause in der Familie statt, Speisen selbst zu kochen, wurde weitgehend unmöglich. Für die traditionelle Essenskultur war bald kein Platz mehr, sie störte nur den Geschäftsgang. Wichtig war es fortan nur noch, in kürzester Zeit und möglichst billig satt zu werden. Diese Dynamik beeinflusste die rasant wachsende industrielle Herstellung der Nahrungsmittel. Wie in jeder anderen Industrie wurden Kostensenkung und Gewinnmaximierung zu den wichtigsten Prinzipien der Essenszubereitung. Die Aufgabe des familiären Mittagessens dehnte sich auf die generelle Essenskultur aus: Take-away, To-go, Drive-in sind inzwischen fest etabliert. In den USA können fast alle Fast-Food-Restaurants mit dem Auto angefahren werden. Essen wird damit endgültig zur lästigen Pflicht, das man nur noch nebenbei, etwa beim Autofahren, erledigen sollte.

Für die Gesundheit besteht darin eine doppelte Gefahr. Das Angebot von Fast Food besteht fast ausschließlich aus industriell hergestellten Waren: Würstchen, Pommes, Sandwichs, Kebabs, Gyros, Hot Dogs – aber eben keinen Brokkoli, keinen Rotkohl, selten Salat. Die andere, immer noch unterschätzte Problematik ist die Essgeschwindigkeit, das zügige Herunterwürgen des Essens, um ja keine Zeit zu verlieren.

Schnelles Essen schadet jedoch auf Dauer unserem Körper. Diese wissenschaftliche Erkenntnis liefern inzwischen immer mehr Studien. Erstaunlicherweise (oder auch nicht?) kommen viele Veröffentlichungen nicht aus den USA, dem Mutterland des Dalli-Dalli-Essens, sie werden in China gemacht. Das Land hat seit wenigen Jahren ein explodierendes Problem mit dem Anstieg von Übergewicht, Diabetes und Herz-Kreislauf-Erkrankungen. Eine im Jahr 2018 veröffentlichte Studie aus Peking erhob bei 8000 Teilnehmern eines medizinischen Routine-Check-ups die Essgeschwindigkeit mit einer einfachen Frage: Essen Sie Ihr Essen schnell, mittel oder langsam? Das Ergebnis: Schnelles Essen war mit einem um 65 Prozent erhöhten Risiko für Übergewicht, Bauchfett, Bluthochdruck und erhöhte Blutfette verbunden.

Eine weitere Studie aus China untersuchte die Fettverteilung im Körper in Abhängigkeit der Essgeschwindigkeit. Knapp 4800 Teilnehmer aus der Lanxi-Region wurden nach ihrer Essgeschwindigkeit in drei Gruppen aufgeteilt. Die Ergebnisse: Langsames Essen war mit einem geringeren Bauchumfang und einer günstigeren Fettverteilung im Körper verbunden. Der gleiche Zusammenhang zeigte sich in einer Studie mit 2000 Teilnehmern in Japan. Schnellesser hatten ein um 70 Prozent erhöhtes Risiko, an Diabetes zu erkranken. Übergewicht trat bei den Langsamessern nur in 15 Prozent der Fälle auf, bei den Schnellessern waren es 35 Prozent.

Inzwischen gibt es auch Übersichtsstudien, sogenannte Metaanalysen, in der alle Studien dieses Themas zusammengeführt werden. Die jüngste Metastudie aus dem Jahr 2021 wertete die Daten von Untersuchungen mit insgesamt 465 000 Menschen aus. Das Ergebnis: Wer schnell isst, erhöht das Risiko um 50 Prozent, an einem metabolischen Syndrom zu erkranken, der Kombination aus Übergewicht mit vermehrtem Bauchumfang, Diabetes Typ 2, Bluthochdruck und erhöhten Blutfetten. Die Autoren des Artikels resümieren, dass es sinnvoll wäre, Maßnahmen zu finden, die Menschen dazu zu bringen, langsamer zu essen.

Eine entspannte Atmosphäre zu schaffen, mehr Zeit für das Essen einzuplanen und überhaupt Stress zu reduzieren, steigert unser allgemeines Wohlbefinden und unsere Gesundheit. Schon allein Musik könnte helfen, uns zu entspannen. Es kommt auch darauf an, mit welcher Musikrichtung wir uns berieseln lassen. In zwei Experimenten einer Studie aus Dänemark wurden Teilnehmer gebeten, Schokoladenstücke zu essen, wobei die Hintergrundmusik variierte: schnelles und langsames Tempo, Stakkato und Legato oder Stille. Die Essensdauer war bei langsamerem Tempo länger, die Legato-Musik verlängerte im Gegensatz zum schroffen

Stakkato die Essenszeit weiter. Unabhängig vom Stil verlängerte Musik deutlich die Essensdauer im Vergleich zum Essen in Stille. Wer also notorischer Schnellesser ist, könnte es zum Einstieg in gelassenere Mahlzeiten mit Smooth-Jazz von Sade oder etwas Chopin probieren.

Als Wissenschaftler stellt sich mir natürlich die Frage, warum es so ungesund ist, schnell zu essen. Ein Grund ist relativ einfach: Die schon erwähnte komplexe Steuerung von Appetit, Essen und Verdauung wird durch die überall im Magen-Darm-Trakt verteilten Sensoren in Gang gesetzt. Diese Sensoren fühlen die Magendehnung, die Zucker-, Mineral-, Protein- und Fettanflutungen, sie »spüren«, was und vor allem wie viel Essen ankommt – und veranlassen daraufhin Bremssignale, indem sie Sättigungshormone ausschütten und Hungersignale hemmen. Dieser Regelkreis braucht aber Zeit. Schlingen wir energiereiches Essen in Höchstgeschwindigkeit herunter, haben wir schon 1000 Kilokalorien intus, bevor die Sättigungssignale aktiviert werden. Unser Körper bremst für unser heutiges Fast Food also zu langsam. Wir haben es geschafft, mit sehr energiereichem Essen und einer Kultur des Herunterschlingens ein höchst effizientes System unseres Körpers auszutricksen. Aber die Kollateralschäden sind immens – für jeden einzelnen Menschen, aber auch für die Gesellschaft.

Am besten 40-mal kauen

Weil es so wichtig für uns ist, wie die Prozesse in unserem Körper gesteuert werden, will ich noch näher darauf eingehen. In einer bereits im Jahr 2008 erschienenen Studie der University of Rhode Island in Kingston, USA, untersuchten Forscher die Essgeschwindigkeit bei 30 Frauen. Es gab eine Testmahlzeit mit einer Portion Nudeln mit Tomaten-Gemüse-Sauce und Parmesan. Die eine Gruppe der Frauen bekam einen großen Löffel und sollte so schnell wie möglich essen. Die andere Gruppe sollte sich Zeit lassen und erhielt nur einen kleinen Teelöffel. Die Schnellesser beendeten ihre

Mahlzeit nach neun Minuten und konsumierten im Durchschnitt 646 Kilokalorien. Die Langsamesser nahmen sich 29 Minuten Zeit und hatten nur 579 Kilokalorien verzehrt. Zudem fühlten sich die Frauen, die sich beim Essen Zeit gelassen hatten, besser gesättigt und insgesamt wohler. Für uns ergibt sich daraus ein einfacher Trick, um langsamer zu essen: Benutzen Sie für Müsli, Suppen, Quark, Eintöpfe, Milchspeisen einen kleinen Teelöffel.

Die Geschwindigkeit des Essens entscheidet aber nicht nur darüber, wie viele Kilokalorien wir verspeisen. Je langsamer wir essen und je mehr wir kauen und schmecken, desto besser werden Magen und Darm darauf vorbereitet, das ankommende Essen zu verdauen. Die Nährstoffe können besser aufgeschlossen und aufgenommen werden. Weil das so wichtig ist, belohnt unser Körper Langsamesser; sie genießen geschmacklich einen Vorteil. Sie kennen sicher das Ritual aus der Trinkkultur. Weinliebhaber behalten den Rotwein lange im Mund, damit er sein volles Aroma entfalten kann. Einen ähnlichen Effekt kennen wir beim Gemüse. Nach längerer Kauzeit entsteht durch die beginnende Verdauung und die Interaktion mit den Bakterien im Mund ein intensiveres Aroma, verbunden mit einem höheren Genuss.

Fasten nach Mayr

Das Kauen ist ein wesentlicher Faktor für die Geschwindigkeit des Essens. Langsames Essen bedeutet meistens gründlicheres Kauen. Wenn es um die Rolle des Kauens für eine gute Verdauung und die Gesundheit geht, kommt man an dem Fastenarzt Franz Xaver Mayr nicht vorbei. Der Mediziner wurde 1875 in dem österreichischen Bergdorf Gröbming in der Steiermark geboren. Schon als Jugendlicher zog er aus Beobachtungen an Tieren Rückschlüsse darauf, dass Ernährung und Verdauung die Gesundheit bestimmen. Später, während seiner ärztlichen Tätigkeit in Karlsbad (Karlovy Vary) und Wien, registrierte er immer wieder, wie schlecht es den Menschen ging, sobald etwas mit ihrer Verdauung nicht stimmte. Er stellte den

Darm in den Mittelpunkt seiner medizinischen Therapie und wurde damit zu einem großen Pionier. Er beobachtete, dass zu viel und zu schnell verschlungenes und schlecht gekautes Essen Ursache für Verdauungs- und Stoffwechselerkrankungen waren. Darauf aufbauend setzte er bei der Therapie auf zwei grundlegende, evolutionär eher archaische Methoden: Fasten und Kauen. Er nahm das Kauen als ein zentrales Element in seine Fastenmethode auf, eine Technik, die mit einer »Kauschule« verbunden war und noch heute ist.

30- bis 40-mal sollen die Fastenden einen Bissen härteres Brot (am besten vom Vortag) im Mund zerkleinern und einspeicheln, bevor der Brei mit etwas Flüssigkeit hinuntergeschluckt wird. Dieser Vorgang ist reine Vorverdauung, indem durch die Speichelenzyme die Nahrung schon aufgespalten wird. Darüber hinaus wird durch das bewusste, achtsame und langsame Kauen das Sättigungsgefühl intensiver wahrgenommen. Denn darum geht es bei der Fastendiät von Mayr: mit dem Essen spätestens dann aufzuhören, wenn sich ein erstes Sättigungsgefühl einstellt. Mayr sah die Vorteile in zwei Funktionen, die mit der Verdauung im Mund zu tun haben, zum einen die mechanische Zerkleinerung, zum anderen die Vermischung mit dem Speichel. Der Speichel macht die Nahrung schluckfähig, zugleich beginnt die chemische Verdauung der Kohlenhydrate durch das von den Speicheldrüsen abgesonderte Enzym Alpha-Amylase. Zudem wird vom Zungengrund etwas Lipase beigefügt, ein Enzym, das die Nahrungsfette aufspaltet.

Beeinflusst hatten Mayr die Schriften des US-amerikanischen »Kau-Gurus« und Ernährungsreformers Horace Fletcher, ein 1849 geborener Geschäftsmann, der durch Käsehandel reich geworden war. Fletcher war schwer übergewichtig und kränklich. Auf den Ratschlag eines Bekannten begann er, alle Speisen so lange zu kauen, bis er sie wie eine Flüssigkeit herunterschlucken konnte. Mit dieser Technik und gleichzeitigem Intervallfasten nahm er in kurzer Zeit 25 Kilogramm ab, wurde gesund und sportlich. Fletcher war ein manischer Mann mit viel Energie, der alles, was er machte, konsequent betrieb – ob er mit Käse handelte, den Sinn des Lebens suchte oder eben abspeckte. Seine eigene Gesundheitsgeschichte machte Fletcher publik, er wurde der erste prominente Verfechter des langen und gründlichen Kauens.

Eine Freundschaft entspann sich zwischen Fletcher und einem anderen Gesundheitsguru dieser Ära, dem Arzt John Harvey Kellogg (1852–1943), Namensgeber der einstmals gesunden Getreideflocken und des heutigen Weltkonzerns Kellogg. John Harvey Kellogg gründete in Battle Creek, Michigan, ein beeindruckendes Sanatorium für Naturheilkunde mit 700 Betten, wo er Krankheiten mit Ernährung, Sport, Physiotherapie, Bädern und Wasserheilkunde behandelte. Alles was Rang und Namen hatte, kam zu ihm in Behandlung. Fletcher besuchte Kellogg regelmäßig, und dieser war es schließlich, der Fletchers Kaumethode als »fletchern« bezeichnete. Seine Patienten wurden streng angehalten, ihre Speisen gründlich zu zerbeißen und zu zermalmen. Auf großen Bannern im Speisesaal von Battle Creek stand »fletcherize«. Fletchers Spitzname war übrigens »der große Masticator«, abgeleitet vom lateinischen Wort *masticare* (»kauen«). Sein Wahlspruch war »Nature will castigate those who don't masticate« (»Die Natur wird diejenigen geißeln, die nicht kauen«).

Sicherlich waren Fletchers Methoden extrem. Unbestritten aber kommen gleich mehrere positive Effekte beim gründlichen Kauen zusammen. Es wird Zeit gewonnen für die Sättigungssignale, die, wie oben beschrieben, für die heutige Zeit zu langsam sind. Zudem wird die Nahrung gut zerkleinert und vorverdaut. Darüber hinaus gewinnen wir mehr Zeit, um zu schmecken und zu riechen. Das wiederum erhöht nicht nur den Genuss, sondern über die Hirn-Darm-Achse werden die weiteren »Mitarbeitenden« am Verdauungsprozess auf das bald eintreffende Essen vorbereitet. Dadurch wird auch die Abgabe der Verdauungsenzyme von Leber und Gallenblase sowie der Bauchspeicheldrüse optimiert.

Es besteht also theoretisch kein Zweifel darüber, dass das, was wir über die Physiologie langen Kauens und langsamen Essens wissen, zu unserer Gesundheit beiträgt. Für den Beweis braucht es aber überprüfende Studien. Denn regelmäßig erweisen sich in der Medizin auch die plausibelsten Theorien in der Praxis dann doch als nicht wirksam. Die Faszination beim wissenschaftlichen Arbeiten besteht für mich oft genau darin: Überlegungen anzustellen, wie man eine als wirksam vermutete neue Therapie am besten und elegantesten in einer Studie überprüfen kann.

Studien, die beim Thema Kauen überzeugen, wurden von den japanischen Forschern Yuka Hamada und Naoyuki Hayashi von der Waseda University in Tokio durchgeführt. Die Wissenschaftler waren inspiriert durch Berichte über Horace Fletcher. Sie gingen bereits im Jahr 2014 daran, den Effekt des gründlichen Kauens in einer ersten Untersuchung mit elf freiwilligen Teilnehmern zu überprüfen. Es wurden zwei Gruppen gebildet, denen eine Testmahlzeit mit jeweils 300 Kilokalorien vorgesetzt wurde. Die eine Gruppe sollte die Nahrung so schnell wie möglich in den Mund stopfen und herunterschlucken. Die andere Gruppe wurde aufgefordert, so lange wie möglich zu kauen, bis nur noch ein feiner Speisebrei übrig blieb, den sie erst dann schlucken sollten. In einem Stoffwechsellabor wurde anschließend aufwendig gemessen, was genau im Bauch geschah. Das Ergebnis war bemerkenswert. Zunächst einmal brauchte die schnelle Gruppe nur 100 Sekunden, die andere fünfmal so lang, um die Mahlzeit zu verzehren. 140 zu 700 lautete das Verhältnis der Kaubewegungen. Die Forscher hatten also ihre Teilnehmer gut instruiert.

Spektakulär war, dass sich trotz der identischen Mahlzeiten Unterschiede im Kalorienverbrauch und in der Durchblutung der Verdauungsorgane – einem gängigen Maß, um die Verdauungsqualität zu beurteilen –, zeigten. Die Durchblutung im Bauchraum war beim langsamen Essen gesteigert, zudem wurden zehn Kilokalorien mehr Energie vom Körper verbraucht. Der Magen-Darm-Trakt hatte offenbar für die bessere Verdauung auch härter gearbeitet. Für die gemütlichen Schlemmer ergab sich ein zweifacher Nutzen: Die Qualität der Verdauung wurde zum einen besser und zum anderen landeten weniger Kilokalorien im Fettgewebe. Nun ist ein gesteigerter Energieverbrauch von zehn Kilokalorien nicht gerade die Welt, aber die Testmahlzeiten waren auch bescheiden. In einer ähnlichen Studie wurden Spaghetti Carbonara langsam oder schnell verzehrt – und diesmal wurden beim langsamen Essen 15 Kilokalorien mehr verbraucht. Klingt wieder nicht nach viel, wenn man aber solche kleinen Kalorienabzüge über die Mahlzeiten eines Jahres aufsummiert, kommt man etwa auf 2,4 Kilogramm Gewicht. Auch eine Forschergruppe aus Oxford wollte wissen, was das Fletchern von Pasta bringt. Eine Gruppe sollte sie jeweils 35-mal kauen, die andere zehnmal. Das gründliche Kauen brachte ziemliche Vorteile für die Sättigung. Die Schlingenden nahmen 358 Gramm Pasta zu sich, die lange Kauenden nur 313 Gramm.

Beides zusammen, langes Kauen und langsames Essen, sind also eine Art Zauberformel, um sein Normalgewicht zu sichern. Das zeigte eindrucksvoll eine kleine Studie aus Coventry in England mit zehn Patientinnen einer Adipositas-Spezialambulanz. Hier wurden die Teilnehmerinnen angehalten, ein Standardmittagessen in zehn Minuten oder über 40 Minuten, mit gutem Kauen und Pausen, zu sich zu nehmen. Das langsame Essen führte in diesem Experiment durch eine stärkere Durchblutung und Wärmebildung im Bauchraum zu einem gesteigerten Energieverbrauch von 50 Kilokalorien. Zudem konnten die Wissenschaftler eine höhere Konzentration von Sättigungshormonen im Blut messen. Würden die Patientinnen dieses Essverhalten ein Jahr durchhalten, könnten sie schon 7,8 Kilogramm Fett verlieren. Eine ganz simple Methode des Abnehmens.

Hamada und Hayashi gingen im Jahr 2021 mit einer neuen Studie noch weiter ins Detail der Theorie vom langsamen Essen. Sie wollten wissen, ob die verbesserte Verdauung auch zu sehen ist, wenn es sich um flüssige Mahlzeiten handelt, das Kauen und Zerkleinern der Speisen also ausgeklammert wurden. Das Team führte ein Experiment durch, bei denen die Teilnehmer 200 Milliliter eines Schokogetränks zu sich nehmen sollten, jeweils aufgeteilt in Portionen von 20 Milliliter. Die Unterschiede: Einmal sollten die Testpersonen das Getränk einfach hinunterkippen, zehnmal im Abstand von 30 Sekunden, das andere Mal den Schokodrink 30 Sekunden lang im Mund halten und den Geschmack bewusst genießen, bevor sie das Getränk schluckten. Schließlich, beim dritten Durchgang, behielten sie die Flüssigkeit 30 Sekunden lang im Mund und bewegten sie dort ausgiebig hin und her, erst dann wurde sie heruntergespült. Je nachdem, wie die Flüssigkeit aufgenommen wurde, sahen die Forscher deutliche Unterschiede. Durchblutung, Energieverbrauch und Wärmebildung im Bauchraum erhöhten sich beim längeren Schmecken. Noch stärker war dieser Effekt, wenn die Testpersonen bewusst dem Geschmack nachspürten und das Getränk im Mund herumwälzten – ein weiteres Indiz dafür, wie sensibel unser Verdauungssystem reagiert. Und ein Beleg dafür, dass genussvolles Essen nicht nur zur Lebensfreude beiträgt, sondern der Gesunderhaltung unseres ganzen Körpers dient.

Nun könnte man einwenden, es sei doch Energieverschwendung, wenn wir mehr Energie beim Verdauen verbrauchen als nötig. Warum wurde dies in der Evolution, wo Nahrungsknappheit stets eine große Rolle spielte, so entwickelt? Wir wissen, dass die Wärmebildung im Magen-Darm-Trakt ein Zeichen der Verdauungsqualität ist. Zudem scheint sich in diesem Prozess mehr braunes Fettgewebe zu bilden, das eine Schutzwirkung gegen Diabetes, Herzleiden und auch gegen Kälte hat (siehe S. 132 ff.). Die Wärme im Bauch ist nichts anderes als ein Ausdruck, dass die Nährstoffe gut verdaut werden. Und dass Wärme im Bauch etwas Positives ist, ist keine neue Entdeckung der Wissenschaft. Der schwäbische Pfarrer Sebastian Kneipp (1821–1897) sprach bereits von der Lebenswärme, im indischen Ayurveda spielt das Verdauungsfeuer Agni eine eminent wichtige Rolle in der Prävention von Stoffwechselerkrankungen. Und jeder kann dieses Phänomen an sich feststellen: Ein warmes Bauchgefühl zu haben, erscheint uns allen als sehr angenehm.

Wenn geruhsames Essen und ordentliches Kauen so wichtig sind, stellt sich die Frage, wie wir uns beide Verhaltensmaßnahmen wieder angewöhnen können. Einfach ist es nicht. Die bloße Empfehlung, jeden Bissen 30-mal zu kauen, hat nach meiner Erfahrung keinen nachhaltigen Erfolg. Ich denke, es ist wichtig, sich immer wieder bewusst zu machen, dass es uns guttut, lange zu kauen. Situationen, die uns zwingen, das Essen hinunterzuschlingen, sollten wir tunlichst vermeiden. Lieber sollten wir das Essen ganz verschieben, als es nur zwischendurch in uns hineinzuschaufeln. Und betrachten Sie es als gutes Zeichen, wenn das Brot schon etwas älter und härter geworden ist und Sie auf diese Weise gezwungen werden, intensiver zu kauen. Oder kaufen Sie gleich grob geschrotetes Brot statt weichen Weißbrots. Auch Pasta al dente sind besser als Nudeln, die keinen Biss mehr haben (siehe auch S. 146 f.). Ultrahochverarbeitetes Industrie-Essen ist hingegen meist weich, sahnig, cremig, fluffig. Wenn wir das vor uns auf dem Teller haben, wird es uns fast unmöglich gemacht, noch gründlich zu kauen. Wir sollten uns vor Augen führen, dass es auserkorenes Ziel dieser Produkte ist, möglichst viel und schnell zu essen, um mehr davon zu vertilgen, damit am Ende die Profite der Hersteller stimmen.

Gutes Kauen und langsames Essen stehen, zumindest zu großen Teilen, unter der Kontrolle unseres Willens. Auch wenn es schwierig ist, können wir uns diese Prinzipien angewöhnen. Der größte Teil der Verdauung wird aber über Nerven des autonomen Nervensystems im Bauchraum und über die Kommunikation mit dem Gehirn und dem Darm-Mikrobiom gesteuert. Es ist ein unbewusster Vorgang, das heißt jedoch noch lange nicht, dass diese Systeme völlig von der Außenwelt abgekoppelt sind. Im Gegenteil: In subtiler und komplexer Form nimmt unser Körper über die Sinne, Rezeptoren, Nerven und Botenstoffe sehr viel wahr, was sich alles beim Essen vom Mund bis zum Enddarm abspielt.

Hier kommt wieder der Nervus vagus ins Spiel, der Hauptakteur im Orchester unseres Körpers. Seinen Namen hat er vom lateinischen Wort *vagari* (»herumschweifen«), er ist also der herumschweifende Nerv, der größte Hirnnerv, der bei der Regulation fast aller Körperorgane entscheidend mitspielt. Der Vagusnerv ist die wichtigste Verbindung zwischen dem Gehirn, dem Magen-Darm-Trakt und vielen anderen Organen, eine Art gigantische Datenautobahn.

Als ich in meiner medizinischen Ausbildung war, wusste man ziemlich wenig über diesen Nerv, ausgenommen von seiner Anatomie. Es gab noch keine medikamentösen Säureblocker und Antibiotika gegen Magengeschwüre und so wurde oft, wenn es Probleme gab, die operative Vagotomie durchgeführt, das Durchtrennen der Äste des Vagusnervs, die zum Magen ziehen. Damit wurde die Säureproduktion im Magen stark ausgebremst, was bei

Magengeschwüren half. Allerdings gab es auch viele Nebenwirkungen. Das fein abgestimmte Spiel des Weitertransports der Nahrung funktionierte fortan nicht mehr so ideal. Glücklicherweise gibt es heute wirksame Medikamente gegen Magengeschwüre, und im Fokus der ärztlichen Bemühungen steht vielmehr, wie man den Vagus aktivieren kann.

Der Vagusnerv ist der größte Nerv des Parasympathikus, des Nervensystems für Entspannung und Verdauung. In der Evolution wurde er vernünftigerweise diesem Bereich zugeordnet, denn wenn akute Lebensgefahr droht, eine Stresssituation gegeben ist und Kampf oder Flucht über das Überleben entscheiden, kommt es nur auf Schnelligkeit, Muskelkraft sowie Muskeldurchblutung an. Daher sorgen die Stresshormone Adrenalin und Noradrenalin in diesem Moment für einen hohen Blutdruck, für Puls und Muskelspannung. Und die Verdauung? Kann warten. Daher haben wir noch heute bei Ängsten Durchfall, auch wenn es gar nicht mehr um einen Lebenskampf geht, sondern etwa »nur« um eine wichtige Prüfung. Der Volksmund nennt das nicht zufällig »Ich habe Schiss«. Fast jeder kennt das. Haben wir Stress, Angst oder Kummer, geht es der Verdauung nicht besonders gut.

Das Verdauen ist keine geradlinige, ausschließlich biochemische und technisch funktionierende Angelegenheit. Unbewusst gehen wir davon aus, dass es einzig darauf ankommt, was wir essen: Vitamine, Proteine, Kilokalorien. Wir beachten jedoch zu wenig, dass ebenso weiche Faktoren mitbestimmen, ob wir die Speisen vertragen, ob sie uns gesund oder krank machen. Ob am Ende eines gesunden Gemüseauflaufs auch alle wichtigen Nährstoffe dort eintreffen, wo sie hinsollen, hängt stark vom Einfluss des Parasympathikus und des Sympathikus ab, von der Ruhe oder dem Stress der Essenssituation.

Die Erkenntnis, dass Stress dem Verdauungssystem nicht bekommt, hat sich inzwischen auch in der klassischen Gastroenterologie durchgesetzt. Es ist wissenschaftlich belegt, dass chronischer Stress verschiedenste Darmerkrankungen mitverursacht oder zumindest verschlechtert, von chronisch-entzündlichen

Darmerkrankungen wie Colitis ulcerosa und Morbus Crohn bis hin zum Reizdarmsyndrom oder dem Durchfall. Unser Darm mag es ruhig und chillig, nicht hektisch und aufgeregt. Deshalb ist bei meinen Patienten mit Darmentzündungen oder Reizdarm die Verordnung von Entspannungsmethoden und Yoga fester Bestandteil des Therapiekonzepts.

Den Vagusnerv anfeuern

Wie wir wissen, verbessert ein aktiver Vagusnerv die Funktion der Verdauungsorgane, er ist der zentrale Player, der die Kommunikation zwischen Gehirn und den Organen steuert. Aber wie gelingt es uns, unsere Verdauung und unseren Stoffwechsel so zu stärken, dass wir die Vagusnerven besser aktivieren? Mit Medikamenten ist dies kaum möglich. Zwar können wir mit Betablockern den Gegenspieler hemmen, den Sympathikus, damit den Puls verlangsamen und den Blutdruck senken. Damit haben wir aber noch lange nicht den Vagusnerv angefeuert.

Eine generelle Stärkung des Parasympathikus können wir hingegen erzielen, indem wir nicht medikamentöse Verfahren anwenden. Wir befinden uns damit im Epizentrum der Prävention und Naturheilkunde: Ausdauersport, Kneipp-Güsse und Eisbaden, Naturerleben und Waldspaziergänge, Massagen und vor allem Yoga, Stressreduktion mit Meditation, Tai-Chi oder Atemtechniken können nachweislich die parasympathische Aktivität unserer Körperregulation stärken und den Sympathikus dämpfen. Das ist messbar durch Methoden wie die Herzfrequenzvariabilität im EKG.

In einer Übersichtsarbeit zum Vagusnerv schreibt die Arbeitsgruppe »Molekulare Psychiatrie« der Universitätsklinik Bern um Professor Gregor Hasler: »Da der Vagustonus mit der Fähigkeit zur Regulierung von Stressreaktionen zusammenhängt und durch die Atmung beeinflusst werden kann, trägt seine Steigerung durch Meditation und Yoga wahrscheinlich zur Resilienz und zur Linderung von Stimmungs- und Angstsymptomen bei.« Mit diesen Methoden helfen wir also nicht nur dem Darm und der Verdauung, sondern können einer stattlichen Zahl chronischer Erkrankungen vorbeugen oder, wenn sie schon da sind, lindern.

Anatomisch betrachtet gibt es einen Ast des Vagusnervs, der durch das Ohr verläuft. Forscher formulierten die Hypothese, dass durch Stimulation dieses Bereichs möglicherweise auch die Stimulation anderer Teile des Nervs erreicht werden könne. Interessanterweise existiert in der chinesischen Medizin – bei der Technik zur Stressreduktion über Qigong – die Methode, das Ohr intensiv zu massieren. Für eine zuverlässige Vagus-Stimulation ist eine einfache Ohrmassage aber nicht ausreichend. Es wurde deshalb ein Gerät entwickelt, durch das über einen Ohrhörer eine intensive elektrische Stimulation am Ohr erzielt wird, die transkutane aurikuläre Vagusnerv-Stimulation (taVNS).

Um herauszufinden, ob diese Stimulation der Vagusnerven im Ohr tatsächlich günstig auf den Darm und die Verdauung einwirkt, bedurfte es einer Studie, publiziert wurde sie 2022 von der Gastroenterologin Tamara Mogilevski, die am Alfred Hospital im australischen Melbourne arbeitet und forscht. Ein Gütezeichen der Verdauung ist, dass der Darm zwischen den Nährstoffen, die er aufnehmen will, und toxischen Stoffen, die er loswerden möchte, unterscheiden kann. Ausschlaggebend ist die Durchlässigkeit der Darmwand. Ist diese gestört, sprechen wir, wie schon erläutert, vom Leaky Gut. Das Team um Mogilevski gab nun 16 Freiwilligen eine Trinklösung aus Zucker und einem fettbindenden Protein, das die Durchlässigkeit des Darms anzeigt. Dann spritzten die Forscher ein Stresshormon, was bekanntermaßen ebenso den Darm nervt und dessen Durchlässigkeit erhöht. Anhand der Konzentration des Proteins im Blut konnten sie nun abschätzen, wie durchlässig der Darm geworden war. Vor dem Trinken der Lösung stimulierten die Wissenschaftler bei den Teilnehmern über 20 Minuten lang elektrisch das Ohr durch einen Ohrknopf. Parallel dazu nahmen sie eine Placebo-Stimulation vor. Das Ergebnis: De facto führte die kurze Stimulation des Vagusnervs zu einer deutlichen Abnahme der Durchlässigkeit des Dünndarms, also zu einer Verbesserung der Darmfunktion. Es braucht aber eine relativ hohe Intensität der Stimulation, man muss bis knapp unter die Schmerzschwelle gehen, was dann als Kribbeln am Ohr spürbar ist.

Weitere interessante Erkenntnisse zur Stimulation des Vagusnervs sammelte eine Forschergruppe um den Psychiater Nils Kroemer an der Uniklinik Tübingen. Die Wissenschaftler gingen der Frage nach, was Personen in einem Test motivieren kann, mehr Zeit in eine Tätigkeit zu investieren, um Essen oder Geld als Belohnung zu erhalten. Die Stimulation am Ohr, also die Aktivierung des Vagus, so fanden sie heraus, verstärkte die Motivation, etwas mehr Aufwand zu betreiben, um dafür eine spätere Belohnung zu erhalten. Dabei gibt es spannenderweise einen leichten Unterschied zwischen einer Aktivierung des linken und des rechten Ohrs. Auf der linken Seite wirkt sich die Motivationssteigerung aus, wenn es um Belohnung in Form von Essen geht. Denkbar wäre also, dass die Nervenstimulation achtsames und langsameres Essen begünstigt und gieriges schnelles Schlingen reduziert. Auf der rechten Seite erhöht sich die Motivation in anderen Bereichen, zum Beispiel in Geldfragen.

Werden diese Ergebnisse weitergedacht und verstehen wir den Vagus als großen Bauchnerv, bekommen wir eine Vorstellung davon, was das »Bauchgefühl« sein kann. Die meisten Menschen haben in ihrem Leben wiederholt die Erfahrung gemacht, dass sie wichtige Entscheidungen nicht rational nach langen Überlegungen treffen, sondern aus dem Gefühl heraus. Die Tübinger Studie belegte, dass diese Entschlüsse real von der Aktivität des Vagusnervs beeinflusst werden. Das betrifft auch eine weitere Lebensweisheit: Von einer wesentlichen Entscheidung solle man »noch eine Nacht drüber schlafen«. Also sich ausruhen und abwarten, bis der Vagusnerv unseren Körper dominiert.

Essen in Stille

So interessant die Erkenntnisse über den »Vagus-Schrittmacher« und die Optionen, die sich daraus für neue Therapien ergeben, so nüchtern sehe ich zum derzeitigen Zeitpunkt die Möglichkeit, sie breit gefächert in Fragen der Ernährung oder der Verdauung einzusetzen. Mir scheint es naheliegender zu sein, zu einer vernünftigen Esskultur zurückzukehren und unser Leben zu entstressen.

Die vagale Aktivität im Bauch können wir zum Beispiel einfach unterstützen, indem wir mehr selbst kochen und unser Essen wieder zu genießen lernen. Schmackhafte Gerichte, die beim längeren Kauen erst ihre gesamte Duftpalette entfalten, können unsere neuronalen Verdauungssignale anheizen. Sie aktivieren Botenstoffe wie Dopamin und Serotonin und damit auch den Vagusnerv. Schon das Anbraten mit Oregano, Thymian und Knoblauch entfaltet Gerüche, die den Magen-Darm-Trakt vorbereiten. »Mir läuft das Wasser im Mund zusammen«, lautet ein weiteres Sprichwort, das ein wissenschaftliches Fundament hat, weil sich auch der Vagus auf das Essen freut.

Sosehr ich in meinen Gesprächen mit Patienten immer wieder empfehle, mehr zu kochen, so realistisch bin ich, zu erkennen, dass die Zubereitung von Mahlzeiten zu Hause in der Zukunft kaum zunehmen wird. Deshalb ist es wichtig, Wege zu finden, das entspannte Essen und die Kopfverdauung anderweitig zu fördern. Das kann gelingen, indem wir der Zeit vor und beim Essen mehr Raum und Aufmerksamkeit geben. Kompromisse müssen wir wohl ebenso beim gemeinsamen Essen und Reden finden. Einerseits ist es entspannend, gemeinsam zu essen und angeregt zu plaudern. Auf der anderen Seite bringt das Reden mit sich, dass die Nahrung nicht mehr so gut gekaut und schneller geschluckt wird. In diesem Fall würde ich jedoch den sozialen Vorteil über die ernährungsmedizinische Notwendigkeit stellen. Ganz bewusst wird in einigen Sanatorien, die sich auf Verdauungsstörungen spezialisiert haben, das Essen in Stille empfohlen. Ich denke aber, dass im Alltag ein Gespräch beim Essen besser ist, als still und allein vor sich hin zu kauen.

Gesund durch eine Siesta

In Studien fiel auf, dass Menschen mit sehr kurzer Schlafdauer (unter sieben Stunden) oder subjektivem Schlafdefizit ein erhöhtes Risiko haben, unter Übergewicht oder metabolischen Erkrankungen (Bluthochdruck, Zucker- und Fettstoffwechselstörungen) zu leiden. Auf den ersten Blick mögen diese Ergebnisse überraschen, da eher anzunehmen ist, dass mehr Aktivität und weniger Schlaf zu einem vermehrten Kalorienverbrauch führen. Doch in der Realität ist es so, dass die Schwächung der parasympathischen Aktivität und die Dysbalance hinsichtlich der Neurohormone im Bauchbereich bei Schlafmangel zu mehr Hunger und zu größerer Gier auf ungesundes Essen führen. Stress und Schlafdefizit haben ähnliche Folgen und gehen oft Hand in Hand.

Dass tatsächlich ein kausaler Zusammenhang zwischen Übergewicht und wenig Schlaf vorliegt, belegte eine aufsehenerregende Studie einer Forschergruppe der University of Chicago von 2022. An ihr nahmen 80 Teilnehmer mit Übergewicht und einer Schlafdauer von weniger als sechseinhalb Stunden teil. Die erste Gruppe erhielt eine Schlafberatung mit dem Ziel, die tägliche Schlafdauer auf 8,5 Stunden zu erhöhen, die zweite Gruppe sollte weiter (zu) wenig schlafen. Zu Beginn und nach zwei Wochen erfolgten umfangreiche medizinische Messungen. Tatsächlich schaffte die erste Gruppe die 8,5 Stunden nicht, aber immerhin schliefen die Teilnehmer nach der Beratung 1,2 Stunden länger als zuvor. Und das brachte erstaunliche Vorteile mit sich. Die Personen der Langschläfer-Gruppe reduzierten ihre Nahrungsaufnahme unbewusst um 270 Kilokalorien täglich. Zwar verbrauchten sie aufgrund des längeren Bettliegens auch etwas weniger Kilokalorien, aber in der Gesamtbilanz standen täglich 220 Kilokalorien weniger auf der Waage – was einen Gewichtsverlust von 890 Gramm in nur zwei Wochen bedeutete.

Ein chronisches Schlafdefizit tut uns also nicht gut und macht dick. Am besten ist derjenige dran, der es schafft, ohne Wecker aufzustehen. Eben dann, wenn er ausgeschlafen ist. Ich bin mir darüber bewusst, dass dies nicht ohne Einschnitte zu erreichen ist.

Unmittelbar einleuchtend wäre es, am Abend weniger online zu sein oder den Fernseher früher auszuschalten, was schlicht bedeutet: früher schlafen zu gehen.

Wenn dennoch die Nacht zu kurz bleibt, kann gegen die Schlafschuld ein Nickerchen, eine Siesta sinnvoll sein. Die Siesta hat in den Mittelmeerländern den praktischen Hintergrund, die größte Hitze des Tages für eine Pause zu nutzen. Sie scheint, in Maßen, aber auch gut für die Gesundheit zu sein. Das legte schon 2007 eine Studie der Harvard University und der Universität Athen mit 23 000 Griechen nahe. Nach sechs Jahren war eine Siesta von 30 Minuten verbunden mit einem um knapp 40 Prozent geringerem Risiko, an einer Herzerkrankung zu sterben. Weitere nachfolgende Studien zeigten, dass eine gesunde Siesta aber nicht zu lange sein darf. Zu empfehlen ist eher ein kurzes Schläfchen von maximal 15 bis 30 Minuten, eine Art Powernap.

Menschen, die länger als eine Stunde Mittagsschlaf hielten, hatten in einigen Studien mehr Übergewicht, Bluthochdruck und Diabetes. Das hat aber vermutlich auch mit ihren anderweitigen Lebensgewohnheiten zu tun. In einer 2023 in der britischen Fachzeitschrift *Obesity* erschienenen Studie mit über 3300 Menschen in Südspanien fanden die Forscher heraus, dass die mittäglichen Langschläfer mehr Alkohol tranken, mehr rauchten, mehr Kilokalorien zu sich nahmen und ihr Abendessen später einnahmen. Meine eigene Erfahrung und die vieler meiner Patienten ist, dass ein kurzes Nickerchen für den Rest des Tages sehr guttut, ein zu langer Schlaf aber den Biorhythmus durcheinanderbringt.

Die Siesta hat es in modernen Zeiten immer schwerer. Die Tendenz, ständig erreichbar und online sein zu wollen oder zu müssen, erschwert den Rückzug. Es ist der gleiche Zusammenhang wie beim Kochen. Arbeitsplatz und Wohnort sind getrennt, die Entfernungen zwischen Arbeit und zu Hause werden größer. Wer aber ein eigenes Arbeitszimmer oder Büro hat, dem empfehle ich, stets eine kleine Matte für ein Powernap bereitzuhalten.

Bevor aber nach dem Mittagessen eine Siesta gehalten wird, ist es gut, ein paar Schritte zu gehen. Seitdem es möglich ist, durch eine unkomplizierte kontinuierliche Messung des Blutzuckers mit einer App den Zuckerstoffwechsel im Körper zu erfassen, erkennen mehr und mehr meiner Patienten, wie wirksam ein Spaziergang oder eine andere Bewegungseinheit sind, um den Blutzucker zu regulieren. Mit einer kleinen Runde führt selbst ein kohlenhydratreiches Essen nicht mehr zu einem hohen und anhaltenden Anstieg des Blutzuckers. Zu empfehlen ist, möglichst rasch nach dem Essen aufzubrechen. Die Erklärung ist einfach: Der Zucker wandert sogleich in den Muskel und wird dort verbraucht. Im Englischen gibt es den Spruch: »After dinner rest a while, after supper walk a mile.« (Nach dem Abendessen etwas ausruhen, nach dem Mittagessen eine Meile laufen.) Das macht durchaus Sinn.

Quintessenz: richtig essen

- Stress stört die Verdauung. Vor dem Essen sind deshalb 15 bis 20 Minuten Ruhe oder eine Entspannungsübung ideal.
- Die Verdauung wird besser, wenn unsere Sinne schon vor der Mahlzeit die Nahrung wahrnehmen. Riechen, Schmecken und Wahrnehmen sind hilfreich, am besten, indem wir selber kochen.
- Eine angenehme, ruhige Atmosphäre beim Essen fördert die Verdauung, wohltuende Musik und Unterhaltung optimieren die Verstoffwechselung der Nahrung.
- Langsames Essen, langes Kauen und Einspeicheln des Essens unterstützen die Verdauung und helfen, das Gewicht zu halten.
- Gehen Sie nach dem Essen ein paar Hundert Schritte, das verbessert die Regulation des Blutzuckers.
- Eine kurze Siesta nach dem Mittagessen oder am frühen Nachmittag ist gesund, auf einen langen Mittagsschlaf sollten Sie jedoch verzichten. Generell hilft Ausschlafen beim Abnehmen.
- Der Vagusnerv ist der wichtige Dirigent unseres Magen-Darm-Trakts. Wir können dessen Aktivität generell unterstützen, durch Kneipp-Güsse, Sauna, Sport, in der Natur sein, Atemübungen, Meditation und Massieren des linken Ohrs.

Die heimlichen Verführer

Wie wir uns gegen schädliches Essen schützen können

Im vorangehenden Kapitel habe ich beschrieben, wie unsere Verdauung funktioniert und welches Essverhalten zuverlässig als gesund gelten kann. Um zu verstehen, wie uns schlechtes Essen krank macht, müssen wir wissen, welche Nährstoffe – und wie viel davon – unser Körper überhaupt benötigt. Denn das vielfältige, stets verfügbare Überangebot an Essen stimmt längst nicht mehr mit dem Notwendigen unseres täglichen Bedarfs und mit dem, was gut für uns ist, überein. Es lohnt sich aus medizinischer Sicht, wenn wir uns an traditionellen Ernährungsweisen orientieren, da sie besonders gesund für uns sind.

Wir essen zu viel und zu oft

Die größte Revolution in der Geschichte der Ernährung war vor über einer Million Jahren die Nutzbarmachung des Feuers. Mit der Hitze der Flammen wurden viele pflanzliche und tierische Nahrungsbestandteile erst essbar gemacht, das Spektrum der Mahlzeiten vergrößerte sich enorm. Der Mensch entwickelte sich zum Allesesser – die sicherste Variante des Überlebens. In seiner evolutionären Entwicklung haben sich die Verdauung, die zellulären und molekularen Systeme seines Körpers stets mit seiner Umwelt abgestimmt. Es ist das harte Prinzip der Evolution, dem »Survival of the Fittest«. Beim Essen und der Verdauung mussten die Menschen nicht nur dafür sorgen, genügend Energie und Nährstoffe zu bekommen, sie mussten auch Gifte und Unerwünschtes erkennen und lernen, diese Dinge entweder gar nicht zu essen oder sie so schnell wie es eben geht wieder nach außen zu befördern.

Was für dieses fein abgestimmte System in der geringen Zeitspanne der letzten 100 Jahre an Herausforderungen zu bewältigen war, lässt sich in seiner Dramatik kaum erfassen. Es wurde alles auf den Kopf gestellt. Wir befinden uns heute in einer vergleichsweise paradiesischen Situation und können uns kaum vorstellen, dass noch vor einigen Jahrhunderten feinere Speisen, Gewürze oder abwechslungsreiche Mahlzeiten für die Mehrzahl der Menschen unerreichbar waren. Sie haben das gegessen, was in ihrer unmittelbaren Region und saisonal zur Verfügung stand. Und dann war ab irgendeinem Punkt einfach viel zu viel da.

In den USA und Europa werden heutzutage etwa 4000 Kilokalorien Nahrung auf den Markt geworfen. Pro Tag und pro Mensch. Benötigt werden aber nur zwischen 2000 bis 2500 Kilokalorien. Nicht alle Waren dieser Überproduktion werden gegessen, vieles ist »Food Waste«, Lebensmittelverschwendung. Aber selbst die Nahrung, die in unserem Magen landet, ist noch sehr viel mehr, als unsere Vorfahren zur Verfügung hatten.

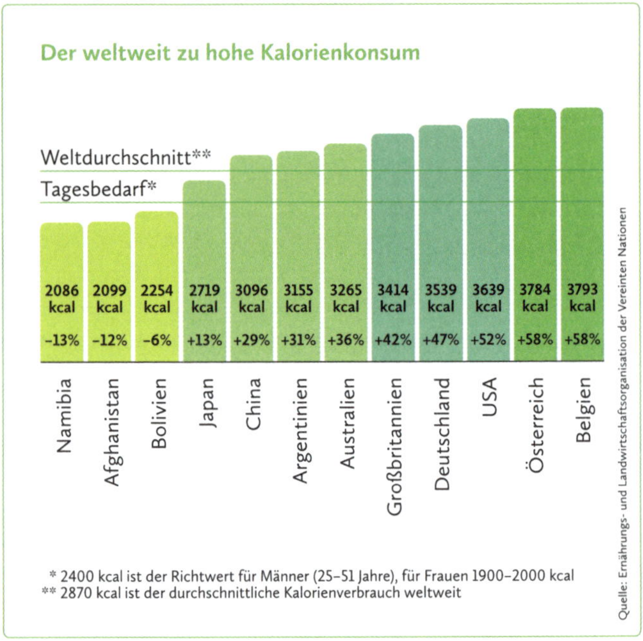

Es ist ein Teufelskreis, der scheinbar nicht aufzulösen ist. Unser Bedürfnis, satt zu werden, befeuert die Gewinninteressen der Nahrungsmittelindustrie. Die wiederum löst neue Bedürfnisse aus. Es entstehen neue Geschmäcker und – vor allem – die Nachfrage nach noch größeren Essensmengen. Die Spirale dreht sich schneller und schneller. Die Labore der großen Nahrungsproduzenten entwickeln knusprige, süße, sahnige, salzige Produkte, von denen wir viel mehr essen als von Kohlsuppe und Gerstengrütze. Gab es früher saisonal rund 50 bis 100 Nahrungsmittel, so stehen uns heute etwa 15 000 bis 20 000 Lebensmittel in den Regalen der Supermärkte zur Verfügung – ein gigantischer Überfluss. Durch Elektrizität, Kühlschränke und schnelle Transportketten haben wir nahezu unbegrenzten Zugang zu Nahrungsmitteln. Und in den letzten Jahren ist auch in Deutschland ein neues Phänomen hinzugekommen:

Die Supermärkte sind länger offen, zumindest in Großstädten ist Nahrung 24 Stunden am Tag an sieben Tagen der Woche verfügbar.

Selbst wenn uns diese Situation als sehr angenehm erscheint, sie hat Folgen für unsere Essgewohnheiten. Fleisch, das einst knapp war, ist zu einem dominierenden Nahrungsmittel geworden. Zucker und Milchprodukte, die es früher nicht gab, sind allgegenwärtig. Statt Samen und Nüsse zu knabbern, werden Produkte aus Weißmehl bevorzugt. Die industrielle Landwirtschaft hat mit großem Erfolg die Erträge gesteigert, dafür aber weitreichend genetisch in die Pflanzenwelt eingegriffen. Die Früchte, das Getreide und das Gemüse, die heute geerntet werden, setzen sich anders zusammen als in Vorzeiten.

Die Züchtungen haben zweifellos Vorteile, so können größere Mengen auf weniger Ackerfläche gewonnen werden, es entstehen neue Geschmacksvarianten, es gibt widerstandsfähigere Sorten. Immerhin können durch die Steigerung der Nahrungsmittelproduktion die inzwischen acht Milliarden Menschen, die auf der Erde leben, ernährt werden – wenn es keine Kriege gäbe und mehr vegetarisch gegessen würde. Und nicht zu vergessen: Es ist ein gewaltiger Lebensgenuss, dass wir Zitrusfrüchte, Mandeln, Olivenöl, Avocados, Feigen, Kaffee, Mangos, Ingwer und Knoblauch ohne großen Aufwand in den Einkaufskorb legen können. Unsere Urgroßeltern würden staunen.

Aber wesentlich ist bei dieser Entwicklung, dass unser Körper viele von den neuen Angeboten nicht kennt, sodass daraus womöglich Probleme für unseren Stoffwechsel und unser Immunsystem erwachsen. Denn das Absurde an diesem Fortschritt ist: Trotz der gestiegenen Mengen, die wir zu uns nehmen, verhungern unsere Darmbakterien. Statt einer täglichen Zufuhr von 50 bis 100 Gramm Ballaststoffen, wie man es für die Urmenschen annimmt, schaffen wir es heutzutage nur noch auf 15 bis 20 Gramm. Die beliebtesten Abendgetränke – Bier, Wein und andere Alkoholika – enthalten Zellgifte, und in unserem Essen versteckt sich eine enorme Anzahl an Zusatzstoffen, darunter Emulgatoren, künstliche Aromen, Konservierungsstoffe, Süßstoffe, Farbstoffe, aber auch Rückstände von Pestiziden, Schwermetallen, Hormonen, Mikroplastik und Medikamenten.

So positiv die Errungenschaften der modernen Landwirtschaft für die globale Sicherstellung der Nahrung sind, so stellen sie unseren Körper damit vor fast unlösbare Herausforderungen. Der Körper ist eine wundersame, hochkomplexe Steuerungsmaschine, die sekündlich den Energiezustand, den Blutzuckerspiegel, die Konzentration zahlloser Nährstoffe ertastet, misst, bewertet und anschließend Entscheidungen trifft, was er mit der Nahrung macht und was in den Zellen damit geschehen soll. Diese sensorischen Systeme werden nun aber mit chemischen Substanzen konfrontiert, die Namen wie Polysorbat 80 haben, die ihnen fremd sind, für die es kaum Sensoren und Regler gibt und für die sie keine Gebrauchsanweisung haben. Die Konfrontation mit derart neuen Bedingungen ging viel zu schnell. Der Körper ist satt, aber überfordert und übersteuert.

Warum unsere Verdauung mit der Fülle unserer Nahrung überfordert ist

Es ist nicht so, dass es keine genetischen Anpassungen und Veränderungen in unserem Körper gegeben hätte. Wir sind zum Beispiel viel größer als früher, das ist gut für den Energieverbrauch. Man muss sich nur die Länge von Betten aus dem Mittelalter in einem Museum anschauen. Wir Europäer haben in den letzten 10 000 Jahren zum Beispiel auch die Fähigkeit entwickelt, Kuhmilch zu vertragen. Das Milchzucker spaltende Enzym Laktase ermöglicht es, dass die meisten von uns keine Bauchkrämpfe mehr bekommen, wenn sie Milch trinken und Kuhmilchkäse essen. Das war zu Beginn der Zuchtviehnutzung nicht der Fall, die Menschen litten unter zahlreichen Beschwerden, wenn sie Milch tranken, aber die Fermentierung bot hier die Lösung.

Die Anpassungen an die veränderten Lebensbedingungen der Moderne blieben jedoch überschaubar. Zelluläre, molekularbiologische

Modifizierungen waren aufgrund der rasanten Entwicklung rar. Deshalb kann die Forschung die meisten grundlegenden Fragestellungen auch erst an Fadenwürmern oder Mäusen untersuchen, denn die Biologie dieser Lebewesen hat zu einem großen Teil einen gemeinsamen Nenner mit unserer eigenen Biologie. Trotzdem ist es oft nicht möglich, präzise zu rekonstruieren, was ein Individuum wirklich krank gemacht hat. War es der viele Zucker, waren es die künstlichen Zusatzstoffe, zu viel tierische Fette oder womöglich Pestizide? Zu komplex ist die Zusammensetzung der Speisen, die wir während eines Tages verzehren. Und jede Kombination von Nahrungsbestandteilen, der Ketchup auf den Pommes, die Butter auf dem Brot mit der Gurke, die Brezel zum Bier, hat unterschiedliche Wirkungen, da sie verschiedentlich miteinander interagieren.

Eindeutig sind hingegen die medizinischen Folgen: Übergewicht, Diabetes Typ 2, Herzerkrankungen, Bluthochdruck, entzündliche Beschwerden, Depressionen, Arthrose. Nicht für jede Erkrankung darf allein die Über- oder Fehlernährung verantwortlich gemacht werden. Aber unsere Ernährung ist nun einmal der beherrschende biochemische Eintrag in unseren Körper und auch der größte Fremdkörper, mit dem sich unser Immunsystem auseinandersetzen muss. Sie ist der entscheidende Faktor für unsere Energiebilanz und liefert am Ende den Stoff, aus dem wir sind und mit dem wir altern und krank werden.

Der Mensch ist ein zähes Lebewesen, er ist resilient, er kann in der Wüste, im Gebirge oder im Dschungel überleben. Er ist ein Allesfresser, und gegenüber einer großen Breite von Stoffen wehrt er sich ganz pragmatisch, manchmal, indem er durch Durchfall oder Erbrechen das Unerwünschte wieder herausbefördert. Aber inzwischen sind wir an einem Punkt angelangt, an dem das Abwehrsystem offensichtlich bei vielen Menschen nicht mehr ausreichend funktioniert. Übergewicht und Fettleibigkeit, chronische Erkrankungen, die mittlerweile etwa 70 Prozent der Behandlungsfälle in der Medizin ausmachen, Herzinfarkte Schlaganfälle, viele Krebsformen vor allem der Verdauungs- und Sexualorgane – all diese Leiden sind Zeichen der Überlastung. Der Körper mit seiner erstaunlichen

Fähigkeit der Selbstregulation und Selbstheilung bekommt es nicht mehr hin.

Die Zusammenhänge zwischen schlechter Ernährung und epidemischen Krankheiten sind unstrittig. Wobei zu fragen ist, ob wir durch richtiges Essen wieder gesünder werden. Antworten können wir finden, wenn wir uns frühere Formen der Ernährung anschauen, bei denen mehr ursprüngliche Nahrungsmittel mit regionaler und saisonaler Betonung gegessen wurden und man auf Industrie-Essen weitgehend verzichtete.

Das Konzept der traditionellen Ernährung

Aus Hunderten von Ernährungsstudien schält sich ein Grundprinzip immer klarer heraus: Je industrieller die Nahrung hergestellt wird, desto ungesünder ist sie. Im Umkehrschluss bedeutet das: Je natürlicher die Nahrung ist, desto gesünder ist sie. Es geht darum, die Basis unserer Mahlzeiten möglichst wenig zu verändern und zu verfremden. Was auch heißt, die Massenproduktion einzudämmen – so etwa in der industriellen Tierhaltung, die es jedem Deutschen erlaubt, wöchentlich mehr als ein Kilogramm Fleisch oder ein Frühstücksei zu essen. Oder um den unfassbaren Verbrauch von Zucker einzuschränken. Für frühere Generationen war es ebenfalls ein Genuss, Fleisch, Eier und Zucker zu sich zu nehmen. Aber sie taten es sehr viel seltener, als wir dies heutzutage machen.

Gianni Pes, italienischer Mediziner und Altersforscher, und Michel Poulain, ein belgischer Demograf, hatten die kluge Idee, den Zusammenhang zwischen Gesundheit, einem langen Leben und Ernährung einmal von der anderen Seite her zu betrachten. Statt im Labor Mäuse mit einer Diät zu füttern, die eventuell zu Langlebigkeit beiträgt, führten Pes und Poulain eine sorgfältige demografische Analyse durch, bei denen sie Regionen ausfindig machten, in denen die gesündesten und ältesten Menschen und die meisten 100-Jährigen leben. Sie markierten diese Orte mit einem blauen Stift auf der Landkarte, und wenn eine Region intensiv blau leuchtete, war sie eine »Blue Zone«, eine blaue Zone. Die ersten Ergebnisse publizierten sie 2004 in der Fachzeitschrift *Experimental Gerontology*. Die meisten 100-Jährigen gab es demnach in der Provinz Nuoro (Sardinien). Dort hielt bis 2016 das Dorf Seulo den Rekord von 20 100-Jährigen.

In Zusammenarbeit mit dem US-amerikanischen Journalisten Dan Buettner wurde dann im November 2005 im Magazin *National Geographic* unter dem Titel »The Secrets of a Long Life« die Geschichte der blauen Zonen erzählt. Gemeinsam mit Pes und Poulain erweiterte Buettner die Analyse auf bestätigte Gebiete der Langlebigkeit in Okinawa (Japan), Loma Linda, der Stadt der Siebenten-Tags-Adventisten in Kalifornien, und auf der Halbinsel Nicoya (Costa Rica). Anfangs war auch Kreta dabei, dann wurde aber eine kleinere und damit auch überschaubarere Insel, Ikaria, mit vielen Langlebigen der griechische Favorit. Anschließend fragte sich das Untersuchungsteam, was diese Gegenden mit den meisten 100-Jährigen (Centenarians) und 110-Jährigen (Supercentenarians) auszeichnete. Wie war ihr Lebensstil, und vor allem, wie ernährten sie sich?

Das Resultat: Das Essen stellte sich als entscheidender Faktor für ein langes, gesundes Leben heraus – und dabei spielte die traditionelle Ernährung eine große Rolle, also das, was die Bewohner der Regionen über viele Generationen zu sich nahmen. Daher lohnt sich eine Reise zu den Orten, wo diese traditionelle Ernährung noch heute stattfindet oder zumindest bis vor Kurzem praktiziert wurde.

Auf Sardinien wurden traditionell neben einer gemüse- und obstreichen Ernährung mit viel Bohnen auch ordentliche Portionen an Schafsmilch, Käse und Joghurt verzehrt. Wie in ganz Italien sind auf Sardinien Kohlenhydrate allgegenwärtig. Traditionell wurde Vollkornmehl verwendet und nicht – wie heute zunehmend üblich – Weißmehl. Darüber hinaus dominierte der Sauerteig für die Zubereitung von Brot und Fladen. Täglich gab es Minestrone, eine reichhaltige Gemüsesuppe mit allem, was gerade geerntet wurde.

Besonders interessant war zudem, dass in dieser gebirgigen Welt die Lebenserwartung von Männern und Frauen annähernd gleich hoch war. Das war erstaunlich, denn normalerweise leben Frauen überall auf der Welt zwei bis fünf Jahre länger als Männer. Meist wird für diesen Unterschied das ungesündere und riskantere Leben der Männer verantwortlich gemacht, sie essen mehr Fleisch und weniger Gemüse, trinken mehr Alkohol und rauchen häufiger. In den Dörfern fiel auf, dass die Männer häufig als Schäfer tätig waren und sich sehr viel bewegten. Zudem erforderten die steilen Gassen in den bergigen Dörfern die körperliche Aktivität bis ins hohe Alter. Körperliche Arbeit und Bewegung fördern erwiesenermaßen die Langlebigkeit. Darüber hinaus gibt es viele wissenschaftliche Hinweise, ich hatte es schon erwähnt, dass die berühmte Siesta Südeuropas, die längere Pause mitten am Tag, von Vorteil ist. Mit ihr wird der anstrengenden Mittagshitze eine entstressende Ruhephase entgegengesetzt.

Auf der griechischen Insel Ikaria leben rund 8500 Bewohner, der Anteil der 90-Jährigen ist hier zehnmal so hoch wie im europäischen Durchschnitt. Jeder dritte Einwohner wird über 90 Jahre alt. Dokumentiert wurde, dass die Insulaner viele Hülsenfrüchte, Obst, Wildgemüse, Kräuter und Oliven aßen. Mit etwa 250 Gramm pro Tag nahmen sie doppelt so viel Gemüse zu sich wie etwa die Deutschen. Fisch wurde überraschenderweise kaum gegessen. Die Gefahr durch Piraten hatte die Menschen der dörflichen Ansiedlungen Jahrhunderte zuvor in die Berge getrieben. Dort wurden auch Schafe und Ziegen gehalten, sodass Käse und Joghurt wichtige Komponenten der Ernährung waren. Eine Besonderheit gab es bei den Getränken. Die Bewohner tranken reichlich Berg- und Eisenkrauttee. Diesen gibt es inzwischen erfreulicherweise auch bei uns, er schmeckt erfrischend, ich empfinde ihn ebenso als stärkend.

Die Inseln Ikaria und Sardinien stachen bei den demografischen Erhebungen der Blue Zones hervor. Aber grundsätzlich war und ist die Lebenserwartung in vielen mediterranen Regionen höher als im Rest Europas und in vielen anderen Ländern der Welt. Diabetes, Herzinfarkt, Schlaganfall und Bluthochdruck traten und treten viel seltener auf. Inzwischen verschlechtern sich leider auch in den Mittelmeerländern die gesundheitlichen Kenndaten (die Häufigkeit von Herz-Kreislauf-Erkrankungen, Diabetes, Bluthochdruck, Adipositas, Krebs sowie die Lebenserwartung), was damit zu tun hat, dass die traditionelle Ernährung an Boden verliert. Beispielsweise ist die Diabetes-Rate in Spanien, Portugal, der Türkei und Griechenland inzwischen höher als in Deutschland, Österreich oder der Schweiz. Noch bis vor wenigen Jahren war der gesundheitliche Vorteil jedoch beeindruckend.

Der Erfolg der mediterranen Diät

Während es in der Ernährungsmedizin stets umfassende Diskussionen und gegensätzliche Standpunkte gibt, fällt die Meinung in einer Hinsicht identisch aus: Die traditionelle Mittelmeerkost ist gesund! Es existiert keine andere Ernährungsweise, für deren Nutzen so viel wissenschaftliche Evidenz vorliegt. Damit ist jedoch nur das traditionelle Essen, das schon die Urgroßeltern kannten, gemeint. Werden uns heute auf den Balearen Pizza, in Griechenland Souvlaki-Spieße und Gyros und in der Toskana Bistecca oder Spaghetti Bolognese vorgesetzt, hat das nichts mit mediterraner Kost zu tun, es ist allenfalls ein fader Abklatsch traditioneller Gerichte.

In der Wissenschaftsgeschichte gab es bei der mediterranen Ernährung einige berühmte Meilensteine. Für die medizinische Forschung entdeckt hat die Mittelmeerkost der US-amerikanische Physiologe Ancel Benjamin Keys mit seiner Sieben-Länder-Studie, die er 1958 startete. Seine Untersuchung hatte zwar erhebliche Mängel, wurde vielfach angefeindet und missverstanden, aber Keys war der Erste, der erkannte, dass die mediterrane Ernährung Prävention und Therapie sein kann. In einer Sache lag Keys hingegen etwas daneben, beim Cholesterin. Die mediterrane Ernährung schützt vor Herzinfarkt und Schlaganfall, ohne dass der Cholesterinspiegel abgesenkt wird. Neueste Daten zeigen: Je mehr gutes Fett aus gesunden Ölen und Nüssen wir anstelle von schlechtem Fett aus tierischen Produkten essen, desto herzgesünder ist es – völlig unabhängig vom Cholesterinspiegel. Seine wissenschaftlichen Daten prägten auch Keys' persönliches Leben. Er setzte seine Ernährungsempfehlungen für sich um und starb mit 101 Jahren in seiner Wahlheimat Neapel.

Der zweite Meilenstein war eine Untersuchung des französischen Kardiologen Michel de Lorgeril von 1994, »Lyon Diet Heart Trial« genannt. Lorgeril und sein Team waren von den Daten der Menschen auf Kreta so sehr fasziniert, dass sie diesem Phänomen mit einer klinischen Studie auf den Grund gehen wollten. Sie verglichen Menschen, die sich kretisch ernährten, mit einer anderen Gruppe, die herkömmliches Essen zu sich nahm, wobei die Gruppenaufteilung nach dem Zufallsprinzip erfolgte, einer Randomisation. Die Studie wurde mit über 600 Patienten aus dem Raum Lyon, die einen Herzinfarkt erlitten hatten, durchgeführt. Im Ergebnis führte die mediterrane Kost zu Zweidrittel weniger Herzinfarkten und Schlaganfällen, und dabei konnte zum ersten Mal wissenschaftlich belegt werden, dass Fette unterschiedliche Wirkungen haben und Olivenöl, Rapsöl, Nüsse unserer Gesundheit guttun.

Der dritte Meilenstein war die 2013 veröffentlichte PREDIMED-Studie aus Spanien. Über 7000 Menschen nahmen daran teil, eine Gruppe erhielt keinerlei Essempfehlungen, zwei weitere Gruppen wurden intensiv in der mediterranen Ernährung geschult und erhielten zusätzlich Nüsse und Olivenöl. Wieder schlug die mediterrane die herkömmliche Ernährung deutlich. 30 Prozent weniger Herzinfarkte und Schlaganfälle traten in den folgenden Jahren auf. In einer Folgepublikation schauten sich die Forscher noch genauer die Nahrungsmittel an und unterschieden nach pflanzlicher und tierischer Herkunft. Je stärker sich die Teilnehmer vegetarisch ernährten, desto geringer wurde die Wahrscheinlichkeit, frühzeitig zu sterben. Im Vergleich zum häufigeren Verzehr tierischer Produkte, vor allem Fleisch und Wurst, sank das Risiko um 41 Prozent.

2013 hat die UNESCO die »Dieta Mediterranea« zum immateriellen Weltkulturerbe erklärt. Inzwischen gibt es viele weitere Analysen und Studien zur mediterranen Kost, sie ist erwiesenermaßen ideal für die Prophylaxe von Diabetes und Rheuma, sie hilft gegen Demenz und Depression. Was zeichnet sie eigentlich aus?

Auch wenn die Gerichte von Land zu Land unterschiedlich sind, die Mittelmeerkost hat einige Konstanten:

- Als Speisefett dominiert das Olivenöl, in der Regel mindestens vier Teelöffel am Tag
- Nüsse und Mandeln sind die gängigen Snacks, am besten 30 Gramm täglich, eine Handvoll
- Reichlich frisches Obst, bevorzugt Beeren
- Viel frisches Gemüse, am besten zwei- bis dreimal täglich
- Hülsenfrüchte, am besten täglich
- Gewürze, Zwiebeln, Knoblauch
- Vollkorngetreide mit vielen Ballaststoffen als Grundlage für Brot, Pasta, Reis
- Wenig Süßigkeiten, wenig gezuckerte Getränke
- Wenig Fleisch und Wurst
- Moderate Verwendung von Milchprodukten, bevorzugt fermentierte Produkte wie Käse und Joghurt.

Was wir von der traditionellen Ernährung Okinawas lernen können

Eine der erstaunlichsten Blauen Zonen ist für mich auch Okinawa. Die japanische Insel der Ryukyu-Inselkette wird auch als »Insel der Unsterblichkeit« bezeichnet, denn ein dreistelliges Lebensalter ist hier nichts Besonderes. Japan hat insgesamt eine hohe Lebenserwartung, aber Okinawa übertraf die anderen Teile des Landes lange Zeit deutlich. Als Ursache stellte sich dort eine besondere Form der Ernährung heraus. Das Klima ist heiß, mit einer reichhaltigen Vegetation an Obst, Gemüse und Hülsenfrüchten. Als ein Forscherteam um Bradley J. Willcox aus Hawaii und Japan sich im Rahmen einer Studie die Gewohnheiten der Einwohner im Detail anschaute, fiel auf, dass diese zwar Fisch, Fleisch und Milchprodukte aßen, sie machten aber je nur etwa ein Prozent der gesamten Nahrungsenergie aus. Die Hauptquelle unter den Nährstoffen waren die natürlichen Kohlenhydrate.

Während in den USA und Europa Kohlenhydrate inzwischen einen schlechten Ruf haben, bezogen die Okinawaner fast 80 Prozent ihrer täglichen Kilokalorien aus ihnen. Im Vordergrund stand die Süßkartoffel Beni Imo. Dass alle Süßkartoffeln ein gesundes Knollen- und Wurzelgemüse sind, ist bekannt. Die Süßkartoffel auf Okinawa hat jedoch eine Besonderheit, sie ist tiefviolett und enthält sehr viele sekundäre Pflanzenstoffe, Anthocyane, die für die Farbe sorgen. Beno Imo hat mehr Anthocayne als Blaubeeren, deren medizinische Heilkraft in etlichen Studien nachgewiesen wurde. Zudem hat diese spezielle Süßkartoffel auch viele Ballaststoffe. Ihre Popularität verdankt die Süßkartoffel auf Okinawa einer Zeit der Nahrungsmittelknappheit. Hunger war in den schwierigen Kriegsjahren allgegenwärtig, die Süßkartoffel sicherte den Bewohnern das Überleben, da sie im dortigen Klima gut wächst und widerstandsfähig ist, »taifunsicher«, wie die Okinawaner sagen. Kennzeichnend für die traditionelle Esskultur Okinawas war generell die Reichhaltigkeit des verzehrten Gemüses. Die meisten Bewohner hatten einen eigenen Garten und fast alle Familien bauten ihre Lebensmittel für den persönlichen Gebrauch an oder kauften sie auf lokalen Märkten ein, Importware großer Supermarktketten hatte hier kaum eine Chance.

Zum Frühstück gibt es meist Miso-Suppe (Miso ist Sojabohnenpaste) mit Gemüse, zu den weiteren Mahlzeiten kommen Tofu, Natto (fermentierte Sojabohnen) und mit Zwiebeln, Pfeffer und Kurkuma gewürzter Reis hinzu. Zwei für unseren europäischen Gaumen ungewohnte Nahrungsmittel, Bitterkürbis oder Bittermelone (Goya) und Gewürzbeifuß, werden häufig aufgetischt. Inzwischen weiß man, dass die Bitterstoffe in der Bittermelone den Blutzuckerspiegel senken und die Sättigung fördern. Ebenso häufig wird Seetang gegessen, eine spezielle Meeresalge, die reich an Omega-3-Fettsäuren und sekundären Pflanzenstoffen ist. Grüner Tee wird den ganzen Tag über getrunken.

Fleisch wird selten zubereitet. Schweinefleisch steht bei Festtagen aber auf dem Speiseplan, es wird mit Beifuß gewürzt. Eine bedeutende Rolle spielt der aus dem Quark von Sojabohnen hergestellte Tofu, er liefert wertvolle Proteine. Insgesamt essen die Menschen auf Okinawa etwa 90 Gramm Sojaprodukte pro Tag. Eine traditionelle Gemüsepfanne, die mehrmals in der Woche auf dem Herd steht und reichlich grünblättriges Gemüse und Tofu enthält, ist Champuru. Auch wenn man sehr viel davon isst, schafft man kaum mehr als 400 Kilokalorien. Zum Vergleich: Eine Pizza oder ein Burger mit Pommes schaffen es leicht auf 900 Kilokalorien, ohne dass wir auch nur annähernd die gleiche Sättigung erreichen.

Auf Okinawa ist die kalorische Restriktion ein Faktor der hohen gesunden Lebenserwartung. Sie geschieht unbewusst, weil man sich mit den Gemüsegerichten schwer vollstopfen kann. Aber auch ganz bewusst: Vor einer Mahlzeit werden vier Wörter ausgesprochen: »*Hara hachi bu me*«, was so viel heißt wie »Acht von zehn«. Man soll also nicht essen, bis man pappsatt ist, sondern vorher, bei 80 Prozent, aufhören. Inzwischen haben weltweit unzählige Forschungsarbeiten herausgefunden, dass genau diese 20 Prozent weniger Kilokalorien der stärkste Faktor für eine gesunde Langlebigkeit fast aller Lebewesen ist. Eine weitere Besonderheit sorgt für den Erhalt der Beweglichkeit: Die Mahlzeiten werden in der Regel auf dem Boden sitzend eingenommen, man muss sich also hinsetzen und später wieder aufrichten, um essen zu können.

Auch wenn es inzwischen Zweifel daran gibt, dass die Bewohner Okinawas auch in Zukunft weiterhin so alt werden, da der Fleisch- und Zuckerkonsum sowie der Nahrungsfettanteil sich inzwischen dem westlichen Niveau annähern, so können wir dennoch aus der Ernährungsgeschichte Okinawas lernen: Traditionell zu essen mit vielfältigem Gemüse, Hülsenfrüchten, komplexen Kohlenhydraten, Soja und Tofu, Gewürzen, Tee und nur wenig Fleisch, eingebettet in eine Kultur des bescheidenen und gemeinsamen kulinarischen Genusses, fördert ein gesundes sowie langes Leben. Letztlich können wir daraus ableiten, dass es sich lohnt, im Wortsinn über den Tellerrand zu blicken und sich bewusst zu machen, dass es gut sein kann, sich die Esskulturen anderer Länder anzuschauen und Teile davon zu übernehmen – weil es gesund für uns sein kann. Wir müssen dazu nicht die uns vielfach unbekannten Gemüse aus Okinawa oder Japan importieren. Wir haben unser Vollkorngetreide, wir haben

Wurzelgemüse, Kohl, Grünblättriges wie Spinat oder Grünkohl. Wir haben Mangold, Salate, Rote Bete und haben uns angewöhnt, inzwischen auch Tofu und grünen Tee zu genießen. An der sozialen Gemeinschaft, die uns Okinawa vorgelebt hat, müssen wir möglicherweise etwas mehr arbeiten.

Quintessenz: Vorbilder für unsere Ernährung

- Vermeiden Sie die tägliche Überdosis an Kalorien! Weniger Kilokalorien sind der stärkste Faktor für eine gesunde Langlebigkeit.
- Je natürlicher die Nahrung ist, desto gesünder ist sie. Es geht darum, die Basis unserer Mahlzeiten möglichst wenig zu verändern und zu verfremden.
- Die Vielfältigkeit der Nahrung überfordert das Verdauungs- und Immunsystem, Beschwerden und chronische Erkrankungen sind die Folge.
- Mittelmeerkost ist gesund. Studien belegen, dass Menschen nach einer Umstellung auf eine mediterrane Ernährung weniger Herzinfarkte und Schlaganfälle erleiden und seltener an Diabetes und Bluthochdruck erkranken.
- Beherzigen Sie das Konzept der traditionellen Ernährung. Es gibt viele gute und gesunde Produkte und Gerichte, zu Unrecht haben sie an Popularität verloren: Grünkohl (ohne Pinkel!), Rote Bete, Rüben, Schwarzwurzelgemüse, Sauerkraut, Kohlsuppe, Haferbrei, Gerstengrütze, Gemüsesuppe, schwäbischer Kartoffelsalat (mit Essig, Öl und Gemüsebrühe), Krautnudeln (aus Vollkorn), Kürbisgemüse oder Kren (Meerrettich).
- Von Okinawa können wir lernen, wie wir 20 Prozent weniger essen: *Hara hachi bu me*.

Achtsamkeit bei Kohlenhydraten – warum wir alles über sie wissen sollten

Der Streit, ob die Kohlenhydrate schuld an der weltweiten Zunahme von Übergewicht und Ernährungskrankheiten sind, ist ein Paradebeispiel für die unablässigen Kontroversen mit völlig gegensätzlichen Meinungen in der Ernährungsmedizin. Inzwischen liegen viele Tausende von Studien vor. Das macht die Diskussionen aber nicht etwa einfacher, im Gegenteil: Um die eigene Meinung als wissenschaftlich belegt zu bezeichnen, geschieht es immer wieder, dass nur die dazu passende Untersuchung zusammengestellt wird. Die Herausforderung besteht also darin, sich jede Studie genau anzuschauen und die kontroversen Positionen zu einer stimmigen Erkenntnis zusammenzuführen. Das ist etwa beim Zucker gar nicht so kompliziert.

Als der dramatische Anstieg chronischer Erkrankungen wie Bluthochdruck, Herzinfarkte sowie die Übergewichtswelle die westlichen Länder erreichte, hatte man dem Zucker anfänglich nicht viel Aufmerksamkeit beigemessen. Cholesterin und Fett galten mehr als zwei Jahrzehnte lang als die großen Bösewichte. Immerhin war es eine weithin anerkannte medizinische Tatsache, dass gesättigte Fette und Cholesterin schlecht für die Gefäße sind. Im Schatten einer letztlich übertriebenen Fettverdammnis wurde der Zucker zu spät als extrem ungesunder Nährstoff entlarvt. Als größere Studien vor ungefähr zehn Jahren erstmals die negativen Folgen zu hohen Zuckerkonsums wissenschaftlich darlegten, war es längst zu spät.

Zucker ist allgegenwärtig. Dabei ist hierbei primär nicht das gelegentliche Stück Schokolade gemeint, der Apfelkuchen am Sonntagnachmittag oder das Dessert nach einem gelungenen Festmahl. Gemeint ist der Zucker in unserem Industrie-Essen, vor allem in den Tausenden von Frühstücksflocken, in den Cerealien, Backwaren, Milchprodukten oder Snacks, die in jedem Supermarkt die Regale verstopfen – sie überfordern unseren Organismus. Über viele

Jahrhunderte war Zucker kein Problem, denn er war selten. Süße Früchte gab es meist nur im Spätsommer und auch Honig stand eher begrenzt zur Verfügung.

Zucker ist nicht gleich Zucker

Inzwischen sind sich die Wissenschaftler ziemlich einig darüber, wie ungesund Zucker ist. Aber wie so oft beim Thema Ernährung schlug das Pendel von einer Seite auf die andere aus. Schnell wurde die gesamte Kohlenhydrate-Gruppe verdammt. In meinen Sprechstunden muss ich, wenn es um Kohlenhydrate und Low-Carb-Diäten geht, immer wieder darauf hinweisen, dass es einen großen Unterschied gibt zwischen vollwertigen Kohlenhydraten, die im Gemüse oder im Brot vorhanden sind, und denen im Zucker. Deshalb ist Low Carb auch keine nachhaltig gesunde Ernährungsform, Low Sugar schon. Wir müssen differenzieren.

Unsere Zellen brauchen das natürlich vorkommende Kohlenhydrat Glukose als bevorzugte Energiequelle. Der Umsatz ist enorm. Pro Sekunde verbrennt unser Körper fast acht Millionen Glukosemoleküle, also Zuckermoleküle. Zucker entsteht aus Luft, CO_2, Wasser und Sonnenlicht. Das klingt ziemlich archaisch, ist aber ein grundlegender chemischer Vorgang für die Existenz des Lebens auf der Erde, Fotosynthese wird er genannt. Für die Entdeckung erhielt der US-amerikanische Chemiker Melvin Calvin 1961 den Nobelpreis für Chemie.

Pflanzen können diese Glukose aber nicht gut speichern. Um nicht ständig auf Licht und Kohlenstoffdioxid (CO_2) angewiesen zu sein, setzte sich in der Evolution eine Alternative durch, nämlich die, Stärke zu produzieren. Bei ihr sind Hunderte bis Tausende Glukosemoleküle in langen Ketten zusammengesetzt. Die Pflanze speichert sie vor allem in den Wurzeln, und wir essen sie als Kartoffeln und Wurzelgemüse, als Sellerie, Pastinaken, Petersilienwurzel, Karotten, Rote Bete oder Steckrüben. Auch in den Samen findet sich reichlich Stärke: in Reis, Getreide und Hülsenfrüchten. Benötigt die

Pflanze Energie, wird sie mit einem Enzym, der Amylase, in Glukose aufgespalten. Diese Enzyme finden sich auch in unseren Speicheldrüsen sowie in der Bauchspeicheldrüse. Wir können das regelrecht schmecken: Kauen wir Brot gut und lange, wird es im Mund immer süßer. Die Stärke wird in Glukose abgebaut.

Die Süße in den Pflanzen, im Obst und in Beeren entsteht durch einfache Zuckermoleküle. Das sind nicht nur Glukosemoleküle, sondern ebenso Fruktose-Moleküle; dieser Fruchtzucker ist deutlich süßer als Glukose. Ein dritter Zucker neben Glukose und Fruktose, den Pflanzen zusammenbasteln, ist unser Haushalts- oder Tafelzucker, die Saccharose. Alle kurzen, langen und weiter vernetzten Zuckerketten werden zusammengefasst als Kohlenhydrate bezeichnet. Sie heißen deshalb so, weil es sich um chemische Verbindungen aus Kohlenstoff und Wasser (Hydrat) handelt.

Vom Nutzen und Schaden der Kohlenhydrate

Warum ist es für uns so schwierig, bei Süßem zu widerstehen? Warum geht ein Dessert immer noch, wenn man eigentlich längst satt ist? Die Antwort: Aus der Sicht der Evolution macht es Sinn. Süßes gab es früher nur in Früchten und wenigen Pflanzen, und mit dieser Süße wurden Tiere angelockt. Denn nur wenn sie die Pflanzensamen und -früchte fraßen und wieder ausschieden, wurden sie in der Natur verteilt und sicherten somit die Fortpflanzung und das Überleben der Arten. Die Evolution hatte mit dieser Strategie hauptsächlich Vögel im Sinn, Menschen waren da noch gar nicht auf dem Plan. Vögel machen übrigens einen großen Bogen um saure Früchte, erst nach Frostperioden, wenn die Früchte weich und süßer geworden sind, langen sie zu.

Der süße Geschmack ist zudem ein Zeichen dafür, dass die Früchte ungiftig und damit ungefährlich sind. Und sie sorgen schnell für Energie. Das ist vermutlich auch der Grund, dass süchtig machende Botenstoffe wie Dopamin die Esslust aktivieren, selbst wenn wir Süßes nur sehen. Biochemisch gesehen sind nämlich

Anstieg und Abfall des Blutzuckerspiegels ein entscheidender Aspekt für Hunger – oder für Heißhunger und Gier. Bereits 2011 hatten Forscher der Yale University in New Haven in einem spannenden Experiment nachgewiesen, dass der Abfall des Blutzuckerspiegels mit dafür verantwortlich ist, dass in uns ein starkes Verlangen nach Essen entsteht. Die Wissenschaftler hatten die Probanden dazu in einen MRT-Scanner gelegt, in einen Magnetresonanztomografen, und ihnen Fotos von leckeren Speisen gezeigt. Zugleich kontrollierten sie fortlaufend den Blutzucker. Es zeigte sich, dass nicht die absolute Höhe des Blutzuckers Hungergefühle auslöst, sondern der Abfall des Blutzuckers. Dieser wiederum ist von der Ausschüttung des Insulins abhängig. Insulin hat den Job, den Zucker in die Zelle abzutransportieren. Wenn zu viel Zucker anflutet, entsteht bald die nächste Heißhungerphase und der Teufelskreis beginnt. Anders hingegen ist es beim bitteren Geschmack, er kann in der Natur auch ein Hinweis für unverträgliche, giftige Stoffe sein. Das ist vermutlich der Grund, weshalb Bitterstoffe wie Wermut oder Bitterhopfen (siehe S. 220) den Appetit hemmen. Der Körper geht auf Nummer sicher und will nicht zu viel davon.

Nicht wenige Diätratgeber und vor allem Verfechter von Low-Carb-Kuren scheren alle Kohlenhydrate über einen Kamm. Für sie sind Kohlenhydrate die Hauptverursacher für Übergewicht, Diabetes, Herzkrankheiten und einer Fettleber. Wer sich aber die Empfehlungen der international wichtigsten medizinischen Fachgesellschaften zur Ernährung ansieht, stellt fest, dass es offenbar gesund ist, wenn unsere tägliche Kalorienmenge etwa zur Hälfte aus Kohlenhydraten besteht. Auch bei den Blue Zones hatte sich gezeigt, dass diese gesunden Ernährungsformen erstaunlich große Mengen an Kohlenhydrate enthalten. Für mich gilt daher eine andere Formel: Die Ernährung ist gesund, wenn Getreide und Kohlenhydrate vollwertig sind und die Ernährung insgesamt nicht arm an Kohlenhydraten ist.

Wir sollten differenzieren. Vereinfachende Schlagwörter wie »Low Carb« oder »High Carb« sind Unsinn, wenn es darum geht, den Nutzen oder den Schaden dieser wichtigen und großen

Nährstoffgruppe zu bewerten. Vielmehr sind Vollkornbrot, Vollkornpasta, Pastinaken, Möhren, Amaranth (an Hirse erinnernde Samen), Buchweizen, Äpfel oder Beeren sehr gesund, zumindest für die Mehrheit der Menschen. Individuell kann es Ausnahmen geben, dass Menschen Kohlenhydrate nicht gut vertragen. Aber die Studienlage ist klar: Schlaganfälle und Herzinfarkte werden durch eine vollkornbasierte Ernährung etwa um 20 Prozent reduziert, bei Diabetes sogar um 30 bis 50 Prozent. Eindeutig wurde auch nachgewiesen, dass sich das Risiko für Krebs oder Kreislauferkrankungen signifikant verringert, wenn mindestens drei Portionen Vollkorn (90 Gramm) pro Tag gegessen werden, das sind zum Beispiel zwei Scheiben Vollkornbrot und eine geringe Menge Haferflocken. Eine schlechte Nachricht für alle Kartoffelliebhaber: Nicht ganz so gut schneidet die Knolle ab, sie schadet nicht, aber sie nützt unserer Gesundheit auch nicht viel.

Kohlenhydrate sind jedoch zu Recht durch Lebensmittel in Verruf geraten, die einfache, wertlose Kohlenhydrate enthalten – etwa Limonaden, Softdrinks, Frozen Joghurt, Eiscreme, Weißmehlbrötchen mit Marmelade, gezuckerte Cornflakes oder Vollmilchschokoriegel. Hier dominiert vor allem der Haushaltszucker, die Saccharose. Leider hat sich inzwischen ein wahrer Zuckerrausch ausgebreitet, in fast jedem (Fertig-)Lebensmittel befindet sich Zucker. Und dieses Süßzeug kann süchtig machen, das haben Hirnforscher herausgefunden; Kinder sind besonders leicht anzufixen. Und das hat sich die Lebensmittelindustrie längst zunutze gemacht, deren Marketing ist sogar oft auf Kinder ausgerichtet. Über 95 Prozent der Kindercerealien liegen über dem von der Weltgesundheitsorganisation (WHO) empfohlenen maximalen Gesamtzuckergehalt von 15 Gramm. Seit Jahren ist das bekannt, aber bisher hat die Politik nichts oder zu wenig getan, um den Missstand zu regulieren. Zucker ermöglicht es zudem, selbst qualitativ schlechte Lebensmittel noch gut zu verkaufen. Und der Suchtmacher hat einen weiteren gigantischen ökonomischen Vorteil: Er ist billig.

Viele Menschen glauben, dass brauner Zucker eine gesündere Alternative ist. Das stimmt leider nicht. Er ist ein nicht gereinigter

Zucker aus Rüben oder Zuckerrohr und enthält einen Sirup mit geringen Mengen an Vitaminen und Mineralien. Um von den Mikronährstoffen zu profitieren, müsste man ihn kiloweise essen. Eine rühmliche Ausnahme aller Zuckerdrogen ist der Honig. Er enthält zwar auch verschiedene Zuckerarten, darunter etwa ein Drittel Fruktose, aber zudem viele Stoffe, die vor allem entzündungshemmend und antimikrobiell wirken. Das könnte der Grund sein, warum Honig in der wissenschaftlichen Bewertung von Zucker etwas aus der Reihe tanzt. Die bislang größte Zusammenfassung aller Studien zur Wirkung von Hong auf den Stoffwechsel ergab, dass der Verzehr von täglich 40 Gramm Honig den Blutzucker sowie die Cholesterin- und Triglycerid-Werte senkt. Ein weiterer Pluspunkt: Er ist zwar köstlich, schmeckt aber auch intensiv, deshalb wird er meist in nicht übertriebenen Mengen gegessen. Wabenhonig ist vermutlich noch gesünder, weil er noch mehr sekundäre Pflanzenstoffe aus den Blüten enthält.

Eine gute Quelle für pflanzliche Süße sind auch die Yacón-Knolle und der aus ihr gewonnene Sirup. Die aus den südamerikanischen Anden stammende Wurzelknolle gehört zu den Korbblütlern und ist mit Chicorée, Topinambur und Endivie verwandt. Yacón enthält reichlich Inulin, ein als Ballaststoff wirkendes Kohlenhydrat, das ziemlich gutes Futter für die Darmbakterien und damit ein Präbiotikum ist (siehe auch S. 140 f.). In Südamerika wird die Pflanze schon lange bei Diabetes, Leber- und Darmerkrankungen eingesetzt. Gegen den massenhaften Verzehr würde der lange Importweg sprechen, glücklicherweise wird Yacón aber inzwischen auch mehr und mehr bei uns angebaut. Frisch ist die Knolle ein sehr leckeres Gemüse, es kann in Stücken gebraten oder in Suppen gegeben werden. Auch Yacón-Marmelade schmeckt gut.

Meiden Sie den Fruchtzuckerschock

Der Fruchtzucker ist leider keine gesunde Option, auch wenn das Wort »Frucht« zunächst etwas Gutes, Natürliches suggeriert. Lange wurde Diabetikern beharrlich empfohlen, Fruktose (Fruchtzucker) zu trinken, so könne nach Meinung der Ärzte ein Anstieg des Insulins umgangen werden. Vor einigen Jahren trat aber mit einem Mal das Bundesinstitut für Risikobewertung auf die Bremse: Diabetiker sollten darauf verzichten, mit Fruktose gesüßte Lebensmittel zu verwenden. Übersteigt die Menge an Fruktose nämlich ein gewisses Maß, wird sie in der Leber unmittelbar in Fett umgewandelt. Fruchtzucker gelangt vom Magen-Darm-Trakt direkt in die Leber. Inzwischen ist bekannt, dass die Fettleber häufig durch eine Überlastung mit Fruchtzucker entsteht. Dennoch wird er in konzentrierter Form immer mehr Lebensmitteln, Fertigprodukten und Softdrinks zugefügt. Weil er so prima süßt. Ein weiterer Nachteil des Fruchtzuckers besteht darin, dass er unser Gehirn austrickst. Dadurch, dass er in der Leber abgefangen wird, erhält es die Botschaft: »So viel Süßes hast du noch gar nicht gegessen«, und schon wird das Hungergefühl aktiviert. Darum sättigen süße Erfrischungsgetränke oder süße kalorienreiche Speisen mit Fruchtzucker kaum, sie sind hingegen verantwortlich dafür, dass viele Millionen Menschen immer mehr Speck ansetzen. Auch Agavensirup, der sich herrlich gesund und natürlich anhört, ist leider keine gute Alternative. Er enthält vor allem Fruktose und ist damit letztlich sogar noch ungesünder als normaler Haushaltszucker.

Viele Menschen leiden unter einer Fruktose-Unverträglichkeit. Dabei handelt es sich wie bei der Laktoseintoleranz nicht um eine echte Allergie. Der Körper kann Fruktose bis zu einem gewissen Grad gut verdauen, meist sind dies 30 bis 40 Gramm. Diese Menge wird heute aber durch die vielen fruktosehaltigen Lebensmittel häufig überschritten. Die Folge: Der Fruchtzucker wandert unverdaut bis in den Dickdarm, wo Bakterien ihn vergären und Fäulnisgase entstehen. Das verursacht Durchfall, Blähungen und Schmerzen. Oft verzichten dann die Betroffenen komplett auf

Obst, was gar nicht notwendig und der falsche Weg ist. Bei einer Unverträglichkeit meiden Sie am besten alle Lebensmittel, denen Fruktose künstlich zugesetzt wird. Überprüfen Sie anschließend, ob Sie die frische Frucht (als Ganzes mit Schale, kein Smoothie!) nicht doch vertragen. Im Obst als ganzer Frucht ist der Fruchtzucker viel weniger ungesund, weil die im Obst enthaltenen Ballast- und Nährstoffe, Vitamine und sekundären Pflanzeninhaltsstoffe für eine gesunde Balance sorgen. Ballaststoffe binden Zuckermoleküle, die dadurch erst nach und nach in das Blut abgegeben werden. Der Körper wird dann weder mit Fruktose noch mit Glukose überflutet. Fruchtsüße im Obst kann zudem köstlich sein; für mich ein großer Genuss sind frische Mangos, Feigen oder Datteln. Vorsicht aber vor Trockenfrüchten, sie enthalten sehr viel mehr Fruktose als die frischen Varianten.

Zahlreiche Studien zeigen, dass mit dem Trinken von Fruchtsäften das Risiko steigt, Diabetes zu bekommen oder einen Herzinfarkt zu erleiden – während der Verzehr von frischen Früchten gesund ist. Durch den Herstellungsprozess der Säfte gehen die meisten Ballaststoffe verloren. Ich empfehle Ihnen daher, immer Obst in seiner natürlichen Form zu essen. Und trinken Sie keine Fruchtsäfte oder Saftschorlen, höchstens als Ausnahme. Das gilt leider auch für die so beliebte Apfelschorle und für Orangensaft. Ein Glas Orangensaft enthält etwa 24 Gramm Zucker, vor allem Fruktose. Mit einem Glas haben Sie Ihren Tagesbedarf an Zucker praktisch erreicht. Würden Sie hingegen drei Orangen essen, so viel wie in einem Glas Saft sind, wäre das nicht schlimm, denn sie würden gleichzeitig viele Ballaststoffe zu sich nehmen. Wenn Sie Saft lieben, kaufen Sie sich einen Entsafter, der den größten Anteil der natürlichen Obstbestandteile im Saft belässt. Das gewährleisten die herkömmlichen Saftpressen, aber nicht die Zentrifugen-Entsafter, die in der Massenproduktion eingesetzt werden. Mögen Sie gerne Smoothies, empfehle ich Ihnen, Obst mit grünem Blattgemüse (zum Beispiel Spinat oder Rucola) und Kräutern zu mischen, damit die Süße nicht zu sehr überwiegt.

Ein Warnhinweis gehört für mich auf ein besonders schlimmes Süßungsmittel, das seit den 1960er-Jahren in den USA stark verbreitet ist: Maissirup, auch Isoglukose genannt. Dieser wird industriell aus Maisstärke hergestellt, schmeckt intensiv süß und ist unglaublich ungesund. In der Lebensmittelindustrie wird er großzügig verwendet, weil er haltbar und äußerst billig ist. Maissirup besteht wie Haushaltszucker aus Fruktose und Glukose. Allerdings nicht in einem festen Verhältnis von 1:1, sondern er wird industriell modifiziert. Der Anteil von Fruktose kann bis zu 90 Prozent betragen, er heißt dann »Fructose-Glucose-Sirup«, und diese Art von Maissirup fördert eine Fettleber und Bauchfett besonders stark. Leider wurde er 2017 auch in der EU zugelassen. Versuchen Sie keine Produkte zu verzehren, denen Maissirup zugegeben wurde. Dieser ungesunde Sirup ist für mich ein weiterer Grund, warum der Maisanbau nicht länger subventioniert werden sollte.

Auch Süßstoffe aktivieren die Esslust. Es gibt zahlreiche Zuckerersatzstoffe, die vorgeben, uns dabei zu helfen, weniger Zucker zu essen und auf diese Weise abzunehmen. Insgesamt ist der Verzehr von Süßstoffen jedoch nicht zu empfehlen. Zwar haben Saccharin, Cyclamat, Aspartam, Stevia, Erythrit oder Sucralose keine Kalorien, Studien konnten jedoch zeigen, dass der zunehmende Konsum von Süßstoffen weder die Erkrankungsraten an Diabetes Typ 2 noch an Adipositas senken konnten. Im Gegenteil: Süßstoff scheint die Übergewichts- und Diabetes-Epidemie sogar gefördert zu haben. Sie verschlechtern nachweislich die Wirkung des Insulins. Und in Ländern mit dem höchsten Verbrauch ist auch das Übergewicht angestiegen. Ein Hauptproblem von Süßstoffen scheint darin zu liegen, dass sie Hunger machen. Sie führen zu hormonellen Ausschüttungen im Magen und Darm, die Hungergefühle auslösen, indem sie unser Gehirn täuschen. Wir schmecken etwas Süßes, das Gehirn erwartet daraufhin, dass Zucker anflutet, es geschieht aber nichts. Bleibt der Blutzuckeranstieg jedoch aus, werden Signale aktiviert, die die weitere Futtersuche aktivieren und so Hunger erzeugen.

Ein Leben ohne Zucker

Unser Lebensalltag zeigt, dass es gar nicht so einfach ist, sich dem Zucker zu entziehen. Denn allzu oft machen wir uns nicht bewusst, worin er massenhaft steckt. Wenn Sie morgens gerne Müsli und Cerealien essen, empfehle ich Ihnen statt übersüßten Frühstückscerealien eine eigene Mischung aus Haferflocken, Leinsamen oder Buchweizen und Hirse mit Nüssen und Beeren (auch als Tiefkühlware) zusammenzustellen. Wann immer ich in Hotels bin, schaue ich, ob ein Bircher Müsli angeboten wird. Dieses Müsli wurde von dem Schweizer Arzt und Naturheilkundler Max Bircher-Benner (1867–1939) kreiert. Es besteht im Wesentlichen aus Haferflocken, geriebenem Apfel und Nüssen und schmeckt wunderbar. Achten Sie allerdings auf die Menge. Isst man zu viel davon, bekommt man leicht Blähungen.

Essen Sie lieber Brot zum Frühstück, wird es nicht einfacher, sich der süßen Gefahr zu entziehen. Marmeladen mit hohem Zuckeranteil und Schokocremes sind ideale Methoden, um den Blutzuckerspiegel gleich am Morgen mal ordentlich in Rekordhöhen zu katapultieren. Mit etwas Geschick kann man aber das süße Frühstück etwas körperfreundlicher gestalten. Wählen Sie erstens Vollkornbrot oder Vollkornbrötchen. Achten Sie darauf, dass die Marmeladen und Fruchtaufstriche einen hohen Fruchtanteil von 70 Prozent oder mehr haben und der Zuckeranteil eher gering ist. Verwenden Sie statt Schokocreme lieber Mandelmus, und nehmen Sie nicht zu große Mengen Honig. Wenn Sie das Morgenmahl dann auch noch gut und langsam kauen und mit etwas Protein zum Beispiel aus Joghurt oder Kefir ergänzen, wird selbst ein süßes Frühstück noch gesund.

Ich will niemandem sein Frühstück vermiesen oder erst recht das Dessert missgönnen. Aber Zucker ist leider zu einem Riesenproblem für unsere Gesellschaft geworden. Jeder Deutsche isst im Schnitt 30 Kilogramm weißen Zucker pro Jahr, plus Fruktose und Laktose (Milchzucker). Auf diesen dramatisch hohen Zuckerverzehr ist unser Körper genetisch nicht eingestellt. Nicht wenige Wissenschaftler gehen so weit, dass sie Übergewicht und Adipositas allein auf den Zusammenhang von einem erhöhten Blutzucker und dem Insulinspiegel zurückführen. Es gibt aber auch Stimmen, die das für etwas übertrieben halten und darauf pochen, dass es vor allem um die gesamte Kalorienmenge geht, die wir zu uns nehmen. Ich denke, wie so häufig liegt die Wahrheit in der Mitte.

Aber es bleibt dabei: Ständig einen hohen Zuckernachschub ins Blut zu jagen, hat gravierende Folgen. Essen wir viel Zucker, geben die Zellen ziemlich schnell ein Signal, dass es ihnen reicht, zumal es nur geringfügige Zuckerspeicher im Körper gibt. Sie entwickeln eine Insulinresistenz, sie machen quasi ihre Schotten dicht. Die Bauchspeicheldrüse produziert daraufhin verzweifelt noch mehr Insulin, aber die Zellen sind längst bedient und lassen sich nicht mehr überzeugen, weiter nachzuladen. Das Insulin kann den Zucker nicht mehr in die Zelle abräumen, zudem erschöpft sich die Bauchspeicheldrüse mit der Zeit. Hören wir nicht auf, zu viel Zucker zu essen, verbleibt er in der Blutbahn und schädigt Blutgefäße, Blutzellen, Nerven, Leber, Herz und Gehirn. Zucker kann auch Akne, Kopfschmerzen und Entzündungen verstärken – und insgesamt unseren Körper schneller altern lassen und Demenz fördern. Jahrelanger hoher Zuckerverzehr erhöht besonders bei schwergewichtigen Menschen und Diabetikern zudem die Gefahr, Krebs zu bekommen. Einer Gruppe US-amerikanischer und chinesischer Wissenschaftler hat die bislang umfassendste Analyse der gesundheitlichen Wirkungen des Zuckers vorgenommen und 2023 im *British Journal of Medicine* veröffentlicht. Sagenhafte 8600 wissenschaftliche Artikel wurden ausgewertet, und sie fanden einen kausalen Zusammenhang zwischen vermehrtem Zuckerkonsum und 45 Krankheiten. Zum Abschluss ihres Artikels rieten die Wissenschaftler, den Konsum von Zucker auf maximal 25 Gramm pro Tag zu begrenzen.

Patientengeschichte – Schachmatt von Süßem

Eine 36-jährige Patientin erschien erstmals 2016 in meiner Sprechstunde. Sie litt unter chronischen Schmerzen, vor allem waren es Migräneschübe, die drei- bis fünfmal im Monat auftraten und sie jeweils zwei Tage lang schachmatt setzten. In den Tagen dazwischen hatte sie Spannungskopfschmerzen, in den letzten sechs Monaten kamen Rückenschmerzen dazu. Zwei Kinder im Alter von acht und zwölf Jahren und ein anstrengender Job forderten sie maximal. Sie war bei einer Hausärztin in Behandlung, bei einem Orthopäden und einem Neurologen. Sie erhielt Physiotherapie und Tabletten gegen die Migräne. Diese halfen, aber sie hatte den Eindruck, dass die Anfälle dadurch häufiger wurden. Früher hatte sie viel Sport gemacht, nun konnte sie sich wegen der Schmerzen und der Erschöpfung nur noch wenig belasten. Nach einem halbstündigen Spaziergang sei sie kaputt, so erzählte sie. Über die Jahre nahm sie 15 Kilogramm zu, sie wog inzwischen 80 Kilogramm. Sie berichtete weiter, dass sie aus Frust und weil sie sich oft erschöpft fühle, immer mehr Süßigkeiten essen würde. Kuchen, Kekse, Schokolade und Eis seien ihre ständigen Begleiter. Sie wisse natürlich, dass das nicht gut sei, aber sie schaffe es nicht, darauf zu verzichten, auch abends nasche sie häufig noch. Die Patientin hatte als weiteres Problem eine beginnende Funktionsstörung der Nieren, deren Ursache unklar war. Vermutet wurde, dass die Schmerzmittel eine Ursache sein könnten.

Ich konnte sie ermutigen, einen Neustart zu wagen. So sollte sie sich täglich 30 Minuten Zeit für sich nehmen und als Entspannungsübung eine Achtsamkeitsmeditation machen. Hinsichtlich der Ernährung starteten wir in unserer Klinik ein Fasten nach der Scheinfasten-Methode (siehe S. 341 ff.) über sieben Tage, auch um sie so vom Zucker zu entwöhnen. Es war nicht einfach, sie hatte drei Tage lang stärkste Kopfschmerzen, und es fiel ihr sehr schwer, auf Süßes zu verzichten. Am vierten Tag wurde es besser. Am Tag der Entlassung hatten sich Kopf- und Rückenschmerzen stark gebessert. Zu Hause sollte sie versuchen, zunächst für vier Wochen komplett auf Süßes zu verzichten und bei einer Heißhungerattacke Nüsse, Äpfel, Wasser, Kaffee oder Tee bereitzuhalten.

Da sie zu einem avisierten Sprechstundentermin nach vier Wochen nicht erschien war, sah ich sie durch einen Zufall erst drei Jahre später wieder. Im ersten Moment erkannte ich sie kaum, sie hatte deutlich abgenommen, sah frisch und zufrieden aus und erzählte, dass sie seit ihrer damaligen Entlassung keinen Zucker mehr zu sich genommen habe. Die ersten drei Monate seien schwer gewesen, für sie sei aber klar, dass sie auch weiterhin auf Zucker verzichten werde. Inzwischen habe sie fast keine Migräneanfälle mehr, brauche auch keine Schmerzmittel, sogar ihre Nierenfunktion habe sich gebessert. Sie hatte nicht nur den Zucker weggelassen, sondern aß verstärkt Gemüse und Obst und weniger Fleisch. Eine proteinarme und basische Ernährung kann sich nach neueren Studien auch gut auf die Nieren auswirken. Ich gratulierte ihr zu ihrer Disziplin. Sei meinte, was ihr Durchhalten ermöglicht habe, sei das Gefühl gewesen, mehr Lebensqualität zu haben. Das und die Unterstützung durch die Familie habe ihr geholfen, die Sucht nach Süßem aufzubrechen.

Auf Zucker zu verzichten, wenn man erst einmal daran gewöhnt ist, ist keine einfache Sache. Hier hilft meiner Erfahrung nach einzig ein kalter Entzug – über mindestens vier Wochen. Das ist eine Herausforderung, dies beweist wiederum, wie suchtmachende Prozesse in unserem Gehirn durch Zucker aktiviert werden. Oder haben Sie schon ein solches Gefühl erlebt, wenn Sie eine Woche lang keine Kartoffeln oder Tomaten gegessen haben?

Seien Sie strikt und versuchen Sie, Zucker aus dem Dauergebrauch zu verbannen, reservieren Sie ihn für besondere Momente. Ein solcher Genuss kann ein Stück Schokolade sein, insbesondere wenn der Kakaogehalt 70 Prozent beträgt. Dann sind so viele gesundheitsfördernde sekundäre Pflanzenstoffe des Kakaos in der Schokolade, dass sie die negative Wirkung des Zuckers ausstechen. Ein Vorteil dunkler Schokolade: Meist hat man nach drei bis vier Stücken genug und ist zufrieden. Besonders effektiv ist die

Mischung aus dunkler Schokolade mit Mandeln oder Nüssen, hier verbinden sich zwei gute pflanzliche Nahrungsmittel. Bittere Schokolade ist tatsächlich die einzige Süßigkeit, neben Honig, für die ein klarer Gesundheitsvorteil belegt ist.

Zucker-Askese hat große gesundheitliche Vorteile, doch gebe ich zu, dass ab und zu ein Stück Schokolade oder ein Stück Kuchen am Wochenende das Leben genüsslicher machen. Und ich muss gestehen, ich liebe Apfelstrudel am Wochenende. Richtig mit Zucker umzugehen, ist eine Herausforderung für jedermann. Die Verführung ist einfach sehr groß. Als beste Taktik erscheint mir immer noch, nur sehr selten Süßigkeiten zu kaufen, keinen Vorrat davon anzulegen und sich beim Einkauf bei den Inhaltsstoffen über die Zuckermengen der Produkte zu informieren.

Wenn der Blutzuckerspiegel zu hoch ist

Da der Schaden durch die Zuckerplage so gravierend ist, lohnt es sich, die Biologie dahinter besser zu verstehen. Glukose sollte nicht lange im Blut verweilen, sonst richtet sie Ungutes an. Spätestens zwei bis drei Stunden nach einer Mahlzeit sollte alles weggeschafft, verdaut und mithilfe des Insulins in die Zelle als Energie verbracht sein. Sind die Zellen schon übersatt oder besteht eine Insulinresistenz, weil das Abräumsystem des Körpers durch unsere Fehlernährung nicht mehr gut funktioniert, bleibt der Zucker zu lange in der Blutbahn. Dort schädigt er Blutgefäße, Blutzellen, Augen, Nerven und Organe und verbindet sich mit Proteinen, die dann verklumpen. Diese Gebilde nennt man AGEs, Advanced glycation endproducts, sie fördern die Zellalterung. Der bekannteste AGE-Klumpen ist HbA1c. Hier hat sich jener Teil des roten Blutfarbstoffs Hämoglobin mit Glukose chemisch verbunden. Diese blutzuckerabhängige Bindung ist eine Art Gütezeichen für die Einstellung des Blutzuckers. Ist der Wert zu hoch, also über 6,5 Prozent, besteht eine große Diabetesgefahr, dann muss dringend reagiert werden. Andere gravierende Folgen des Zuckers können wir nicht so leicht messen.

Die Schädigungen der Blutgefäße, Augen, Nerven und Organe geschehen heimlich, still und leise, sie führen oft erst Jahre später zu Herz- und Nierenversagen, Durchblutungsstörungen oder schweren Augenproblemen.

Es ist also wichtig, den Blutzuckerspiegel nicht zu stark ansteigen zu lassen. Das können wir unterstützen, indem wir insgesamt nicht zu große Mengen, aber dabei viele Ballaststoffe essen, uns nach dem Essen bewegen und vor allem, indem wir bevorzugt Lebensmittel essen, die den Blutzucker nicht zu stark nach oben treiben. Hier kann Essig helfen: Essig hat eine hervorragende medizinische Wirkung, denn er begrenzt den Anstieg des Blutzuckerspiegels, wenn wir Zucker und Kohlenhydrate essen. Ein Esslöffel zur Mahlzeit oder ein paar Minuten vorher als Getränk – verdünnt in einem großen Glas Wasser – führt dazu, dass sich die Blutzuckerkurve nach dem Essen deutlich abflacht und der oftmals problematische Anstieg des Insulinspiegels niedrig bleibt. Von diesem Effekt profitieren Menschen mit Diabetes, er hat zudem den Vorteil, dass über den Tag weniger Heißhungerattacken entstehen und insgesamt mehr Fett verbrannt wird. Essig schützt also auch vor Übergewicht. In einer in Teheran durchgeführten Studie mit übergewichtigen Probanden sollte eine Gruppe drei Monate lang zum Mittag- und Abendessen einen Esslöffel Essig verzehren. Eine andere erhielt keinen. Danach waren die Effekte sehr deutlich: Die Essigkonsumenten hatten etwa eineinhalb Kilogramm an Gewicht verloren, speziell verloren sie an Bauchfett, und auch die Blutfette hatten sich verbessert. Zehn bis 15 Milliliter Essig täglich zu den Mahlzeiten oder als verdünntes Getränk beschleunigten die Gewichtsabnahme – und zwar um zwei Kilogramm in drei Monaten.

Immer mehr meiner Patienten messen selbst ihren Blutzucker, auch wenn sie nicht an Diabetes leiden. Meist sind sie an einer Gewichtsabnahme interessiert. Die kontinuierliche Glukosemessung (CGM) ist eine wunderbare medizintechnische Innovation und deshalb so interessant, da Studien stets nur den Mittelwert eines Menschen betrachten, es in der Realität jedoch individuelle Schwankungen gibt. Mit dem CGM kann jeder genau beobachten, welches Nahrungsmittel zu einem bestimmten Anstieg des Blutzuckers führt – und wie man starke Ausschläge des Blutzuckers im Blut verhindern kann. Mittlerweile ist jedoch eine gewisse Blutzuckerhysterie entstanden. Einige meiner Patienten geraten geradezu in Panik, steigt nach dem Verzehr von Eiscreme der Blutzucker an, sie fühlen sich unmittelbar vorgealtert. Ich versuche dann jedes Mal, die Werte zu relativieren. Ein gewisser Anstieg des Blutzuckers ist absolut normal. Der Körper hat uns ja gerade deshalb mit Insulin ausgestattet, damit wir mit solchen Glukosebelastungen umgehen können. Der Blutzuckerspiegel sollte nur nicht zu hoch sein und sein Anstieg nicht zu lange andauern.

Mein Tipp:

Machen Sie vier Wochen lang einen Selbsttest, indem Sie versuchen, ohne oder mit nur sehr wenig Zucker und Weißmehlprodukten auszukommen. Kohlenhydrate in Vollkornprodukten können Sie weiterhin in größeren Mengen zu sich nehmen, außer abends. Fühlen Sie sich nach vier Wochen vitaler, schlafen besser und nehmen, bei Übergewicht, ab, ist es gut für Sie und Ihre Gesundheit.

Oder: Messen Sie Ihren Blutzucker über zwei Wochen lang mit einem Sensor, anschließend streichen Sie die Lebensmittel, die einen zu starken und langen Blutzuckeranstieg auslösen. Nach vier Wochen können Sie auch hier wieder ziemlich gut einschätzen, welche Vorteile Ihr Körper daraus zieht.

Stärkster Stimulus für den Anstieg des Insulins sind leider die beliebtesten Speisen aus dem Bereich der schnellen Küche: Burger mit Hackfleisch und Weißmehlbrötchen, eine Leberkässemmel, ein Schnitzel mit Pommes, Wurstbrote oder Salami-Pizza. Tierische Proteine und einfache Kohlenhydrate sind maximal schlecht für die Regulierung des Blutzuckers. Diese Kombination ist vermutlich auch der Grund, warum die Trennkost, die vor Jahrzehnten sehr in

Mode gekommen war, vielen Menschen bei der Gewichtsabnahme geholfen hat. Mittlerweile wissen wir jedoch, dass die Theorie hinter der Trennkost wissenschaftlicher Unsinn war – auch wenn sie in der Praxis funktionierte: Nehmen wir Kohlenhydrate und Proteine nicht gleichzeitig auf, sinkt unser Insulinspiegel und wir nehmen leichter ab. Es kommt also stets auch auf die Mischungen von Nährstoffen an.

Die ungünstige Wirkung der Protein-Kohlenhydrat-Verbindung auf den Insulinspiegel existiert aber nicht bei Hülsenfrüchten: Das heißt ein veganer Burger mit Erbsenproteinen ist eindeutig vorteilhaft. Und bei den Pastagerichten geht meine Empfehlung weg von der Bolognese mit tierischen Proteinen hin zu einer veganen Bolognese oder Pasta Napoli (Nudeln mit Tomatensoße). Die beste Kombination ist Pasta mit Gemüse und Hülsenfrüchten.

Die Auswahl gesunder Kohlenhydrate und ihre Zubereitung

Die Wirkung auf die Gesundheit ist also auch davon abhängig, wie wir mit unseren Lebensmitteln umgehen. Die Stärkekörner in Kartoffeln, Reis oder Nudeln sind deshalb nicht besonders gesund, weil sie beim feuchten Erhitzen aufquellen, sie werden wasserlöslich, platzen auf und werden dann im Darm in kleine Zuckereinheiten aufgespalten und verdaut. Dadurch steigt der Insulinspiegel an und fördert, wenn man reichlich Kartoffeln, Reis oder Pasta isst, die Gewichtszunahme. Aber es gibt Mittel und Wege, um die Wirkung unserer Grundnahrungsmittel zu verbessern. Das führt zu der erstaunlichen Erkenntnis, dass Kartoffelsalat gesünder ist als frisch gekochte Kartoffeln. Dazu ein kleiner Exkurs: Bei einer resistenten, schwer verdaulichen Stärke werden die darin enthaltenen Zucker im Darm nicht mehr freigesetzt und wegen ihrer chemischen Struktur kann sie auch nicht mehr von der Amylase im Speichel und der Bauchspeicheldrüse aufgespalten werden. Das hat zwei Vorteile. Es werden weniger Kalorien aufgenommen und die unverdaute resistente Stärke wird weiter in den Darm transportiert und dient dort dem Mikrobiom als gutes Futter. Üblicherweise sind etwa zehn Prozent der Stärke in Kartoffeln, Nudeln, Reis oder Brot resistent. Eine größere Resistenz kann physikalische Ursachen haben. So besitzen ganze Getreidekörner von nur grob geschrotetem Getreide höhere Mengen an resistenter Stärke als fein gemahlene Körner. Auch ist die Stärke in rohem Mais, Hülsenfrüchten oder grünen Bananen stärker resistent.

Eine praktische Art, die Menge an resistenter Stärke in Kartoffeln, Nudeln oder Reis deutlich zu steigern, besteht darin, diese Nahrungsmittel nach dem Kochen abkühlen zu lassen und dann kalt oder wiederaufgewärmt zu essen – ein Hohelied auf Nudel- und Kartoffelsalat und Sushi-Reis. Beim Abkühlen verändert die Stärke ihre kristalline Anordnung, sodass sie resistent wird, »retrogradierte Stärke« heißt das im Fachjargon. Wenn Sie Kartoffeln oder Pasta meiden, um Ihr Gewicht zu halten, kann resistente Stärke für Sie eine interessante Option sein. Kalte Kartoffeln und Nudeln machen weniger dick als frisch gekochte. Darum ist es beim Abnehmen vorteilhafter, Nudeln eher aufzuwärmen, als frisch gekocht zu essen.

Auch die Auswahl der Kohlenhydrate, die wir zu uns nehmen, kann helfen, uns nicht in Verzicht zu üben, sondern das Segensreiche der Kohlenhydrate zu nutzen, zum Beispiel beim Brot. Erst vor ungefähr 12 000 Jahren, als die Menschen sesshaft wurden, begann der Siegeszug des Ackerbaus und damit der Aufstieg des Brotes. Getreide wurde zur Lebensgrundlage. Deshalb heißt es im »Vaterunser«: »Unser täglich Brot gib uns heute.« Ackerbau, Getreide und Brot besitzen einen festen Platz in vielen Religionen und Mythologien. Dem Ackerbau wurden eigene Gottheiten gewidmet, bei den Griechen ist es die Göttin Demeter, bei den Römern die Göttin Ceres.

Die heute erhältlichen Getreidesorten sind das Ergebnis langer Zuchtlinien, die alle das Ziel hatten, hohe und wetterstabile Erträge zu sichern. Bis ins 19. Jahrhundert hinein wurde praktisch jedes Brot aus Vollkornmehl gebacken. In der Mühle wurden sowohl der Kern als auch die Hülle des Korns vermahlen. Der Nachteil dieser

Vermahlung ist, dass sich durch den Ölgehalt im Keim das Getreide nicht gut lagern lässt. Mit dem Aufkommen der Auszugsmehle, der Weißmehle, bei denen Hülle und Kern entfernt werden, stieg die Lagerungsfähigkeit. Und zweifellos schmecken Baguette, Ciabatta oder frisch gebackene Semmel (Berliner Schrippe) wunderbar. Leider werden durch dieses Verfahren aber auch die gesündesten Anteile des Getreides aus dem Mehl entfernt – zurück bleibt ein relativ wertloses Weißmehl als Sattmacher.

Ein Lob auf das volle Korn

Dagegen enthält Vollkornbrot langkettige Kohlenhydrate, die zudem von Ballaststoffen umhüllt sind. Ist das Brot sehr grob geschrotet, ist es schwerer zu verdauen, der Blutzuckerspiegel steigt langsamer und weniger an. Das Gesamtpaket der Nährstoffe in Vollkornprodukten, von den Ballaststoffen bis hin zu den Vitaminen, erklärt die gesundheitlichen Vorteile, die in Studien immer wieder bestätigt werden. Vollkorn schützt vor Herzinfarkt, Diabetes Typ 2 und vielen Krebsformen wie Brustkrebs, Darmkrebs und Leberkrebs. Der alte Spruch, »Je weißer das Brot, desto früher der Tod«, stimmt leider. Deshalb lautet meine Empfehlung, Vollkorngetreide den Vorzug zu geben und Brötchen und Baguette für besondere Anlässe zu reservieren. Bei Vollkornbrot können wir uns jedoch nicht auf die Farbe verlassen, denn die meisten dunklen Brote sind nur gefärbt. Deshalb sollten Sie nachfragen, ob denn das dunkle Brot tatsächlich aus Vollkornmehl hergestellt ist.

Für einige Menschen kann es durchaus sinnvoll sein, gar kein Brot oder wenig Brot zu essen – etwa bei bestehendem Diabetes mellitus Typ 2 oder schwerstem Übergewicht. Eran Segal, Biologe am Weizman Institute of Science in Tel Aviv, zeigte in Studien auf, dass selbst gesundes Brot bei manchen Menschen den Blutzuckerspiegel enorm in die Höhe schießen lässt. Hier würde ich wieder praktisch vorgehen. Gehören Sie zur Risikogruppe, verzichten Sie als Test vier Wochen weitgehend auf Brot, vor allem abends, und beobachten Sie, wie Ihr Körper reagiert, ob Sie leicht damit Gewicht abnehmen. Sollten Sie bereits eine Dauerblutzuckermessung haben, können Sie präzise nachsehen, was Brot mit Ihnen macht.

Manche Menschen können kein Brot vertragen. Eine Zeit lang kamen zu uns in die Klinik häufig Patienten, die angaben, von Weizen und Gluten Bauchbeschwerden und Immunstörungen zu bekommen. Nach heutigem Wissensstand war das ein negativer Hype, ein Nocebo-Effekt. Darunter versteht man eine Wirkung, die durch eine negative Erwartung tatsächlich eintritt. Genauso wie auf der anderen Seite ein Placebo, ein Scheinmedikament, keinen Wirkstoff enthält und trotzdem Beschwerden lindern oder sogar heilen kann, weil eine positive Wirkung erwartet wird.

Es gibt aber tatsächlich ernste Unverträglichkeiten, dazu zählt vor allem die Zöliakie, eine entzündliche Darmerkrankung, bei der absolut streng darauf geachtet werden muss, kein Gluten zu sich zu nehmen. Erwiesen sind auch Weizenallergien sowie die Nicht-Zöliakie-Glutensensitivität (NCGS). NCGS wird häufig durch etwas definiert, was es nicht ist: Es ist keine allergische Reaktion, wie etwa eine Weizenallergie, und auch keine Autoimmunreaktion, mit der wir es bei der Zöliakie zu tun haben. Getreide ist evolutionsgeschichtlich ja ein relativ neues Lebensmittel. Als es auf den Tisch kam, waren wie bei der Milch das Immunsystem und der Darm vor die Herausforderung gestellt, eine Toleranz gegenüber diesem bislang unbekannten Produkt zu entwickeln. Für die meisten Menschen sind Brot, Getreide und Gluten inzwischen gut verdaulich, aber einigen bereiten sie Probleme. Auch können Infektionen oder Stress diese Immuntoleranz aushebeln und eine Unverträglichkeit hervorrufen.

Eine Rolle spielen zudem die vielen Neuzüchtungen des Weizens. Diese gentechnisch entwickelten Arten dienen dem Ziel, die Widerstandsfähigkeit gegenüber Schädlingen und Trockenheit zu erhöhen sowie die Backeigenschaften zu verbessern. Eine Nebenwirkung dieser Züchtung ist der höhere Gehalt an Amylase-Trypsin-Inhibitoren (ATIs), das sind Proteine, die sehr wahrscheinlich leichte Unverträglichkeiten auslösen. Forschungsarbeiten konnten zeigen, dass die ATIs tatsächlich leichte Entzündungen im Dünndarm und einen falschen Alarm für das Immunsystem bewirken können.

Haben Sie immer mal wieder Beschwerden durch Brot, Brötchen oder anderes Getreide, sollten Sie eine Zöliakie diagnostisch abklären lassen. Zöliakie ist die stärkste Form der Glutenunverträglichkeit, bei der schon winzige Mengen heftige Beschwerden verursachen. Die Krankheit betrifft nur etwa ein halbes Prozent der Bevölkerung Europas, und der Nachweis erfolgt durch eine Magen- beziehungsweise Dünndarmspiegelung und durch die Bestimmung spezieller Antikörper und Erbmerkmale im Blut. Bei der Nicht-Zöliakie-Glutensensitivität, unter der bis zu vier Prozent der Menschen hierzulande leiden, wird durch eine glutenfreie Kost keine komplette Linderung erreicht. Doch immer wieder erzählen mir Patienten mit rheumatischen Erkrankungen oder mit einem Reizdarmsyndrom, dass sie durch eine glutenfreie Ernährung weniger Beschwerden haben. Daher kann ein Versuch, sich vier Wochen lang glutenfrei zu ernähren, durchaus sinnvoll sein.

Haben Sie bisher weitgehend weißes Brot gegessen, gehen Sie behutsam vor. So gesund es auch grundsätzlich ist, nicht jeder kann Vollkornbrot gut verdauen. Stellen Sie deshalb langsam Ihre Ernährung um, nehmen Sie sich dafür zwei bis drei Monate Zeit, und achten Sie auf gutes Kauen.

Sollten Sie Weizen nicht gut vertragen, können auch die Zubereitung und die Backdauer des Teigs von Bedeutung sein. Von allen Getreidesorten nimmt Weizen mit seiner enormen Menge an Gluten eine Sonderstellung ein. Der Begriff »Gluten« findet seinen Ursprung im lateinischen Wort für Leim, nämlich *glutinum*. Das beschreibt, welchen Zweck Gluten eigentlich hat: zu kleben. Das auch »Klebereiweiß« genannte Stoffgemisch aus Proteinen bildet in Kontakt mit Wasser eine gummiartige Konsistenz. Es ist sozusagen verantwortlich für eine gute Teigmasse und daher für Backwaren von großer Bedeutung.

Alle anderen Getreidemehle liefern Brote mit geringerem Volumen und einer weniger elastischen Krume, sie sind nicht so fluffig. Traditionelle Zubereitungsformen, bei denen der Teig lange gehen muss, verursachen weniger Beschwerden. Seit einiger Zeit feiern auch alte Sorten wie Emmer und Dinkel ein Comeback. Dinkel ist bekömmlicher als Weizen, allerdings trocknet er schneller aus, wie Sie vielleicht schon einmal bei einem übrig gebliebenen Dinkelbrötchen bemerkt haben.

In industriellen Großbäckereien kommen die Teiglinge in der Regel nach einer Stunde aus dem Ofen. Sie enthalten mehr Gluten und Zucker, als wenn der Teig viele Stunden Zeit hat, sich zu entfalten. Dann sind in ihm nur noch zehn Prozent der problematischen Zuckersorten enthalten. Es ist also oftmals nicht der Weizen, der eine Empfindlichkeit verursacht, sondern die Zubereitungsart. Wird traditionell gebacken, mit einer nicht hochgezüchteten Weizensorte, bessert sich häufig die Verträglichkeit von Brot. Fragen Sie in Ihrer Bäckerei nach dem Herstellungsverfahren oder backen Sie Ihr Brot selbst. Das ist nicht schwer, probieren Sie es einfach mal aus.

Hafer ist eines der gesündesten Getreide

Hafer wurde im Vergleich zu Weizen, Mais und Reis erst viel später als Kulturpflanze im großen Stil angebaut und mittels Züchtung weiter optimiert. Eine vorübergehende Hochphase erreichte er als proteinreiches Futter für Pferde. Das änderte sich jedoch, als die Pferdekutschen durch mit Motoren betriebene Gefährte ersetzt wurden. Der Verbrauch des Hafers liegt weltweit unter den Getreidesorten etwas abgeschlagen auf Platz sieben, hinter Weizen, Reis, Mais, Roggen, Gerste und Hirse. Doch inzwischen ist er wieder in Mode gekommen.

Hafer ist per se ein Vollkornprodukt, er ist sicher eines der gesündesten Getreide. Er enthält relativ viel Protein, dafür wenig Gluten, ist wenig allergen und sehr gut bekömmlich. Vor allem enthält Hafer einen besonderen Stoff, die Beta-Glucane. Diese wasserlöslichen Ballaststoffe senken den Cholesterinspiegel und verhindern einen starken Anstieg des Blutzuckerspiegels. Zudem bewirkt der Verzehr von Haferbrei bei Übergewichtigen eine Gewichtsreduzierung und bei Fettleber eine Regeneration des Organs. Die Beta-Glucane sind übrigens auch für die Konsistenz von eingeweichten Haferflocken verantwortlich. Sie binden Wasser, erhöhen so das Volumen der Mahlzeit und führen zu einer lang anhaltenden Sättigung. Die günstige Wirkung auf den Blutzucker ist durch Studien belegt.

Die mehrtägige Haferkur geht auf den zu Anfang des 20. Jahrhunderts an der Charité und in Frankfurt wirkenden Diabetologen Carl von Noorden zurück. Sie ist auch in unserer Klinik ein fester Bestandteil, neben den Fastenkuren, für schwere Verläufe von Diabetes Typ 2. Um die Blutzuckerwerte zu regulieren, können einmal im Monat zwei bis drei »Hafertage« eingelegt werden. Geschnittener Hafer ist etwas gesünder als der zu feinen Flocken gequetschte, daher ist Hafergrütze besonders zu empfehlen. Das Haferkorn wird bei dieser Verarbeitungsart in kleine Stücke zu einer Grütze verarbeitet. Hier gilt die gleiche Regel wie beim Brot: je gröber das Korn oder die Flocke, desto niedriger der glykämische Index, der die blutzuckersteigernde Wirkung eines Lebensmittels misst.

Also: ein Hoch auf den Haferbrei, den klassischen Porridge. Er ist eine der besten Frühstücksoptionen und rasch zuzubereiten. Geben Sie Blaubeeren, eine Prise Zimt oder Kardamom und fünf Walnüsse in den Brei. Wollen Sie Hafertage einlegen, sollten Sie dies am besten an aufeinanderfolgenden Tagen tun. Kochen Sie für morgens, mittags und abends jeweils 70 bis 80 Gramm Haferflocken in 300 bis 500 Milliliter Wasser oder ungesalzener Gemüsebrühe. Als Gewürze eignen sich Pfeffer, Curry, Kurkuma, Zimt oder frische Kräuter. Auch ein Teelöffel gehobelte Mandeln oder Nüsse sind erlaubt. Dazu können Sie Rohkost essen, zum Beispiel Gurke und Kohlrabi.

Es besteht also kein Grund, auf Getreideprodukte oder auf das geliebte Brot zu verzichten. Wenngleich ich zugestehen muss, dass die Italiener mit Pasta als Lebensmittel Nummer eins eindeutig im Vorteil sind. Die italienische Bevölkerung ist – trotz einer bei weitem nicht so kostspieligen medizinischen Versorgung wie bei uns – im Schnitt gesünder als wir. Und die Menschen jenseits der Alpen leben länger. Zudem sind sie schlanker. In Deutschland waren vor der Coronapandemie 54 Prozent aller Bundesbürger übergewichtig, in Italien 46 Prozent. Das deutet daraufhin, dass Nudeln nicht per se dick machen. Brot führt bei den exakt identischen Zutaten wie bei einer Pasta zu einem viel höheren Blutzuckeranstieg und einer vermehrten Insulinausschüttung. Der Grund: Es steckt voller kleiner Bläschen, und mit der vergrößerten Oberfläche können die Verdauungsenzyme die Kohlenhydrate verstärkt aufspalten. Das gelingt bei einer Pasta aus Hartweizengries nicht. 1:0 für Italien, wir liegen also etwas im Rückstand.

Quintessenz: die Kohlenhydrate

- Sofern es keine medizinischen Gründe dafür gibt, sind Low-Carb-Diäten genauso unsinnig wie extreme Low-Fat-Diäten. Der Körper braucht Kohlenhydrate, besonders wenn sie aus Vollkornprodukten stammen. Denn mit einer Vollkornernährung lassen sich Diabetes, Herz-Kreislauf-Erkrankungen und einige Krebsarten erheblich reduzieren.
- Verzichten Sie weitgehend auf wertlose Kohlenhydrate in Weißbrot, Cornflakes und anderen Cerealien. Zucker ist die große Geißel der Moderne; lesen Sie in der Lebensmittelkennzeichnung, wie viele (versteckte) Zuckermoleküle in Ihrem Essen stecken.
- Vermeiden Sie weitgehend Fruchtsäfte, auch Orangensäfte.
- Achten Sie schon beim Frühstück auf versteckten Zucker und versuchen Sie sich an die 25-Gramm-Regel zu halten, also täglich nicht mehr als 25 Gramm Zucker zu sich zu nehmen. Auch wenn es schwerfällt: Gehen Sie mit Süßigkeiten rigoros um.

Welche Fette unserer Gesundheit schaden und welche uns gesund machen

Das Butterflöckchen auf der Kartoffel ist ebenso köstlich wie ein Stück Baguette in gutes Olivenöl gestippt – und natürlich schmeckt die Laugenbrezel am besten mit Butter. Sind wir richtig hungrig, lockt uns der Geruch von Frittiertem magisch an. Fette schützen uns vor Kälte, sie schmieren die Hautpolster unserer Augäpfel und Gelenke, sie sind auch unverzichtbar, um die Vitamine A, D, E und K aufzunehmen und zu speichern. Aber diese einzigartige Speicherfähigkeit von Fett ist zwiespältig. Unser Körper kann keine Proteine speichern. Beim Zucker gibt es eine nur äußerst begrenzte Möglichkeit, Energie zu bunkern. Die entscheidende Energievorsorge für schlechte Zeiten erledigt der Körper über das Einlagern von Fett.

Nehmen wir das Schokocroissant, das wir gerade zum Frühstück verzehrt haben. Der in diesem Gebäck enthaltene Zucker strömt – durch Enzyme aufgespalten – in unser Blut. Ein gesunder Körper versucht, den Zuckergehalt präzise zu steuern. Im Durchschnitt sind etwa fünf Gramm Zucker in unserem Blut unterwegs, das ist nicht viel, ungefähr ein Teelöffel. Ist der Körper mit Zucker überfordert, lässt er mehr Zucker ins Blut, und bei sieben oder acht Gramm haben wir einen Diabetes mellitus. Kommt viel Zucker an, mehr als der etwa auf dem Sofa ausgestreckte Körper gerade benötigt – was beim Schokocroissant der Fall ist –, fischen Leber und Muskeln den Zucker aus dem Blut heraus und speichern ihn in Form einer längeren Zuckerkette, dem Glykogen. Etwa 70 Prozent des Glykogens sind in den Muskeln, 30 Prozent in der Leber eingelagert.

Zwischen dem Glykogen in der Leber und dem Zucker im Blut findet ein permanenter Austausch statt, denn das Gehirn und die Muskeln, die viel Zucker benötigen, haben die fünf Gramm im Blut schnell aufgebraucht. Ist das der Fall, wird das Glykogen aufgespalten und Zucker wieder zurück ins Blut geschickt. Es gibt keine präzisen Messungen, wie viel Kalorien wir in den Glykogenspeichern vorrätig haben, geschätzt werden etwa 1500 Kilokalorien, nicht einmal der halbe Tagesverbrauch eines Erwachsenen. Das ist nicht viel und erklärt, warum beim Intervallfasten, wenn 14 oder 16 Stunden lang nichts gegessen wird, das Glykogen aufgebraucht ist und der Fettabbau beginnt. Zu diesem Zeitpunkt des Übergangs fühlen wir uns meist etwas schlapp. Marathonläufer kennen das, sie verbrauchen die Glykogenreserven zügig, und nach einer gewissen Anzahl an Kilometern ist der Akku leer ist. Dann kommt es zum Leistungseinbruch, sie benötigen dringend frische Zuckerkalorien, wollen sie eine gute Zeit laufen.

Liegen wir weiter auf der Couch, essen Schokocroissants und gönnen uns dazu noch einen Latte macchiato mit zwei Teelöffeln Zucker, sind die Glykogenspeicher bald bis zum Anschlag gefüllt. Die überschüssige Energie wird sofort weitertransportiert und endet letztlich als Fett in unseren Zellen. Die Entscheidung, wann Fett aufgebaut wird, treffen Hormone in der ständigen Kommunikation mit den Zellen. Insulin ist der wesentliche Steuerlotse des Blutzuckers. Sind wir etwa auf einer langen Bergwanderung, sorgt das Insulin dafür, dass immer genug Nachschub in die Muskelzellen gelangt.

Die Zellen entscheiden über die Fettproduktion, sie stellen eine Art Überlastungsanzeige dar, sobald wir mehr essen, als alle arbeitenden Zellen brauchen und aufnehmen. Sie machen dicht, und es entsteht die Vorstufe des Diabetes Typ 2, die Insulinresistenz. Die Bauchspeicheldrüse gibt jetzt alles und schüttet noch mehr Insulin aus, aber die Zellen bleiben stur und lassen keinen Zucker mehr rein. Sie schützen sich damit. Es bleibt keine andere Wahl: Der Zucker wird nun umgewandelt und die große Fettspeicherung in Angriff genommen.

Das gefährliche Viszeralfett im Bauchraum

Die entscheidende Frage ist, wann das Fett in unserem Körper beginnt, ungesund zu werden. Das hat viel mit der Menge zu tun, aber auch mit dem Ort, wo es sich ansetzt. Lage, Lage, Lage, sagen Makler, wenn sie den Wert einer Immobilie beurteilen sollen. Ähnlich verhält es sich, wenn Mediziner die Frage nach der Gesundheit des Fetts erklären. Subkutanes Fett, das unmittelbar unter der Haut angesiedelt ist, ist für die Gesundheit nicht verkehrt. Im Gesicht macht es uns faltenfrei, an den Beinen und Armen schützt es uns vor Kälte. An den Oberschenkeln stört es uns womöglich ästhetisch, das ist aber für den Stoffwechsel bedeutungslos, wenn nicht gar günstig. Der berühmte US-amerikanische Diabetologe Gerald Shulman hat diese Erkenntnis mit einem beeindruckenden Experiment untermauert. Implantierte er Mäusen, die an Diabetes und Insulinresistenz erkrankt waren, Fettgewebe subkutan, verbesserte sich überdies ihr Stoffwechsel. Das zusätzliche Fettgewebe war ein neues Auffangbecken für die im Blut überflüssige Energie und verstaute sie sicher in einer Art Pufferzone.

Gefährlich wird es, wenn die Speicherkapazitäten des subkutanen Fettgewebes erschöpft sind und sich das Fett im inneren Bauchraum einlagert. Damit sind nicht die kleinen Speckröllchen gemeint, den Fettansatz, den man im Sitzen als dickere Falte am Bauch ertasten kann. Gemeint ist das Fett, das sich um die Organe herum anlagert. Wir können es uns wie eine überlaufende Badewanne vorstellen. Vergessen wir, den Wasserhahn zuzudrehen, kommt es zu einer Überschwemmung mit womöglich katastrophalen Folgen. Nehmen wir zu viel Kilokalorien zu uns, weil wir zu viel und das Falsche essen, fängt der Körper an, die überschießende Energie als Triglyzeride (Nahrungsfette) in die Leber einzulagern, ebenso in weitere Organe, etwa ins Herz, in die Bauchspeicheldrüse und in die Muskeln. Dieses eingebaute Fett wird als Viszeralfett bezeichnet.

Das viszerale Fett unterscheidet sich erheblich vom subkutanen Fett. Da im Körper solche Mengen von Fetteinlagerungen nicht vorgesehen sind, hat er keine oder nur begrenzte Möglichkeiten, das zusätzliche Gewebe an den Organen gut mit Blut zu versorgen. Die dortigen Fettzellen geraten in einen andauernden Alarmzustand. Wie auch sonst bei Alarmzuständen im Körper fängt das Fettgewebe an, entzündliche Botenstoffe, sogenannte Zytokine wie zum Beispiel Interleukin-6 oder TNF-alpha, zu produzieren. Adipositas ist somit auch immer auch mit Entzündungen verbunden. In unserer Klinik messen wir bei allen Patienten zunächst einen Entzündungsmarker im Blut, das CRP, die Abkürzung für C-reaktives Protein. Ist dieser erhöht, beginnt die Suche. Sind Rheuma oder eine Darmentzündung die Ursache? Findet sich nichts, geht der Blick auf den Bauchumfang.

Manchmal kann sich das Bauchfett auch hinter einer relativ schlanken Statur verbergen und unter Umständen einen Diabetes Typ 2 bewirken. Ein solcher Mensch leidet unter zu viel viszeralem Fett, deshalb wird es im Englischen auch *hidden fat* genannt, verstecktes Fett. Umgekehrt kann manch dickerer Mensch, bei dem das Fett überwiegend subkutan verortet ist, durchaus gesund sein. In einigen Studien konnte gezeigt werden, dass der Stoffwechsel von rund 30 Prozent adipöser Menschen gesund ist, während er auf der anderen Seite bei 20 bis 30 Prozent schlanker Erwachsener ungesund sein kann.

Wie können wir das gefährliche Bauchfett erkennen? Die Waage, das reine Messen des Gewichts, bringt uns nicht viel weiter. In der ärztlichen Untersuchung ist der Bauchumfang entscheidend. Er sollte bei Männern unter 94 und bei Frauen unter 80 Zentimeter liegen, bei Werten über 102 beziehungsweise 88 Zentimeter ist das Risiko für Herz- und Gefäßerkrankungen, für Diabetes und einige Krebsformen deutlich erhöht. Eine weitere Untersuchung ist der Ultraschall, womit eine Fettleber leicht erkannt werden kann. Schließlich kann man den Körperfettanteil inzwischen mit speziellen BIA-Waagen (BIA = Bioimpedanzanalyse; Körperfettwaagen) messen, bei ihnen wird über Elektroden ein schwacher, nicht spürbarer Strom durch die Beine und den unteren Bauchbereich geschickt. Allerdings sind die günstigeren, handelsüblichen Waagen zu ungenau. In der Klinik und in der Forschung werden messgenauere Geräte genutzt, die dann allerdings auch schnell den Preis eines Kleinwagens haben. Und wer es ganz genau wissen will, kann einen DEXA-Scan (in der Langfassung: Dual Energy X-ray Absorptiometry) machen lassen, muss diesen aber selbst bezahlen. DEXA ist ein digitales Röntgenverfahren mit geringer Strahlendosis. Es kann das Volumen von Knochendichte, Muskelmasse und Fett unterscheiden und messen.

Bei der BIA-Waage liegen die Normwerte des Körperfettanteils bei Männern zwischen 15 und 20 Prozent, bei Frauen etwas mehr, nach den Wechseljahren steigt er weiter an. Wiegt also ein Mann 80 Kilogramm, kann er durchaus 20 Kilogramm Fett aufweisen, wenn nur drei Kilogramm davon viszeral sind, ist es gar nicht besonders ungesund. Einige Sportler haben in ihren besten Trainingsphasen nur noch sechs bis acht Prozent Körperfett.

Der Fluch der gesättigten Fettsäuren

Zu viel Zucker führt also zur Fettproduktion. Aber was ist mit dem Fett auf dem Teller? Macht »Speisefett« uns auch dick und krank? Der Streit um das Fett in der Nahrung hat bisweilen schon religiöse Züge, so sehr verhaken sich die wissenschaftlichen Fettliebhaber und Fettverteufler in ihren Anschauungen. Um den Streit besser zu verstehen, müssen wir etwas in die Fettkunde eintauchen.

Fettsäuren sind aus unterschiedlich langen Kohlenwasserstoffketten aufgebaut – bestehend aus mindestens zwei und maximal 30 Kohlenstoffatomen, an die sich jeweils zwei Wasserstoffatome ankoppeln. Die Kettenlänge und die Anzahl an Doppelbindungen zwischen den Kohlenstoffatomen bestimmen den Sättigungsgrad – und damit ihre Funktion und Wirkung auf den Körper.

Die größte Aufmerksamkeit in der Medizin erhielten über viele Jahre hinweg die gesättigten Fette. Sie enthalten keine Doppelbindungen zwischen den C-Atomen der Kohlenwasserstoffkette, sie sind stattdessen mit Wasserstoffbindungen »gesättigt«. Gesättigte Fettsäuren sind vor allem in tierischen Produkten enthalten, insbesondere in Fleisch, Wurstwaren, Butter, Käse. In zahllosen Studien werden sie immer wieder mit erhöhten Risiken für Herzinfarkt, Schlaganfall, einige Krebsformen, Diabetes Typ 2 und Bluthochdruck in Verbindung gebracht. Die Wissenschaftler sind sich überwiegend darin einig, dass der Verzehr gesättigter Fettsäuren ab einer gewissen Menge ungesund ist. Ihren üblen Ruf bekamen sie auch, weil die Leber aus ihnen gerne Cholesterin herstellt, einer der wesentlichen Risikofaktoren für Herzinfarkt.

Nach Jahrzehnten der Fettverdammnis tauchten jedoch vor einigen Jahren Ernährungswissenschaftler auf, die sich als leidenschaftliche Fürsprecher einer fettreichen und kohlenhydratarmen, einer sogenannten ketogenen Ernährung aufschwangen. Mit ihnen wurde die Lage nicht einfacher, sondern eher diffuser. Jede Seite – Fettliebhaber und Fetthasser – zog Studien heran, die die jeweilige Position zu unterstützen schienen. Nach meiner klinischen wie wissenschaftlichen Erfahrung sind Fette tatsächlich nicht so »böse«, wie man das lange Zeit dachte. Es gibt keinen Grund, sie zu verteufeln, aber es existiert auch kein vernünftiger Grund, sich den Teller mit gesättigten Fetten aus Fleisch, Wurst oder Käse vollzupacken. Und zu meinen, man tue dem Körper damit etwas Gutes.

Fakt ist, der Fettanteil unserer Nahrung ist zu hoch. Selbst als fettarm deklarierte Produkte weisen noch einen stattlichen Energieanteil an Fett in Höhe von 25 bis 30 Prozent auf. Fast 50 Prozent der Kilokalorien beim Rindfleisch sind heutzutage Fett, bei magerem Rindfleisch sind es noch über 25 Prozent. Untersuchungen, die mit sehr fettarmer, pflanzlicher Kost beeindruckende Effekte bei koronaren Herzerkrankungen oder Diabetes Typ 2 erzielten, hatten einen Fett-Energieanteil von unter zehn Prozent. Auch bei der langlebigen Bevölkerung Okinawas (siehe S. 81 ff.) lag der Fettanteil unter zehn Prozent.

Ein großer Nachteil von Low-Fat-Diäten und sehr fettarmer Ernährung ist, dass viele Menschen diese nur schwer über einen langen Zeitraum durchhalten, weil sie mehr Aufwand bedeuten, auch im Alltag beim Einkauf und im Restaurant nicht so einfach umzusetzen sind. Es gibt noch ein weiteres Problem, denn wir spüren es nicht gut, wenn wir uns mit zu viel Fett ernähren. Zum besseren Verständnis: Zucker ist wasserlöslich und wird sofort vom Körper im Blut identifiziert. Protein wird zumindest über das Signalmolekül mTOR (mechanistic Target Of Rapamycin) »gespürt«. Fett hingegen wird nicht im Blut gelöst, sondern in große Lipoproteine verpackt. Für ihn hat unser Körper leider keine unmittelbare Tankanzeige. Gibt man Testpersonen zum Frühstück Joghurt, in den eine ordentliche Menge Zucker eingerührt wurde, essen sie 90 Minuten später bei einer Testmahlzeit deutlich weniger. Wird hingegen eine extra Portion Fett zugegeben, reduzieren sie in der folgenden Mahlzeit ihre Kalorienmenge nicht. Unser Körper hat also ein Stoppschild für Zucker, aber keine Fettbremse. Oder zumindest keine schnell wirksame Fettbremse. Im Darm wird die Ankunft von Fett registriert und trägt zur Sättigung bei, aber bis die Nahrung dort ankommt, ist das Steak mit Pommes samt Pannacotta schon verputzt.

Interessanterweise haben Menschen, die sich fettarm ernähren, einen stärkeren Bewegungsdrang. Sie haben sicherlich schon mal an sich selbst bemerkt, dass Sie nach einer sehr üppigen und fettreichen Mahlzeit mit einem Tiramisu als Abschluss eher auf dem Sofa landen als in Ihren Joggingklamotten. Ein weiterer Minuspunkt von Fett: Insgesamt braucht der Körper weniger Energie, um zugeführtes Fett in Körperfett zu verarbeiten. Hingegen benötigt die Verstauung von fettarmer Kost in Fett mehr Kalorien. Die Erklärung ist einfach: Fett ist schon Fett. Proteine und Kohlenhydrate müssen erst im Stoffwechsel in Fett umgewandelt werden, dieser chemische Prozess kostet Energie. Für 100 Gramm Fett braucht der Organismus nur drei Kilokalorien, um sie als Körperfett einzulagern. Für Kohlenhydrate werden 23 Kilokalorien benötigt.

Aber die Physiologie ist leider noch etwas komplizierter. Wie bereits erwähnt, ist Fett nämlich nicht gleich Fett. Für eine spanische Studie aus dem Jahr 2003 sollten Personen Mahlzeiten verspeisen, deren Kilokalorien zu 38 Prozent aus Fett bestanden. Anschließend wurden die gesättigten Fette darin mehrheitlich durch ungesättigte Fette ersetzt – und siehe da: Die Testpersonen nahmen sogar Körperfett ab. Olivenöl führt also eher zu einer Gewichtsabnahme als

Butter oder Sahne, ebenso verhält es sich mit Nüssen und Avocados. Hier gesellen sich noch Ballaststoffe hinzu, die den Fettabbau unterstützen.

Ein weiteres Beispiel für die unterschiedliche Wirkung von Fett: Scones sind ein beliebtes Gebäck in Großbritannien. Für eine Studie wurden sie einmal mit Butter und einmal mit Sonnenblumenöl gebacken. Bei der Sonnenblumenölgruppe ging das Leberfett zurück, bei der, die die Scones mit Butter aßen, jedoch nicht. Was die Einschätzung noch komplizierter macht: Palmöl ist ein besonders aktiver Beschleuniger des Bauchfetts. Beim Fett macht es folglich nicht nur einen Unterscheid, ob es pflanzlicher oder tierischer Herkunft ist.

Als Regel gilt: Die Menge von gesättigten Fetten definiert, ob unser Essen gesund oder ungesund ist.

Was von Low Carb und ketogenen Diäten zu halten ist

Da der Stoffwechsel so komplex ist, müssen wir stets das Zusammenspiel beachten, denn bei der Verarbeitung der Nahrung laufen viele Steuerungsvorgänge nebeneinander her. Es ist sinnvoll, darüber Bescheid zu wissen, weil sie mit darüber entscheiden, ob wir unser Gewicht halten oder übergewichtig werden.

Nehmen wir etwa zu viele Kohlenhydrate zu uns, unterbricht unser Körper sofort die Fettverbrennung, denn er bevorzugt sie als Energielieferant und stürzt sich auf sie. Auf dieser Erkenntnis basieren viele Diätprogramme. Schüttet unser Körper hohe Dosen Insulin aus, kann sich gut Fett anlagern. Besonders die Kohlenhydrate feuern die Insulinproduktion an. Viele Diäten zentrieren sich deshalb auf den glykämischen Index von Lebensmitteln, der deren blutzuckersteigernde Wirkung misst. Ziel der Verfechter der Low-Carb-Diät ist: Nehmen wir nur noch wenig Zucker und Kohlenhydrate auf und lassen dem Essen von Fett freien Lauf, dann werden wir schlank. Dieser Ansatz ist inzwischen weit verbreitet. Zweifelsohne ist es gut, den Konsum von Zucker und zuckerreichen Produkten einzugrenzen. Aber ist Low Carb wirklich geeignet, um das Übergewicht in unserer Gesellschaft nachhaltig anzugehen? Ist die kohlenhydratarme Nahrung ein nachhaltiges Mittel im Kampf gegen Adipositas?

Faktisch gibt es eine Reihe von Studien, die belegen, dass man mit einer kohlenhydratarmen, fettreichen und/oder proteinreichen Ernährung kurzfristig, über ein paar Monate, hervorragend abnehmen kann. Zuerst schwindet das Glykogen in unserem Körper, daran geknüpft ist eine Entwässerung, der Insulinspiegel sinkt und bremst die Einlagerung von Fett. Gerade in den USA, wo Adipositas zu einer regelrechten Epidemie geworden ist und die Fleisch- und Milchindustrie viel Geld in Werbung und Forschung investiert, ist Low Carb ein Megatrend. Dabei ist die Geschichte dieses Diätansatzes eher alt, sie beginnt in den 1970er-Jahren mit dem US-amerikanischen Arzt Robert Atkins. Die fett- und proteinreiche Diät von Atkins war eine Erfolgsgeschichte, weil die Pfunde in der Tat purzelten. Was er aber vernachlässigte: Trotz eines Gewichtsverlusts unter seiner Diät verschlechterten sich meist schon nach wenigen Monaten der Stoffwechsel und der Blutkreislauf, der Blutdruck stieg an. In einer klinischen Studie von Shane Phillips, Professor an der University of Illinois in Chicago, zeigten sich sogar schon nach sechs Wochen Atkins-Diät messbare Beeinträchtigungen der Blutgefäßwände. Robert Atkins selbst verstarb mit 72 Jahren, er litt – das versuchten seine Anhänger lange zu verheimlichen – an Verkalkungen der Herzkranzgefäße, schwerer Herzschwäche und Fettleibigkeit.

Auch ich sehe regelmäßig in der Klinik Patienten, die unter Low Carb gut abnehmen. Reduziert sich das Gewicht, hat das natürlich zunächst gesundheitliche Vorteile: Diabetes Typ 2, Arthrose oder Fettleber können sich bessern. Auf den ersten Blick überzeugt das. Was aber geschieht langfristig? Für mich ist Low Carb zunächst mit einem erheblichen Verlust an Genuss verbunden. Frisch gebackenes Brot, eine Brezel oder ein Teller Pasta sind laut Low Carb Todsünden, lösen eine Sehnsucht in uns aus. Das schmälert nach ein paar Monaten die Adhärenz, die »Therapietreue«. Wir quälen uns und können nur unter einem großen inneren Kampf die Vorgaben einhalten.

Entscheidend aber bei der Beurteilung, ob Low Carb tatsächlich nachhaltig gesund ist, ist die Antwort auf die Frage, was denn anstelle der Kohlenhydrate gegessen wird. Liegen auf dem Teller stattdessen nur noch tierische Proteine und gesättigte Fette aus Wurst, Käse, Fleisch und Eiern, produzieren wir unausweichlich spätere gesundheitliche Probleme. Gesättigte Fette sind bekanntlich negativ für die Blutgefäße, das Herz, den Blutdruck, sie treiben den Cholesterinspiegel in die Höhe und irritieren die Darmschleimhaut. Tierische Proteine fördern zwar das Muskelwachstum, sie kurbeln aber Signalmoleküle wie mTOR an, die die Zellen schneller altern lassen, sie belasten die Nieren und fördern Entzündungen.

Welche Folgen Diäten haben können, müssen wir leider immer wieder in der Klinik erkennen. Wir hatten eine 67-jährige Patientin, die wir wegen Übergewicht und einem damit einhergehenden Bluthochdruck, Rückenschmerzen und beginnendem Diabetes Typ 2 behandelten. Ein Jahr später kam sie wieder zu uns ins Krankenhaus, ihr Gesundheitszustand hatte sich erheblich verschlechtert. Zwar hatte sie nicht weiter an Gewicht zugelegt, aber ihre Nieren arbeiteten schlechter, was wir an ihren Blutwerten ablesen konnten. Zudem litt sie unter noch stärker gewordenen Rückenschmerzen. Deshalb nahmen wir zunächst an, dass die Schädigungen ihrer Nieren mit hohen Dosen eines Schmerzmittels zusammenhängen könnten. Sie verneinte aber deren Einnahme. Bei einem näheren Gespräch mit der Patientin berichtete sie uns, dass sie sich seit drei Monaten fett- und proteinreich und kohlenhydratarm ernähre, um so ihr Übergewicht zu bekämpfen. Wir stellten die Ernährung um, empfahlen eine kohlenhydratreiche, vollwertige und proteinarme Ernährung und behandelten die Rückenschmerzen mit intensiver Physiotherapie und Injektionen. Nach sechs Wochen erschien die Patientin erneut in die Sprechstunde, ihr ging es wesentlich besser, die Nieren hatten sich wieder erholt.

Ich empfehle keine Diät nach dem Low-Carb-Prinzip, außer manchmal bei Diabetes mellitus Typ 2 oder Fettleber. Und wenn es die eindeutige Präferenz der Patienten ist. Noch zugespitzter ist die ketogene Diät angelegt, also einer Ernährung fast ohne

Kohlenhydrate, dafür mit viel Fett und etwas Proteinen. Dabei werden so wenige Kohlenhydrate gegessen, dass der Körper beginnt, als Ersatz für den Brennstoff Zucker – analog zum Fasten – selbst Ketonkörper zu produzieren. Davon können angeschlagene, erkrankte Hirnzellen profitieren. Die ketogene Ernährung hat beispielsweise ihren medizinischen Platz in der Behandlung der jugendlichen Epilepsie. Dort wurde aber auch die Erfahrung gemacht, wie schwer es ist, diese durchzuhalten. Wir selbst haben zusammen mit der Neurologie der Charité von 2013 bis 2015 eine Vergleichsstudie zwischen mediterraner Diät, Fasten und ketogener Ernährung durchgeführt. Auch hier war die Abbruchquote bei der ketogenen Ernährung am höchsten. Ich denke, bei schweren neurologischen Erkrankungen kann die ketogene Ernährung einen Versuch wert sein, sie sollte allerdings so pflanzlich wie möglich sein. Meiden Sie aber die ketogene Ernährung beziehungsweise extreme Low-Carb-Diäten, wenn Sie nicht unter einer Krankheit leiden. Provokant formuliert: Man stirbt schlank, aber früher.

Wie man gesund abnehmen kann

Wer abnehmen möchte, sollte dies am besten mit gesunden, vollwertigen und kalorienreduzierten Kostformen tun, das belegte eindrucksvoll eine große Studie von renommierten Forschern des Stanford Prevention Research Centers. Dabei verglichen die Wissenschaftler Low-Carb- mit Low-Fat-Diäten. Die 600 Testpersonen erhielten aber kein Junkfood, keinen Zucker, keine Wurst oder keinen Speck, sondern gesunde Lebensmittel, dazu wurden sie in über 20 Gruppensitzungen über die Ernährung aufgeklärt. Das Ergebnis war erstaunlich: Beiden Gruppen gelang es, mit ihrer jeweiligen Kost in einem Jahr fünf bis sechs Kilogramm abzunehmen, einzig, weil sie weniger Kalorien zu sich genommen hatten. Manche nahmen 30 Kilogramm ab, andere zehn. Und weder die Höhe des Insulinspiegels noch des Cholesterins waren für diesen Kiloschwund verantwortlich. Gewicht abzunehmen, hat starke individuelle Faktoren.

Es gibt nicht die eine Wahrheit zum Thema Fett und Übergewicht. Es kann aber gesagt werden, dass die Menschen in den USA und Europa nicht wegen des Fetts oder der Kohlenhydrate dicker werden, sondern weil einfach zu viel und besonders zu viel Industriefutter gegessen wird. Übermäßiger Zuckerkonsum, auch in Form von gezuckerten Frühstücksflocken, macht genau so dick wie Salamipizza und Wurstbrot. Und dass die Lebensmittelindustrie Low Fat so propagiert hat, war zweifellos ungesund. Es wurden zu viele ungesunde Nahrungsmittel schlichtweg etwas fettreduziert hergestellt, die dann mittels umfänglicher Marketingaktionen zu gesundem Essen umgedichtet wurden. Untersuchungen konnten zeigen, dass Menschen mehr von einem Lebensmittel essen, wenn es als fettarm deklariert wurde, »Nutriwashing« genannt. Nur: Junkfood, das fettarm gemacht wird, bleibt weiterhin Junkfood. Und damit ungesund.

Es kommt auf die Zusammensetzung der Fettmoleküle an

Bei der leidenschaftlichen Debatte ums Fett kommt ein Aspekt regelmäßig zu kurz, zu oft wird das Übergewicht in den Mittelpunkt gestellt. Dabei müssen wir bei unseren Überlegungen, wie wir gesund bleiben und wie wir fit ein hohes Alter erreichen können, beim Fett viel stärker differenzieren. Fett ist nicht gleich Fett. Es kommt nicht nur auf die Menge, sondern ebenso auf die Zusammensetzung der Fettmoleküle und die weitere Umgebung des Fetts an. Am ungesündesten ist Fett in Industrie-Essen. In einer Tiefkühlpizza Salami ist es besonders in Kombination mit den enormen Zusatzstoffen fatal. Auch bei der Wurst gibt es nichts zu beschönigen, dort lauern schlechte gesättigte Fette in Kombination mit Salz und Zusatzstoffen. Es existieren aber auch die gesunden Fette: Eine Avocado mit gehackten Tomaten und Zwiebeln und dazu reichlich fruchtiges Olivenöl mit Walnüssen strotzt nur so vor gesunden Fetten – und schmeckt obendrein noch sehr gut.

Bei den ermüdenden Streitigkeiten ums Fett sind sich die Wissenschaftler in einem Punkt einig. Die sogenannten Transfette, die sich vor allem im Industrie-Essen befinden, in Margarine und in Tiefkühlfertiggerichten, stellen unseren Körper vor große Herausforderungen. Transfette sind ungesättigte Fettsäuren, die eine spezielle chemische Konfiguration aufweisen: Die freien Stellen für Wasserstoffatome befinden sich mit den Fettsäuremolekülen über Kreuz. Transfette entstehen vor allem in der industriellen Verarbeitung, wenn zum Beispiel aus flüssigen Ölen streichfähige, härtere Fette wie Margarine werden – darum werden sie auch als gehärtete Fette bezeichnet. Transfette sind die Bad Boys unter den Fetten. Sie erhöhen massiv das LDL-Cholesterin (LDL = Low Density Lipoprotein, das »schlechte« Cholesterin) und die Triglyceride. Sie verstärken Entzündungsprozesse im Körper, führen zur Insulinresistenz und sind verknüpft mit einem erhöhten Risiko für Herz- und Gefäßerkrankungen sowie Krebs.

Transfette wurden In den USA schon vor Jahren verboten, in der EU dürfen seit 2021 nur noch Lebensmittel in den Handel, die weniger als zwei Gramm industrielle Transfette pro 100 Gramm Fett enthalten. Die WHO empfiehlt, pro Tag nicht mehr als zwei Gramm zu sich zu nehmen. Dieser Wert ist aber schnell erreicht, weil Transfette an vielen Stellen lauern, vor allem bei Gebackenem und Frittiertem, dort müssen sie auch nicht gekennzeichnet werden. So versteckt sich in einem Croissant ein Gramm Transfette, in einer großen Portion Pommes zwei Gramm.

Cholesterin

Cholesterin ist ein besonderes Fett, denn es hat es als einziges geschafft, bei jedem ärztlichen Check-up – neben Blutdruck und Blutzuckerspiegel – bestimmt zu werden. Cholesterin ist lebenswichtig für den Körper. Bei seltenen genetischen Mutationen ist dessen Bildung im Körper nicht möglich, diese Embryonen können im Mutterleib nicht überleben. Cholesterin wird vor allem für die Kanäle in sämtlichen Zellmembranen benötigt. Die Hälfte des Trockengewichts des Gehirns besteht aus Fett, und die schützenden Umhüllungen der Nervenzellen brauchen viel Cholesterin. Es dient dem Körper als Vorstufe vieler Hormone, vor allem der Sexualhormone und Glucocorticoide, zu denen auch das Stresshormon Cortisol zählt. Ein Zuviel davon im Körper wird jedoch zum Problem. Damit es dahin kommt, wo es gebraucht wird, muss es verpackt werden. Erst wenn es sich mit Proteinen verbindet, kann es auf den Blutautobahnen reisen, so entstehen die Lipoproteine. Eine Form greift jedoch die Innenschicht der Blutgefäße an. Sie heißen Low Density Lipoproteine, sie enthalten wenig Proteine, aber viel Cholesterin und Triglyceride und werden auch LDL-Cholesterin genannt. LDL ist das »schlechte« Cholesterin – im Gegensatz zum »guten« HDL-Cholesterin. Meistens steigt in unserer westlichen Welt mit dem Lebensalter der LDL-Cholesterinspiegel an. Kinder haben einen extrem niedrigen Wert. Das hat nichts mit der Ernährung zu tun, sondern damit, dass sie wegen der Entwicklung ihres Gehirns einen höheren Bedarf haben. Inzwischen sind viele Details zum Cholesterin bekannt. So gerieten Lebensmittel wie Eier in Verruf, da sie selbst viel Cholesterin enthalten. Erst später wurde klar, dass weniger das reine Cholesterin, sondern die in einem Nahrungsmittel enthaltenen gesättigten Fette gefährlich sind.

Die Kennzeichnungspflicht für Transfette gilt allerdings nicht für Lebensmittel, die von Natur aus Transfette enthalten wie Fleisch, Milch und Milchprodukte. Ob die natürlichen Transfette ebenso ungesund sind wie die industriell produzierten, ist nicht ausreichend erforscht. Die Transfette in Milch und Milchprodukten stammen übrigens aus einem natürlichen Verarbeitungsprozess. Was in den vier Mägen und im Pansen einer Kuh stattfindet, um die großen Mengen Gras zu verdauen, ähnelt letztlich dem hochkomplexen

Verarbeitungsprozess der Lebensmittelherstellung. Vermutlich aber sind die Trans-Fettsäuren des Wiederkäuers nicht gleichermaßen ungesund wie die industriell gefertigten. Andernfalls hätten sich in den vielen Studien zur Bewertung von Milch schlechtere Ergebnisse zeigen müssen (siehe S. 181 ff.).

Gesättigte Fette finden sich vor allem in Fleisch, Wurst, Milch, Milchprodukten und Eiern. Es gibt nur zwei relevante pflanzliche Quellen: Palm- und Kokosöl. In den großen wissenschaftlichen Metastudien ist ziemlich klar herausgekommen: Immer dann, wenn gesättigte Fette durch ungesättigte pflanzliche Fette oder Vollkorn-Kohlenhydrate ersetzt werden, zeigen sich nachweislich gesundheitsfördernde Effekte. Auch wenn gesättigte Fettsäuren nicht ganz so extrem ungesund sind, wie jahrzehntelang angenommen wurde, gesund sind sie deshalb noch lange nicht. In meiner Klinik beobachte ich die Wirkungen tagtäglich. Stellen Patienten die Fettzufuhr so um, dass sie weniger gesättigte tierische Fette essen und stattdessen mehr pflanzliche, können wir schon nach wenigen Wochen Wirkungen ausmachen: Der erhöhte Blutdruck sinkt, die Haut beruhigt sich, Entzündungen im Körper (auch an den Gelenken) lassen nach, die Verdauung wird besser. Kurzum: Die Menschen sind gesünder und sehen auch frischer aus.

Manche Studien lassen aber gesättigte Fette gar nicht so schlecht dastehen. Ein berühmtes, aber ebenso ärgerliches Beispiel ist die PURE-Studie (Prospective Urban Rural Epidemiology), sie schlug hohe Wellen. Unter 135 000 Teilnehmern aus 18 Ländern und fünf Kontinenten dokumentierten Wissenschaftler die Ernährungsgewohnheiten der Probanden und beobachteten über sieben Jahre hinweg ihren Gesundheitszustand. Das Ergebnis: Menschen, die täglich reichlich gesättigte Fettsäuren aßen, verstarben etwas weniger häufig als diejenigen, die sich eher kohlenhydratreich ernährten. Bei näherer Prüfung wurde allerdings deutlich, dass die meisten Teilnehmer aus asiatischen Ländern kamen, vor allem aus China und Bangladesch. Hier ist die Frage, ob man gesättigte Fette oder Kohlenhydrate isst, jedoch keine Frage der persönlichen Vorlieben, sondern eine Frage des Wohlstands, des Zugangs zu bestimmten

Ernährungsformen. Es wurden also Gruppen, die sich Fleisch und Milchprodukte leisten konnten, mit solchen verglichen, die einzig in der Lage waren, weißen Reis und billige Fertigprodukte zu kaufen.

Erst in einer späteren Auswertung wurde die Art der Kohlenhydrataufnahme weiter differenziert. Dabei zeigte sich, dass es allein der Zucker und nicht die vollwertigen Kohlenhydrate waren, die für schlechtere Gesundheitswerte im Vergleich zu gesättigten Fetten verantwortlich waren. Das Ergebnis der PURE-Studie lässt sich auch nicht auf hiesige Verhältnisse übertragen. Hierzulande haben die meisten Menschen Zugang zu gesunden Kohlenhydraten aus Vollkornbrot und Getreide. Was wir daraus lernen? Es ist wichtig, sich die Ergebnisse großer Studien genau anzuschauen, ehe wir voreilige Schlüsse für unsere Ernährung ziehen.

Die meisten Studien zeigen deutlich: Gesättigte Fette sind und bleiben ungesund. Zudem haben unzählige Laborversuche nachgewiesen, dass gesättigte Fettsäuren den Cholesterinspiegel in die Höhe treiben, Fettleber, Diabetes Typ 2 sowie Bluthochdruck fördern und damit am Ende Herzinfarkte, Schlaganfall und Darmkrebs produzieren. Ich plädiere also dafür, gesättigte Fette stark zu reduzieren – von Wurst rate ich generell ab. Wer Fleisch essen möchte, sollte auf Wild umsteigen. Nichts einzuwenden ist gegen mäßige Mengen von Bio-Butter und Bio-Milch-Produkten, am besten aus Alm- oder Weideviehhaltung. Sie sind Bestandteil vieler traditioneller Ernährungsformen.

In der Pflanzenwelt spielen gesättigte Fette ebenfalls eine große Rolle, auch über deren Wirkung wird vehement gestritten. Für die Lebensmittelindustrie scheint Palmöl unverzichtbar zu sein, es wird zur Herstellung von Speiseeis, Müslis, Schokoladen oder Keksen verwendet. Ich bin in diesem Punkt radikal: Auf Palmöl sollten Sie ganz verzichten. Es ist nicht gesund, außerdem trägt dessen Herstellung wesentlich zur Abholzung des Regenwalds bei. Palmöl wird vielen Lebensmitteln zugesetzt, sogar Bio-Produkten, die als gesund deklariert sind. Lesen Sie deshalb aufmerksam die Liste der Zutaten.

Anders ist die Situation beim Kokosöl. Wird über dessen Wirkung auf die Gesundheit diskutiert, steigt selbst unter Wissenschaftlern oft die Temperatur. Die gesättigten Fettsäuren aus tierischen Quellen sind langkettig; im Kokosöl sind zehn Prozent der gesättigten Fette mittelkettig, sie haben nur sechs bis zehn Kohlenstoffmoleküle. Diese MCT-Öle (mittelkettige Triglyceride) wirken insgesamt günstig auf den Stoffwechsel, möglicherweise kurbeln sie die Fettverbrennung an und helfen so beim Abnehmen. Bei der Bewertung von Kokosöl ist jedoch die entscheidende Frage: Was überwiegt, die 90 Prozent gesättigten Fette oder reichen die zehn Prozent der guten Öl-Anteile aus, um aus Kokosöl einen Gesundheitsdrink zu machen? Neuere Studien bescheinigen den Kokosfetten eine Art neutrale Position, sie sind nicht so ungesund wie andere gesättigte Fette. Ob sie aber wirklich gesund für uns sind, müssen zukünftige Untersuchungen erst noch zeigen. Es ist sicher nicht sehr schädlich, wenn Sie gelegentlich zum Kochen und Garen eines asiatischen Gerichts Kokosöl verwenden. Solange die Datenlage aber unklar ist, empfehle ich nicht, es oft als Bratfett zu verwenden.

Die edlen Fette

Eindeutig bewiesen ist aber, dass es gesunde Fette gibt, die einfach und mehrfach ungesättigten Fettsäuren. Einfach ungesättigte Fettsäuren haben eine Stelle in der Kohlenstoffkette frei. Die Moleküle sind weniger dicht zusammengepackt, das macht sie für den Stoffwechsel günstiger und geschmeidiger. Mehrfach ungesättigte Fettsäuren haben noch mehr freie Stellen und sollten dieser Logik entsprechend noch gesünder sein. In der klinischen Forschung konnte aber bisher kein präziser Nachweis für eine bessere Wirkung gefunden werden. Die ungesättigten Fette sind noch gesünder, wenn wir damit gesättigte Fette ersetzen oder ganz auf sie verzichten.

Einfach ungesättigte Fette finden sich reichlich in Olivenöl, Avocados, Sesamöl, Mandeln, Hasel-, Cashew- und Pecannüssen. Eine weitere Quelle für einfach ungesättigte Fettsäuren ist Erdnussbutter. Am gesündesten ist Nussmus, wahlweise aus Mandeln, Hasel- und Cashewnüssen. Ich habe immer eine Nussmischung in meinem Büro und meinem Besprechungszimmer herumstehen, ein einfacher und gesunder Snack, meine Favoriten sind Walnüsse und Pecannüsse. Ich empfehle zudem, in der Küche immer Nüsse zur Hand zu haben, sie sind perfekt zum Salat, karamellisiert zum Nachtisch, sie gehören ins Müsli oder ins selbst gemachte Pesto.

Avocados sind nicht nur köstlich, sondern auch eine der reichhaltigsten Quellen von einfach ungesättigten Fettsäuren. Trotz des Fettgehalts und der damit verbundenen hohen Kaloriendichte, zeigen Studien, dass Menschen, die regelmäßig Avocados essen, weniger Übergewicht haben und niedrigere Cholesterinwerte. Es liegt auch daran, dass Avocados hervorragend sättigen und den Appetit auf Fettes stillen. Zudem gibt es Hinweise, dass das Risiko für Prostatakrebs bei Männern sinkt. Die kulinarische Freude bei den Avocados wird leider durch ökologische Probleme getrübt. Der Anbau der Frucht verbraucht sehr viel Wasser und hat in einigen Regionen zu Wassermangel geführt. Die Produktion eines Kilogramms Tomaten verbraucht durchschnittlich 180 Liter Wasser, für ein Kilogramm Avocados hingegen werden 1000 Liter (!) benötigt. Ein weiteres Problem besteht darin, dass die Bienen bei großen Avocado-Monokulturen – ähnlich wie beim Mandelanbau – leiden. Ich empfehle daher: Essen Sie Avocados und genießen Sie eine Guacamole, aber nicht jeden Tag.

Auch mehrfach ungesättigte Fettsäuren wie Omega-3 und Omega-6 haben leicht schützende Effekte auf das Herz und die Blutgefäße. Der Name und die Zahl beziehen sich auf die Position ihrer Doppelbindung in der chemischen Struktur. Die Omega-6-Fettsäuren finden sich vor allem in den heimischen Speiseölen, in Sonnenblumen-, Maiskeim- und Sesamöl. Eine gute Balance – zwischen einfach ungesättigt und mehrfach Omega-6 ungesättigt – hat das Sesamöl. Es enthält darüber hinaus viele sekundäre Pflanzenstoffe. Studien belegen, dass sie die Blutfette senken. Fast alle asiatischen Gerichte bereite ich mit Sesamöl zu und gebe am Schluss noch geröstete Sesamsamen über das Gericht. In der Mehrzahl der Studien konnte bewiesen werden, dass diese mehrfach ungesättigten Fettsäuren gesundheitliche Vorteile haben, vor allem, wenn wir sie beim Kochen und Braten als Alternative zu gesättigten Fetten wie Butter oder Schweineschmalz einsetzen.

Omega-3-Fettsäuren erfreuen sich eines besonders guten Images. Man unterscheidet die langkettigen Fettsäuren EPA (Eicosapentaensäure) und DHA (Docosahexaensäure) von der kurzkettigen pflanzlichen Alpha-Linolensäure (ALA). Fette Fische wie Makrele und Hering haben einen extrem hohen Anteil an Omega-3-Fettsäuren. Quellen pflanzlicher Omega-3-Fette sind Walnüsse, Leinsamen, Senfsaaten, Raps, Weizenkeimöl oder Soja sowie alles Grünfutter, das auf dem Acker wächst. Allerdings müsste man schon sehr viel Grünfutter essen, um damit allein seinen Omega-3-Bedarf abzudecken.

Sicherlich haben Sie schon einmal Werbung für Omega-3-Fettsäuren gesehen, vor allem in Form von Fischölkapseln. In Drogerien und Supermärkten werden sie massenhaft angeboten und dementsprechend auch millionenfach eingenommen. Über Jahrzehnte wurde hervorgehoben, dass Fischöl gesund für das Herz sei. Nach zahllosen Studien und Tausenden von Patienten ist die Gesamtbilanz aber mager. Eine Zusammenfassung aller Untersuchungen zum Fischöl und zur Herzgesundheit kam 2018 zu dem Schluss, dass es keinen oder allenfalls einen kleinen Nutzen gibt. Etwas besser schnitt die pflanzliche Alpha-Linolensäure ab, sodass die Wissenschaftler überraschenderweise keine Empfehlung zum Fischöl abgaben, sondern allenfalls für ALA, zum Beispiel in Form von Leinöl. Auch in der ASCEND-Studie unter 15 500 Teilnehmern mit Diabetes und Herz-Risiko wurde geschlussfolgert, dass nach sieben Jahren Konsum von Fischölkapseln das Herz und dessen Gefäße keinen Vorteil hatten. »Es gibt keine einzige Rechtfertigung für die Einnahme von Omega-3-Fettsäuren«, lautete das vernichtende Urteil der britischen Medizinerin Dr. Louise Bowman, die die Ergebnisse der bisher größten randomisierten Studie 2018 auf dem europäischen Kardiologenkongress präsentierte. Aber der Hype um die Fischölkapseln wurde dadurch nur wenig gestört. Einige Mediziner empfehlen weiterhin deren Einnahme, angestachelt durch eine neue Untersuchung, REDUCE-IT-Studie genannt, die stark aus der Reihe fiel und einen stark herzschützenden Effekt für ein Fischöl ergab, das allerdings etwas chemisch verändert war. Auch war der Aufbau der Studie nicht unumstritten, es wurde unter anderem kritisiert, dass das Placebo einer Kontrollgruppe Mineralöl enthielt. Es war also nicht ausgeschlossen, dass gar nicht das Fischöl wirksam war, sondern dass das Mineralöl die Herzen der Probanden in der Kontrollgruppe schadete.

Bei sorgfältiger Betrachtung der gesamten Forschung breche ich nicht den Stab über die Omega-3-Fettsäuren. Es tauchen immer wieder wissenschaftliche Belege auf, dass sie einen gesundheitsfördernden Effekt auf Bluthochdruck, rheumatische Entzündungen und möglicherweise auf Depressionen sowie die Hirnleistung haben können. Zudem zeigen einige Studien, dass bei an Demenz erkrankten Menschen die Konzentration von Omega-3-Fettsäuren im Hirn vermindert ist. In Tierexperimenten wirkten Omega-3-Fettsäuren sogar gegen Kurzsichtigkeit. Das sind alles keine ausreichenden Beweise, aber Hinweise, dass es sinnvoll sein könnte, auf eine ausreichende Zufuhr von Omega-3-Fettsäuren zu achten. Daher empfehle ich, genügend pflanzliche Omega-3-Fettsäuren zu sich zu nehmen: durch Leinsamen, Walnüsse, Lein-, Raps-, Soja- oder Weizenkeimöl.

Immer wieder lese ich, dass man den Bedarf an längerkettigen Omega-3-Fettsäuren nicht über eine rein pflanzliche Ernährung decken kann. Dass das nicht stimmt, zeigte die »Muffin-Studie« von Delfín Rodríguez aus dem kubanischen Universitätskrankenhaus Holguín. Dabei wurden 30 Gramm Leinsamen in einem Muffin-Teig versteckt, ohne dass diese Menge auffiel. Die eine Gruppe der Teilnehmer aß täglich Leinsamen-Muffins, die andere Gruppe bekam herkömmliche Muffins ohne Leinsamen. Beide Probandengruppen wussten nicht, welche Inhaltsstoffe in den Muffins enthalten waren – so etwas bezeichnet man als »blindes Studiendesign«. Nach mehreren Wochen war bei den Teilnehmern der Leinsamengruppe der Blutdruck im Vergleich zur anderen Gruppe um fast 10 mmHg (Millimeter-Quecksilber) gefallen. Darüber hinaus gab es noch ein zweites wichtiges Ergebnis. Die Fettsäure EPA war im Blut der Leinsamenesser deutlich angestiegen. Die sich in Leinsamen befindliche Alpha-Linolensäure wurde also in erheblichem Maße in die marine

Omega-3-Fettsäure (Fischöl) umgewandelt. Zwei weitere Studien zeigten, dass unser Körper aus ALA noch besser die Fettsäure DHA herstellen konnte, wurde etwas Kurkuma, also Gelbwurz, ins Essen gestreut.

Brauchen wir aber wirklich Supplemente mit Omega-3-Fettsäuren als Nahrungsergänzung, um hohe Spiegel von EPA und DHA zu erzielen? Ich bin für eine differenzierte Betrachtung. Dagegen spricht, dass größere Mengen von DHA und EPA wie sie in Supplementen dosiert sind, fast ausschließlich aus Fisch oder Algen gewonnen werden. Es erscheint mir sehr unwahrscheinlich, dass ein einzelner Nährstoff, der einst nur Bewohnern an der Meeresküste oder an Seen zur Verfügung stand, über unsere Gesundheit entscheiden kann. Es existierte immer eine Landbevölkerung, die keinen Zugang zu Fisch oder Algen hatte und dennoch putzmunter war und deren Menschen uralt wurden.

Aber es spricht auch nichts dagegen, auf Nummer sicher zu gehen. Allein deshalb, weil die Eigenproduktion von EPA und DHA im Alter abnimmt. Wir müssen daran denken, dass die Evolution nicht davon ausging, dass wir alle derart alt werden, wie es uns heute vergönnt ist. Gerade sich vegetarisch ernährenden Menschen würde ich die Einnahme von etwas Leinöl mit Algenöl empfehlen. Der Konsum von Algen ist ja offenbar ein Grund dafür, warum die Bewohner auf Okinawa und generell die Japaner so gesund sind. Dort gibt es schon morgens eine heiße Miso-Suppe mit Wakame-Algen oder in Nori-Algen eingewickelten Reis. Ich bin überzeugt, dass Algen für uns alle noch eine große Bedeutung bekommen werden. Inzwischen gibt es vermehrt regionale Produktionsstätten in heimischen Gewässern.

Auf der anderen Seite rate ich stets zur Vorsicht, wenn allzu schnell neue Ernährungsratschläge verbreitet werden. Das lehrt uns die damals so bezeichnete »Eskimolegende«. Sie stand am Anfang der Fisch-ist-gesund-Hypothese. Die ersten Berichte der dänischen Chemiker Hans Olaf Bang und Jørn Dyerberg, die zu den Inuit gereist waren und deren beeindruckende Herzgesundheit dokumentierten, stellten die gesamte Ernährungsforschung auf den Kopf.

Die Bewohner des nördlichen Polargebiets essen nämlich fast kein Gemüse und Obst – das Gegenteil einer herzgesunden Nahrung.

Tatsache war jedoch, dass die Forscher gar nicht die Herzgesundheit und Gefäßverkalkung der Inuit untersucht hatten, sie analysierten lediglich ihren Fettsäurespiegel im Blut. Aus Daten öffentlicher Sterberegister mutmaßten sie, dass relativ wenige Inuit an einem Herzinfarkt starben. Was allerdings bei näherer Betrachtung daran lag, dass deren Lebenserwartung mit etwas über 50 Jahren so niedrig war, dass das typische Alter für Herzinfarkte gar nicht erreicht wurde. Spätere Studien zeigten dann, dass die altersbezogene Rate an Herzinfarkten bei den Inuit auch nicht geringer als bei Festland-Dänen war. Interessanterweise nimmt die Lebenserwartung der Inuit inzwischen zu, seitdem sie sich nach westlicher Art ernähren. Die Inuit sind somit wahrscheinlich eines der wenigen Völker dieser Erde, die ihre Gesundheit durch westliche Ernährung verbessert haben.

Ist also auch die Empfehlung, zwei Portionen fetten Seefisch pro Woche zu essen nur ein Mythos? Noch immer steht dieser Vorschlag in einigen ärztlichen Leitlinien. Das ist insofern erstaunlich, weil es gar keine belastbaren Daten zu dieser Empfehlung existieren. Es existieren nur ganz wenige randomisierte Studien. Und darin sieht es gar nicht so gut aus für den Fisch auf unserem Teller. In der 2002 in Dänemark durchgeführten DART-1-Studie (Diet and Reinfarction Trial) empfahlen Wissenschaftler der einen Hälfte der 2033 Patienten, die einen Herzinfarkt erlitten hatten, mindestens zweimal pro Woche fetten Seefisch zu essen oder alternativ Fischölkapseln einzunehmen. Nach der ersten Auswertung waren die Resultate vielversprechend, das Risiko zu sterben, war um 30 Prozent reduziert. Überraschenderweise kippte das Ergebnis aber drei Jahre später ins Gegenteil. Die Fischesser hatten auf einmal ein 30-prozentig erhöhtes Risiko. Noch schlechter war das Ergebnis für die Fischesser in einer Anschlussstudie, der DART-2-Studie. Diese wurde mit 3314 Patienten durchgeführt, die unter Herzerkrankungen und Herzbeschwerden (Angina pectoris) litten. Es ergab sich kein positiver Effekt für die Fischesser; ein Teil der

Patienten, die zudem Fischölkapseln einnahmen, hatten sogar ein erhöhtes Sterberisiko. Dass Studien zum Fischverzehr immer wieder auch bessere Ergebnisse liefern, liegt vermutlich an einem anderen Zusammenhang. Die Untersuchungen messen letztlich den Austausch von Nahrungsmitteln. Und Fisch ist im Vergleich zu Fleisch oder Wurst die gesündere Variante. Es ist quasi ein Tauschgeschäft: Fisch schlägt Fleisch.

Schließlich stellt sich noch die Frage, ob es spezielle »Fatburner« gibt, die den Fettabbau im Körper ankurbeln? Die Marketingabteilungen der Lebensmittelindustrie ersinnen immer neue Ernährungswellen, mit deren Hilfe sich angeblich das ungeliebte Fett am Bauch »wegbruzzeln« lässt. Meist sind diese Fake News – oder es sind unbedeutende Effekte, die stark aufgebauscht werden. Einige sinnvolle Empfehlungen gibt es jedoch, die bei dem Ziel, Gewicht abzunehmen, helfen können. Thylakoide sind die grünen Kraftwerke des Lebens in den Pflanzen. In diesen mikroskopisch kleinen Bläschen grüner Pflanzen, gebildet aus Chlorophyll, findet die Fotosynthese statt – der Prozess, durch den Pflanzen Licht in Nahrung umwandeln. Wenn wir sie zum Beispiel über Spinat oder Mangold essen, binden die Thylakoide die Lipase, das Enzym, das Fett in unserem Darm verdaut. Die Fettaufnahme wird dadurch verzögert. Es ist ein ähnlicher Bremseffekt wie bei den Ballaststoffen. Wird die Kalorienaufnahme bis ans Ende des Dünndarms aufgeschoben, entsteht ein größeres Sättigungsgefühl. Das Hungerhormon Ghrelin senkt sich stärker ab.

Grünes Blattgemüse ist sicherlich das Gesündeste, was wir für unseren Körper tun können, auch als Ausgleich, wenn wir zu fettig essen. Dabei gilt die Devise: »Je dunkelgrüner die Blätter, desto stärker die Wirkung.« Greifen Sie also immer zum dunkelgrünsten Gemüse, das Sie finden können. Wenn wir Spinat, Grünkohl oder Mangold kochen oder dampfen, wird das Grün im ersten Moment leuchtender. Wird er zu lange gekocht, bleicht es aus. Achten Sie darauf, das Gemüse nur bis zu einem bestimmten Punkt zu erhitzen.

Den Stoffwechsel ankurbeln

Etwas detaillierter will ich auf das braune Fett eingehen, weil es eine wichtige Rolle in unserem Körper spielt und besonders relevant für Menschen ist, die ihre überflüssigen Kilos angreifen wollen. In unserem Körper findet sich erstaunlicherweise nicht nur das »übliche« weiße Fett, das uns immer mehr zu schaffen macht, sondern zudem braunes Fett, von dem wir gar nicht genug haben können, denn mithilfe des braunen Fetts lässt sich die Fettverbrennung auf natürliche Art ankurbeln. Es hat die Aufgabe, große Wärmeverluste zu verhindern und unsere Körpertemperatur in Balance zu halten. Wenn unser Körper zu kalt wird, erzeugt das braune Fett Wärme, und das kostet Energie, sodass unser Körper vermehrt weißes Fett abbaut. Braunes Fett ist also eine Verbrennungsmaschine, dessen Potenzial wir kaum nutzen.

Die Farbe verdankt das braune Fettgewebe den Mitochondrien, die eisenhaltige Enzyme verwenden, um Fett zu verbrennen. Braunes Fett ist bei Erwachsenen vor allem im Bereich von Hals und Schulter angesiedelt. Erkenntnisse zu dessen gewichtsreduzierender Wirkung stammen auch aus der Erforschung eines seltenen, gutartigen Tumors des braunen Fettgewebes, dem Hibernom. Den Namen verdankt es dem Winterschlaf (Hibernation). Winterschlafende Tiere wie Bären haben besonders viel braunes Fettgewebe, um im Winter die relativ hohe Grundtemperatur des Körpers zu erhalten. Patienten mit einem Hibernom verlieren viele Kilogramm Gewicht, nehmen dies aber nach der Entfernung des Tumors gleich wieder zu.

Die einfachste Art und Weise, das braune Fettgewebe zu vermehren, ist Kälte. Setzt man Probanden für ein paar Stunden in einen kühlen Raum oder sie baden in Eis, bildet der Körper braunes Fett. Betrachtet man mit einer Wärmebildkamera den Oberkörper einer Person, die die Hand in eine Schüssel Eiswasser steckt, leuchtet es im PET-Scan (PET = Positronen-Emissions-Tomografie) innerhalb von Minuten über dessen Schlüsselbein auf – ein Zeichen, dass die Bildung von braunem Fett aktiviert wurde. Allerdings sind die Kalorieneffekte nicht besonders groß. In einer berühmten Studie

(3463) teilte man Probanden in zwei Gruppen ein, eine wurde täglich zwei Stunden einer Temperatur von 17 Grad ausgesetzt. Nach sechs Wochen verbrannte die Gruppe mit diesem Kälteschock zusätzlich 180 Kilokalorien am Tag und verlor Körperfett. Möglicherweise ist die Dauerbeheizung unserer Räume, vor allem auch des Schlafzimmers im Winter, unter unterem ein Grund dafür, dass die Fettleibigkeit ansteigt. Bei 17 Grad Raumtemperatur werden täglich etwa 160 Kilokalorien verbrannt, bei 22 Grad nur rund 30. Zwei Grad weniger Raumtemperatur in den kühlen Monaten bringt im Jahr ein Kilo weniger Fett. Natürlich existierte ein großes Interesse, Medikamente zu entwickeln, die das braune Fettgewebe stimulieren. Nachdem DNP verboten worden war, traten Amphetamine an dessen Stelle, später kam Fenfluramin, darauf Sibutramin. All diese Medikamente führten zu einer Gewichtsabnahme, verschwanden aber wieder vom Markt, weil die Nebenwirkungen zu groß waren.

Braunes Fettgewebe kann man aber ebenso mit Nahrung stimulieren. Denn die Thermorezeptoren befinden sich auch in unserem Magen-Darm-Trakt. Interessanterweise können wir diese nicht etwa mit kalten Getränken stimulieren, sondern durch Gewürze. Scharfe Chilischoten und ihr schärfster Inhaltsstoff, das Capsaicin, scheinen das braune Fettgewebe zu aktivieren und uns einzuheizen. Nach mehreren Wochen Verzehr von Chilischoten stieg laut einer Studie bei Probanden die Dichte und die Aktivität des braunen Fettgewebes. Bei scharfen Schoten brennt es also nicht nur im Mund, Chili stößt auch die Wärmebildung im Körper an, wobei Kilokalorien verbrannt werden. Mit zwei Milligramm reinem Capsaicin – das ist ein halber Teelöffel rotes Chilipulver – kann der tägliche Kalorienverbrauch um bis zu 150 Kilokalorien erhöht werden.

Entsprechend zeigte sich in Studien, dass Menschen, die scharf essen, in der Regel weniger adipös sind und kardiovaskuläre Gesundheitsvorteile haben. Allerdings sind die Dosen für Mitteleuropäer doch recht hoch, und nicht alle Menschen mögen es so scharf. Aber es gibt eine mildere Form, um die Wärmebildung anzuregen: Ingwer! Ich empfehle täglich einen halben gestrichenen Teelöffel von Ingwerextrakt oder das Pendant im Kochtopf. In einigen

Studien konnte nachgewiesen werden, dass mit dieser Dosis die Fettverbrennung anstieg und der Appetit gehemmt wurde – vor allem, wenn der Ingwer morgens zu sich genommen wird. Interessanterweise wirkt getrockneter Ingwer besser als frischer. Am einfachsten ist es, Ingwerpulver in eine Tasse mit heißem Wasser einzurühren.

Unbedingt sind noch Kaffee und Tee zu erwähnen. Beide Getränke kurbeln den Stoffwechsel an und bremsen den Appetit, zudem scheinen sie die Fettverbrennung über das braune Fettgewebe anzukurbeln. Nach zwei Tassen Kaffee steigt der Ruheumsatz um bis zu zehn Prozent über mehrere Stunden. Man kann die dadurch entstehende vermehrte Wärmebildung sogar messen: Es sind rund 0,5 Grad an der Haut. Durchschnittlich kann jede Tasse Kaffee etwa 17 Kilokalorien verbrennen. Zieht man die rund zwei Kilokalorien ab, die die im Kaffee versteckten Öle enthalten, bleiben 15 Kilokalorien übrig – sofern er schwarz getrunken wird. Das ist sicherlich nicht die Welt, aber es summiert sich im Laufe eines Tages. Ähnlich wirkt Tee (auch grüner Tee), er vermehrt das braune Fettgewebe nicht, aber er aktiviert es.

Olivenöl hat viele gesundheitliche Vorteile

Die herausragende Quelle von einfachen ungesättigten Fettsäuren ist Olivenöl, Inbegriff der mediterranen Ernährung schlechthin. Schon in der Antike bezeichnete man Olivenöl als »flüssiges Gold«. Die größte Studie zur mediterranen Ernährung und ihren bevorzugten Fetten ist die in Spanien durchgeführte und schon erwähnte PREDIMED-Studie. Verglichen wurden zwei Gruppen mit über 7200 Testpersonen, eine erhielt die mediterrane Ernährung mit spezieller Zugabe von reichlich Olivenöl oder Nüssen, die andere ernährte sich herkömmlich. Nach einigen Jahren zeigten sich sowohl für die Olivenöl- als auch für die Nussgruppe erhebliche gesundheitliche Vorteile: weniger Herzinfarkte, Schlaganfälle und Diabetes, weniger Brustkrebs unter den Frauen. Die Teilnehmer der Olivenölgruppe verzehrten täglich 50 Gramm (fünf Esslöffel) Olivenöl, bei den Nüssen waren es gemischte Nüsse mit 30 Gramm pro Tag (eine Handvoll).

Weitere Studien haben diese Ergebnisse bestätigt. Ich empfehle deshalb, mit Olivenöl großzügig umzugehen. Nutzen Sie es beim Salat, geben Sie es über die Pasta oder über Gemüse, verwenden Sie es zum Braten. Ich stelle als kleine Vorspeise öfter einen Teller mit Olivenöl, mit der arabischen Gewürzmischung Zatar (darunter Wilder Thymian), fein gehackten Tomaten, roten Zwiebeln sowie Oliven zusammen. Dazu etwas Vollkornbaguette, ein Genuss!

Die Qualität von Olivenöl erkennt man vielfach nicht auf den ersten Blick. Die Wahl ist letztendlich auch Geschmacksache. Bio-Qualität ist oftmals im Geschmack besser. Dieser sagt zudem etwas über die gesundheitliche Wirkung aus. Ist er schärfer, bitterer, weist das Öl mehr gesunde sekundäre Pflanzenstoffe auf. Auch ein trübes Olivenöl hat Vorteile, denn die Fruchtreste enthalten gesunde Polyphenole und Oleocanthal. Schärfe und Bitterkeit des Olivenöls können so stark sein, dass sie einen Hustenreflex auslösen. Das ist nicht besorgniserregend, sondern ein Zeichen der Güte. Erwischen Sie Olivenöl, das so gut wie geschmacksneutral ist, können Sie sicher sein, dass es nicht viel Polyphenole enthält. Dennoch setzt es sich aus einfach ungesättigten Fettsäuren zusammen, die gesund sind.

Beim Olivenöl ist es ähnlich wie beim Wein und dem Rebstock. Die Oliven enthalten besonders viele gesunde sekundäre Pflanzenstoffe, wenn es der Baum und die Frucht schwer im Leben haben. Wenn starke Sonne, Winde und hohe Temperaturschwankungen den Baum fordern. Dann werden besonders viele Polyphenole als Schutz in die Olive gegeben. Daher sind die Oliven von Höhenlagen wie am Gardasee oder in Istrien besonders reich an sekundären Pflanzenstoffen.

Olivenöl kann entgegen landläufiger Meinung lange bei hoher Temperatur erhitzt werden, ohne dass sich schädliche Stoffe bilden. Allerdings ist es herausgeworfenes Geld, ein sehr intensives, fruchtiges und trübes Olivenöl zum Braten zu verwenden – der Geschmack leidet durch das Erhitzen, verwenden Sie dafür ruhig eine preiswerte

Variante. Achten Sie beim Braten auf den Rauchpunkt: Wenn Sie mit Olivenöl (oder einem anderen Öl) braten und sich Rauch in der Pfanne entwickelt, ist es zu heiß und wird ungesund, verringern Sie dann die Temperatur. Ein solcher Rauchpunkt wird bei Extra Nativen Ölen meist bei 180 Grad, bei nur nativen oder raffinierten erst bei 230 Grad erreicht. Eine Ausnahme bilden die ungefiltert abgefüllten Olivenöle, die »Flor de Aceite«. Der Rauchpunkt liegt hier bei 130 Grad. Diese edlen Öle sollten Sie nicht zum Braten benutzen, sondern nur kalt genießen. Kaufen Sie am besten zwei Olivenölsorten, eines zum Braten und Backen, das andere für Salat und Antipasti. Für alle Speiseöle gilt: Lagern Sie diese kühl und dunkel.

Woran erkennt man aber gute Olivenöle? Viele Öle werben mit der Aufschrift »Nativ« oder italienisch »Vergine« (»jungfräulich«) – es verweist darauf, dass es naturbelassen ist. Das Öl wird ohne Hitze gewonnen, ist also kaltgepresst, der Zusatz von Chemikalien ist nicht erlaubt. Native Olivenöle haben die Güteklasse 2. Mit dem Zusatz »Extra Vergine« springt es in die Güteklasse 1. Der Hauptunterschied ist ein niedriger Säuregehalt. Für Extra Natives Olivenöl wird die erste Ernte verwendet, die erleseneren Früchte, wohingegen die Oliven für Natives Öl ohne »Extra« kleine Schäden aufweisen können. Eine weitere Kategorie sind raffinierte Olivenöle. Hier wird das Öl meist warmgepresst und mit chemischen Lösungsmitteln traktiert, so entsteht mehr Ertrag. Raffiniertes Olivenöl ist fast geschmacksneutral und hitzestabil. Will man mit Olivenöl frittieren, kann dazu raffiniertes Öl verwendet werden, in der feineren Küche hat es keinen Platz.

Achten Sie auf das Alter des Olivenöls. Es sollte in den ersten zwei Jahren nach der Herstellung verbraucht werden. Olivenöl bleibt frischer und im Fettsäureprofil sowie im Geschmack stabiler, wenn es lichtgeschützt ist. Deshalb sollten Sie Öl in dunklen Flaschen bevorzugen, klare Gasflaschen sind weniger gut. Es gehört auch nicht in Plastikflaschen, wenngleich es in Spanien und Griechenland oft dort landet. Plastik ist durchlässig, daher oxidiert es schneller. Plastikflaschen sind indes kein Problem, wenn das Olivenöl relativ schnell – etwa in den ersten drei Monaten nach der Ernte – verzehrt wird.

Quintessenz: die Fette

- Bei der leidenschaftlichen Debatte um das Fett, vergessen Sie nie: Unser Körper braucht Fett, um Energie zu speichern und Wärme zu regulieren.
- Wir haben keine Sensoren für Fett, deshalb laufen wir stets Gefahr, zu viel davon zu nehmen. Besonders wenn wir reichlich Fett im Bauchraum einlagern, wird es gefährlich für die Gesundheit.
- Fett ist nicht gleich Fett: Meiden Sie gesättigte Fettsäuren, die sich in Wurst, fettem Fleisch und Palmöl befinden, hüten Sie sich vor allem vor den Fetten im Industrie-Essen.
- Mit Low Carb und fettreicher Kost nimmt man Gewicht ab, schadet sich aber langfristig.
- Eine vollwertige, kohlenhydratreiche und damit fettarme Ernährung hat langfristig deutliche Vorteile vor Low-Carb-, aber ebenso vor extremen Low-Fat-Diäten. Auch die von der Industrie angepriesenen fettreduzierten Lebensmittel helfen uns wenig. Low-Fat-Produkte braucht niemand.
- Bestimmte Fette, vornehmlich aus Pflanzen, sind wahre Trümpfe für unsere Gesundheit: Nutzen Sie Olivenöl, wann immer Sie können. Versorgen Sie sich mit Nüssen als Zugabe zum Essen, als kleine Mahlzeit oder als Snack zwischendurch. Weitere gute Fettquellen sind Leinsamen, Avocados, Lein-, Sesam- und Weizenkeimöl.

Ballaststoffe – Superstars für einen gesunden Darm und ein normales Gewicht

Das Wichtigste zuerst: Wir sollten alle viele Ballaststoffe essen, aber dafür müssen wir uns mehr Mühe geben als bisher. Denn wir nehmen einfach zu wenige Ballaststoffe mit unserer Nahrung auf. Das ist verwunderlich, denn in der Ernährungsmedizin gibt es selten Einigkeit darüber, was nun wirklich gesund oder ungesund ist. Was aber die Ballaststoffe betrifft, sind sich Wissenschaftler einig: Ballaststoffe sind gut für uns.

Es war wohl ein unverzeihlicher Fehler unserer Ernährungsmedizin, jene pflanzlichen Faserstoffe, die in jedem Gemüse, in jedem Obst, in Hülsenfrüchten und Vollkorngetreide stecken, ausgerechnet als Ballaststoffe zu bezeichnen. Ballast deshalb, weil man ursprünglich dachte, sie seien wohl nutzlos für den Körper, weil sie weder Proteine noch Fett noch Zucker oder Vitamine waren. Umgangssprachlich verstehen wir unter Ballast eine unnütze Last, eine überflüssige Bürde, die wir über Bord werfen können und auch sollten, wenn es brenzlig wird. Damit wird das Gegenteil von dem suggeriert, was Ballaststoffe wirklich für uns sind. Die englische Sprache war mit der Bezeichnung *fiber*, also »Fasern«, etwas gnädiger. Bewirkt hat das jedoch auch nicht viel, denn in den angelsächsischen Ländern fehlte diesen Nahrungsbestandteilen ebenfalls lange Zeit die Anerkennung. Inzwischen sind Ballaststoffe die neuen Superstars der Ernährung. Und das hat viel mit der Entdeckung des Mikrobioms zu tun.

Das Mikrobiom ist, wie schon beschrieben, elementar wichtig – und Ballaststoffe sind ihr bestes Futter. Empfohlen wird heute eine tägliche Zufuhr von mindestens 30 Gramm. Diese Menge gelingt, wenn man sich vollwertig pflanzenbetont oder vegan ernährt, ansonsten wird es anspruchsvoll. Die wichtigste Quelle für Ballaststoffe sind alle Arten von Vollkorngetreide, Samen, Gemüse, Hülsenfrüchte, Nüsse und Obst. Allerdings sind im Obst nicht so viele Ballaststoffe wie in Gemüse, weil es deutlich mehr Wasser enthält.

Da Ballaststoffe somit kein Ballast sind, sondern unsere guten Darmbakterien ernähren, gibt es in der Wissenschaft inzwischen einen neuen, aber nicht gerade eingängigen Begriff dafür: MAC – microbiota-accessible carbohydrates. Oder auf Deutsch: »für das Mikrobiom nutzbare Kohlenhydrate«. Und damit wird eine weitere Überraschung erkennbar. Ballaststoffe sind auch Kohlenhydrate. Allein deshalb ist eine Low-Carb-Diät auf Dauer gefährlich, denn das wäre gleichzeitig eine ballaststoffarme Diät. Und nach heutigem Kenntnisstand bedeutet das ein erhöhtes Risiko für Herzinfarkt, Schlaganfall, Darmkrebs, Allergien, Darmentzündungen oder Autoimmunerkrankungen.

Sicher, bei mehr als 100 000 Metaboliten (Stoffwechselprodukten) und über 100 Billionen Bakterien im Darm ist die Sache komplex. Unstrittig ist, dass die Ernährung entscheidend ist. Genauer gesagt sind es zwei Nahrungsfaktoren, gute und böse, die über das Wohl des Darmmikroben-Universums entscheiden. Die guten Faktoren sind die Ballaststoffe. Und die bösen? Darunter sind industriell hochverarbeitete Lebensmittel mit all den künstlichen Zusatzstoffen, Salzen, gesättigten Fetten, Zucker, Konservierungsstoffen und Emulgatoren zu zählen. Letztlich ist die Gleichung einfach: Unsere Darmbakterien sollten es guthaben, damit es uns gut geht. Wir sollten ausreichend Ballaststoffe essen und natürliche Lebensmittel bevorzugen.

Die Einteilung der Nahrungsmittel im Hinblick auf Ballaststoffe ist nicht schwierig. Alle tierischen Produkte von Fleisch, Wurst bis hin zu Milchprodukten und Eiern enthalten null Prozent Ballaststoffe. Diese finden sich allein in pflanzlicher Nahrung. Deren Faserstoffe machen die Pflanzen stabiler, es sind Gerüste, damit sie nicht zusammenfallen. Die Fasern dienen zudem als Energiespeicher (Zuckerspeicher). Sie sind aber schwer verdaulich und können vom menschlichen Darm nicht aufgenommen werden, weshalb sie also im Darm hängen bleiben. Ein bekannter Ballaststoff ist Zellulose, das Kohlenhydrat in Gras, Holz oder Papier, es besteht aus langen Zuckerketten. Man könnte einen ganzen Stapel Brennholz verspeisen, ohne dass nennenswerte Zuckermengen in unserem Blut auftreten. In der Zellulose sind die einzelnen Zuckerbausteine nämlich so fest miteinander verbunden, dass unser Darm sie überhaupt nicht auflösen und verdauen kann.

Ernährungswissenschaftler unterscheiden zwei Formen von Ballaststoffen: wasserlöslich und nicht wasserlöslich. Wasserlösliche Ballaststoffe sind beispielsweise die Beta-Glucane, die in Haferflocken, Gerste oder in Pilzen vorkommen, oder die Pektine in Möhren und Apfelschalen. Zudem enthalten Hülsenfrüchte wie Linsen, Bohnen oder Erbsen reichlich wasserlösliche Ballaststoffe. Sie sind das bevorzugte Futter für Darmbakterien. Ballaststoffe, die nicht wasserlöslich sind, können die Darmbakterien weniger gut verwerten. Sie quellen aber im Magen-Darm-Trakt auf und machen den Stuhlgang so voluminöser. Das ist gut für die Verdauung und gegen Verstopfung. Der Darm kann den Stuhlgang schneller voranschieben, die sogenannte Transitzeit wird auf diese Weise kürzer. Dadurch wird verhindert, dass unsere Darmschleimhaut durch giftige Bestandteile des Stuhlgangs tiefer angegriffen wird.

Präbiotikum Inulin

Ein besonderer Faserstoff ist Inulin. Es findet sich in Chicorée, Artischocken, Lauch, Schwarzwurzeln, Pastinaken, Zwiebeln, Knoblauch, aber auch im Roggen und in Bananen. Wenn Sie Probiotika einnehmen, macht es durchaus Sinn, gleich das Futter für die Darmbakterien mit zuzuführen. Daher gibt es Präparate, die beides in eine Kapsel packen, sozusagen eine Wegzehrung für die Bakterien.

Noch besser, um ihrem Darm wirklich etwas Gutes zu tun: Essen Sie inulinhaltiges Gemüse und Obst und dazu Fermentiertes wie Joghurt oder Sauerkraut. Ich empfehle, Inulin einen festen Platz in der Ernährung zu sichern. Es ist das

Überlebensprogramm von Pflanzen, genauer ein Kohlenhydrat-Reservestoff, der aus etwa 35 Fruktose-Ketten besteht, diese werden Fruktane genannt, sie sind das Pendant zum Glykogen in unserer Leber und der Muskulatur. Unser Körper hat keine Enzyme, um die langen Fruktose-Ketten aufzuspalten. Sie gelangen stattdessen unverdaut in den Dickdarm. Die Fruktose des Inulins wird also nicht resorbiert!

Ballaststoffe helfen beim Abnehmen

Der Turbo im Darm hat einen zusätzlichen Vorteil: Er hilft bei der Gewichtsabnahme. Zum einen verlangsamt sich durch das größere Volumen die Energieaufnahme der Nährstoffe von den Dingen, die wir außer den Ballaststoffen noch gegessen haben. Die Folge: Blutzucker und Insulin steigen im Blut nicht so schnell an, was wiederum eine Ansammlung des Körperfetts und Heißhungerattacken verhindert. Weiterhin macht das größere Volumen satt. Der Magen-Darm-Trakt nimmt seine Dehnung zur Kenntnis und sorgt dafür, dass sich das Sättigungsgefühl verstärkt. Daher können wir mühelos zwei Gläser Orangensaft trinken, aber schaffen es nicht so wirklich, vier Orangen zu essen, in denen in etwa die gleiche Energiemenge gespeichert ist.

Es gibt weitere Rezeptoren, Messfühler, die das Signal aussenden, dass genug Essen im Magen-Darm-Trakt angekommen ist. Dafür wird ein Hormon ausgeschüttet, das seit Kurzem im Rampenlicht der Diabetes-Forschung steht: GLP-1. Manche sprechen sogar von einer Revolution in der Therapie der Adipositas.

Wird GLP-1 vom Magen ausgeschüttet oder als Medikament gespritzt, senkt es den Zuckerspiegel und macht satt. Um die Arzneimittel Ozempic und Wegovy und den darin enthaltenen Stoff Semaglutid ist wegen der zu beobachteten Gewichtsabnahme in den USA geradezu eine Hysterie ausgelöst worden. Monatelang war das für Diabetes-Patienten wahrscheinlich wirklich segensreiche Medikament vergriffen, da unzählige Amerikaner, die nicht an Diabetes litten, aber Pfunde loswerden wollten, die Apotheken leer kauften. Begeisterte Hollywood-Stars wie Chelsea Handler, Floridas republikanischer Gouverneur Ron DeSantis oder der Großinvestor Elon Musk heizten das Geschäft an. Tatsächlich ist die Wirkung von Ozempic beeindruckend, noch ist aber völlig unklar, was es langfristig für Nebenwirkungen haben wird. Es wäre eher ein Wunder, wenn hoch dosierte GLP-1-analoge Medikamente am Ende nicht auch eine Menge unerfreulicher Wirkungen haben sollten. Ein Effekt ist bereits bekannt, er trägt den Namen »Ozempic Face«. Die Benutzer nehmen mit dem Mittel so schnell ab, dass sie ein recht faltiges Gesicht bekommen. Dagegen muss man dann wieder Termine beim Hautarzt buchen, um die Gesichtshaut mit Kollagen aufzufüllen. Für mich ist der entscheidende Nachteil der neuen »Wundermittel« – neben dem unverschämt hohen Preis –, dass sie die Adipositas nicht heilen. Setzt man die Spritzen ab, wird das verlorene Gewicht wieder zugenommen. Man hängt also tatsächlich an der Nadel. Ozempic und Wegovy aber befeuern auf wundersame Weise die Pharmaindustrie und alle, die daran verdienen (siehe dazu auch S. 209).

Dabei gibt es auch eine natürliche und nebenwirkungsfreie Methode, um das GLP-1 zu puschen. Mit Ballaststoffen! Diese führen zur Ausschüttung von GLP-1 im Magen und eine gewisse Zeit später im Darm. Und sie veranlassen die Darmmikroben, weiteres GLP-1 und andere Sättigungsbotenstoffe zu produzieren. Auch Bitterstoffe pushen das GLP-1, wie ich noch genauer ausführen werde.

Ballaststoffe verblüffen immer wieder, weil sie eine große Hilfe beim Abnehmen darstellen. In einer Studie verglichen Forscher den Gewichtsverlauf bei Probanden, die täglich zusätzlich 14 Gramm Ballaststoffe vorgesetzt bekamen – etwa ein Apfel und zwei Scheiben Vollkornbrot –, mit einer Gruppe, die dieses Zubrot nicht erhielten. Nach drei Monaten hatten die Ballast-Esser zwei Kilo weniger auf der Waage und die Untergruppe der Übergewichtigen sogar mehr als fünf Kilogramm. Der Hauptgrund für die Gewichtsabnahme: Sie aßen etwa zehn Prozent weniger Kalorien, weil Ballaststoffe eben so herrlich satt machen. Fachleute haben diesen Benefit genau ermittelt. Üblicherweise berechnen sie für Protein einen Kaloriengehalt von vier, für Fett neun und für Kohlenhydrate ebenfalls vier Gramm. Essen wir diese Nährstoffe aber mit Ballaststoffen, so sinkt der Kaloriengehalt auf 3,5 Gramm für Protein, 8,7 Gramm für Fett und 3,8 Gramm für Kohlenhydrate. Ein kleines Wunder: Wir essen viel weniger, ohne dass wir uns disziplinieren müssen!

Ballaststoffe können zudem den schlechten Einfluss von Fruchtzucker auszugleichen, einem der großen Übel für Übergewicht und Fettleber (siehe S. 91 f.). Essen wir ganzes Obst oder süßeres Gemüse wie Möhren oder Rote Bete, ist die Fruktose von reichlich Ballaststoffen umgeben, sodass es nur ein kleiner Teil in die Leber schafft – eine weitere Begründung dafür, dass Ballaststoffe dazu beitragen, unsere schlanke Linie zu behalten.

Auch binden Ballaststoffe bestimmte Aminosäuren, die verzweigtkettigen Aminosäuren (BBCA, Branch-Chained Amino Acids), die in proteinhaltiger Nahrung vorkommen und nicht vom Körper selbst gebildet werden können. Sie werden von den Ballaststoffen gepackt und zum Stuhlgang begleitet. Das ist gut, weil diese Aminosäuren im Verdacht stehen, eine Fettleber zu verursachen.

Darüber hinaus haben einige Ballaststoffe wie die Pektine und Beta-Glucane die Fähigkeit, Gallensäuren zu binden. Das ist von großem Vorteil für Menschen, die unter einem hohen Cholesterinspiegel leiden. Wird die Gallensäure gebunden und landet im Stuhlgang, muss der Körper neue bilden. Dafür wird körpereigenes Cholesterin verwendet, mit der Folge, dass der Cholesterinspiegel im Blut sinkt.

Damit sind längst nicht alle Vorteile von Ballaststoffen aufgezählt, sie sind nämlich in der Lage, Wasser zu binden. Essen wir Äpfel, bildet sich im Magen ein Gel, das Wasser bindet und länger satt macht. Diesen Vorgang verdanken wir dem Ballaststoff Pektin, der sich besonders in den Schalen befindet. Vielfach wird Pektin bei der Herstellung von Marmeladen zugegeben, dort hat es die Funktion eines Geliermittels.

Ballaststoffreiche Lebensmittel – in welchen am meisten steckt

(Werte pro 100 Gramm Lebensmittel)

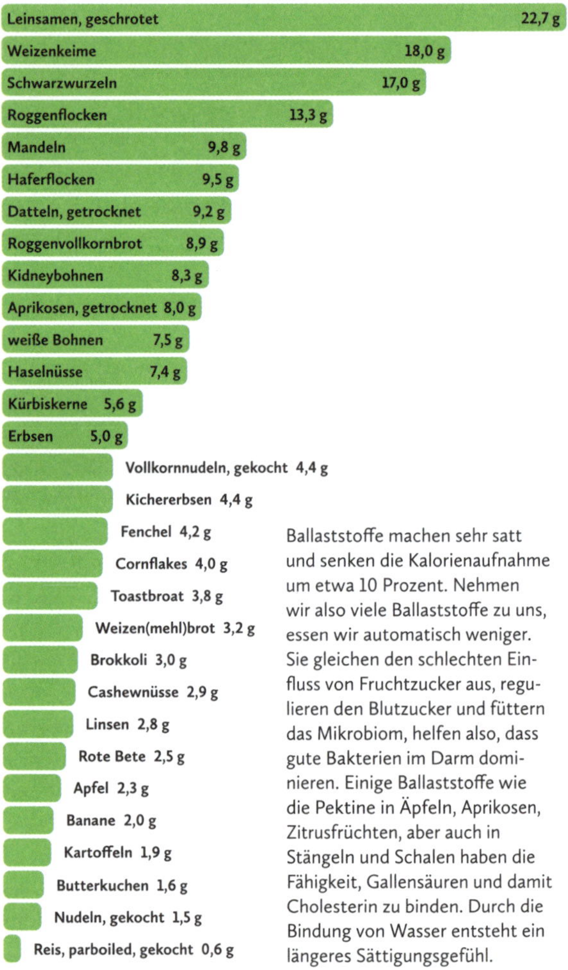

Ballaststoffe machen sehr satt und senken die Kalorienaufnahme um etwa 10 Prozent. Nehmen wir also viele Ballaststoffe zu uns, essen wir automatisch weniger. Sie gleichen den schlechten Einfluss von Fruchtzucker aus, regulieren den Blutzucker und füttern das Mikrobiom, helfen also, dass gute Bakterien im Darm dominieren. Einige Ballaststoffe wie die Pektine in Äpfeln, Aprikosen, Zitrusfrüchten, aber auch in Stängeln und Schalen haben die Fähigkeit, Gallensäuren und damit Cholesterin zu binden. Durch die Bindung von Wasser entsteht ein längeres Sättigungsgefühl.

Quellen: GMF – Vereinigung Getreide-, Markt- und Ernährungsforschung und Debinet – Deutsches Ernährungsberatungs- und Informationsnetz

Worin die guten Fettsäuren stecken

Ballaststoffe sind wie gesagt bestes Futter für unsere Darmbakterien. Wollen wir verstehen, warum Darmbakterien so unfassbar wichtig für unsere Gesundheit sind, ist nicht nur deren direkte Wirkung zu beachten, sondern es geht auch um die Metaboliten, die sie fortlaufend produzieren. Und hier kommen die kurzkettigen Fettsäuren ins Spiel. Kurzkettige Fettsäuren, auch flüchtige Fettsäuren genannt, mit zwei bis sechs Kohlenstoffatomen, bringen unserem Körper einen enormen Nutzen: Sie gelten als entzündungshemmend, ernähren die Darmschleimhautzellen, regulieren das Immunsystem und bewirken, da sie Säuren sind, dass der Darminhalt säuerlich wird, also einen niedrigen pH-Wert bekommt. Das wiederum schafft bessere Lebensbedingungen für weitere gute Bakterien, die es säuerlich mögen, zum Beispiel Bifidobakterien, die entzündungshemmend wirken und weitere gesunde Metaboliten gedeihen lassen. Ein zusätzlicher Vorteil: Krankmachende Bakterien mögen keinen niedrigen pH-Wert, sie werden folglich abgeschreckt.

Man kann den Nutzen der kurzkettigen Fettsäuren nicht hoch genug schätzen. Sie haben offenbar einen positiven Einfluss auf viele entzündliche Erkrankungen wie die rheumatoide Arthritis oder Multiple Sklerose. Belegt ist auch, dass bereits eine Mahlzeit mit viel Ballaststoffen und dem damit verbundenen Anstieg kurzkettiger Fettsäuren die Beschwerden bei einem bronchialen Asthma lindern.

Wissenschaftler konnten ebenso das Rätsel lösen, warum ausgerechnet die kurzkettigen Fettsäuren aus den Ballaststoffen schlank machen. Zum einen stimulieren diese die Ausschüttung des vorhin erwähnten Magenhormons GLP-1, das uns anzeigt, dass wir satt sind. In einer Studie konnte zudem nachgewiesen werden, dass Einläufe mit kurzkettigen Fettsäuren die Fettverbrennung und den Energieverbrauch steigern. Fatburning durch einen Fetteinlauf! Die Fettsäuren hemmten den Appetit im Gehirn. Wie sie das schafften? Ghrelin, das entscheidende Appetit- und Hungerhormon unseres Körpers, wird durch Ballaststoffe und die daraus entstehenden kurzkettigen Fettsäuren in seine Schranken gewiesen. In einer besonders einfallsreichen Studie zeigten Hirnforscher Studienteilnehmern ein Stück Kuchen und konnten sofort eine gesteigerte Hirnaktivität im Belohnungszentrum messen. Platzierten sie ihnen aber vor der Messung eine Portion kurzkettiger Fettsäuren im Darm, waren die Hirnsignale viel schwächer. Die Lust auf Süßes war also reduziert. Nun wird man sich nicht unbedingt vor jedem Genuss eines Stückes Kuchen einen Einlauf mit kurzkettigen Fettsäuren verpassen wollen. Aber grundsätzlich lohnt es sich, mit Ballaststoffen das Wachstum der freundlichen Bakterien zu fördern, die reichlich kurzkettige Fettsäuren produzieren. Essen Sie einfach viel Gemüse, Hülsenfrüchte, Salate, Samen, Vollkorngetreide, Obst und Nüsse.

Vollkorn, immer wieder Vollkorn

Im Kapitel über die Kohlenhydrate hatte ich auf den Vorteil von Vollkornkost hingewiesen, in Bezug auf die Ballaststoffe ist diese Form der Ernährung ebenfalls enorm wertvoll. Wissenschaftler haben zum Beispiel gemessen, wie lange eine Vollkornpasta mit püriertem Gemüse im Vergleich zu einer Weißmehlpasta im Magen bleibt. Die Vollkornpasta war eine Dreiviertelstunde länger im Magen und erzeugte dadurch eine anhaltendere Sättigung. Und je länger sich eine Speise im Magen befindet, desto besser ist das für den Stoffwechsel und das Gewicht. Weitere Pluspunkte: Im Vollkornmehl sind mehr Mineralien und mehr Vitamine und eben vor allem mehr Ballaststoffe.

Kochen Sie also die Nudeln nicht zu weich, eher »al dente«, damit die Zähne noch etwas zu kauen bekommen. Das ist nicht nur hervorragend für das Gebiss und eine gute Gesichtsmuskulatur, sondern ebenso für den Blutzuckerspiegel. Zudem führt die Magenfüllung mit den »härteren« Pasta dazu, dass das Beiwerk, zum Beispiel eine fettige Soße oder Käse, nicht so leicht aufgenommen wird, sondern durchrutscht. Diese Mitfahrgelegenheit für Kalorien nach draußen funktioniert noch besser mit Gemüse und dessen Ballaststoffen. Essen wir etwa ein Weißbrot mit Butter, landen die Kalorien schnell als Fett auf den Hüften, essen wir aber zum Beispiel Nudeln mit viel Gemüse oder Hülsenfrüchten, landet ein Teil der eingesetzten Butter unverdaut in der Kloschüssel. Das mag nach Verschwendung klingen, ist aber letztlich ein guter Deal. Den Geschmack darf man genießen, aber der Cholesterinspiegel im Blut bleibt unten.

Bei Mahlzeiten mit wenig Ballaststoffen verweilen nur etwa fünf Prozent der Kalorien im Stuhlgang, mit vielen Ballaststoffen sind es hingegen zehn Prozent. Das mag nicht nach viel klingen, aber über Tage, Wochen und Jahre gerechnet, können solche Unterschiede entscheidend sein, ob wir unsere schlanke Gestalt behalten oder mit Übergewicht kämpfen müssen.

Ein weiteres spannendes Detail konnten Forscher in den letzten Jahren ans Licht bringen. Es sind nicht nur die im Stuhlgang verpackten Kalorien, die Liebhaber des Gemüses und des Vollkorngetreides schlank machen. Es ist auch der Energieverbrauch des Darms selber, der mithilft. Der Verdauungstrakt braucht nicht so viel Energie wie das Gehirn, aber immerhin bis zu 20 Prozent der Gesamtenergie unserer Körpermaschinerie. Die schwer verdaulichen Ballaststoffe sind also wertvolle Verbündete, um Kalorien loszuwerden. Um die zu verarbeiten und weitertransportieren zu können, muss sich der Darm schlicht mehr anstrengen, als wenn er die Reste einer Sahnetorte bekommt. Der Darm ist letztlich nichts anderes als ein Muskel, er verbraucht viel Energie beim Transport der Nahrung durch die meterlangen Gedärme.

In seinem Buch *How Not to Diet* beschreibt der US-amerikanische Ernährungsmediziner Michael Greger diesen Vorgang sehr plastisch. Ein Weißbrot mit Apfelsaft sei wie Kraftsport mit Hanteln aus Styropor, reichlich Ballaststoffe in der Mahlzeit hingegen könnten als ein richtiges Work-out mit echten Hanteln angesehen werden. Tatsächlich wird die vermehrte Muskelaktivität beim Verzehr von Ballaststoffen durch Studienergebnisse untermauert. Forscher ließen Probanden lange Elektrodenfäden schlucken und maßen dann die Muskelaktivität im Darm bei Testmahlzeiten mit mehr und mit weniger Ballaststoffen. Es stellte sich heraus: Ein höherer Kalorienverbrauch mit Ballaststoffen funktioniert. Sie können es sich also manchmal bequem machen und das Work-out an den Darm delegieren. Essen Sie eine gute Portion Ballaststoffe und lassen Sie Ihren Darm für sich arbeiten.

Ballaststoffe sind also gute Seelen. Doch wie viele sollen wir davon aber nun essen, um gesund zu leben? Die Deutsche Gesellschaft für Ernährung (DGE) gibt an, es sollten täglich mindestens 30 Gramm sein, in Europa seien es in der Regel aber nur zehn bis 20 Gramm am Tag. Unsere Urahnen verspeisten wahrscheinlich etwa 100 Gramm Ballaststoffe am Tag. Geschadet hat es ihnen wohl nicht, vermutlich können wir gar nicht zu viele Ballaststoffe essen. Eine Studie der Arbeitsgruppe des US-Wissenschaftlers Stephen J. D. O'Keefe zeigte 2015, dass sich innerhalb von zwei Wochen die Zusammensetzung der Darmbakterien bessert, mehr der kurzkettigen Fettsäuren entstehen und so das Darmkrebsrisiko sinkt – wenn Patienten 55 Gramm Ballaststoffe am Tag zu sich nehmen.

Es gibt gute Möglichkeiten, wie Sie Ihren Konsum an Ballaststoffen steigern können, unter den Brotsorten ist Roggenbrot zu empfehlen. Was Sie womöglich nicht erwartet haben: Es gibt auch einige Getränke, die uns helfen, den Ballastspeicher zu füllen. Denn überraschenderweise finden sich nämlich im Kaffee Ballaststoffe. Mithilfe von Verdauungsenzymen und einer Art künstlichem Darm haben Forscher vom Nationalen Forschungsrat (Consejo Superior de Investigaciones Científicas, CSIC) in Madrid den Gehalt von Ballaststoffen in Kaffeevarianten untersucht. Das Ergebnis: 100 Milliliter Instantkaffee enthalten 0,75 Gramm Ballaststoffe, 100 Milliliter Espresso kommen auf 0,65 Gramm und die gleiche Menge Filterkaffee auf 0,47 Gramm. Allein mit Kaffee das tägliche Ballaststoffziel von 30 Gramm zu erreichen, wäre aber wohl zu ambitioniert: Dafür müssten wir 30 Tassen Filterkaffee oder Espresso Lungo zu uns nehmen. Auch beim unbestritten gesundheitlichen Wert von Kaffee wäre das dann doch etwas viel für unseren Körper.

Quintessenz: die Ballaststoffe

- Unsere heutige Nahrung enthält viel weniger Ballaststoffe als früher, deshalb sollten wir unser Essen entsprechend umstellen.
- Ballaststoffe sind bedeutend für die Gesundheit. Sie senken den Blutzuckerspiegel, lassen uns weniger Kalorien aufnehmen, führen zu einer schnelleren Sättigung, sind entzündungshemmend und schützen vor etlichen Krankheiten, von Herzinfarkt bis Darmkrebs.
- Ballaststoffe sind das wichtigste Futter für Darmbakterien, für das Mikrobiom. Ein gesundes Mikrobiom ist entscheidend für unsere Gesundheit.
- Essen Sie deshalb möglichst viele Ballaststoffe: Gemüse, Hülsenfrüchte, ganzes Obst, Nüsse und Getreide (am besten in der Vollkornvariante).
- Resistente Stärke ist eine weitere gute Ballaststoffquelle (siehe S. 46).

Proteine und der schmale Grat – alt werden oder vital aussehen?

Ich kenne viele Menschen, die Proteinshakes zu sich nehmen. Kraftsportler, Fitnessfans oder Personen, die nach zehrenden Krankheiten dringend Gewicht zunehmen wollen. Manchmal mag etwas dafürsprechen, solche Shakes zu konsumieren, aber ich ernte in meiner Sprechstunde regelmäßig erstaunte Blicke, wenn ich sage, dass sie ziemlich ungesund sind, einen schneller altern lassen und dass man sich das Geld für das Proteinpulver doch sparen könne.

Wie viel und welche Eiweiße wir zu uns nehmen sollten, hat eine heftige Kontroverse ausgelöst – und zwar zwischen echten und selbst ernannten Experten, Influencern und Online-Gemeinden. In den USA gibt es sich unversöhnlich gegenüberstehende Fronten von Protein-Fürsprechern und Protein-Kritikern. Letztlich lassen sich diese Fehden relativ einfach auflösen, sobald man sich die wissenschaftlichen Daten genauer anschaut und zudem nach dem individuellen Ziel (muskulöser Körper, Goldmedaille oder 100 Jahre alt werden?), dem aktuellen Zustand des Stoffwechsels (Übergewicht, Diabetes, chronische Erkrankungen) sowie der jeweiligen Lebensphase (Alter) differenziert. Menschen haben also je nach Einstellung, Alter und Lebenssituation unterschiedliche Vorstellungen. Und wir dürfen nicht vergessen, dass es einige Lobbygruppen gibt, die aus jeweiligen ökonomischen Interessen heraus jeweils andere Schlaglichter auf Proteine werfen.

Die Diskussionen um Proteine haben eine lange Tradition, sie gehen bis zu Justus von Liebig (1803–1873) zurück. Der Chemiker und Universitätsprofessor in Gießen und München ist bis heute ein hochverdienter Wissenschaftler, der allerdings aus meiner Sicht auch ein großes Missverständnis in die Welt setzte. Von Liebig war, neben dem jüngeren französischen Kollegen Louis Pasteur (1822–1895), der Erste, der begann, Ernährung als Biochemie zu begreifen. Es standen nicht mehr Erbsen, Kartoffeln oder ein Sonntagsbraten auf dem Tisch, sondern Proteine, Kohlenhydrate, Fett und Minerale. Das war wissenschaftlich eine Revolution, hatte aber gravierende Folgen, es war der Beginn der Entfremdung vom natürlichen Verständnis von Nahrung, die bis heute die Ernährungsmedizin prägt.

Unter den drei Makronährstoffen Fett, Kohlenhydrate und Protein wird Letzterer noch heute bevorzugt. Das ist auf den ersten Blick verständlich. Trotz seiner wichtigen Funktionen hat Fett einen schlechten Ruf, es gilt immer noch als Verursacher des Übergewichts, und das Image der Kohlenhydrate litt mit der unverantwortlichen Überflutung unserer Lebensmittel mit Zucker. Bei den Proteinen verlief die Geschichte etwas anders. Ihre Funktion wurde als uneingeschränkt wichtig und geradezu nobel eingestuft. Denn: Sie übersetzen die genetischen Informationen unseres Körpers, sie bilden Botenstoffe, Enzyme, Hormone und liefern Baumaterial für Haare, Nägel, Haut, Organe, das Körperwachstum und die Muskeln. Proteine sind damit viel ausgefeilter als Kohlenhydrate, die nur die Aufgabe haben, uns Energie zu liefern.

Die privilegierte Bewertung lässt sich auch an der Namensgebung ablesen – der Begriff »Protein« leitet sich ab vom altgriechischen Wort *proton* für »das Erste«, »das Wichtigste«. Überraschenderweise hat unser Körper in seiner evolutionären Entwicklung jedoch keine Proteinspeicher angelegt. Wir haben unbegrenzte Speicher für Fett und kleine für Kohlenhydrate, aber keine Depots für Eiweiße. Das hat zur Folge, dass wir zum Überleben kontinuierlich für deren Zufuhr sorgen müssen.

Proteine bestehen aus kleinen Bausteinen, den Aminosäuren. Davon gibt es nur 20, aber sie werden zu komplexen Aminosäureketten zusammengebaut. Ein Protein kann aus bis zu mehr als 1000 Aminosäuren bestehen. Dabei spielt nicht nur die Reihung der Aminosäuren eine entscheidende Rolle, sondern auch, wie diese gefaltet und räumlich angeordnet sind. Ein wesentlicher Grund für die Alterung unseres Körpers ist, dass diese räumliche Struktur der Proteine mit der Zeit fehlerhaft wird.

Der Proteinstoffwechsel im Körper ist faszinierend. Täglich werden etwa 300 Gramm umgesetzt. Mit der Nahrung nehmen wir aber nur 60 oder 80 Gramm zu uns. Der Rest entsteht dadurch, dass ständig Proteine und Aminosäuren ab- und neu aufgebaut werden, es ist ein kontinuierliches, kunstvolles Recycling-Programm. Die Wiederverwertung geschieht in den einzelnen Körperregionen, in den Knochen und Organen sehr unterschiedlich. In der Leber dauert der Prozess nur Stunden, bei Muskeleiweiß wiederum sind es 14 Tage, Gelenkknorpel braucht für den Vorgang viel länger – ein Grund dafür, dass Knorpelschäden so schlecht heilen. Durchschnittlich erneuert unser Körper alle seine Proteine komplett viermal im Jahr. Dieses Recycling-Programm funktioniert im Alter leider nicht mehr so gut, wir brauchen dann eine höhere Eiweißzufuhr, um unseren Bedarf zu decken.

Wenig bekannt ist, dass alle Proteine im Zusammenspiel mit Bakterien entstehen – und zwar an der Wurzel von Pflanzen. Tiere essen wiederum die Pflanzenproteine und geben sie an uns weiter, nachdem sie geschlachtet und gebraten auf dem Tisch gelandet sind. Bei den Nutztieren, vor allem den Wiederkäuern, geschieht im Magen-Darm-Trakt etwas Besonderes. Verschlingen sie große Mengen an Gras und Heu, werden durch die Bakterien im Pansen die Proteine und Aminosäuren neu gebildet und zusammengesetzt. Auf diese Weise ergibt sich fast die doppelte Menge an Eiweiß, insbesondere an essenziellen Aminosäuren. Wiederkäuer sind Upcycler, sie machen aus 60 Gramm Pflanzenprotein 100 Gramm hochwertige Eiweiße. Bei uns Menschen beginnt der Körper nur in Not damit, eigene Proteine abzubauen und in Energie umzuwandeln. Das ist der Hauptgrund, warum beim Heilfasten ein paar Kalorien in Form von Fastenspeisen zugeführt werden sollen. Bei einer radikalen Nulldiät würden zu viele Proteine verloren gehen.

Wie der Körper die Proteinzufuhr steuert

Wir brauchen also Proteine zum Überleben. Die Frage ist nur, wie es uns gelingt, ständig genug Eiweiße aufzunehmen, damit unser Körper nicht schwächelt. Nach den Ergebnissen zahlreicher Forschungsarbeiten muss eine ziemlich präzise Steuerungsmechanik im Körper vorhanden sein. Anders ist nicht erklärbar, wie wir es unter normalen Umständen schaffen, jahrzehntelang das Körpergewicht zu halten und die Zusammensetzung des Körpers präzise so hinzubekommen, dass es gelingt, unser Leben wie gewünscht zu führen.

Wie können wir uns das vorstellen? In jahrzehntelanger Kleinarbeit fand eine Arbeitsgruppe um David Raubenheimer heraus, dass unser Essverhalten maßgeblich von unserem Appetit für spezifische Nährstoffe abhängig ist. In seinem Buch *Essinstinkt* schreibt Raubenheimer, dass wir jedoch besser nicht von einem Appetit sprechen sollten, sondern von mehreren Appetiten, die uns zum Essen verleiten oder satt machen. Er nennt es den Tanz der Appetite. Dabei stießen er und weitere Forscher auf insgesamt fünf dominierende Appetite: für Eiweiß (Protein), Kohlenhydrate, Fett, Natrium (Salz) und Kalzium. Diese fünf Nährstoffe – er nennt sie »Big Five« –, wurden offenbar während unserer Evolution aus besonderen Gründen hervorgehoben, die Natur wollte deren Zufuhr auf keinen Fall dem Zufall überlassen. Die Steuerung ist wichtig, weil die Konzentration der fünf Nährstoffe in unserem Essen ziemlich unterschiedlich sein kann. Um die Protein-Tanknadel täglich in den grünen Bereich zu bekommen, aber nur Nudeln im Angebot sind, müssten wir relativ viel zu uns nehmen. Stehen hingegen Steaks auf der Karte, reichen bereits kleine Mengen. Selbstverständlich sind auch viele andere Nährstoffe unabdingbar für unser Überleben – Vitamine, Kalium, Jod, Eisen oder Magnesium. Hierfür hat die Biologie offenbar aber keinen eigenen Appetit entwickelt, weil diese Nährstoffe in der Regel in genügender Menge in der Nahrung vorhanden sind.

Raubenheimers Team begann seine Experimente mit bekanntlich sehr gefräßigen Insekten, den Heuschrecken. Egal welche

Kombinationen von Kohlenhydraten, Proteinen und anderen Nährstoffen die Forscher den Heuschrecken präsentierten, sie aßen immer nur so viel aus dem gesamten Nahrungsangebot, bis sie ihr Eiweißziel erreicht hatten. Wurde Protein zu knapp, wurden sie sogar zu Kannibalen.

Ein legendäres Experiment fand in der Schweiz statt. Raubenheimer suchte nach einer Möglichkeit, ein Experiment mit Menschen in einer freundlichen, abgeschlossenen Atmosphäre durchzuführen. Passenderweise hatte er eine Studentin, deren Familie ein Chalet in den Schweizer Alpen fernab von jedem Supermarkt besaß. Im Bekanntenkreis fanden sich zehn Teilnehmer, die sich darauf einließen, eine Woche lang ein menschliches Heuschreckenexperiment durchzuführen. Dazu variierte man All-you-can-eat-Buffets mit unterschiedlichen Anteilen von Proteinen, Kohlenhydraten und Fetten an verschiedenen Tagen. Die Forscher fanden heraus, dass ihre Probanden bei freier Essenwahl genau die Menge an Kalorien zu sich nahmen, bis sich der Eiweißanteil bei etwa 18 Prozent einpendelte. Das deckte sich mit anderen Studien weltweit, die stets einen Proteinwert von 15 bis 20 Prozent herausfanden – als gäbe es eine imaginäre Eiweißschranke, die wir freiwillig nicht überwinden.

Raubenheimers Experimente gingen aber weiter. Wurden Studienteilnehmer mit Diäten versorgt, die jeweils unterschiedlich hohe Kohlenhydrat-, Fett- und Proteinanteile hatten, änderte sich die Aufnahme der Gesamtkilokalorien. Stramme 35 Prozent mehr nahm die High-Carb-Gruppe zu sich, um ihr Eiweißziel zu erreichen. Dagegen verzehrten diejenigen mit der eiweißreichen Kost am Ende 38 Prozent weniger Kalorien als in den Tagen ohne diese spezielle Diät. Raubenheimer schlussfolgerte nach weiteren Studien, dass von den fünf großen Appetiten Protein der dominierende sei.

Unsere Steuerungssysteme und Appetitkontrollen bringen uns offenbar dazu, so lange zu essen, bis der Proteinpegel wieder aus dem roten Bereich heraus ist. Da jedoch unsere Lebensmittel heutzutage relativ wenig Protein und viel Kohlenhydrate enthalten, bedeutet dies, dass wir viel zu viele Kohlenhydrate essen, bevor wir genug mit Eiweiß gesättigt sind. Wer proteinarme Nahrung zu sich ninmt, läuft also stets Gefahr, viel zu viel Kohlenhydrate zu essen.

Wir müssen wieder lernen, natürlicher zu essen

Warum ist aber heute weniger Protein in der Nahrung als früher? Eiweiß ist im Verhältnis zu Kohlenhydraten und Zucker wesentlich teurer. Zudem setzen moderne Lebensmittel vor allem auf Kohlenhydrate, Zucker, Fett und Salz, um das Suchterzeugende beim Essen zu verstärken. Wir müssen uns also von der Vorstellung verabschieden, dass Appetit ein einziger übermächtiger Hunger ist, der uns antreibt zu essen. Unser Steuerungssystem hat es bei unserer heutigen komplexen Nahrung viel schwerer als früher. Auf der anderen Seite sind wir sehr flexibel. Generell kann das Steuerungssystem auch schnell wieder sehr präzise funktionieren, wenn wir natürlicher essen. Der natürliche Geschmack eines Essens liefert dem Körper letztlich Informationen über die Nährstoffe, über die Süße des Zuckers und der Stärke.

Zunächst dachten Raubenheimer und seine Mitarbeiter, dass die Lösung für gesundes Essen ganz einfach sei: Möglichst viel Protein essen – und wir werden nicht mehr übergewichtig, erleiden weniger Diabetes und Herzinfarkte. Aber so einfach ist es nicht, die Natur hat einen oberen Grenzwert für die Eiweißzufuhr eingeführt. Die Probanden in der Chalet-Studie hatten bei einer proteinreichen Ernährung deutlich zu wenig Kalorien zu sich genommen. Das heißt, der Körper möchte auch nicht zu viel Protein auf sich laden. Es scheint, als ob die Appetite so gesteuert werden, dass es besser ist, eher wenige Kalorien zu sich nehmen, als Gefahr zu laufen, sich zu viel Eiweiß aufzubürden. Es muss etwas sehr Unerwünschtes bei übermäßigem Proteinverzehr geben.

Können wir länger leben, indem wir weniger essen?

Ich muss zunächst etwas ausholen und auf ein heute äußerst populäres Thema eingehen: Longevity, also Langlebigkeit. Die wissenschaftliche Geschichte dieses Phänomens beginnt mit Luigi Cornaro (ca. 1467–1566), einem wohlhabenden Adligen aus Venedig, der sich über weite Strecken seines Lebens der munteren Völlerei hingegeben hatte. Als er sterbenskrank wurde, beschloss er, von nun an gesund zu leben. Mit über 80 schrieb er das Traktat *Discorsi intorno della vita sobria (Vom maßvollen Leben)*, indem er seine Langlebigkeit einem maßvollen Leben und seiner Disziplin zuschrieb, wenig zu essen. Als er starb, soll er über 100 gewesen sein.

Bis sich die Wissenschaft dieser Überlegungen konkreter annahm, dauerte es einige Jahrhunderte. 1935 veröffentlichten der Biochemiker Clive McCay und weitere Kollegen von der Cornell University im US-Bundesstaat New York eine wegweisende Publikation. Sie hatten herausgefunden, dass Nagetiere, die nur wenig Kalorien erhielten, zwar nicht so groß wurden und langsamer wuchsen, aber deutlich länger lebten und weniger krank wurden als ihre besser im Futter stehenden Artgenossen. Seitdem erschien eine Reihe von Berichten, die dieses Phänomen immer wieder bestätigten. Das Ergebnis in einer Formel: Kalorienrestriktion wirkt lebensverlängernd.

Experiment um Experiment wurde klar, dass es nicht die allgemeine Beschränkung der Kilokalorien ist, die ein langes Leben beschert, sondern es vor allem mit den Proteinen zu tun hat. Renommierte Forscher für Langlebigkeit wie die Italiener Valter Longo und Luigi Fontana konnten diesen überraschenden Zusammenhang in verschiedenen Tierexperimenten belegen. Longo sagte in einem *Spiegel*-Gespräch 2018: »Ich kenne keine Bevölkerungsgruppe mit langer Lebensdauer, die auf hohe Protein- und Fettzufuhr gesetzt hat.« Seine Kritik am Protein fußt auf den Ergebnissen langjähriger Forschungen, in denen er dem Geheimnis der Zellalterung nachging. Zunächst fand auch er heraus, dass bei allen Lebewesen das Altern hinausgezögert werden konnte, wenn ihnen weniger

Kalorien gegeben wurden und sie wiederholt fasteten. Und das um spektakuläre 20 bis 40 Prozent. Longo, der mit 16 in die Staaten ausgewandert war, um Rockgitarrist zu werden, ging systematisch der Frage auf den Grund, ob dieser Longevity-Effekt durch das Zurückfahren der gesamten Energie entsteht oder durch das Weglassen einzelner Nahrungsbestandteile. Tatsächlich waren es nicht das Fett und auch nicht die Kohlenhydrate, die den Alterungsprozess beschleunigten, sondern es waren vor allem die Proteine, und hier insbesondere diejenigen tierischer Herkunft. Woran liegt das? Warum soll uns ausgerechnet das Protein, das so unerlässlich für das Wachstum und den Körperbau ist, schneller altern lassen? Für dieses Paradoxon – Wachstum und Alterung – sind zwei Eiweißakteure wesentlich, die das Wachstum der Körperzellen steuern und an der Alterungsuhr drehen: das Protein mTOR und das Peptidhormon IGF-1 (Insulin-like Growth Factor 1). mTOR ist eine Art Steuerzentrale für Wachstumsaufgaben, es reguliert die Vermehrung und Differenzierung von Zellen. Die stärksten Ankurbler von mTOR sind die verzweigtkettigen Aminosäuren (BBCA), und hier vor allem Leucin. Entsprechend setzen Bodybuilder Proteindrinks ein, um ihren Muskelaufbau anzufeuern. IGF-1 ist ein (Muskel-) Wachstumsfaktor, der hauptsächlich von tierischem Protein getriggert und vermehrt in der Leber produziert wird. Es überrascht nicht, dass der insulinähnliche Wachstumsfaktor als unerlaubtes Dopingmittel verwendet wird. Zweifellos hat die anabole, mithin muskelaufbauende Wirkung von mTOR etwas Gutes, gerade wenn im Alter der Muskel erhalten werden soll. Es hat aber einen Preis. mTOR führt zu Entzündungen im Körper und zur Vernachlässigung der Reparaturprozesse unserer Gene in den Zellen. mTOR hemmt massiv die Autophagie, die Selbstreinigung der Zellen. Das fördert über längere Zeit das Risiko für viele chronische Erkrankungen. Man spricht in diesem Zusammenhang von »Inflammaging« (Entzündungsaltern).

Auch Raubenheimers Team interessierte die Frage, ob zu viel Protein die Alterung der Zellen ankurbelt. Es untersuchte Fruchtfliegen, interessanterweise sind drei Viertel der krankheitsverursachenden

Gene bei Menschen und Fruchtfliegen ähnlich. Es zeigte sich, dass weniger Protein zu einem längeren Leben führte. Besonders aufwendig hat sich die australische Biologin Samantha Solon-Biet von der University of Sydney des Themas angenommen. Sie konnte ebenfalls belegen: Mäuse, die eine proteinarme, kohlenhydratreiche Kost erhielten, lebten länger. Die Langlebigkeit hing aber nicht nur vom Protein allein ab, sondern auch von der Kombination mit reichlich Kohlenhydraten. Eine proteinarme, aber fettreiche Ernährung hatte nicht die gleichen Vorteile. Wie bei den Fliegen waren die Mäuse, die am kürzesten lebten, jene, die eine eiweißreiche Low-Carb-Nahrung erhielten. Gut aber waren deren Fruchtbarkeit und Vitalität. Raubenheimer fasste die Ergebnisse so zusammen: »Unsere sexy schlanken Mäuse, die eine eiweißreiche, kohlenhydratarme Ernährung erhielten, starben früher als ihre Artgenossen. Sie ergaben großartig aussehende Leichen mittleren Alters.«

Gilt die Alternative, schön zu sterben oder lang zu leben, auch beim Menschen? Die Bewohner von Okinawa, die zu Zeiten der Blue-Zone-Erhebung (siehe S. 81 ff.) das höchste Lebensalter aufwiesen, hatten sage und schreibe nur einen Proteinanteil von neun Prozent in ihren Speisen und aßen über 80 Prozent Kohlenhydrate. Das liegt unter dem Eiweißziel und müsste die meisten Ernährungsberater ziemlich unruhig werden lassen. Inzwischen existieren einige große Studien, so von der Harvard Medical School, die diesen Zusammenhang weiter bestätigt haben. Essen die Menschen sehr viel Protein, und vor allem tierisches Protein, werden sie leichter krank und sterben früher.

Proteinarm zu essen, hat aber Nachteile – für die Vitalität und Fruchtbarkeit. In Tierexperimenten zeigte sich immer wieder, dass das proteinarme längere Leben mit weniger Fruchtbarkeit und mit weniger Nachkommen verbunden ist. Die Investition von Energie in den einen Prozess geht offensichtlich auf Kosten des anderen. Etwas überspitzt formuliert: Entweder verwenden die Organismen ihre Kalorien für das längere Leben oder für die Zeugung und Aufzucht ihrer Kinder. Es gilt also, die Balance zu finden und in den verschiedenen Lebensphasen differenziert Protein zu essen.

Es stellt sich hier die Frage, warum die Evolution Langlebigkeit mit schlechter Reproduktion verknüpft hat. Vielleicht gilt dabei das Motto: Wenn schlechte Zeiten herrschen, ist es ungünstig, sich fortzupflanzen; sind aber gerade Proteine in Hülle und Fülle vorhanden, läuft es nach der Devise: »Jetzt oder nie, zur Hölle mit den Folgen, und wenn es auf Kosten meiner Lebensjahre geht.« Beide Systeme bremsen sich gegenseitig aus. Sind Nahrung und Eiweiß knapp, wird das Programm zur Langlebigkeit aktiviert, sind Proteine reichlich vorhanden, werden Wachstum und das System zur Fortpflanzung angeschaltet. Dann findet sich keine Zeit für eine Reparatur, für eine Erneuerung der Zellen. Neben der Fruchtbarkeit ist ein weiterer Nachteil der eiweißarmen und kohlenhydratreichen Ernährung gegeben: Die untersuchten Mäuse bekamen, wie heutzutage die Menschen, Übergewicht, wenn sie proteinarmes Junkfood fraßen. Das ist der Eiweißeffekt. Erhalten Mäuse eine fett- oder kohlenhydratreiche Ernährung, essen sie mehr als nötig, um ihr Eiweißziel zu erreichen.

Erst hatten wir kein Glück, dann kam Pech dazu. So könnte man die Situation und Gemengelage aus proteinarmer Nahrung, hochverarbeiteten Lebensmitteln und dem daraus resultierenden Übergewicht beim Menschen zusammenfassen. An sich müsste die Gewichtszunahme wieder abflachen, denn dickere Körper brauchen mehr Brennstoff, etwa 24 Kilokalorien pro Kilogramm Gewicht. Jedoch zeigen die tatsächlichen Daten, dass sich Fettleibigkeit nicht verlangsamt. Das deutet darauf hin, dass größere Körper auch mehr Protein brauchen und damit der Appetit überproportional ansteigt.

Jedes Lebewesen will eine bestimmte Proteinmenge haben. Um den Bedarf an Aminosäuren für die Muskeln, für das Gewebe und alle übrigen Körperfunktionen zu befriedigen. Und um das Protein zu ersetzen, das abgebaut und aus dem Körper ausgeschieden wird. Je mehr Eiweiß abläuft, desto mehr muss nachgefüllt werden. Raubenheimer beschreibt das mit einem Bild: Für ihn sei es, »als würde man versuchen, Wasser in eine Badewanne mit kaputtem Stöpsel zu füllen«. Eiweiß kann dadurch verloren gehen, dass die Leber beginnt, Aminosäuren aus dem Muskelabbau für die Produktion von Glukose zu verwenden. Das macht die Leber eigentlich nur in

Mangelsituationen, etwa in Zeiten einer Hungersnot. Es ist dann so, als wenn man Möbel verbrennt, um das Haus zu heizen. Insulin liefert im Körper das Signal, dass es keine Notwendigkeit gibt, Muskeln abzubauen, es blockiert den Proteinabbau, es werden also keine Möbel verbrannt. Eine Insulinresistenz, die durch Übergewicht und Diabetes entsteht, kann aber fatalerweise genau das bewirken. Mehr und mehr Aminosäuren werden aus den Muskeln freigesetzt, der Proteineffekt wird dadurch stärker – und der Appetit größer und der Bauch dicker!

Wie können wir all diese Erkenntnisse zusammenführen, um herauszufinden, was die optimale Proteinmenge für uns ist? Häufig nutze ich bei Kongressen die Gelegenheit, andere Wissenschaftler um ihre persönliche Meinung dazu zu befragen. Oft höre ich dann ein »Ja, aber …«, ein Unentschieden, keine eindeutige Haltung. Der großzügige Verzehr von Protein sei für eine bestimmte Zeit gut, so etwa bei einem außer Kontrolle geratenen Diabetes Typ 2, bei einer Fettleber oder einem altersbedingten Muskelabbau. Und natürlich ist den Proteinexperten bewusst, dass man die Daten zur Langlebigkeit nicht ignorieren kann. Bei gesunden Menschen, die ich berate, lautet meine Einschätzung, etwas provokant und verkürzt formuliert, so: Wir müssen uns entscheiden, ob wir sehr alt werden oder vital und knackig aussehen wollen.

Es ist schwierig, den richtigen Eiweißbedarf zu ermitteln

Unbestritten sind Proteine unerlässlich, und wir sollten darauf achten, nicht zu wenig von ihnen zu essen. Wichtig zu wissen ist zudem, ab wann man zu einer Gruppe von Menschen gehört, die mehr Protein benötigt als der Durchschnitt. Das gilt besonders für Männer und Frauen etwa ab dem 65. Lebensjahr. Dass sich der Eiweißbedarf ab einem gewissen Lebensalter erhöht, liegt zum einen am altersbedingten Muskelabbau, der Sarkopenie. Zum anderen schafft es der Magen-Darm-Trakt von Senioren nicht mehr so gut,

Proteine aufzunehmen. Die dafür notwendige Ausscheidung von Enzymen lässt wie die Produktion anderer Enzyme und Hormone im Alter nach. Wenn ich Zweifel habe, ob das stimmt, brauche ich nur zu beobachten, wie schnell die Schürfwunden bei meinem sechsjährigen Sohn heilen und wie lange es bei mir dauert. Da wird rasch deutlich, dass die Proteine bei mir nicht mehr so effizient funktionieren.

Damit ältere Menschen körperlich nicht zu sehr abbauen, ist körperliches Training das Wichtigste, aber auch etwas mehr Proteine, vor allem pflanzliche, sind sinnvoll. Nicht selten sind ältere Patienten in meiner Sprechstunde, die über eine nachlassende Kraft und Mobilität klagen. Wenn ich dann darauf dränge, täglich ein wenig Krafttraining zu starten (mit ein paar Hanteln und Bändern ist das leicht möglich) und auf die Zufuhr pflanzlichen Proteins zu achten, ist die Überraschung meist groß. Binnen Wochen gehen Kniebeugen, Liegestützen und Klappmesser wieder wie geschmiert.

Anders sieht die Situation für gesunde, jüngere Erwachsene aus. Besonders Sportler denken, wenn sie sich mit Ernährung beschäftigen, fast nur noch an die Proteinzufuhr; für viele Kraftathleten und deren Coaches sind Proteine eine Obsession geworden. In Fitnessstudios und im Internet werden sie mit einem gigantischen Angebot konfrontiert, sogar in Drogeriemärkten sehe ich immer längere Regale mit Proteinpulvern. Viele Fitnessbegeisterte denken: Viel hilft viel. Wenn etwas Eiweiß lebensnotwendig und gut ist, muss mehr Eiweiß noch besser sein. Ein Denkfehler. Wir aktivieren mit den Proteinen zwar das Reproduktionsprogramm und sehen blendend aus, werden aber andererseits früher krank. Zudem stacheln wir langfristig den Appetit auf Kohlenhydrate und süße Lebensmittel an, wobei es immer schwerer wird, gegen ihn anzukämpfen.

Eiweiß-Empfehlung für Sportler

Leistungssportler haben einen größeren Eiweißbedarf, wenn sie Muskeln aufbauen wollen. Gleichzeitig ist bei ihnen zu bedenken, dass zu viel Protein ein Krankheitsrisiko im Alter bedeutet. Entscheidend für den Muskelaufbau sind interessanterweise die Aminosäuren Methionin, Cystein und Leucin, ebenjene Aminosäuren, die die Alterungsprozesse in den Zellen durch die Ankurbelung des Signalstoffs mTOR beschleunigen. Für den Muskelaufbau braucht es mTOR, im Rest des Körpers dagegen nicht, vor allem nicht in der Leber und in anderen Organen. Die Kunst ist also, vor allem nur muskelaktivierendes mTOR zu stimulieren. Ob und wie das genau hinzubekommen ist, weiß die Wissenschaft jedoch noch nicht.

Eine Lösung für Sportler könnte so aussehen: Eine größere Menge Protein schwerpunktmäßig nur mit ein bis zwei Mahlzeiten einnehmen und danach trainieren, um die Aminosäuren gleich im Muskel zu verwerten. Hochwertige pflanzliche Proteinquellen für Sportler sind Amaranth, Buchweizen, Lupine und Soja. Dabei ist die morgendliche Zufuhr von Protein effektiver für den Muskelaufbau als die abendliche.

Gerade für Sportler lohnt es sich, sich intensiver mit Proteinen zu beschäftigen. Mit ihren Eiweißsupplementen nehmen sie am häufigsten das Protein Kreatin zu sich. Kreatin leitet sich aus drei Aminosäuren ab: Glycin, Arginin und Methionin. Vegane Nahrungsmittel enthalten kein Kreatin. Ein gesunder Körper produziert selbst so viel Kreatin, wie er für seine Stoffwechselprozesse benötigt, sodass ein Mangel an Kreatin praktisch nicht vorkommt. Für Sportler kann die Ergänzung aber sinnvoll sein, wenn sie etwa kein Fleisch essen. In Studien ist belegt, dass Kreatin die muskuläre Leistung kurzzeitig pusht. Sportler können dann etwas mehr Bankdrücken oder haben beim Sprint etwas mehr Power. Es sollte aber einzig für kurze Zeit im Leistungssport eingesetzt werden, denn ob es langfristig nicht doch das Krankheitsrisiko erhöht, ist bislang nicht ausreichend untersucht und daher ein mögliches Risiko.

Was unseren lebenslangen Bedarf an Proteinen angeht, so lässt sich zusammenfassen: Als Baby und Kleinkind brauchen wir mehr, in der mittleren Lebensphase weniger und ab 65 Jahren wieder verstärkt Proteine. Interessanterweise ist Muttermilch eher eiweißarm. Sie enthält nur sieben Prozent Eiweiß, 45 Prozent Kohlenhydrate und 38 Prozent Fett, dennoch ist es für Babys die optimale Ernährung. Das hat biologisch einen Sinn. Wir brauchen eine lange Kindheit, um unser Gehirn zu entwickeln. Eiweißarme Milch verzögert das Wachstum. Daher ist es keine gute Idee, Kuhmilch zu füttern. Ab dem 60. bis 70. Lebensjahr sollte der relative Proteinanteil in unserer Nahrung zunehmen. Ich denke, dass diese Ernährung dann auch nicht mehr dramatisch mit dem Ziel der Langlebigkeit kollidiert. Der Muskelerhalt im Alter ist sehr wichtig. Es nützt uns nichts, wenn viele Organzellen jung geblieben sind, wir aber durch Muskelschwund gebrechlich werden, einen Oberschenkelhalsbruch erleiden und dann an einer Lungenembolie versterben.

Die Empfehlung der DGE liefert eine gute Orientierung, wie die tägliche Menge an Proteinen aussehen könnte. Danach sollen es mindestens 0,8 Gramm Eiweiß pro Kilogramm Körpergewicht sein. Wiegen wir etwa 80 Kilogramm, wären das 64 Gramm Protein. In Kalorien umgerechnet sind das ungefähr 260 Kilokalorien, rund 13 Prozent unserer Nahrungsenergie – wenn wir täglich 2000 Kilokalorien zu uns nehmen. Ab 65 Jahren ist ein Gramm Eiweiß pro Kilogramm Körpergewicht optimal. Diese Berechnung gilt aber nur für ein Normalgewicht. Übergewicht verdanken wir dem Fett, und Fett benötigt kein Extra-Eiweiß.

Leider ist es aber komplizierter, um im Detail sagen zu können, was unser Körper an Proteinen braucht. Denn es geht nicht pauschal um Proteine, in Wahrheit benötigt unser Körper Aminosäuren. Von den 20 Aminosäuren braucht er unbedingt neun über die Nahrung, da er sie nicht selber herstellen kann. Das können nur zwei aneinandergereihte Aminosäuren sein wie bei einem Dipeptid, es kann das Hormon Insulin mit 51 Aminosäuren oder das für die Haut so wichtige Kollagen mit mehreren Tausend Aminosäuren sein. Aus diesen Vergleichen wird deutlich, dass es sehr vereinfachend ist, wenn generell von einem Proteinbedarf gesprochen wird.

Eiweißbedarf bei veganer Ernährung

Bei einer veganen Ernährung ist besonders wichtig, auf die ausreichende Quantität und Qualität von Proteinen zu achten. Die besten pflanzlichen Eiweißquellen sind Hülsenfrüchte in allen Formen, Soja, Tofu, Getreide, vorzugsweise Vollkorngetreide, einschließlich Reis und Mais, Kartoffeln, Pseudogetreide wie Quinoa, Buchweizen oder Amaranth, Pilze, Lupinen, Nüsse und Mandeln. Selbst Gemüse und Obst enthalten Eiweiß, die Mengen sind aber gering. Es wäre bei einer veganen Ernährung sinnvoll, unterschiedliche Proteinquellen regelmäßig zu kombinieren.

Zu beachten ist, dass pflanzliche Eiweiße unserem Bedarf an essenziellen Aminosäuren in der Theorie nicht so gut nahekommen wie tierische. In der Ernährungswissenschaft wurde früher deshalb von einer biologischen Wertigkeit gesprochen. Ein Protein galt dann als hochwertig, wenn es alle 20 Aminosäuren enthielt, wie zum Beispiel das Hühnerei. Heute weiß man allerdings, dass man nicht alle 20 Aminosäuren in einer Mahlzeit benötigt, um eine hochwertige Eiweißzufuhr zu erreichen. Man kann über den Tag verteilt verschiedene Lebensmittel kombinieren, etwa Erbsen, Getreide, Tofu oder Nüsse, und erreicht auch damit eine ideale Wertigkeit. Mais mit Bohnen sind der Klassiker einer pflanzlichen Mahlzeit mit sich hervorragend ergänzenden Proteinen. Nochmals: Eine vollwertige vegane Ernährung erfüllt alle Bedingungen einer idealen Proteinzufuhr, sofern man die Proteine sinnvoll kombiniert.

Die vegetarische und vegane Ernährung hat nicht nur bei den Nährstoffen wie Kohlenhydrate oder Fette einen Vorteil, sondern auch bei den Proteinen. Was zunächst für das Muskelwachstum nachteilig wirkt, wird zu einem Benefit, wenn es um die Gesundheit im Alter und den Schutz vor chronischen Krankheiten geht. Mehrere epidemiologische Studien mit Hunderttausenden von Probanden belegen eindeutig: Je mehr pflanzliches Eiweiß und je weniger tierisches gegessen wird, desto weniger Herz-Kreislauf- und Krebserkrankungen werden registriert. Es gibt insgesamt weniger vorzeitige Todesfälle. Und neueste Auswertungen der berühmten Nurses-Health-Studie zeigen: Für die Rüstigkeit im Alter ist mehr Protein zu essen gut, aber mit einem enormen Vorteil für pflanzliches Eiweiß gegenüber tierischem.

Luigi Fontana und Valter Longo haben in ihren Experimenten auch immer wieder zeigen können, dass gerade die Aminosäure Methionin Alterungsprozesse beschleunigt und dass es Mäusen ein langes Leben beschert, wenn man ihnen Methionin wegnimmt oder zumindest stark reduziert. Ähnlich ist es mit den verzweigtkettigen Aminosäuren. Diese erhöhen, wie Methionin, mTOR und führen nicht unbedingt zur Lebensverlängerung. Auch das Peptid FGF-21 kommt hier wieder ins Spiel. Wissenschaftler untersuchten die Wirkung von Proteinrestriktion auf die Lebensverlängerung bei normalen Mäusen und dann bei Mäusen, die genetisch kein FGF-21 bilden konnten. Ohne FGF-21 war der Proteinverzicht nicht mehr lebensverlängernd. Wie aber erhöhen wir unser FGF-21? Durch Fasten und Ballaststoffe und eine pflanzliche Ernährung. Stellen Menschen, die vorher viel Fleisch und tierisches Protein aßen, ihre Ernährung auf vegetarisch um, verdoppeln sich schon nach vier Tagen die FGF-21-Spiegel.

Entscheidend ist natürlich bei den Proteinen auch, was von unserem Essen tatsächlich in den Zellen ankommt. Wichtig ist es deshalb, die Verdaulichkeit des Proteins zu berücksichtigen. Das wurde beim etwas grobschnitzigen System der biologischen Wertigkeit außer Acht gelassen. Inzwischen hat man das korrigiert, durch den DIAAS, »Digestible Indispensable Amino Acid Score«.

Die richtigen Lebensmittel bei hohem Eiweißbedarf – Digestible Indispensable Amino Acid Score (DIAAS) zur Bestimmung der Verdaulichkeit von Eiweißen

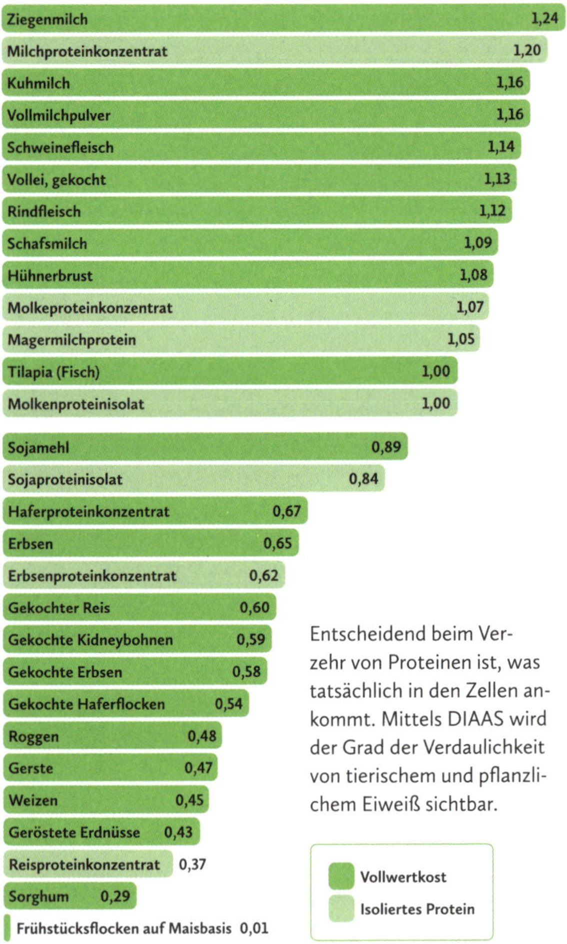

Entscheidend beim Verzehr von Proteinen ist, was tatsächlich in den Zellen ankommt. Mittels DIAAS wird der Grad der Verdaulichkeit von tierischem und pflanzlichem Eiweiß sichtbar.

Quelle: Burd NA et al. Sports Med. 2019

Diese Methode zur Bestimmung der Qualität von Nahrungseiweiß berücksichtigt anhand von tatsächlichen Messungen, wie viel vom Protein tatsächlich aufgenommen wird.

Nun ist der Rat etwas weltfremd, mit wissenschaftlichen DIAAS-Tabellen im Supermarkt einzukaufen. Aber es ist nützlich, den Aspekt der Verdaulichkeit grundsätzlich zu kennen und sich nicht allein auf die Lebensmittelkennzeichnung auf der Verpackung zu verlassen, wenn es um den Proteingehalt von Produkten geht. Die Verdaulichkeit ist bei Eiern, Milchprodukten, Fleisch und Fisch insgesamt besser als bei pflanzlichem Eiweiß. Woran liegt das? Das Protein erfüllt bei Pflanzen zusammen mit den Ballaststoffen die Aufgabe, die Struktur zu stärken, also die Wurzeln, Stängel und Blätter zu festigen. So gut das bei der Pflanze funktioniert, so anspruchsvoll ist die Kombination von Proteinen und Ballaststoffen für unseren Darm. Bei der Verdauung rutscht einiges an Eiweiß durch, ohne vom Darm aufgenommen zu werden. Wissenschaftler gehen davon aus, dass zum Beispiel von den vier Gramm Protein, das in 100 Gramm Weizengetreide enthalten ist, nur etwa zwei Gramm in der Zelle ankommen.

Die Verdaulichkeit hängt weiterhin von der Zubereitung ab, sozusagen von der Vorverdauung in der Küche. Das gilt für Fleisch und Eierspeisen, aber ebenso für die vegane Ernährung. Im erhitzten Porridge sind die Proteine leichter verdaulich als in nichterhitzten Haferflocken. Auch das feine Mahlen von Getreide verbessert die Proteinresorption. Aber es ist daran zu denken, dass es nicht nur um Eiweiß geht. Das feine Mahlen bedeutet zugleich, dass der Blutzuckerspiegel stärker ansteigt und weniger Futter für die Darmbakterien übrig bleibt. Es ist eben manchmal kompliziert mit der Biologie der Ernährung.

Festzuhalten ist: Viel Protein zu essen ist in Ordnung, wenn man wächst, schwanger ist, Olympiasieger werden will und Kinder zeugen möchte. Aber sobald wir das alles erledigt haben, ist es eindeutig besser, proteinarm zu essen, um ein gesundes und langes Leben zu haben.

Quintessenz: die Proteine

- Proteine steuern maßgeblich unseren Appetit, sie sind der wichtigste Struktur- und Baustoff unseres Körpers. Essen wir zu viel proteinarme Lebensmittel, erhöht sich das Risiko für Übergewicht, weil wir dann mehr Kohlenhydrate und Fett essen, bis das Eiweißziel erreicht ist.
- Proteine fördern Muskelaufbau, Vitalität und Fruchtbarkeit.
- Zu viel Eiweiß beschleunigt die Alterung der Zellen und erhöht das Risiko für fast alle chronischen Erkrankungen.
- Die Methusalem-Formel lautet: Proteinarm essen, dafür mit gut ausgewählten Eiweißen und überwiegend pflanzlichen.
- Diese Menschen sollten auf eine ausreichende Proteinzufuhr achten: Veganer, Übergewichtige, Männer und Frauen ab dem 65. Lebensjahr, Leistungs- und Kraftsportler sowie Männer, deren Fruchtbarkeit maximal sein soll.

So nutzen wir das Salz richtig

Ex-Bundesgesundheitsminister Karl Lauterbach ernährt sich seit über 30 Jahren salzfrei oder zumindest sehr salzarm. Er verzichtet auf normal gesalzenes Brot, isst seinen Fisch ungesalzen und eingelegte Oliven kommen bei ihm nicht auf den Tisch. Damit ist er radikaler als die Empfehlungen solcher Instanzen wie der WHO oder medizinischer Fachgesellschaften. Diese raten zu einem Verzehr von höchstens fünf bis sechs Gramm Salz pro Tag, für Kinder sogar nur zwei Gramm. Der Salzkonsum in Deutschland beträgt jedoch 8,4 bis 10 Gramm. Lauterbachs liegt weit darunter. Ist diese Strenge notwendig, wenn wir unsere Gesundheit erhalten wollen?

Seit fast fünf Jahrzehnten ringen Wissenschaftler weltweit um die medizinische Bewertung von Salz. Besonders gut sah es dabei für das Würzmittel nie aus, doch in der jüngsten Vergangenheit frischte sich mit neuen Erkenntnissen der Wind gegen das Salz noch einmal stark auf. Konkret geht es um seine ungünstigen Wirkungen auf den Bluthochdruck und dessen Folgekrankheiten wie Schlaganfall und Herzinfarkt sowie ein erhöhtes Risiko für Autoimmunentzündungen. In Ländern wie Japan und Korea, in denen extrem viel Salz gegessen wird, ist auch Magenkrebs ein Problem. In Tierversuchen konnten Forscher zeigen, dass eine salzreiche Ernährung die Nieren schädigt, zudem das Risiko steigert, an Demenz zu erkranken. Studien an Menschen lieferten Hinweise, dass zu viel Salz die Nervenerkrankung Multiple Sklerose fördert.

Salz hat die Menschen schon immer magisch angezogen, das Würzmittel ist weltweit ein elementarer Teil der Esskultur. Homer bezeichnete das Mineral als »göttliche Substanz«. In der Bergpredigt nennt Jesus seine Jünger das »Salz der Erde« und Mick Jagger und seine Rolling Stones singen in einem ihrer epischen Songs »Let's drink to the salt of the earth«. Es wurden Kriege ums Salz geführt, im Römischen Reich bekamen Legionäre als Sold neben Münzen angeblich auch eine Ration Salz ausgezahlt, das Salär.

Erst Anfang des 19. Jahrhunderts fand der englische Chemiker Humphry Davy (1778–1829) heraus, dass Kochsalz aus den zwei Elementen Natrium und Chlor besteht: Natriumchlorid. Salz wurde ab dieser Zeit auch immer leichter verfügbar. War es früher eine rare Preziose, so kostet eine Packung heute im Discounter weniger als 50 Cent. Salz ist das einfachste Mittel, um fade Gerichte aufzupeppen. Aber nach und nach ist einfach zu viel Salz in unser Essen geraten. Etwas, was billig ist und den Geschmack minderwertiger Nahrungsmittel veredelt, war ein großartiger Coup für die Nahrungsmittelindustrie.

In gewissen Mengen ist Salz unverzichtbar für den Körper. Aber es macht keinen Sinn, reichlich davon zu verspeisen, da unser Körper in der Lage ist, selbst Salz in den Nieren zurückzuhalten. Aktuelle Studien zeigen, dass dreieinhalb bis sechs Gramm Salz pro Tag genug sind, im Schnitt nehmen Menschen in den USA und Europa jedoch acht bis zehn Gramm zu sich.

Salz bindet Wasser, das nutzt die Lebensmittelindustrie, um Fleisch auf günstige Weise schwerer zu machen. So ähnlich funktioniert unser körpereigenes Gewebe, und der Druck in den Blutgefäßen steigt in der Folge. Das ist eine Ursache für hohen Blutdruck, wie man seit Kurzem erst weiß. Eine andere: Salz hat eine Wirkung auf das Mikrobiom. Dass es Mikroorganismen beeinflusst, war zunächst ein Erfolg in der Geschichte der Menschheit. Salz konserviert nämlich hervorragend; Schimmelpilze und Bakterien haben so keine Chance mehr. Werden aber Darmbakterien permanent angegriffen, wirkt sich das ungünstig aus.

Für viele Blutdruckforscher war die Erkenntnis einer neueren Studie überraschend, dass ein wesentlicher Teil der gesunden Wirkung einer salzarmen Diät offenbar über das Mikrobiom vermittelt wird. Dieses könnte auch dafür verantwortlich sein, dass beim Heilfasten der Blutdruck rasch und ausgeprägt sinkt. Das wiederum konnten wir in einer eigenen umfangreichen Untersuchung zusammen mit dem Team des Blutdruck- und Salzforschers Dominik Müller von der Charité herausfinden. Fasten verändert das Mikrobiom, die Darmbakterien produzieren dann vermeintlich weniger blutdrucksteigernde Stoffe. Das Team von Müller konnte zudem erstmals belegen, dass zu viel Salz Entzündungen fördert.

Es kommt also stets darauf an, wie hoch die aufgenommene Menge ist. Unser Körper braucht mindestens etwa 500 Milligramm Salz am Tag, das entspricht ungefähr einem Gramm Kochsalz. Mit seiner Hilfe wird unser Wasserhaushalt reguliert, es werden damit Reize zwischen Nervenzellen übertragen, sodass die Muskeln arbeiten können. Salz ist in allen Geweben und Körperflüssigkeiten vorhanden, deshalb sind auch Schweiß und Tränen salzig. In meiner Zeit als Intensivmediziner ist es mir eindrücklich in Erinnerung geblieben, dass zu wenig Natrium im Blut eine lebensgefährliche Situation ergeben kann. Eine solche Hyponatriämie wurde oft durch Überdosierungen von Herzmedikamenten (Diuretika) verursacht, die verstärkt Natrium über die Niere ausschwemmen und damit bei Bluthochdruck und Herzleiden entwässern sollen. Zur Therapie setzten wir die Medikamente ab und verabreichten Salzbrühe. Es gab aber Fälle, in denen Menschen Mengen von Wasser getrunken hatten und damit ihr Blut zu sehr verdünnten. Hyponatriämie ist auch ein Risiko beim Marathonlauf. Die Sportler schwitzen ordentlich, dabei geht Salz verloren, gleichzeitig trinken sie viel Wasser und schwemmen damit die Mineralien aus.

Unter Gesunden, deren Blutdruck sich im Normalbereich befindet, ist nur jeder Dritte »salzsensitiv«, das heißt, der Blutdruck sinkt, wenn weniger gesalzen wird. Unter Menschen, die bereits einen Bluthochdruck aufweisen, profitiert immerhin jeder Zweite von einem reduzierten Salzkonsum. Das hat etwas mit dem Wechselspiel von Trinken und Salzen zu tun. Kneipenbetreiber stellen gerne gesalzene Erdnüsse, Chips oder Salzstangen auf die Theke. Denn kurz nach dem Knabbern stellt sich großer Durst ein, der Körper möchte das Salz verdünnen und signalisiert Durst – und wir bestellen das nächste Bier. Je schneller wir das Salz wieder auf der Toilette ausschwemmen, desto besser für unseren Bluthochdruck. Geschieht das eher spät, etwa erst mehrere Stunden nach dem Genuss einer Pizza, gehört man wahrscheinlich zu dem einen Drittel salzsensitiver Menschen, die auf Salz mit einem Blutdruckanstieg reagieren.

Einer der renommiertesten Forscher, der den Zusammenhang zwischen Salz und Bluthochdruck nachgewiesen hat, ist der US-amerikanische Pathologe Robin A. Felder von der University of Virginia. Er empfiehlt einen einfachen Test, um herauszufinden, ob man selbst salzsensitiv ist. Zunächst isst man drei Tage salzarm, danach wird drei Tage lang ordentlich gesalzen. Wer salzsensitiv ist, wird an den drei salzigen Tagen ein bis zwei Kilogramm zunehmen. Geschieht das nicht, kann wahrscheinlich von einer Salzresistenz ausgegangen werden.

Wer unter Bluthochdruck leidet, sollte versuchen, eine salzarme Diät auszuprobieren. Zu deutlich weisen die meisten Studienergebnisse auf die nachteiligen Wirkungen von zu viel Salz hin, als dass man sich diese Chance einer Bluthochdrucktherapie ohne Tabletten entgehen lassen sollte. Metastudien zeigen: Je mehr Salz verzehrt wird, desto eher tritt Bluthochdruck auf. Darüber beeinträchtigt gesteigerter Salzverzehr auch die Funktion der Blutgefäße, was in der Folge zu einer Arterienverkalkung führen kann.

In der klinischen Naturheilkunde kann man die wohltuende Wirkung eines Salzverzichts bei Entlastungstagen mit Reis oder Hafer erleben. Bei diesen salzlosen Ernährungstherapien nehmen viele Patienten innerhalb von ein bis zwei Tagen eineinhalb bis drei Kilogramm Gewicht ab. Das ist nicht alles Fett, da wir maximal 300 bis 350 Gramm Fettmasse am Tag abnehmen können. Dieses Depot aus der Fettreserve liefert unserem Körper etwa 2000 bis 2500 Kilokalorien. Mehr braucht er nicht am Tag – außer wir arbeiten körperlich schwer oder treiben sehr viel Sport. Nehmen wir also zwei Kilogramm in zwei Tagen ab, sind zwei Drittel davon Wasser, das mit dem Urin entschwindet. Diese Entwässerung ist für die meisten Menschen angenehm.

Legendär waren die Therapiemethoden und Publikationen des US-amerikanischen Internisten Walter Kempner (1903–1997). Dieser 1934 vor den Nazis in die USA geflohene Berliner erregte in der Medizin großes Aufsehen, als er an der Duke University in North Carolina Patienten mit schwerstem Bluthochdruck und großer Herzschwäche mit einer salzlosen Reis-Diät erfolgreich behandelte.

Zu dieser Zeit gab es noch keine wirksamen Medikamente gegen Bluthochdruck, und Kempner rettete auf diese Weise viele Leben. Seine Reis-Diät ist denkbar einfach: weißer, ungesalzener Reis, etwa 300 bis 400 Gramm am Tag, dazu Obst und Fruchtsaft, sodass etwa 2000 Kilokalorien täglich zusammenkommen. Die Kempner-Diät ist ohne Frage monoton. Aufgrund seiner Ausstrahlung und Autorität gelang es dem Arzt offenbar, seine Patienten bei der Stange zu halten. Legendär war auch sein respekteinflößender, grober deutscher Akzent, wenn er seine strengen Empfehlungen radebrechend erteilte.

Länder, in denen Bluthochdruck deutlich seltener vorkommt, verzehren meistens mehr Gemüse, Nüsse und Obst. Neben den vielen sekundären Pflanzenstoffen, Fettsäuren und Ballaststoffen enthalten diese Nahrungsmittel auch viel Kalium. Kalium ist der Gegenspieler von Natrium. Die ungesunden Wirkungen von Salz auf den Blutdruck und Herzerkrankungen können durch Kalium teilweise ausgeglichen werden. Es kommt bei der Ernährung also nicht nur auf die konsumierte Salzmenge, sondern ebenso auf das Verhältnis von Natrium zu Kalium an. Kalium fördert in den Nieren die Ausscheidung von Natrium, das kann bei einer Salzsensitivität den erhöhten Blutdruck senken.

Ist es langfristig also lohnenswert, viel Kalium durch Gemüse, Obst und Nüsse zu essen? Eine Bevölkerungsstudie von Universitätskliniken aus den Niederlanden und Großbritannien bejahen diese Frage eindeutig. Bei ihr waren in den Neunzigerjahren Urinproben von 25 000 Frauen und Männern gesammelt worden, aus ihnen wurde das über die Nahrung aufgenommene Kalium und Natrium berechnet. 20 Jahre später wurde nachgeschaut, wie viele der Teilnehmer wegen einer Herz-Kreislauf-Erkrankung schon einmal im Krankenhaus behandelt werden mussten oder wegen einer solchen verstorben waren. Es waren insgesamt 55 Prozent. Tatsächlich hatten die Studienteilnehmer, die viel Kalium über die Nahrung zu sich genommen hatten, deutlich weniger Herz-Kreislauf-Erkrankungen und starben seltener daran. Beim Kaliumverzehr schneidet Deutschland allerdings nicht gut ab, wir sind eines der

Schlusslichter der OECD-Länder, während die Mittelmeerländer klar punkten, da deren Bewohner mehr Gemüse und Obst essen.

Eine Möglichkeit, Kalium auf bequeme Art zu sich zu nehmen, ist Blutdrucksalz. Hierbei wird ein Teil des Natriums durch Kalium ersetzt. Für Nierenkranke ist es nicht zu empfehlen, aber für alle anderen Menschen ist es eine unkomplizierte Alternative, Salz zu reduzieren. Es schmeckt etwas bitterer, metallener, aber tauscht man nur einen gewissen Teil von Kochsalz aus, wird es kaum bemerkt. Ich habe seit Längerem einen Salzstreuer mit Blutdrucksalz in der Küche.

Eine Studie aus China aus dem Jahr 2021 hat das Kaliumsalz einer wissenschaftlichen Überprüfung unterzogen – und die Ergebnisse schlugen hohe Wellen, denn es zeigte sich, dass es sehr gut wirkt. Chinas Salzkonsum ist weltweit mit am höchsten, das Interesse, die Salzaufnahme zu reduzieren, ist deshalb groß. In dem bevölkerungsreichen Land können Wissenschaftler relativ zügig aussagekräftige Studien mit sehr vielen Probanden durchführen, in diesem Fall hatten sie über 20 000 Personen mit einem Mindestalter von 60 Jahren oder einem bereits erlittenen Schlaganfall in die Untersuchung aufgenommen und ganze Dörfer unterschiedlich mit Salz versorgt. Die eine Hälfte bekam das mit Kaliumchlorid versetzte Salz, um das übliche Kochsalz zu einem Viertel damit zu ersetzen. Die andere Hälfte blieb beim normalen Kochsalz. Fünf Jahre lang wurde die Gesundheit aller Dorfbewohner dokumentiert. Das Kaliumsalz reduzierte die Herz-Kreislauf-Todesfälle um 13 Prozent und alle anderen Todesfälle im Studienzeitraum um zwölf Prozent. Eine weitere Studie aus China lieferte zusätzliche Argumente für das Blutdrucksalz. Bei 1600 Bewohnern in 48 Altenheimen wurde versucht, den Blutdruck entweder durch das Blutdrucksalz oder eine salzarme Diät abzusenken. Das Blutdrucksalz war deutlich wirksamer, es reduzierte den Blutdruck und die Anzahl von Herzinfarkten und Schlaganfällen um 40 Prozent.

In einigen Ländern hat Salz eine lange Tradition, aber diese historischen Hintergründe können nur zum Teil erklären, warum der Verbrauch sehr unterschiedlich ist. Deutschland, die USA und einige asiatische Länder haben einen relativ hohen Salzkonsum, mediterrane Länder wie Italien oder Spanien stehen besser da. Bei der mediterranen Küche würde man auf den ersten Blick annehmen, dass dort ordentlich Salz im Spiel ist: dicke Salzkörner auf den gebratenen Pfefferschoten, den Pimientos de Padrón, in Salz eingelegte Oliven, salziger Feta und Parmesan, Käse und Fisch im Salzmantel. Doch der Schein trügt, die Salzmenge liegt im Vergleich zu anderen Ländern eher im unteren Bereich.

Dass Deutschland beim Salzkonsum weit oben steht, liegt vor allem am Brot und an der Wurst. Brot ist der Haupteintrag von Salz, das in Mittelmeerländern deutlich weniger gegessen wird. Manche Brotsorten sind gar nicht gesalzen. Das deutsche Brot wird weltweit gerühmt, für den Geschmack ist aber leider auch das Salz mitverantwortlich. Das Chlorid im Salz macht den Teig zudem dehnfähiger, er kann schön aufgehen, gewinnt an Volumen und bekommt eine fluffige Krume.

Nicht in allen Mittelmeerländern wird jedoch salzärmer gegessen. Portugal liegt sogar gleichauf mit Deutschland, weshalb die Regierung in Lissabon vor einiger Zeit ein Programm zur Reduktion des Salzkonsums aufgelegt hat. Hauptgrund der großen Salzmenge ist die Vorliebe der Portugiesen für gesalzenen Stockfisch und die dort ungemein beliebten Kartoffelchips.

Eine der salzigsten Speisen stammt sogar aus Italien – die Pizza. Jeder kennt den Pizza-Effekt: War man beim Italiener Pizza essen, stellt sich spätestens nach zwei Stunden großer Durst ein, und man tut gut daran, sich ein großes Glas Wasser auf den Nachttisch zu stellen. Der Effekt kommt auch den Restaurants zugute. Verspürt man noch im Lokal heftigen Durst, werden Getränke nachbestellt. Tiefkühlpizza ist meist noch salziger. In ihnen stecken meist ein bis eineinhalb Gramm Salz pro 100 Gramm Pizza, manche überschreiten sogar die Zwei-Gramm-Grenze. Eine Tiefkühlpizza wiegt in der Regel zwischen 300 und 450 Gramm, isst man sie auf, müsste man den Rest des Tages komplett salzfrei leben, um nicht die Empfehlung der WHO zu reißen.

Wie steht es um Ihre Salzbilanz?

Nützt eine kochsalzarme Diät den Menschen, die noch gesund sind? Und ist Lauterbachs drastische Askese wirklich sinnvoll? Hier ist die Studienlage nicht ganz klar. Niemand kann Menschen dazu zwingen, ein ganzes Leben lang zu viel oder wenig Salz zu essen. Die Datenlage wird sich also auch in absehbarer Zeit nicht wesentlich verbessern. Die bereits erwähnte PURE-Studie (siehe S. 123 f.), die den Salzkonsum bei 90 000 Menschen aus 18 Ländern über acht Jahre lang verglich, wies – wie erwartet – nach, dass ein höherer Salzkonsum den Blutdruck erhöht. Er hatte aber unerwarteterweise keine generellen gesundheitlichen Nachteile. Zwar war ein sehr hoher Salzkonsum mit einem erhöhten Schlaganfallrisiko verbunden, besonders in China, wo er bei fast 14 Gramm pro Tag liegt. Ein übermäßiger Salzkonsum war aber in allen Ländern nicht mit einem größeren Risiko verbunden, einen Herzinfarkt zu bekommen. Und die Lebenserwartung mit mittelhohem Salzverbrauch schien sogar höher zu sein als bei salzarmer Kost. Das geringste Risiko, früher zu sterben, hatten diejenigen, die eher viel salzten, nämlich mehr als 7,5 Gramm. Ich gestehe, dass auch ich Salz liebe und solche Ergebnisse dann natürlich gerne lese. Damit bin ich nicht alleine. In einem begleitenden Editorial im Fachmagazin *Lancet* zitierte der Schweizer Kardiologe Franz Messerli genüsslich den ehrwürdigen Medizinprofessor und Koryphäe der frühen Bluthochdruck-Forschung, Sir George Pickering aus Oxford, der ein halbes Jahrhundert zuvor schrieb: »Eine strenge natriumarme Diät ist fade, unappetitlich, eintönig, inakzeptabel und unerträglich. Sie durchzuhalten erfordert die Askese eines religiösen Fanatikers.«

Aber die Ergebnisse der PURE-Studie sind mit Zurückhaltung zu bewerten, es gibt viele methodische Mängel. Am schwersten wiegt, dass die Abschätzung des Salzverzehrs aus einer einmaligen morgendlichen Urinprobe erfolgte, unter Nierenspezialisten gilt dies als eine sehr fehleranfällige Methode. Dennoch heizen solche Studien immer wieder die Diskussion an, ob sich der Verzicht auf Salz wirklich lohnt.

Für mich steht aber außer Frage, dass etwas weniger Salz besser für unsere Gesundheit ist. Es ist auch, wie so oft in der Ernährung, eine Gewohnheitssache: Man kann es sich abgewöhnen, ständig zu viel Salz ins Essen oder über das Essen zu streuen. Dass Salz fast süchtig machen kann, liegt an den Geschmacksknospen der Zunge. Deren Aktivierung gibt uns das angenehme Geschmacksgefühl. Sind unsere Nerven erst einmal daran gewöhnt, empfinden wir Mahlzeiten mit weniger Salz als unaromatisch und unbefriedigend. So endet es dann oft damit, dass einige Menschen das Essen noch gar nicht gekostet haben, aber schon anfangen, kräftig nachzusalzen. Isst man einige Wochen salzarm, lässt diese Sucht nach – im Englischen wird von Craving gesprochen.

Es gibt noch einen wichtigen individuellen Faktor, der bestimmt, nach wie viel Salz uns dürstet: das Schwitzen. Ganz einfach: Wer mehr Wasser und Salz ausschwitzt, braucht auch mehr Wasser und Salz. Jedoch gibt es große Unterschiede unter den Menschen. Genetisch bedingt schwitzen manche schon bei leichter Anstrengung und mäßig heißen Temperaturen, andere kaum und können sich das Deo sparen. Hat man beim Joggen sein Hemd durchgeschwitzt oder kommt vom Saunagang, ist die Butterbrezel kein Problem für die Salzbilanz. Wer also nicht auf ordentliches Salzen verzichten mag, dem empfehle ich, mindestens einmal täglich richtig ins Schwitzen zu geraten.

Was können wir noch tun, um unsere Salzbilanz zu schonen? Das Salz in der Suppe weglassen oder die Salzkörner von den Brezel kratzen? Tatsächlich würde ich Letzteres anraten, die unnötigen dicken Salzkörner tragen weniger zum Geschmack bei als die Butter. Auch das Nudelwasser salze ich nicht. Wird die Pasta mit einer würzigen Sauce vermischt, fällt es gar nicht auf. Und wenn uns der Geschmack nicht gefällt, steht es uns frei, nachzusalzen.

An der Spitze meiner Verzichtsempfehlungen stehen Wurst – auch die Bio-Wurst, weil bei ihr auf andere Konservierungsmittel verzichtet wird und oft noch mehr Salz drin ist – und Fertigprodukte. Brühwürfel, Senf und Ketchup enthalten ebenfalls reichlich Salz. Bei einer Miso-Suppe und einer Sojasauce schmeckt man das

Salz sofort heraus, doch hier wird seine ungünstige Wirkung durch die guten Eigenschaften des fermentierten Sojas wieder ausgeglichen. Allen Patienten mit Autoimmunerkrankungen wie Rheuma oder Multiple Sklerose empfehle ich, sich salzarm zu ernähren.

Ein einfaches Mittel, um den Salzpegel des Körpers im Zaum zu halten, besteht darin, den Salzstreuer vom Esstisch zu verbannen. Dass dies eine erstaunlich gesunde Wirkung hat, konnte eine Studie von Wissenschaftlern der Tulane University in New Orleans zeigen. Zwischen 2006 und 2010 wurden die Teilnehmer gefragt, wie oft sie ihr Essen am Tisch nachsalzen. Die Forscher stellten fest – alle anderen Risikofaktoren wurden für die Statistik herausgerechnet –, dass sich das Risiko eines früheren Todes erhöhte, wenn nachgesalzen wurde. Wurde das unterlassen, stieg die Lebenserwartung unter den Frauen um 1,5 Jahre, unter den Männern um 2,3 Jahre. Der nachteilige Effekt war bei den salzfreudigen Menschen, die viel Obst und Gemüse aßen, ebenfalls reduziert. Sie waren offenbar durch die sekundären Pflanzenstoffe, die Ballaststoffe und durch das Kalium geschützt.

Die Produktpalette bei Salz ist beeindruckend – sind die Angebote gleich schlecht für unsere Gesundheit? Chemisch mag es nicht viel ausmachen, welches Salz gegessen wird, denn letztlich besteht es zu mindestens 97 Prozent aus Natriumchlorid. Geschmacklich hingegen gibt es Unterschiede. Normales Speisesalz schmeckt oft dumpf, weil Stoffe hinzugefügt werden, die die Streuqualität verbessern. Pro Kilogramm Kochsalz sind zehn Gramm Rieselhilfen erlaubt.

Unter den Rieselhilfen gibt es unbedenkliche und problematische. Unproblematisch sind Kalzium und Magnesiumcarbonat (E 170 und E 504). Von Ferrocyaniden (E 535, E 536 und E 538) ist abzuraten, da sie die Niere schädigen können, sie werden aber auch selten beigegeben. Problematisch sind ebenso Siliziumdioxid und Silikate (E 551, E 552 und E 553). Siliziumdioxid ist nichts anderes als Quarz. Die Körner sind nur millionstel Millimeter groß. Unklar ist, ob diese Nanoteilchen sich im Darm aufspalten, sich in die Darmschleimhaut einnisten und dort Entzündungen verursachen. Salze mit Biosiegel gibt es nicht, da sie nicht zu den landwirtschaftlichen

Produkten zählen. Ich empfehle, möglichst unbehandeltes Steinsalz zu verwenden. Bei veganer Ernährung empfiehlt es sich in jodierter Form. Als natürliche Rieselhilfe kann man trockene Reiskörner verwenden.

Meersalz schmeckt den meisten Menschen gut, aber es gibt einen zunehmend starken Einwand dagegen. In ihm befindet sich Mikroplastik in immer größeren Mengen, auch im teuren Fleur de Sel. Dieses wird nur an heißen und windstillen Tagen von der Meeresoberfläche mit einer Holzschaufel in Handarbeit abgeschöpft. Steinsalz wird aus unterirdischen Salinen gewonnen. Dabei handelt es sich streng genommen ebenfalls um Meersalz, das vor Millionen von Jahren durch Austrocknung urzeitlicher Meere entstand. Aber damals waren die Meere noch sauber. Es ist wohl an der Zeit, gutes Steinsalz gegenüber Meersalz zu bevorzugen.

Quintessenz: das Salz

- Salzen Sie Ihr Essen nicht nach, räumen Sie den Salzstreuer vom Tisch, essen Sie als Ausgleich zum salzhaltigen Essen viel Obst, Gemüse und Nüsse, natürlich ungesalzene.
- Verzichten Sie auf die Salzbomben wie Wurst und Fertiggerichte.
- Beim Brot auf Vollkornbrot setzen, das mehr gesunde, sättigende Inhalte bei gleicher Salzmenge als weißes Brot hat.
- Bei veganem Fleisch und Wurstersatzprodukten unbedingt auf den Salzgehalt achten, viele sind sehr salzhaltig.
- Probieren Sie einmal Blutdrucksalz, kaliumhaltiges Salz, es gleicht die schlechte Wirkung des Salzes auf unsere Gefäße aus.
- Auch in fermentierten Speisen kann sehr viel Salz enthalten sein, zum Beispiel Sauerkraut.
- Wenn Sie zu den Menschen gehören, die leicht und viel schwitzen, können Sie etwas mehr Salz vertragen. Haben Sie sehr salzreich gegessen, sollten Sie zum Ausgleich schwitzen oder Sport treiben.

- Verwenden Sie in der Küche Kräuter statt Salz: Paprika, Pfeffer, Rosmarin, Salbei, Knoblauch, Thymian, Zwiebel, Knoblauch, Sellerie, Curcuma, Chili, Kreuzkümmel und Senfkörner.
- Wenn Sie eine Zeit lang salzarm kochen, dafür aber mit vielen schmackhaften Gewürzen, werden Sie feststellen, dass Ihr generelles Bedürfnis nach Salz nachlässt.

Die Milch macht's – sicher nicht

Meine Heimat ist das schwäbische Allgäu. Die Landschaft ist von der Milchwirtschaft geprägt, diese ist auch heute noch bei einigen von meinen Verwandten die Lebensgrundlage. Vor meinem Kinderzimmer befand sich eine Kuhweide, dennoch war mein Verhältnis zur Milch von Kind auf zwiespältig. Meine Mutter stammte von einem Milchbauernhof, und als ihr Vater, mein Großvater, in jungen Jahren tragisch starb, musste meine Großmutter allein mit ihren vier kleinen Kindern in harten Kriegszeiten den Bauernhof weiterführen. Meine Mutter und ihre Geschwister halfen vor Schulbeginn mit, die Kühe zu melken, zudem war die Milch das Grundnahrungsmittel. Nachdem meine Mutter den Bauernhof verlassen und meinen Vater geheiratet hatte, hat sie nie mehr in ihrem Leben einen Schluck Milch getrunken. Das bekam ich natürlich mit, und so hatte die Milch immer einen schweren Stand in unserer Familie. Und natürlich machten wir uns einen Spaß daraus, meine Mutter schelmisch zu fragen, ob sie ein Glas Milch zum Frühstück wolle.

Erst ein paar Jahre später, in meiner kardiologischen Facharztausbildung, spielte die Milch unerwartet wieder eine Rolle in meinem Leben – als ich mich mit den Risiken für Herzinfarkte und Schlaganfälle beschäftigte. Es war die Zeit, in denen der hohe Anteil gesättigter Fette in vielen Lebensmittelprodukten diskutiert wurde. Gesättigte Fette führen zur Erhöhung des »schlechten« LDL-Cholesterins im Blut, und dieses Cholesterin begünstigt eine Arterienverkalkung (Arteriosklerose). Butter galt deshalb als gefährlich, die Herzinfarktpatienten auf meiner Station erhielten die Empfehlung, nur fettarme Milch zu trinken. Damals begann der Siegeszug fettarmer Milch und fettarmer Milchprodukte, und noch heute raten kardiologische Fachgesellschaften verschiedener Länder, Milchfett dringend zu meiden. Auf der anderen Seite rieten zu gleicher Zeit viele Internisten, bei Osteoporose unbedingt Milch zu trinken, mindestens einen halben Liter Milch am Tag – natürlich fettarm, um das Risiko für Herzinfarkte zu reduzieren.

Die medizinischen Ratschläge erwiesen sich als Glaubenssätze, die zwei Jahrzehnte später nur noch Geschichte sind. Die Empfehlung, bei Osteoporose den Verzehr von Milch zu propagieren, fußte auf einer zu kleinteiligen Betrachtung von Ursache und Therapie der Krankheit, leider ein ziemlich häufiger Hintergrund von Fehlannahmen in der Medizin. Bei Osteoporose verarmt der Knochen an Kalk, Milch ist dagegen reich an Kalzium, dem Stabilisator von Knochen. Also könne es, so die Schlussfolgerung der Mediziner damals, nur hilfreich sein, möglichst viel Milch zu trinken, um Osteoporose vorzubeugen. Dann aber erschien 2014 im *British Medical Journal* die bislang größte Publikation über den Zusammenhang von Milchtrinken und Osteoporose. Die Ergebnisse stellten sämtliche Annahmen auf den Kopf: Reichlicher Milchkonsum, so ergaben die Untersuchungen in Schweden, sorge sogar für brüchigere Knochen. Der Nutzen des Kalziums werde zunichtegemacht durch andere Inhaltsstoffe der Milch, vermutet wurden die schwefelhaltigen Aminosäuren und ein Teil des Milchzuckers, die Galaktose. Ein Blick über die Grenzen hätte schon vorher die Augen öffnen können. Dass Milch nicht notwendig ist, um Osteoporose vorzubeugen, zeigt sich insbesondere in asiatischen Ländern, in denen bis vor Kurzem das Trinken von Milch unüblich war, es aber praktisch keine Osteoporose gibt. Dagegen haben die Länder mit dem stärksten Milchkonsum wie Schweden, Finnland und Holland die höchsten Raten an Osteoporose. Die schöne Geschichte von der Milch als Schutz vor Osteoporose war reine Legende.

Jedoch war auch das Verteufeln der Milch als Ursache für Herz- und Gefäßerkrankungen ein Irrtum. Theoretisch hatte diese Annahme durchaus Sinn gemacht. Milch besitzt einen hohen Anteil an gesättigten Fetten, die unter anderem Entzündungen im Körper fördern und das LDL-Cholesterin im Körper erhöhen. Noch vor wenigen Jahren, und so habe ich es auch in meinem Buch *Mit Ernährung heilen* zusammengefasst, ergaben epidemiologische Daten über die Milch ein leicht erhöhtes Risiko für Herz- und Gefäßerkrankungen.

Neuere Zusammenfassungen von höherwertigen klinischen Studien fanden aber nun heraus, dass Milch der Gesundheit des Herzens nicht schadet – anders als etwa Fleisch und vor allem Wurst. Für Joghurt findet sich sogar eine leichte Schutzwirkung. Das liegt wahrscheinlich an den probiotischen Bakterien im Joghurt. Einige Studien berichten zudem über eine günstige Wirkung von Milch und Milchprodukten auf Bluthochdruck. Vermutlich ist der hohe Kaliumgehalt der Milch dafür verantwortlich. Kalium senkt den Blutdruck, deshalb sind auch Obst und Gemüse für Hypertoniker, also Menschen, die an Bluthochdruck erkrankt sind, so hilfreich. Auf der anderen Seite verschlechtert Milch die Blutzuckerregulation.

Die Beispiele zeigen: Die Milch macht es uns nicht einfach, wenn wir einschätzen wollen, wie gesund oder schädlich das Lebensmittel ist, das aus dem Euter der Kuh kommt. Das tangiert ein grundsätzliches Problem unserer Wissenschaft. 90 Prozent der Daten in der Ernährungsmedizin liefern epidemiologische Studien. Darin wird meist nur erfragt, welche Menge eines bestimmten Nahrungsmittels die Probanden konsumieren. Bei der Frage, ob denn Milch gesund ist, kommt man aber nur zu einer vernünftigen Aussage, wenn die Wissenschaftler nicht nur die Wenig- und Viel-Milchtrinker untersuchen. Klare Ergebnisse erhalten sie erst, wenn sie den Verzehr von Milch und Milchprodukten mit anderen Nahrungsmitteln vergleichen. Ich hatte es schon erwähnt: Am Ende ist entscheidend, gegen was die Milch getauscht wird. Wird die Milch mit Gemüse und Obst in Relation gesetzt, ist sie ungesünder. Werden Milchprodukte statt Fleisch gegessen, ist das gesünder, werden sie statt Fisch für eine Mahlzeit gewählt, ist es ungesünder. Unter dem Strich bleibt: Für das Herz ist der Konsum von Milch ziemlich egal.

Ernährung und unsere Gene

Die Milch ist aber ein wunderbares Beispiel dafür, wie unsere Ernährung von unseren Genen abhängig ist und wie sich dieses Grundgerüst unseres Lebens im Laufe der Jahrhunderte verändern kann. Unbestritten ist, dass die Milch viele wertvolle Nährstoffe enthält. Dennoch kam die Menschheit jahrhundertelang ohne sie aus. In nicht wenigen Ländern gibt es bis heute keine Milchwirtschaft. Da der Nährwert von Milchprodukten aber hoch ist, hat sich in vielen Kulturkreisen Milch als Bestandteil der Ernährung durchgesetzt. Ihre Verarbeitung ist für unseren Körper aber durchaus eine Herausforderung, denn nur Säuglinge und Kleinkinder produzieren vermehrt das Enzym Laktase, das für die Verdauung des in der Mutter- und der Kuhmilch enthaltenen Milchzuckers (Laktose) wichtig ist. Evolutionär war nicht vorgesehen, dass noch Erwachsene »gestillt« werden müssen. Wissenschaftler haben errechnet, dass es vor ungefähr 7000 bis 8000 Jahren zu einer Genmutation gekommen sein muss, die dafür sorgte, dass unser Körper die Laktase, die den Milchzucker spaltet, auch noch im Erwachsenenalter produzierte. Es erwies sich in der Folge als großer Überlebensvorteil, Kuhmilch trinken zu können. Kein Wunder also, dass sich diese Eigenschaft genetisch durchsetzte. Das betraf vor allem Menschen, die die nördliche Halbkugel mit den langen Wintern bewohnten. Heute können wir bei 80 bis 90 Prozent der Bevölkerung Nordeuropas das Enzym Laktase nachweisen, weltweit hingegen nur bei 30 Prozent der Menschen.

Viele Menschen stellen fest, dass sie unter einer Laktoseintoleranz leiden. Sie haben keine Allergie, wie viele glauben. Bei einer Allergie können schon winzige Mengen eines Stoffs eine starke, mitunter lebensbedrohliche Reaktion des Körpers auslösen. Bei einer Laktoseintoleranz werden aber meist geringe Mengen Milch vertragen, erst ab einem gewissen Quantum beginnt es, im Bauch zu grummeln. Die Ursache dafür ist, dass der Milchzucker nicht im oberen Verdauungstrakt aufgespalten und verdaut werden kann. Im Dickdarm stürzen sich die Bakterien dann auf den Milchzucker, und kurze Zeit nach dem Verzehr von Milchprodukten kommt es zu Blähungen und Durchfällen. Menschen mit Darmproblemen ist oftmals nicht bewusst, dass sie eine Laktoseintoleranz haben. Immer wieder erscheinen Patienten in meine Sprechstunde und erklären, Kaffee nicht zu vertragen, sie bekämen davon Blähungen und Durchfall. Meist ist es aber nicht der Kaffee, der die Beschwerden verursacht, sondern die Milch im Latte macchiato. Ich empfehle dann, den Kaffee schwarz oder mit Pflanzenmilch zu trinken, oft sind danach die Beschwerden schnell verflogen.

Das Beispiel Kaffee zeigt übrigens auch, dass Milch schon als kleine Zugabe ein Spaßverderber sein kann: Kaffee hat eindeutig gesundheitsfördernde Wirkungen, wie inzwischen die Forschung eindeutig belegt hat (siehe S. 309 ff.). Gibt man aber die doppelte Menge Milch dazu, wird dieser Effekt wieder zunichtegemacht. Als ich eine entsprechende Studie las, habe ich begonnen, meinen Espresso macchiato am Morgen mit Barista-Hafermilch mit Soja zu trinken. Nach einer Umgewöhnungszeit schmeckt mir diese Kombination inzwischen deutlich besser als ein Kuhmilch-Macchiato. Wieder einmal: Ernährung hat viel mit Gewohnheit zu tun.

Die unheilvolle Wirkung der Milch beschränkt sich nicht auf den Kaffee. Das Protein Casein in der Milch neutralisiert auch das gesunde Catechin im Tee. Und wenn wir Blaubeeren mit Schlagsahne essen, geht die gesunde Wirkung der Beeren ebenfalls teilweise verloren. Dieser ungünstige Effekt von Milch ist der Grund, warum dunkle Schokolade gesünder ist als Milchschokolade. Milchschokolade besitzt einen geringeren Kakaoanteil, und der mit Milch versetzte Kakao wird durch die Milchproteine in seiner Wirkung geblockt. Der einzige Vorteil von Vollmilchschokolade gegenüber Bitterschokolade besteht darin, dass sie weniger Schwermetalle enthält – leider ein sehr aktuelles Problem, das offenbar aber vor allem in den USA (siehe S. 241 f.) akut ist.

Mit einem Atemtest lässt sich die Diagnose einer Laktoseintoleranz unproblematisch objektivieren. Dabei trinkt man eine Lactose-Zucker-Lösung und bläst in regelmäßigen Abständen in ein Messgerät. Kann die Laktose nicht verdaut werden und die Bakterien machen sich darüber her, entsteht Wasserstoff, der dann über die Lunge abgeatmet wird.

Wer eine Intoleranz auf Laktose hat, sollte nicht verzweifeln, der Umgang mit ihr ist relativ einfach. Meist ist es möglich, geringe Mengen an Milchprodukten zu essen. Wer nicht für immer auf Milch verzichten möchte, sollte das letztlich auch tun, damit der Körper die Restproduktion von Laktase nicht komplett einstellt. Fermentierte Sauermilchprodukte wie Joghurt, Buttermilch oder Kefir enthalten meist weniger Laktose. Sie werden auch deshalb besser vertragen, weil die Bakterien darin selber Laktase produzieren, sie wird also mitgeliefert. Käse, Hartkäse und gereifter, körniger Käse (Pecorino oder Parmesan) sind in der Regel gut bekömmlich.

Ernährungswissenschaftler, die die chemische Zusammensetzung einzelner Nährstoffe ausgiebig büffeln müssen, sind immer noch begeistert über die Milch. Deren hohe Nährstoffdichte, angefangen vom Protein bis hin zu Vitaminen und Mineralien, ist zweifelsohne für einen Säugling sehr förderlich, da dessen Wachstum einen hohen Energiebedarf erfordert. Diese Tatsache war auch ein Teil der Erfolgsgeschichte von Heinrich Nestle am Anfang seiner Unternehmensgründung. Können Mütter nicht stillen, ist Kuhmilch immer noch ein viel besserer Ersatz als alles andere. Dennoch passt Kuhmilch nicht optimal für Kleinkinder. Kuhmilch ist für Kälber gedacht, und Kälber wachsen sehr viel schneller als menschliche Babys. Deshalb hat Kuhmilch etwa dreimal so viel Eiweiß und Mineralstoffe wie menschliche Muttermilch. Zudem ist die Eiweiß-Zusammensetzung unterschiedlich. Vor allem aber enthält Kuhmilch höhere Konzentrationen an Wachstumsfaktoren und Wachstumshormonen. Ist dieser Cocktail fast schon für Kinder zu viel, so ist er für Erwachsene erst recht kein geeignetes Getränk.

»Milch macht müde Männer munter« war ein berühmter Werbespruch der westdeutschen Milchwirtschaft in den Fünfzigerjahren. Dass diese Botschaft fatal war, hat auch mit dem Faktor IGF-1 zu tun, der das Wachstum und die Reifung verschiedener Zellen steuert. Um die Milchproduktion zu erhöhen, züchteten Bauer Kühe, die besonders viel IGF-1 produzierten. Zudem sind heutzutage die meisten Milchkühe fortdauernd schwanger, während sie gemolken werden. Das hat zur Folge, dass sich vermehrt Östrogene, Progestine sowie andere Geschlechts- und Wachstumshormone in der Milch finden. Die Zusammensetzung der Proteine in der Kuhmilch fördert auch bei Menschen die Produktion von IGF-1 und Wachstumshormonen. Auch die reichlich vorhandenen Aminosäuren, vor allem Leucin, steigern das Zellwachstum. Besonders Bodybuilder freuen sich über das damit verbundene Muskelwachstum. Wenn wir davon aber zu viel abbekommen, fördert es in unserem Körper Entzündungen und das Altern der Zellen (siehe S. 157). Die höheren IGF-1-Werte und Hormonspiegel dienen übrigens ebenso als Erklärung dafür, dass Milchtrinker vielfach unter Akne leiden.

Die gesteigerte Konzentration von Wachstumshormonen im Blut erklärt weiterhin, warum Milchtrinker in die Höhe schießen. Kinder, die viel Milch trinken, werden größer als jene, die ohne Milch aufwachsen. Größer zu sein mag Vorteile haben, vor allem für Männer, die ruhmreiche Karrieren im Basketball anstreben. Es gibt aber auch biologische Nachteile. Das Risiko steigt, an Osteoporose zu erkranken und Schenkelhalsbrüche im Erwachsenenalter zu bekommen, wenn Kinder während der Wachstumsphase besonders viel Milch trinken. Das hängt mit dem Größenwachstum zusammen: Je länger Knochen sind, desto gefährdeter sind sie zu brechen.

Seit Längerem vermuten Wissenschaftler einen Zusammenhang zwischen dem Trinken von Milch und der Entstehung von Krebs. Theoretisch lässt sich das so erklären: Wachstumshormone fördern nicht nur das Wachstum gesunder Körperzellen, sondern auch das von Krebszellen. Ein großer, langer Körper besteht zudem aus mehr Zellen als ein kleinerer. Häufigere Zellteilungen sind aber mit einem höheren Krebsrisiko verbunden. Zudem: Reichliches Milchtrinken in der Kindheit verändert das Gewebe der Brustdrüsen und der Prostata, was wiederum später das Risiko erhöht, dass sich hier Tumoren bilden. In der Praxis sind diese Zusammenhänge glücklicherweise nicht sehr ausgeprägt. Allerdings gilt es als gesichert, dass Männer 25 Prozent häufiger an Prostatakrebs (und dabei besonders an den aggressiven Formen) erkranken, wenn sie in ihrem

Leben viel Milch konsumieren. Daher rate ich Patienten mit einem Prostatakarzinom entschieden, auf Milch und Milchprodukte zu verzichten.

Ein weiterer Beleg für eine Wechselbeziehung zwischen Prostatatumoren und Milch stammt aus Japan. Vor dem Zweiten Weltkrieg hatten die Japaner kaum Milch zu sich genommen. In den Fünfzigerjahren legte das Land dann jedoch ein Schulmilchprogramm auf. Der Konsum von Milch erhöhte sich um das 20-Fache, und gleichzeitig stieg die Häufigkeit von Prostatakrebs um das 25-Fache. Solche Verkettungen sind noch lange keine wissenschaftlichen Beweise, aber sie legen nahe, dass Milch der Prostata nicht guttut.

Noch umstrittener ist der Zusammenhang zwischen Milch und Brustkrebs. Die bislang größte Bevölkerungsstudie der Harvard-Arbeitsgruppe um den Epidemiologen und Ernährungswissenschaftler Walter Willett fand keine Hinweise auf ein erhöhtes Krebsrisiko bei US-amerikanischen Frauen durch das Trinken von Milch. Anders sieht die Situation bei Frauen in China aus. Hier ermittelte ein internationales Forscherteam in einer Studie mit einer halben Million Frauen ein erhöhtes Risiko für Brustkrebs (und für Leberkrebs) – schon bei einem vergleichsweise geringen Milchkonsum von rund 80 Gramm pro Tag. Ob hier die in China vorherrschende Laktoseintoleranz mit hineinspielt, ist unklar.

Einige Wissenschaftler wie Bodo Melnik von der Universität Osnabrück halten die vielen Hormone, Signal- und Botenstoffe in der Milch jedenfalls für so bedenklich, dass sie empfehlen, H-Milch statt frischer Milch zu trinken. Die Ultrahocherhitzung zerstöre, so die Annahme, die meisten Hormone und Botenstoffe, diese könnten dann keinen Schaden mehr im Körper anrichten. So weit würde ich aber nicht gehen, denn mit der intensiven Behandlung werden auch wertvolle Anteile in der Milch denaturiert.

Obwohl die Milch schon seit vielen Jahrhunderten fester Bestandteil unseres Essens ist, ist bislang nicht bewiesen, ob ihre Vor- oder Nachteile überwiegen. Trotz der theoretischen Risiken halte ich die Wahrscheinlichkeit, durch (hormonreiche) Milch zu erkranken, für gering. Wenn ich alle derzeit verfügbare Daten zur

Milch betrachte, wird für mich deutlich, dass Milch in geringen bis moderaten Mengen der Gesundheit nicht schadet. Fermentierte Milchprodukte wie Joghurt, Kefir, Buttermilch oder reifer Käse sind eher gesund. Für ein langes Leben sind sie indes nicht notwendig. In der leidenschaftlichen Debatte um die Milch rate ich deshalb zum Abrüsten: Es besteht kein Grund für ein Milch-Bashing, aber der Slogan, dass Milch müde Männer munter macht, ist zu Recht in der Mottenkiste verschwunden.

Seit einigen Jahren gibt es einen großen Werbekrieg um Joghurt: Viele Anbieter buhlen um den Markt, der allein in Deutschland einen Umsatz von jährlich rund fünf Milliarden Euro erwirtschaftet. Da die gesundheitlichen Effekte von Joghurt und anderen fermentierten Milchprodukten inzwischen sehr gut belegt sind, möchte ich darauf etwas ausführlicher eingehen. Nachdem die reine Milch als Schutzschild vor Osteoporose entzaubert wurde, zeigen neuere Studie, dass Joghurt tatsächlich eine leichte Schutzwirkung entfaltet. Der gute Effekt der fermentierten Milchprodukte gründet sich vermutlich auf zwei Effekte. Durch die Fermentierung wird der Milchzucker, die Laktose, abgebaut. Käse, Kefir, Ayran oder Joghurt enthalten Bakterien, die sich selbst bei der Produktion von Laktase von Milchzucker ernähren. Das macht sie verträglicher. Zum anderen wirken fermentierte Milchprodukte günstig auf das Darm-Mikrobiom, sie sind ein natürliches Probiotikum. Um es vereinfacht zusammenzufassen: Die fermentierten Milchprodukte sind deshalb gesünder, weil sie kaum mehr der ursprünglichen Milch ähneln.

Bedeutsam aber ist, dass sich in den vergangenen Jahrzehnten der Lebensmittelmarkt fast ausschließlich in eine Richtung entwickelt hat. Für die meisten Europäer und US-Amerikaner sind die Milchprodukte unglücklicherweise fast das einzige probiotische Lebensmittel, das sie verzehren. Auch wenn es hierzu keine Vergleichsstudien gibt, gehe ich davon aus, dass fermentierte pflanzliche Produkte wie Tempeh, Miso oder Natto aus Soja, pflanzlicher Joghurt, Kimchi, Sauerkraut oder anderes eingelegtes Gemüse ähnlich gute Wirkungen haben dürfte wie Fermentiertes aus Milch.

Abschied von der Milch

Besorge ich in meinem Supermarkt den Einkauf, staune ich immer wieder, wie umfangreich die Abteilungen mit Milch und Milchprodukten sind, sie dominieren alles andere, auch wenn der Umsatz zurückgeht. Tatsächlich trinken wir inzwischen aber immer weniger Milch in Deutschland und in der westlichen Welt (in Asien und China gibt es hingegen, wie auch beim Fleisch und Alkohol, Nachholphänomene).

Viele Jahre wurde der Konsum politisch stark gefördert, so wurde die Schulmilch finanziert und Kampagnen mit Slogans wie »Die Milch macht's« fachten den Konsum an. Inzwischen geht der Verzehr zurück, laut Zahlen der Bundesanstalt für Landwirtschaft und Ernährung (BLE) sank die hergestellte Menge an Konsummilch im Jahr 2022 um mehr als sechs Prozent auf rund 4,2 Millionen Tonnen. Der Pro-Kopf-Verbrauch erreichte mit 46 Kilogramm ein Tief, auch der Konsum von Käse und Butter ging zurück. Dennoch bleibt er bei einer Reduzierung von sechs Prozent noch hoch.

Es scheint in der Tat einen Trend zum Abschied von der Milch zu geben. In der Debatte um den gesundheitlichen Wert und den ökologischen Fußabdruck der Milch wird neuerdings mit immer härteren Bandagen gekämpft. In meinem Supermarkt nehme ich aber auch wahr, dass der Bereich mit den pflanzlichen Alternativen, den Hafer-, Mandel-, Reis-Drinks, kontinuierlich wächst.

Die pflanzliche Milch hat etliche Vorteile, kritisiert wird zuweilen ihr Zuckergehalt. Die meisten Haferdrinks enthalten im Durchschnitt drei bis sechs Gramm Zucker pro 100 Milliliter. Deshalb erhöht Hafermilch auch den Blutzuckerspiegel. Was sich zunächst nach viel anhört, ist verglichen mit herkömmlicher Kuhmilch jedoch wenig. Denn Milch schafft es auf etwa 4,7 Gramm Zucker pro 100 Milliliter.

Dieser Wert spiegelt sich auch bei den Kilokalorien wieder, Hafermilch enthält meist 40 bis 50 Kilokalorien, Kuhmilch 60 bis 65 Kilokalorien pro 100 Milliliter. Im Vergleich zu Kuhmilch beinhalten Haferdrinks jedoch weniger Vitamine und Mineralstoffe.

Ökologischer Fußabdruck von Milchprodukten und pflanzlichen Milch-Alternativen

Die Auswirkungen werden pro Liter Milch gemessen.

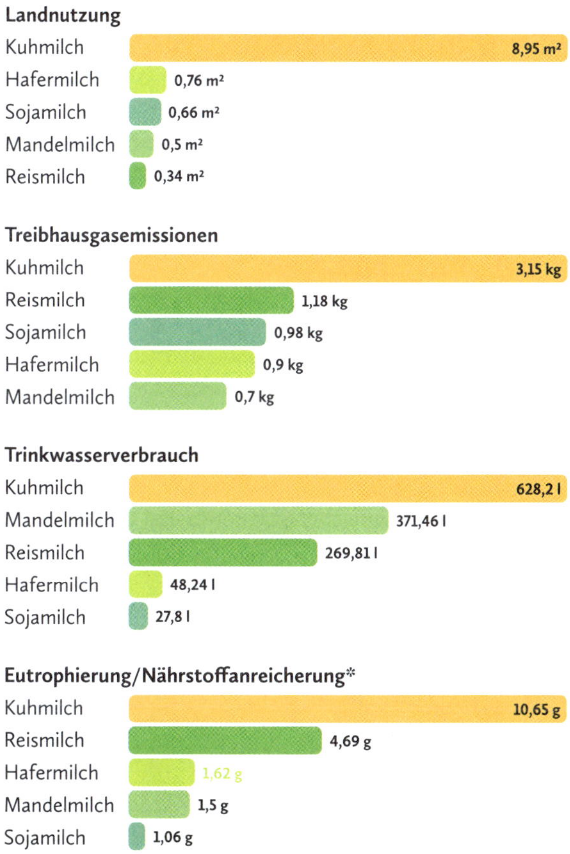

* Belastungen für Gewässer durch Nitrate oder Phosphor (Eutrophierung), für Böden durch den Gülleeinsatz und Ammoniakbelastung (Versauerung)

Quelle: Poore J, Nemecek T. Science. 2018

Neben den medizinischen Fragen spielt die Umweltbilanz bei der Milchherstellung eine zunehmend wichtige Rolle. Laut Experten ist der CO_2-Fußabdruck von Pflanzendrinks nur ein Viertel bis halb so groß wie der von Kuhmilch. Hafermilch ist demnach die ökologisch beste Alternative zur Kuhmilch. Der Wasserverbrauch von Hafer ist gering und die Transportwege sind kurz. Laut dem ifeu-Institut, dem Institut für Energie und Umweltforschung in Heidelberg, liegt der Bedarf bei der Herstellung eines Kilogramms Milch bei 2000 Liter Wasseräquivalente, bei Hafermilch sind es lediglich 300 Liter.

Quintessenz: die Milch

- Milchprodukte haben ihren Platz in der gesunden Ernährung. Wenn Sie nicht völlig auf Milchprodukte verzichten möchten, verwenden Sie nur moderate Mengen, bevorzugen Sie Bio-Qualität aus Weide- oder Heumilch und ungezuckerten Bio-Joghurt oder Kefir.
- Käse vor allem zum Würzen einsetzen: Aufläufe mit Feta, Pasta mit Parmesan oder Pecorino.
- Pflanzendrinks sind eine gute Alternative und deutlich besser für das Klima.

Industrie-Essen – warum hochverarbeitete Lebensmittel so schädlich für uns sind

Seitdem sich die Ernährungswissenschaft als eigenes Fach etablierte, betrachtete sie Proteine, Fettsäuren und Kohlenhydrate, Mineralien und Vitamine, analysierte Makro- und Mikronährstoffe. Das große Ganze aber, die übergeordnete Struktur eines Lebensmittels, wurde vernachlässigt – ein schwerer Geburtsfehler. Erst seit einiger Zeit ist klar geworden, dass ein Nahrungsmittel in seiner Ganzheit mehr ist als die Summe seiner Teile. Denn die Nährstoffe können sich in Wechselwirkungen verstärken oder behindern. Einzelne Zusatzstoffe können manchmal viel entscheidender für die gesundheitliche Wirkung eines Essens sein, als die Prozentzahl an Fetten oder Proteinen vermuten lässt. Auch eine überzuckerte Limonade enthält etwa »wertvolles Calcium« oder »gesundes Vitamin C«, wie oft anpriesen wird. Aber deshalb sind Fruchtsäfte noch lange kein gesundes Nahrungsmittel – im Gegenteil. Und wenn auf einem Schokoriegel von einer »Extraportion Ballaststoffe« die Rede ist, handelt es sich um ein ausgebufftes Ablenkungsmanöver, denn durch diese Zugabe ist der Riegel noch lange kein gesunder Happen. Eine gewaltige Marketingindustrie klügelt fortwährend aus, wie man ungesunde hochverarbeitete Lebensmittel mit medizinisch irrelevanten Aussagen über einzelne Inhaltsstoffe gesünder erscheinen lassen kann.

Die Art der Verarbeitung von Nahrung spielt bei ihrer Zuträglichkeit zu unserer Gesundheit oder eben auch Krankheit eine wesentliche Rolle. Fakt ist, dass hochverarbeitete Lebensmittel extrem ungesund sind. Wir können uns ihnen jedoch kaum mehr entziehen, denn das Problem ist: Sie werden immer mehr. In manchen Ländern wie den USA machen sie schon fast 60 Prozent der gesamten Nahrung aus. Medizinisch gesehen ist das eine tickende

Zeitbombe. Es handelt sich hierbei um Nahrung, die in mehreren Produktionsschritten verändert, verarbeitet und mit Zusatzstoffen versehen wird. Meist sind diese Lebensmittel sehr salzig oder süß, fettig, knackig oder cremig und vor allem »hyperschmackhaft«, wie es in der Fachwelt genannt wird. Was bedeuten soll: Ein für uns angenehmer Geschmack und eine bestimmte Konsistenz werden massiv verstärkt, mit der Folge, dass wir kaum aufhören können, diese Produkte zu essen. Es entsteht eine Art Suchteffekt, der uns dazu zwingt, sie beim nächsten Einkauf wieder in den Einkaufswagen zu legen.

Wir alle kennen das, wenn wir eine Tüte Chips aufmachen, mir geht es nicht anders: Sobald ich anfange, Chips zu essen, finde ich kaum ein Ende. Am besten schmecken mir die Chips mit Essig, die englische Variante. Und es braucht jedes Mal sehr viel Disziplin, um nach einer ersten Handvoll mit dem Knabbern aufzuhören. Andere hochverarbeitete Lebensmittel sind Tiefkühlpizzen, Fertiggerichte, Schokokekse und Industriegebäck, Fruchtjoghurts, Crunchy-Frühstücksflocken, Muffins, Donuts oder süße Riegel. Der vorzügliche Geschmack und das damit verbundene Suchtpotenzial machen die Nahrungsmittel extrem attraktiv – für die Hersteller. Da die Waren aggressiv vermarktet werden, gelingt es der Industrie, billige, minderwertige Inhaltsstoffe (Aromen, Salz, Fett, Zucker) teuer zu verkaufen. Neben einem angenehmen Gefühl am Gaumen – weil das Industriezeug meist weich, cremig oder knackig und crunchy ist – und dem wunderbaren Geschmack auf der Zunge – weil es salzig, fettig, süß und mit Aromen aufgepeppt ist –, haben die essbaren Glücklichmacher einen weiteren Vorteil gegenüber der Naturkost: Sie sind in der Regel durch die Zugabe bestimmter Chemikalien sehr lange haltbar.

Die Massenware hat eine weitere Eigenschaft, die sich extrem gut in Umsätze verwandeln lässt. Sie kennen das sicher: Sie essen in einem der bekannten Fast-Food-Restaurants einen Burger mit Pommes und noch etwas Süßes hinterher. Bei der Mahlzeit empfinden Sie durchaus Genuss, Sie fühlen sich auch unmittelbar danach sehr zufrieden. Doch ziemlich bald danach entsteht ein komischer

Nachgeschmack: Durst und ein merkwürdiges Bauchempfinden. Und nur zwei bis drei Stunden später haben Sie schon wieder Hunger, obwohl das Gericht fast 1000 Kalorien hatte. Dieser Heißhunger ist typisch für ultraverarbeitete Nahrung.

Warum macht uns hochverarbeitete Nahrung so süchtig? Meist spüren wir die plötzlich wach werdende Begierde schon unmittelbar beim Essen. Wir können bei Pommes oder einer Pizza einfach nicht nach fünf Bissen aufhören. Ganz anders ist das bei einer Portion Rosenkohl mit Möhren und Vollkornnudeln. Die haben keinen Suchtfaktor und sättigen besser, da sie viele Ballaststoffe enthalten.

Die Dopamin-Falle

Das Futtern von Fettigem oder Süßem macht uns unmittelbar glücklich, da Darmzellen Sensoren für Zucker- und Fettmoleküle haben – kommen diese im Darm an, werden elektrische Impulse über die Nerven ins Gehirn geleitet. Als Reaktion darauf werden dort Botenstoffe ausgeschüttet. Eine bedeutende Rolle spielt dabei das Belohnungshormon Dopamin, es sorgt dafür, dass wir uns wohlfühlen, und zwar schon kurz nachdem wir die Suchtmittel konsumiert haben. Und es verstärkt unser Verlangen, ganz gleich, ob es sich um Donuts, Zigaretten oder harte Drogen handelt. Weil fettige und süße Lebensmittel in der Lage sind, das Belohnungssystem stark zu aktivieren, lernt das Gehirn, unbewusst solche Lebensmittel zu bevorzugen – es entwickelt sich eine Fresslust mit Langzeitfolgen.

Inzwischen vergeht kaum ein Tag, an dem nicht eine Studie veröffentlicht wird, die unterstreicht, wie krank machend ultraverarbeitete Nahrungsmittel sind. Ein wesentlicher Grund für die Angriffe auf unsere Gesundheit sind die künstlichen Zusatzstoffe. Die synthetischen Zusätze sollen Lebensmitteln Geschmack geben oder diesen verstärken, sie sollen die Waren haltbarer machen und mit Farbstoffen optisch aufpeppen. Oder sie enthalten Füllmaterialien, die das Volumen der Speisen vergrößern.

Ähnlich ungesund wie die bereits beschriebenen Süßstoffe sind viele künstliche Aromen und Konservierungsstoffe schädlich für das Mikrobiom, ebenso die Emulgatoren, die Weichmacher und Verdickungsmittel, die den Pudding cremig machen und dafür sorgen, dass er so angenehm im Mund zergeht. Häufig zugefügte Emulgatoren sind Polysorbat 80 (in der EU als Zusatzstoff E 433 registriert) und Carboxymethylcellulose (E 466). Viele der Emulgatoren kommen auch ursprünglich gar nicht aus der Nahrungsmittelproduktion: Carboxymethylcellulose wird für Tapetenkleister verwendet, bindet heute aber vor allem Kuchenfüllungen, Pudding oder Eiscreme. Aber was für den Handwerker so hilfreich ist, ist Gift für den Körper, weil der Stoff unter anderem chronische Entzündungen der Darmschleimhaut fördert. Wissenschaftler stellten bei Tierversuchen fest, dass bei einer Veranlagung für Darmerkrankungen die Zugabe der Zusatzstoffe im Futter schon nach wenigen Wochen zu einem Anstieg entzündlicher Prozesse im Darm bis zu 80 Prozent führten. Mikroskopisch zeigte sich, dass Emulgatoren den Abstand zwischen den Darmbakterien und den Darmzellen stark verringern und eine Fehlbesiedlung von Bakterien bewirken, was wiederum die Schutzschicht des Darms schädigt. Das kann in der Summe zu unerwünschten toxischen Übertritten von Bestandteilen der Verdauungsrückstände ins Blut führen, den Löchern im Darm (siehe S. 32).

Viele Jahre lang wurde die schädliche Bedeutung des Industrie-Essens weitgehend ignoriert. Erst in jüngster Vergangenheit wurden die Konsumenten sensibler. 2021 widmete sich das US-amerikanische Magazin *Newsweek* in einer Titelgeschichte den gesundheitlichen Risiken der ultrahochverarbeiteten Nahrung. In dem Artikel wurde vor ihnen gewarnt wie zuvor vor Zigaretten. Abgebildet war auf dem Cover ein Cheeseburger mit der Überschrift »Giftiges Essen«, darunter stand ein Hinweis wie auf einer Zigarettenschachtel: »Warnung: Ultraverarbeitete Nahrungsmittel erhöhen das Risiko für Diabetes, Krebs, Herzkrankheiten, Fettleibigkeit und Tod durch COVID-19.«

Die Warnung war und ist gut begründet. Eine im *British Medical Journal (BMJ)* 2022 veröffentlichte US-amerikanische Studie mit 200 000 Teilnehmern, die über rund 25 Jahre verlief, stellte bei Männern ein um 29 Prozent gesteigertes Risiko fest, an Darmkrebs zu erkranken, wurde häufig hochverarbeitete Nahrung gegessen und getrunken. In derselben *BMJ*-Ausgabe fand sich eine weitere Studie mit 22 000 Teilnehmern aus Italien, bei ihr sah es auch nicht besser aus: Der häufige Verzehr von Industrie-Essen war verbunden mit einem höherem Risiko für chronische Krankheiten, einem um 32 Prozent höherem Risiko, ein Herzleiden zu bekommen, und einer um 19 Prozent größeren Wahrscheinlichkeit, frühzeitig zu sterben.

Auch in Spanien war ein ähnliches Bild festzustellen: In der SUN-Studie (SUN steht für Seguimiento University of Navarra) wurden 20 000 Hochschulabsolventen über mindestens zehn Jahre beobachtet. Der tägliche Verzehr von mehr als vier Portionen ultraverarbeiteter Lebensmittel – dazu zählten die Wissenschaftler Wurst und Burger, zuckerhaltige Getränke, Milchprodukte mit Zusatzstoffen (darunter auch Eiscreme, Pudding und Milchshakes) sowie Pommes, verpacktes Gebäck und Süßwaren – erhöhte das Risiko vorzeitig zu sterben um mehr als 60 Prozent. In der weltweit durchgeführten und schon erwähnten PURE-Studie stieg durch einen täglichen Verzehr von ein bis vier hochverarbeiteten Lebensmitteln die Gefahr um 70 Prozent, an einer Darmentzündung zu erkranken. Lag die Anzahl der Portionen bei fünf pro Tag, waren es sogar mehr als 80 Prozent.

Was bis dahin kaum für möglich gehalten wurde, fanden weitere epidemiologische Studien aus Australien, China, Italien und Brasilien in den Jahren 2022 und 2023 heraus: Selbst die Psyche leidet unter schlechtem Essen. Zwei australische Untersuchungen belegten ein signifikant erhöhtes Risiko für Depressionen und mentale Störungen bei einem häufigen Verzehr von hochverarbeiteten Nahrungsmitteln. Eine Studie aus São Paolo mit 11 000 Teilnehmern konnte zeigen, dass der häufige Genuss von Industrie-Essen mit einer höheren Gefährdung verbunden war, an Demenz zu erkranken. Der Abfall kognitiver Funktionen – ein möglicher Indikator einer beginnenden Demenz –, war nach zehn Jahren um 28 Prozent stärker, wenn sich die Probanden schlecht ernährt hatten.

Alle diese Untersuchungen konnten eine klare Verbindung von schlechter Nahrung und schädlichen Folgen für die Gesundheit festhalten. Was fehlte, waren eindeutige wissenschaftliche Beweise für einen ursächlichen Zusammenhang zwischen ultrahochverarbeiteter Nahrung und Gesundheitsschäden. Die lieferte dann eine beeindruckende klinische Untersuchung aus den USA – ein Meilenstein der Ernährungsmedizin. Sie wurde im Mekka der Stoffwechselforschung, im klinischen Forschungszentrum der National Institutes of Health (NIH) in Bethesda durchgeführt. Diese Einrichtung ist eine Art Hotel mit Ärzten, eigener Küche und Chefköchen – und einer Ausgangssperre. Die dort untersuchten Patienten werden über einen begrenzten Zeitraum komplett überwacht. Alles, was sie essen, wird wie in einem Hochsicherheitstrakt gekocht und zusammengestellt. Während der Ernährungsexperimente werden der Stoffwechsel, aber auch Urin, Stuhlgang und die Ausatemluft engmaschig untersucht. Mit dieser Kontrollsituation wird ein Problem umkurvt, das fast immer in der Ernährungsforschung besteht: Wissenschaftler wissen häufig nicht wirklich, was die Teilnehmer essen und trinken. Der Nachteil des NIH-Hotels: Den Teilnehmern kann nur für eine kurze Zeit eine solch umfassende Überwachung zugemutet werden. Daher dauern die Projekte meist nur drei bis vier Wochen.

2018 widmeten sich die NIH-Forscher um Kevin Hall der ultrahochverarbeiteten Nahrung. Über zwei Wochen bekam die eine Hälfte der leicht übergewichtigen, aber gesunden Teilnehmer überwiegend hochverarbeitete Nahrung serviert, die andere Gruppe erhielt frisch zubereitete Mahlzeiten. Dann wurde getauscht und weitere zwei Wochen für die Wissenschaft gegessen und verdaut. Das entscheidende Detail: Beide Diäten enthielten identische Mengen von Fett, Zucker, Salz und Ballaststoffen, dennoch unterschieden sich die Speisen deutlich. Bei der ultrahochverarbeiteten Nahrungsvariante standen zum Beispiel Honig-Nuss-Knusperflocken, Fruchtjoghurt, Blaubeer-Muffins, Dosenravioli, Kartoffelpüree aus der Packung, Cracker, Diät-Limonade und fettarmer Trinkkakao auf dem Speiseplan. In der unverarbeiteten

Periode gab es griechischen Naturjoghurt mit Walnüssen und Obst, Spinatsalat mit gegrilltem Hühnchen, Bulgur, Reispfanne mit Gemüse oder Pecannüsse mit Orangenstreifen.

Die Studie sah vor, dass alle Teilnehmer so viel essen konnten, wie sie wollten, bis sie sich satt fühlten. Die Ergebnisse waren spektakulär. Die Gruppe mit dem Industrie-Essen aß im Schnitt über 500 Kilokalorien am Tag mehr. Sie nahm dementsprechend an Gewicht und Fettmasse zu. Einige Laborwerte wie das LDL-Cholesterin, Insulin oder der Entzündungswert CRP waren schon nach der kurzen Zeit durch das Industrie-Essen schlechter geworden, auch der Blutspiegel des Hungerhormons Ghrelin stieg an, trotz der täglich 500 Kilokalorien mehr am Tag! Kevin Hall war über das Ergebnis selbst überrascht.

Was Industrie-Essen mit uns macht

Wohin das alles mit dem Industriefutter führen kann, zeigte eindrucksvoll ein Bericht der BBC. In einem heroischen Selbstversuch aß der britische Arzt Chris van Tulleken einen Monat lang zu 80 Prozent ultraverarbeitete Nahrung. Der Zuschauer bekam regelrecht Mitleid, wenn er sah, wie van Tulleken Tag für Tag, Woche für Woche abbaute. Am Ende hatte er Schlafstörungen, Sodbrennen, Pickel, Kopfschmerzen, Ängste, depressive Symptome, eine stark gesunkene Libido und 6,5 Kilogramm an Gewicht zugenommen. Nach einem Monat resümierte van Tulleken erschöpft: »Ich fühle mich zehn Jahre älter.«

Es wäre also höchste Zeit, von ultrahochverarbeiteter Nahrung die Finger zu lassen. Doch so einfach ist es leider nicht. Die intensive Verarbeitung von Lebensmitteln gehört zu unserer Esskultur, sie ist Grundlage für genussvolles Essen. Man könnte sich sagen, es sei besser, Körner und Samen zu essen als Brot aus ausgemahlenem Mehl. Aber es ist fraglos eine Freude, Getreide zu mahlen, zu verfeinern und daraus unzählige Brotsorten, Pasta und Kuchen herzustellen und zu essen.

Doch der Grat zwischen einer Veredlung von Essen und einer krank machenden Massenproduktion ist sehr schmal. Bestes Beispiel dafür ist das Brot. Je mehr es ausgemahlen wird, desto mehr Minerale, Vitamine, Ballaststoffe, die vor allem in der Schale des Korns sind, gehen verloren. Das nährstoffärmste Mehl ist Type 405, unser klassisches Haushaltsmehl. Es hat seinen Namen daher, weil es nur noch 405 Milligramm Mineralstoff pro 100 Gramm Mehl enthält, beim Vollkornschrot sind es bis zu 1800 Milligramm. Gleichermaßen verlieren Obst und Gemüse an Wert für die Gesundheit, je mehr sie verarbeitet werden. So finden sich die enorm gesunden sekundären Pflanzenstoffe im Apfel in der Schale. Wird dieser geschält oder zu Apfelmus zerrieben, mit Zucker versetzt und zur besseren Haltbarkeit noch erhitzt, entsteht am Ende ein deutlich weniger gesundes oder gar ungesundes Nahrungsmittel. So schaffen wir es immer wieder, aus gesunden Lebensmitteln Ramschware zu machen. Ein ähnliches Beispiel sind die Obstsäfte. Da in ihnen fast keine Ballaststoffe mehr enthalten sind, sind sie deutlich ungünstiger für den Stoffwechsel und das Darm-Mikrobiom. Auch für tierische Produkte gilt die Regel: je verarbeiteter, desto ungesünder. So ist Fleisch an sich nicht sehr belastend für unseren Stoffwechsel und unsere Herz-Kreislauf-Gesundheit. Wurst jedoch, die vielfach verarbeitete, gesalzene, gewürzte und haltbar gemachte Fleischware ist ein sehr ungünstiger Risikofaktor für unsere Gesundheit. Sie fördert Entzündungen und die Entstehung von Krebs. Und nimmt dennoch viele Quadratmeter in den Regalen unserer Supermärkte ein.

Wie stark sich Lebensmittel durch deren Verarbeitung von ihrem Ursprung entfremdet haben, lässt sich auch am Beispiel von Mais vor Augen führen. Die Getreideart gibt es noch als ganze Maiskolben zu kaufen und zu essen, leider meist in Plastik verpackt. Mais ist heute etwas süß gezüchtet (sweet corn), das hätte nicht sein müssen, aber im Grunde ist es immer noch ein gesundes Lebensmittel. Schon etwas mehr verarbeitet sind die Maiskörner, verkauft werden sie in der Dose oder im Glas. Beim Kauf können wir zumindest noch darauf achten, dass nicht extra Zucker oder Salz beigegeben wurden und möglichst maximal ein Konservierungsstoff zugesetzt ist. Aber richtig schädlich werden die Kraftmacher, wenn sie in die Hände der industriellen Massenproduzenten geraden. Dann werden aus ihnen etwa Tortilla-Chips. Sehr lecker, aber nachdem sie über die Fließbänder der Fabriken gelaufen sind, auch sehr ungesund. Zuerst werden die Maiskörner vom Stil abgetrennt, anschließend gekocht und in ein Bad gesteckt, wo sie Wasser aufsaugen. Danach wird die Masse pulverisiert und zu einem Teig gepresst, in dünne Scheiben gewalzt und in der nächsten Maschine geschnitten. In weiterer Folge werden die Chips heiß gebacken und dann tiefgefroren, schließlich folgen die Suchtmacher: Zucker, Salz, Fett, Geschmacksverstärker wie Glutamat, Käse, Farbstoffe und Gewürze. Nach einem langen Weg auf dem Fließband ist die süchtig machende Kalorienbombe fertig.

Der große Unterschied zwischen Mais und Tortilla-Chips ist, dass die natürliche Matrix des Maiskorns nicht mehr existiert. Die Manipulation des Ausgangsprodukts verändert die Aufnahme der Nährstoffe und irritiert unser Sättigungsgefühl. Wir können es relativ einfach nachprüfen. Essen wir zwei gebackene Maiskolben, sind wir meist satt und haben in der Regel ein gutes Bauchgefühl. Futtern wir Chips, können wir nur schwer aufhören und bekommen danach großen Durst, haben ein ungutes Bauchempfinden und setzen unseren Darm unter maximalen Stress. Meistens wird bei hochverarbeiteten Lebensmitteln die ursprüngliche Struktur der Pflanze oder des Fleisches auseinandergenommen – oder deutlicher: zerstört. Allein dieser Prozess wirkt sich ungünstig auf den Blutzuckerspiegel im Körper aus. Das ist auch der Grund, weshalb eine italienische Pasta aus Hartweizengrieß den Blutzucker nicht so rasch ansteigen lässt wie Nudeln aus herkömmlichem Weißmehl.

Neben der ungünstigen Auswirkung auf unseren Blutzuckerspiegel ist hochverarbeitete Nahrung arm an Ballaststoffen, leichter zu kauen und schneller zu schlucken, daher wirkt sich auch die Essgeschwindigkeit beim Verzehr von Industrie-Essen negativ auf unsere Gesundheit aus. In der Studie von Kevin Hall vom NIH wurde neben der höheren Kalorienzufuhr und einer Gewichtszunahme noch ein weiteres eindrückliches Ergebnis nachgewiesen Es wurden dabei 50 Kilokalorien pro Minute verzehrt, bei der frisch zubereiteten Variante hingegen nur 30 Kilokalorien. Dieses schnelle Anfluten von Energie ist nicht nur für die Regulation des Blutzuckers ungünstig – auch der Darmschleimhaut, der Leber und dem Gehirn macht dieser Energie-Push zu schaffen.

Industrie-Essen schädigt das Mikrobiom

Fehlen die Ballaststoffe, gehen die Nährstoffe überwiegend ins Blut über, bevor die Darmbakterien zum Zuge kommen. Eine Studie aus dem AdventHealth-Forschungszentrum in Orlando, Florida, zeigte, dass ein Tauziehen zwischen dem Mikrobiom und dem Nahrungsbedarf unserer eigenen Zellen stattfindet. Lassen wir den Mikroben nicht viel Energie übrig, sondern alles in unser eigenes Blut fließen, haben wir zwar auf den ersten Blick gewonnen, nehmen aber zu leicht an Gewicht zu und überantworten den Darmbakterien zu wenig Ballaststoffe zum Leben. Wir fallen also am Ende wie beim Tauziehen um, weil keine Balance mehr mit dem Mikrobiom besteht. Das Mikrobiom wird also nicht nur durch künstliche Süßstoffe, Stabilisatoren, Konservierungsstoffe und Emulgatoren geschädigt, sondern auch dadurch, dass es durch hochverarbeitete Nahrungsmittel »ausgehungert« wird.

Dabei kann uns das Mikrobiom vor Entzündungen, Diabetes, Herzerkrankungen und Übergewicht schützen. In der schon erwähnten Studie der Arizona State University untersuchten die Wissenschaftler ja mit aufwendigen Methoden, wie viel Kalorien im Stuhlgang hängen blieben, also letztlich in der Toilettenschlüssel landeten und sich nicht im Hüftspeck niederschlugen. Bei der Gruppe, die wenig verarbeitete Nahrung mit Ballaststoffen zu sich nahm, wurden 217 Kilokalorien ausgeschieden, bei der Gruppe mit hochverarbeiteter Nahrung nur 116. Ein Unterschied von 101 Kilokalorien, die im Körpergewebe landete. Auf ein Jahr hochgerechnet, bedeutet dies, dass 5,2 Kilogramm Fettgewebe hinzukam.

Je mehr Zusatzstoffe, desto ungesünder

Manchmal schützt die Zugabe von Salz und Zucker vor Bakterien in der Nahrung. Wird dem Salz Jod zugegeben, kann das sinnvoll sein, genauso wie die in den USA übliche Zugabe von Calcium oder Vitamin B12 in Hafermilch, denn damit wird möglichen Problemen bei veganer Ernährung vorgebeugt.

Bei veganem Fleischersatz lohnt sich ein näheres Hinsehen. Pflanzliche Burger und Sojaschnitzel, so hieß es öfter, seien ungesund, weil verarbeitet. Sicher sind pure Erbsen oder ein indischer Linsen-Dal gesünder als ein aus Linsen oder Erbsen hergestellter Fleischersatz. Aber wie gesund oder ungesund die Mahlzeiten für jeden Einzelnen sind, hängt davon ab, was stattdessen gegessen würde. Erbsenpulver, Soja und Grünkerne sind eine viele gesündere Grundlage für Burger als Hackfleisch aus Massentierhaltung.

Zu pflanzlichen Ersatzprodukten wurde im Jahr 2020 eine der ersten Studien von der Arbeitsgruppe um Christoph Gardner im American Journal of Clinical Nutrition veröffentlicht. 36 Probanden bekamen in zwei Runden jeweils über acht Wochen lang Burger aus reinem Rinderhackfleisch, Würstchen und Hühnchen oder Burger und Würstchen aus pflanzlichen Fleischersatzprodukten zu essen. Die Fleischersatzprodukte enthielten Hülsenfrüchte, aber auch ziemlich viele Zusatzstoffe. Die Ergebnisse der Studie sorgten für eine gewisse Überraschung. Nach der Phase rein pflanzlichen Essens hatten die Teilnehmer mehr Gewicht abgenommen, einen niedrigeren LDL-Cholesterinspiegel und weniger TMAO (Trimethylaminoxid) im Blut. TMAO ist ein Risikofaktor für Herzinfarkt und Gefäßverkalkung, produziert durch Darmbakterien aus Lecithin. Keinen Unterschied gab es beim Blutdruck, was nicht verwunderlich war, da die fleischlichen wie auch die pflanzlichen Lebensmittel ordentlich viel – oder besser: zu viel – Salz enthielten. Schlussfolgern lässt sich daraus, dass trotz einer hohen Verarbeitung grundsätzlich die pflanzlichen Nahrungsmittel gewisse Vorteile haben. Ein Gericht aus Tiefkühlgemüse mit zwei Zusatzstoffen ist immer noch deutlich gesünder als ein Schweineschnitzel mit Kartoffeln.

Wenn wir beabsichtigen, weniger Hochverarbeitetes zu essen, stellt sich als Erstes die Frage, wie wir den Grad der Verarbeitung erkennen. Das Wichtigste ist, sorgfältig die Lebensmittelkennzeichnungen zu lesen (oder sollte man schon von Beipackzettel wie bei Medikamenten sprechen?). Das ist zunächst sehr lästig und macht den Einkauf etwas zeitintensiver, aber es lohnt sich. Grundsätzlich gilt: Je länger die Liste der Zusatzstoffe, desto eher sollten wir das Produkt im Regal belassen.

Der britische Mediziner und Ernährungsforscher Tim Spector hat einen einfachen Rat: Finden sich mehr als acht Zusatzstoffe bei einem Produkt, sollten Sie die Finger davonlassen. Dieser effektiven Richtschnur kann ich mich nur anschließen. Möglichst alle Stoffe sollten vermieden werden, die allein beigemischt werden, um die Lebensmittel haltbar zu machen und um die Farbe oder den Geschmack zu verstärken. Auch Emulgatoren, die dafür sorgen, dass sich das Fett im Produkt nicht vom Wasser trennt, sollten möglichst nicht enthalten sein. Und wenn Ihnen unbekannte Zutaten auftauchen, ist ebenfalls Vorsicht angesagt.

Versuchen Sie bei Eis, Crackern, Chips, Riegeln, Fruchtjoghurts oder Fertiggerichten zu widerstehen! Und wenn sich Ihre Hände mal verselbstständigen oder Ihr Gehirn allzu starke Signale aussendet und die Tüte Chips doch im Einkaufswagen landet, denken Sie beim Verzehr an den Suchtfaktor. Sucht liebt es, wenn wir abgelenkt sind, sie läuft unbewusst ab. Deshalb ist es besonders wichtig, dass das Essen und Knabbern nicht nebenbei geschehen, dann wird es mit der Disziplin erst recht nichts. Sind die Chips erst einmal geöffnet, ist es am besten, sich voll auf den Genuss zu konzentrieren. Jeder reflexartige Griff in die Tüte zieht fast automatisch den nächsten nach sich.

Am einfachsten wäre es natürlich, das Angebot an ultrahochverarbeiteten Nahrungsmitteln zu beschränken. Spricht man außerhalb des Protokolls mit Vertretern der großen Lebensmittelkonzerne, wird schnell klar, dass das nicht so leicht ist. Der frühere CEO von Danone, Emmanuel Faber, versuchte den Konzern umzusteuern, so sollten weniger ultraverarbeitete Lebensmittel verkauft werden und ökologische Aspekte stärker in das Sortiment einfließen. Nachdem

Lesen Sie sorgfältig die Lebensmittelkennzeichnungen, je länger die Liste der Zusatzstoffe, desto eher sollten wir auf das Produkt verzichten.

Milcheis mit Schokosauce von McDonald's
Milcheis: Zutaten: VOLLMILCH, Zucker, SÜSSMOLKENPULVER, Glukosesirup, SAHNE, Emulgator (E471), Stabilisatoren (E412, E407), Vanillearoma. Schokosauce: Zutaten: Gezuckerte KONDENSMILCH: (VOLLMILCH, Zucker), Zucker, Wasser, Kokosfett, fettarmes Kakaopulver 5 %, modifizierte Stärke, Salz, Stabilisator: (Natriumcitrat).

Selbstgemacht
Milch, Sahne, Zucker, Kakao.

CAPRI-Orangeneis
Zutaten: Orangensaft aus Orangensaftkonzentrat (53 %), Trinkwasser, Zucker, Glukose-Fruktose-Sirup, Säureregulator (Citronensäure), Stabilisatoren (Guarkernmehl, Tarakernmehl, Johannisbrotkernmehl), Farbstoff (Carotin), natürliche Orangenaromen.

Selbstgemacht
Orangensaft aus der Tiefkühltruhe.

Fabers Strategie öffentlich wurde, ging die Aktie des Unternehmens auf Talfahrt und der Franzose wurde gefeuert.

Ich bin aber davon überzeugt, dass wir als Verbraucher und Konsumenten sehr viel tun können. Letztlich entscheiden wir selbst an der Kasse bei jedem Einkauf, was die großen Konzerne in Zukunft herstellen und uns verkaufen. Würden wir immer weniger gezuckerten Fruchtjoghurt aus dem Regal nehmen, würde er mit der Zeit verschwinden.

Quintessenz: das Industrie-Essen

- Hochverarbeitete Lebensmittel machen einen ständig größeren Anteil an unserer Ernährung aus. Wir können uns dem Industrie-Essen immer schwerer entziehen. Dabei ist mittlerweile bewiesen, dass der Verzehr dieser Massenware für viele Krankheiten verantwortlich ist.
- Essen Sie möglichst frische, natürliche Nahrungsmittel. Zwingen Sie sich beim Einkauf ganz bewusst, nicht auf die Verlockungen der Industrie hereinzufallen. Denken Sie an den Suchtfaktor und lassen Sie sich nicht in die Abhängigkeit treiben.
- Lesen Sie beim Einkauf die Liste der Zutaten auf den Produkten. Daumenregel: Sind es mehr als acht Zusatzstoffe, lassen Sie sie links liegen.
- Fangen wir an, dem Gewinnstreben der Lebensmittelindustrie entgegenzuwirken: Überlegen Sie, auf welche ungesunden Waren Sie verzichten können und tauschen Sie sie gegen gesündere ein.

So können wir die Krankheit Übergewicht bekämpfen

Starkes Übergewicht und Adipositas sind medizinisch ein großer Krankheitsfaktor und für die Ernährungsmedizin die Geschichte eines gewaltigen Misserfolgs. Meterlang sind die Regale mit Ratgebern, Kochbüchern und Wunderkuren, die garantiert schlank machen sollen. Und von der unübersehbaren Anzahl an Diäten geben alle das gleiche abgenutzte Versprechen auf purzelnde Pfunde durch eine bestimmte Ernährungsform. Was die Sache so kompliziert macht, ist die Tatsache, dass es nicht so ist, dass die meisten Diäten völlig unsinnig sind. Oft verhält es sich so, dass ein Teil der Rezepturen durchaus sinnvolle Zutaten hat, die deren Erfinder – neben gehörigen finanziellen Motiven – antrieben, bestimmte Diäten zu propagieren. Leider funktioniert Marketing in der Regel nur mit einfachen Botschaften, komplexe Zusammenhänge fallen dabei unter den Tisch. Für Diäten bedeutet dies, dass sie als Patentlösungen verkauft werden.

Ein zweites Grundproblem ist, dass kurzfristige Erfolge bei Diäten leicht zu erzielen sind, langfristige aber so gut wie nie. Die Mehrzahl aller Studien zur Gewichtsabnahme hat Beobachtungszeiträume von nur drei, sechs oder zwölf Monaten. Die meisten kommen zu dem Resultat, dass unabhängig davon, welche Diät überprüft wurde, nach wenigen Monaten der Erfolg gut ist, aber spätestens nach rund einem Jahr das Gewicht langsam wieder nach oben zu klettern beginnt. Das liegt auch an der besonderen Situation, unter denen sich die Menschen in Studien befinden. Sie geben sich da stets große Mühe, die Vorgaben einzuhalten, weil sie unter Beobachtung stehen. Das Studiendesign erzeugt Druck und stachelt den Ehrgeiz an. In der Soziologie wird dieses Verhalten als Hawthorne-Effekt bezeichnet (der Name geht auf Experimente zurück, die zwischen 1924 und 1933 in der Hawthorne-Fabrik der Western Electric Company in Cidero, USA, gemacht wurden). Die Probanden wissen, dass sie wahrgenommen werden und möchten allein aus diesem Grund glänzend dastehen. Im richtigen Leben fällt dieser Effekt weg, wir kennen das: Die Neujahrsvorsätze sind meistens Mitte Januar schon wieder verflogen. So ist es eine ernüchternde Bilanz jahrzehntelanger Ernährungsforschung, dass bisher nichts Nachhaltiges gegen die stetig steigenden Zahlen von Übergewicht und von Adipositas-Erkrankungen ausgerichtet werden konnte: keine Diät half, die Präventionsprogramme der Krankenkassen veränderten nichts, Schlankmacher-Ratgeber ebenso wenig, ebenso keine fettarmen und kohlenhydratarmen Produkte.

In Deutschland sind derzeit etwa mehr als die Hälfte aller Menschen übergewichtig, Männer etwas mehr als Frauen. In den USA ist die Situation noch problematischer, hier sind derzeit etwa 70 Prozent der Bevölkerung übergewichtig und 40 Prozent adipös. Die weltweit grassierende Fettleibigkeit hat aber nichts mit einer ausgebrochenen Epidemie an Willensschwäche zu tun. Doch oftmals bekommen Übergewichtige entsprechende Vorwürfe zu hören. Auch für Ärzte ist das Übergewicht ein frustrierendes Thema, sie wollen heilen, erfolgreich behandeln – aber beim Wiegen ihrer Patienten werden sie mit ihrer Erfolglosigkeit konfrontiert. Die Not ist also groß, auf allen Seiten.

Was uns aktuell beschäftigt, ist die Kehrseite eines Sieges über den Hunger. Anders formuliert: Der menschliche Organismus kommt mit der selbst geschaffenen Überfülle von Nahrungsmitteln und einer ökonomisch dominierten Ernährungswelt nicht zurecht. Wir haben in einem gut sortierten Supermarkt über 15 000 Produkte, die uns tagtäglich zu verführen versuchen. Eine einfache, traditionelle, saisonale und zu unserer Biologie passende Ernährung ist da nur unter einer hohen Anstrengung möglich. Es wäre gesünder für uns, wären wir schlechtere Futterverwerter, aber die Evolution hat andere Gene gewinnen lassen. Die uralte Fähigkeit des Körpers, ausreichend Fettreserven für schlechte Zeiten einzulagern, ist uns erhalten geblieben. Dabei machen unsere Fettreserven wenig Sinn; sie werden kaum durch äußere Umstände aufgebraucht. In indigenen Bevölkerungen, die noch traditionell leben und essen, ist Übergewicht praktisch nicht existent.

Adipositas – was die Medizin falsch macht

Warum wir bisher versagen, die Notlage Adipositas erfolgreich zu bekämpfen, sehe ich in zwei Gründen. Die moderne Medizin ist bestrebt, eine einzelne Ursache, einen auslösenden Faktor für eine Erkrankung zu identifizieren und hierfür eine gezielte Therapie einzusetzen. So erfolgreich diese Strategie beim Beinbruch, der Therapie eines Herzinfarkts mit Herzkathetern, der Entwicklung von medikamentösen Rezeptorblockern gegen Bluthochdruck oder einem orthopädischen Gelenkersatz ist, so wenig führen solche einseitigen Ansätze bei einem vielschichtigen Problem wie der Adipositas zu einem Ergebnis.

Ein zweiter Grund besteht in der Ökonomisierung der Heilkunde. Als sich 2023 herausstellte, dass die Diabetes-Medikamente Ozempic und Wegovy in der Lage sind, eine erhebliche Gewichtsabnahme bei Übergewicht zu erwirken, ging der Aktienkurs des dänischen Unternehmens so durch die Decke, dass der Wert der Firma das Bruttosozialprodukt des ganzen Landes überstieg. Tatsächlich ist die Wirkung der Abnehmspritzen beeindruckend, noch sind aber mögliche langfristige Nebenwirkungen unklar. Ein wesentlicher Nachteil von Ozempic und Wegovy besteht jedoch darin, dass man lebenslang förmlich an der Nadel hängt. Denn sobald die Therapie unterbrochen wird, nimmt man wieder zu (siehe auch S. 141 f.). Für mich zeigt sich hier das zugrunde liegende Problem, dass mit diesen Medikamenten nicht geheilt wird, sondern nur kontrolliert beziehungsweise unterdrückt. Für ein vielschichtiges Problem wie Adipositas, das zahlreiche Ursachen hat, bieten auch die Neulinge auf dem Markt keine Lösung, sie sind nur ein Pflaster. Denn die Ursachen der Ernährungskatastrophe sind: ein Übermaß an industriell verarbeiteter Nahrung, zu energiedichte Lebensmittel, wenig Essenspausen, Schlaf- und Bewegungsmangel, Stress, zu wenig Ballaststoffe, Umweltgifte.

Diese Komplexität der Adipositas-Epidemie wird von Medizin und Wissenschaft weiterhin nicht wirklich angegangen. Grundsätzlich dominiert die vereinfachte Sichtweise, dass Übergewicht und

Adipositas von zu viel Kilokalorien kommen. Weniger essen könne das Problem lösen. Tut es auch, aber nur zum Teil. Denn überraschenderweise gibt es keine Evidenz dafür, dass Fettleibigkeit nur an einer maßlosen Kalorienzufuhr liegt. Veranschaulicht hat dies der iranisch-US-amerikanische Epidemiologe Dariush Mozaffarian. Er analysierte die jährliche Produktion und den durchschnittlichen Verzehr von Nahrungskalorien in der US-amerikanischen Bevölkerung und konnte zeigen, dass seit 1999 kaum Veränderungen stattfanden, aber im Gegensatz dazu der Anteil von Adipositas im gleichen Zeitraum von 30 auf 42 Prozent zunahm. Die pure Essensmenge und Bewegungsfaulheit sind also nicht die Verursacher von Adipositas, sondern es hat mit der Zusammensetzung unseres Essens zu tun, mit der Beigabe von Zusatzstoffen, dem Wandel des Mikrobioms und zu einem gewissen Anteil mit den epigenetischen Modifikationen, die an die nächste Generation weitergegeben werden, ohne dass die DNA transformiert wird. Epigenetisch heißt in diesem Zusammenhang, dass zelluläre und molekulare Aktivitäten die Gene ein- und ausschalten. Diese Prozesse sind aber dynamisch, nicht in Stein gemeißelt, sondern durch Ernährung wieder heilbar.

Uns Wissenschaftler beschäftigt immer wieder die Frage, ob Übergewicht überhaupt ungesund ist oder ob nur das individuelle Wohlbefinden betroffen wird und ob es um ästhetische Ideale geht. Haben Werbung und (soziale) Medien etwa ein übertriebenes Schlankheitsideal geprägt? Erwiesen ist, dass extreme Essstörungen und Magersucht ein relevantes medizinisches Problem darstellen. Aber es ist inzwischen auch eindeutig belegt, dass Übergewicht und Adipositas ungesund sind und krank machen. Es ist die absolute Ausnahme, wenn jemand adipös und sein Stoffwechsel dennoch gesund ist.

So gelingt das Abnehmen

Bis vor Kurzem glaubten Mediziner noch, dass etwa 15 Prozent der Menschen mit Adipositas gesund bleiben könnten, also keinen Diabetes, keinen Bluthochdruck und keine Herzerkrankungen entwickeln. Nach neueren Studien scheint dies aber nicht der Fall zu sein. Es ist einzig so, dass in jüngeren Jahren noch eine gewisse Toleranz gegenüber den Belastungen für den Körper aufgrund des übermäßig hohen Fettanteils besteht. Spätestens aber nach 15, 20 oder 25 Jahren Adipositas kommen die Organe und die Regulationsfähigkeiten des Körpers an ihre Grenzen. Dann entstehen in den allermeisten Fällen Diabetes Typ 2, Bluthochdruck, Herz- und Gefäßerkrankungen, ganz zu schweigen von den Krankheiten, die so oder so durch Übergewicht gefördert werden, wie Kniearthrose, Rückenschmerzen, das Schlafapnoe-Syndrom (SAS). Zudem erhöht Adipositas auch das Risiko für viele Krebserkrankungen.

Will man Gewicht abnehmen, gibt es nicht *die* einfache Lösung. Um dem komplexen Problem Adipositas beizukommen, braucht es eine komplexe Ernährungsstrategie. Das bedeutet nicht, dass es unendlich schwierig ist, Pfunde zu verlieren, auch nach vielen Jahren der Fettleibigkeit kann das Normalgewicht wiedererlangt werden. Es bedarf dazu aber eines wirklichen Wandels in der Ernährung, einer Änderung des Lebensstils und des Genusses. Nicht weniger Genuss, sondern eines anderen Genusses.

Nach meinen Erfahrungen in der Klink und in meiner Sprechstunde können die meisten Menschen ihr Ziel erreichen, wenn mehrere Faktoren, die ich anschließend ausführen werde, in Kombination angepackt werden. Es ist nicht notwendig, alles davon umzusetzen, aber je mehr Elemente es sind, desto wahrscheinlicher wird der Erfolg, auch ohne Abnehmspritzen oder Operationen:

Keine Kalorien zählen

Wenn Sie Gewicht verlieren wollen, verabschieden Sie sich davon, sklavisch Kalorien zu zählen. Die magischen Kalorienzahlen begegnen uns überall, auch ich spreche davon, wenn ich

Forschungsergebnisse zum Energieumsatz oder von Ernährungsformen in Studien beschreibe. Auf den Lebensmittelkennzeichnungen sind sie per 100 Gramm angegeben. Dahinter verbirgt sich die einfache Idee: Nehmen wir mehr Kalorien zu uns, als wir verbrauchen, werden wir dick, und wenn wir weniger Kalorien zu uns nehmen, bleiben oder werden wir dünn.

Das Konzept ist eine Basis der Ernährungsmedizin, es gibt uns eine gewisse Einschätzung über die Energiedichte von Nahrungsmitteln. Es ist interessant zu wissen, dass ein Burger mit Pommes energiedichter ist als Kartoffeln mit Spinat. Aber dieses Konzept wiegt uns in falscher Sicherheit. Und die Ernährungsindustrie versucht, genau darauf beim Warenverkauf zu spekulieren. Hat ein Produkt wenige Kilokalorien, hat es den Anschein, als wäre es gut und würde uns gegen das Übergewicht helfen. Aber so einfach macht es uns das Essen nicht. Es ist grundsätzlich richtig, Kilokalorien zu reduzieren. Ist jemand jedoch schon adipös, kommen noch etliche andere Faktoren hinzu, die mitentscheiden, ob wir Kilokalorien als Fett ansetzen oder loswerden. Ein weiterer Punkt ist, dass sowohl die Angaben und Berechnungen auf den Lebensmitteln bezüglich ihres Kaloriengehalts als auch die Angaben, was wir mit Bewegung oder Sport verbrauchen, absolut ungenau sind. Es stimmt, dass 100 Gramm Pudding oder Quark eine bestimmte Anzahl an Kilokalorien enthalten. Das heißt aber nicht, dass diese Energie auch im Darm aufgenommen wird und damit im Blut und im Fettgewebe landet. Kombinieren wir beispielsweise Kohlenhydrate wie Stärke zusammen mit Ballast-, Faser- und sekundären Pflanzenstoffen, werden weit weniger als 100 Prozent aufgenommen. Ein prägnantes Beispiel sind Nüsse. Sie enthalten zwar reichlich Fett mit reichlich Kilokalorien, da aber auch noch Ballaststoffe drin sind, wird bei weitem nicht alles Fett verarbeitet.

Ähnlich verhält es sich mit der Berechnung des Kilokalorienverbrauchs durch Bewegung. Einschlägige Tabellen sind Anhaltspunkte, im Detail kann jedoch niemand genau sagen, wie viel Kilokalorien ein Mensch verbrennt, wenn er zum Beispiel einen Kilometer walkt, eine Stunde tanzt oder wandert. Die verbrauchte

Energie hängt von seiner Kleidung ab, von der Außentemperatur, wie viel er schwitzt, wie die Statik seines Gangs und seine Beweglichkeit sind, welche Uhrzeit und Jahreszeit wir haben und ob die Person gut trainiert ist oder nicht.

Neben unserer sportlichen Aktivität gibt es noch den Grundumsatz, den wir verbrauchen, um unseren Körper am Leben zu halten. Dieser ist genetisch unterschiedlich, je nachdem wie viel Muskelmasse wir haben, wie hoch die Körpertemperatur ist und wie viel das Gehirn und die Verdauungsorgane verbrauchen. Unter Bewegung fällt aber nicht nur Sport. Eine Studie konnte zeigen, dass Menschen, die eine sehr aktive Mimik und Gestik haben und viele kleine Bewegungen machen, mehr Energie verbrauchen als Menschen, die ruhiger sind und weniger gestikulieren. Unterm Strich bleibt: Die Wissenschaft vom Kilokalorienzählen führt uns nicht ans Ziel, sie ist erst recht keine Lösung gegen die Übergewichtswelle.

Kohlenhydrate, Fette und Proteine klug essen

Aus den Kenntnissen, die wir inzwischen über das Zusammenspiel der verschiedenen Formen von Kohlenhydraten, Proteinen und Fetten haben, lassen sich wichtige Empfehlungen ableiten, die die Gewichtsabnahme unterstützen.

- Bei **Kohlenhydraten** ist klar, dass Zucker und Fruchtzucker in purer Form so wenig wie möglich verzehrt werden sollten.
- Am besten ist es, Kohlenhydrate möglichst in Begleitung von **Ballaststoffen** zu essen, das heißt, dass Vollkornbrot, Vollkornnudeln und Vollkornreis auf den Speiseplan gehören. Einen Anstieg des Blutzuckerspiegels durch Kohlenhydrate können wir zudem mit Essig und Hülsenfrüchten abdämpfen.
  Schließlich spielt auch die Zeit eine Rolle: Im Rahmen einer Mahlzeit ist es am besten, die Kohlenhydrate zum Schluss zu essen. Als ich als Austauschschüler in Frankreich war, bekam ich bei meiner Gastfamilie anfangs einen Teller mit Salat, später gab es Möhren und Bohnengemüse separat und erst dann folgte die Hauptspeise. Zu Hause in Süddeutschland war ich es

gewohnt, dass alles auf einen Teller kommt: Spätzle, Gemüse, Fleisch, Soße. Die Methode meiner französischen Gastfamilie lernte ich später sehr zu schätzen. Und auch die Tageszeit ist mitentscheidend: Kohlenhydrate werden morgens und mittags besser verstoffwechselt als abends. Ich empfehle bei Übergewicht, immer einen Testlauf zu machen: Über vier Wochen lang abends kein Brot, keine Nudeln, kein Reis, keine Kartoffeln und keinen Mais zu essen. Nimmt man dadurch leichter ab, ist man vom Stoffwechsel her eine Lerche, ein Früh-Verstoffwechsler. Dann sollte die Pasta nicht später als 14:00 Uhr gegessen werden und das Dessert beim Abendessen die Ausnahme sein.

- **Ballaststoffe** vereinen hervorragende Eigenschaften: Sie füttern das Mikrobiom und nähren dessen Bakterien, und deren Metaboliten wiederum tragen zur Gewichtsabnahme bei. Vor allem helfen Ballaststoffe, dass ein Teil der zugeführten Nahrungsenergie unverdaut wieder ausgeschieden wird. Man schätzt diesen Anteil auf etwa fünf bis zehn Prozent. Welche Ballaststoffe wir zu uns nehmen, ist dagegen weniger wichtig, Hauptsache, es sind Ballaststoffe.
- Unter den verschiedenen Fetten führen die **gesättigten Fette** am ehesten zu einer Gewichtszunahme. Da sie auch das Herz-Kreislauf-Risiko, den Blutdruck und den Insulinspiegel erhöhen, ist es sinnvoll, hiervon wenig zu essen. Ein bisschen Butter ist sicher nicht das Problem, eher eine Currywurst mit Pommes und Mayonnaise.
- **Proteine** sind von der Biologie nicht als primärer Energielieferant vorgesehen, sie sind wichtig für die Zellstruktur. Bei Übergewicht ist die entscheidende Eigenschaft von Nahrungsproteinen, dass sie einen starken Einfluss auf den Appetit und den Hunger haben. Daher ist eine proteinarme Ernährung, die Vorteile für die Langlebigkeit hat, bei Übergewicht und Adipositas nicht zu empfehlen.

Schluss mit Selbstbelohnung und Industriefood

Von industriell hergestellten Nahrungsmitteln essen wir 500 Kilokalorien mehr, nur weil es hyperschmackhaft und suchterzeugend verarbeitet wurde (siehe S. 193 ff.). Meine Empfehlungen sind hier, diszipliniert zu sein und diese ultrahochverarbeiteten Lebensmittel gar nicht erst zu kaufen. Auch Limonaden, Softdrinks und Cola-Getränke stehen jeder erfolgreichen Gewichtsabnahme definitiv im Weg.

Sehr oft höre ich in meinen Beratungen, man esse jetzt nur noch Geflügel und kein rotes Fleisch mehr. Meine Antwort, dass dies hinsichtlich des Übergewichts eher schlechter sei, überrascht viele meiner Patienten. Die meisten Umweltgifte und dick machenden Chemikalien werden über die Nahrungskette immer weiter angereichert, sie stecken vor allem in tierischen Produkten, besonders in Geflügel.

Professor Hans Hauner, Ernährungsmediziner an der Technischen Universität München, hat sich das wohl berühmteste und ungesündeste Junkfood Bayerns als Forschungsgegenstand herausgesucht: die Leberkässemmel. Als wir uns am Rande einer Konferenz unterhielten, erzählte er mir seine Beweggründe: Es falle den meisten Menschen einfach zu schwer, alte Gewohnheiten aufzugeben. Ein paar würden es schaffen, aber die Mehrzahl nicht. Und er fände es wichtig, dieses Junkfood dann wenigstens etwas weniger ungesund zu machen. Das hat Hauner dann auch im Rahmen seines Forschungsprojekts »Enable« umgesetzt: Die Leberkässemmel ist in der herkömmlichen Variante ernährungsmedizinisch eine Katastrophe. Sie besteht aus purem Weißmehl und dazwischen ruht eine Art Wurstscheibe, die überwiegend aus einem Brät eher geringer Fleischqualität aus Rindfleisch, fettreichem Schweinefleisch, Speck, viel Salz und Gewürzen besteht. Gerne wird sie mit einer Cola oder einem Spezi kombiniert. Hauner und sein Team machten die Leberkässemmel ein wenig gesünder, indem sie dem Brötchen sowie dem Leberkäse Ballaststoffe zusetzten, außerdem kam weniger Salz hinein und etwas mageres Fleisch. Das ergab dann pro Semmel 20 Gramm Ballaststoffe und 30 Prozent weniger Kalorien. In einer

Blindverkostung mit 20 Teilnehmern hatte sie alle Tests bestanden, sie schmeckte und konnte nicht von der ungesünderen Variante unterschieden werden. Dennoch gab es kein Happy End für diese kluge Neuerung. Die gesunde Leberkässemmel wäre nämlich zehn Cent teurer in der Herstellung, da machten die Fleischhersteller nicht mehr mit. Ein eindrückliches Beispiel, wie man an der falschen Stelle sparen kann.

Mit der Zeit abnehmen

Zeit und Geschwindigkeit spielen eine enorme Rolle bei Übergewicht. Ein Schlüssel für eine erfolgreiche Gewichtsabnahme ist Langsamkeit und Geduld. Es beginnt mit dem Esstempo, viele Menschen mit Übergewicht essen zu schnell. Eine effektive Maßnahme für einen Gewichtsverlust: früher aufhören zu essen. Und das klappt in erster Linie, indem man langsam anfängt. Langsam zu essen und gründlich zu kauen, fördert die Sättigung. Wir essen weniger, weil wir eher die Mahlzeit beenden. Darüber hinaus fördert es den Genuss. Ideal ist es, 20 Minuten vor dem Essen Alltagsstress zu meiden und nicht direkt aus einer belastenden Situation heraus mit dem Mahl zu beginnen. Die Verdauungsabläufe funktionieren besser nach einer kurzen Ruhephase.

Eine zu hohe Geschwindigkeit kann auch in anderer Hinsicht einer Normalisierung des Gewichts entgegenstehen. Übergewicht bekommt man nicht zwischen Weihnachten und Neujahr weg, sondern zwischen Neujahr und Weihnachten, und das über viele Jahre. Oft höre ich in der Sprechstunde, wenn der Entschluss einmal gereift ist, Gewicht abzunehmen, dass man vorhabe, etwa 20 Kilogramm im nächsten halben Jahr abzunehmen. Das ist nicht nur schwer erreichbar, es ist auch nicht nachhaltig. Ein bescheideneres Ziel, beispielsweise ein oder eineinhalb Kilogramm pro Monat, ist besser.

Es fällt uns allen nicht leicht, Geduld beim Erreichen von Zielen zu entwickeln. Durch unsere digitalen Hilfsmittel sind wir daran gewöhnt, unmittelbar Resultate sehen zu wollen. Aber der Körper lässt sich durch die Technik wenig beeindrucken, er hat seine biologisch gesteuerten Rhythmen. Ein behutsames Abnehmen verhindert, dass sich der Körper wehrt, die Gewichtszunahme geschieht quasi unter seinem Radar. Das ist von großer Bedeutung. Wann immer wir viel Gewicht abnehmen, aktiviert der Körper nämlich seine Abwehrmechanismen. Für ihn ist es ein Signal, dass eine Hungersnot drohen könnte, und er versucht, den Energieverbrauch zu drosseln.

Ein Lehrstück ist die Realityshow The Biggest Loser aus den USA, die es auch ins deutsche Fernsehen geschafft hat. Bei dieser Serie wurden die Teilnehmer mit ziemlich kruden Methoden und hohen finanziellen Belohnungen dazu getrieben, in möglichst kurzer Zeit massiv abzunehmen. Bei der achten Staffel von 2009 begleiteten Wissenschaftler der National Institutes of Health (NIH) die 16 Teilnehmer und untersuchten sie auch Jahre später ausführlich. Laut dem 2016 publizierten Bericht hatten die meisten wieder an Gewicht zugenommen, in einigen Fällen hatten sie sogar mehr auf den Rippen als vor dem Hungerwettbewerb. Es war der berüchtigte Jo-Jo-Effekt eingetreten. Die Ursache dafür: Der Stoffwechsel dieser Teilnehmer hatte sich in der Radikalkur so weit verlangsamt, dass sie Hunderte Kilokalorien pro Tag weniger verbrannten als unter normalen Bedingungen. Betrüblich war, dass sich dieser Spareffekt nicht mehr auflöste, was bedeutete, dass die Teilnehmer nach dem Biggest-Loser-Programm viel schlechtere Chancen hatten, in Zukunft ihr Gewicht zu halten. Der einzige Ausweg besteht darin, möglichst langsam abzunehmen und die Ernährung zu optimieren.

Fasten als Teil der Abnehm-Strategie

Eine Ausnahme in der Abnehm-Logik ist das Heilfasten. Beim Heilfasten nimmt ein durchschnittlich großer Mann etwa 300 Gramm Fett pro Tag ab. Bei einer Fastenzeit von fünf Tagen verliert er 1,5 Kilogramm Fett, bei sieben Tagen 2,1 Kilogramm. Das Fasten ist aber wegen drei anderer Effekte ein guter Start für eine nachhaltige Gewichtsabnahme: Es reduziert die Fettleber, durchbricht eine Insulinresistenz und ungute Geschmacksgewohnheiten. Auch das Intervallfasten punktet: Die bisherigen Studien dazu konnten zeigen, dass mit dieser Methode im Durchschnitt drei Kilogramm Gewicht in drei Monaten abgenommen werden kann. Meine Empfehlung ist, das Intervallfasten in die Gesamtstrategie mit einzubauen, wenn man Gewicht verlieren will (siehe auch S. 363 ff.).

Booster und Fatburner

Der Markt für vermeintliche Abnehmpillen und -elixiere ist unüberschaubar. Jedes Jahr gibt es neue Moden und grelle Marketing-Versprechen. Meist bleibt nicht viel davon übrig. Im Folgenden habe ich die Nahrungsmittel zusammengestellt, die tatsächlich in der Lage sind, mehr Fett zu verbrennen oder den Appetit zu reduzieren:

- **Polyphenole:** Sie stecken in Obst, Gewürzen und vor allem in dunklen Beeren und helfen in mehrfacher Hinsicht bei der Gewichtsabnahme. Sie verzögern die Verdauung und führen zur Ausschüttung des Magen-Darm-Hormons GLP-1, das auch von den neuen Abnehmspritzen wie Ozempic imitiert wird. Zudem verbessern Polyphenole über die Einwirkung auf das Mikrobiom und die Produktion von kurzkettigen Fettsäuren im Darm die Gewichtsabnahme. Mein Tipp: Täglich eine Portion dunkler oder roter Beeren essen. In der kalten Jahreszeit bieten sich Blaubeerpulver oder Tiefkühlbeeren an.
- **Leinsamen:** Ihre Wirkung ist appetithemmend, das konnte in klinischen Studien bestätigt werden. Es gibt inzwischen auch eine Metaanalyse zur gewichtsreduzierenden Wirkung von Leinsamen. Tatsächlich bestätigt sich in ihr ein leichter gewichtsreduzierender Effekt. In den Untersuchungen mit den besten Ergebnissen wurden den Probanden 30 Gramm Leinsamen pro Tag verabreicht; das ist eine ziemlich große Menge. Nach meiner Erfahrung kommt man mit zehn bis 20 Gramm pro Tag auch schon weit.
- **Gewürze statt Salz:** Die wirksamsten Gewürze sind Knoblauch, Kreuzkümmel, Ingwer und Chili. Neben der leicht gewichtsreduzierenden Wirkung haben sie zudem den Vorteil, dass wir bei ihrer Verwendung automatisch weniger salzen. Salz erhöht nämlich nicht nur den Blutdruck, sondern macht Hunger. Ein

weiterer Nachteil von Salz ist, dass die Wärmeproduktion bei der Verdauung etwas reduziert wird. Durch den geringeren Verbrauch von Energie bleibt mehr für die Fettreserven übrig.

- Daten belegen, dass Menschen, die scharf essen und viel **Chili** verwenden, in der Regel weniger Übergewicht haben. Mit einem halben Teelöffel rotem Chilipulver kann man seinen täglichen Kalorienverbrauch um bis zu 100 Kilokalorien erhöhen. Das liegt, neben der Wirkung auf das braune Fettgewebe, auch an der gesteigerten Thermogenese im Magen-Darm-Trakt.
- **Ingwer** ist eine Art Multitalent, er hilft ebenso bei Übergewicht und Adipositas. Ein heißer Ingwertee ist nicht nur gut gegen Erkältungen, sondern wirkt für einige Zeit appetithemmend. Ingwer hat eine gewisse Schärfe durch die in ihm enthaltenen Gingerole und Shogaole; diese Scharfstoffe führen zu einer erhöhten Fettverbrennung. Ingwer aktiviert ebenfalls das braune Fettgewebe, beide Effekte sind aber nicht so ausgeprägt wie bei Chili.
- **Kreuzkümmel** lässt das Gewicht schmelzen. In einer Studie führte die Einnahme von einem Teelöffel pro Tag zu einer Gewichtsabnahme von etwa zwei Kilogramm in drei Monaten. Ich empfehle daher das regelmäßige Würzen mit Kreuzkümmel. Auch Schwarzkümmel hat eine leicht gewichtsreduzierende Wirkung.
- In klinischen Studien mit **Knoblauchpulver** konnte eine gewichtsreduzierende Wirkung nachgewiesen werden. Ich gehe davon aus, dass dies auch für frischen Knoblauch gilt. Bei asiatischen Gerichten kann man die Gewürztrumpfkarte spielen und Knoblauch mit Kreuzkümmel, Chili und Ingwer kombinieren. In der mediterranen Küche ist Knoblauch ohnehin allgegenwärtig.
- **Salate:** Wer Gewicht abnehmen will, sollte unbedingt regelmäßig Grünblättriges essen, also Blattsalate mit Spinat, Mangold oder Rucola. Sie enthalten chlorophyllreiche Membranen, die Thylakoide. Diese Moleküle verzögern die Verdauung und binden sich an das fettverdauende Enzym, die Lipase. Dadurch

wird die Fettaufnahme so weit verzögert, dass sie bis zum Ende des Dünndarms verschoben wird. Hierdurch werden stärkere Sättigungssignale an das Hirn geschickt, als wenn Fett früher verdaut wird. In Studien fand sich zudem, dass man durch Zugabe von Grünblättrigem, sei es als natürliches Nahrungsmittel oder auch als Spinatpulver, weniger Heißhunger auf Süßes bekommt und insgesamt der Appetit gehemmt wird. Mein Geheimtipp für Grünblättriges ist das Möhrengrün. Es wird meist völlig zu Unrecht weggeschmissen. Man kann daraus ein Pesto machen oder es mit Kreuzkümmel und Ingwer in der Pfanne braten.

- **Bitterstoffe:** Sie sind natürliche Fatburner und Appetithemmer, da sie sehr effektiv die Produktion von Verdauungsenzymen in Galle und Bauchspeicheldrüse und darüber die Fettverdauung aktivieren. Bittere Aromen führen zudem zu einer schnelleren Sättigung und sind für das Mikrobiom günstig. Mittlerweile wird leider der bittere Geschmack aus immer mehr Gemüse- und Salatsorten herausgezüchtet. Ich empfehle Radicchio, Chicorée, Endiviensalat, Oliven, Kohl oder Wildpflanzen wie Löwenzahn.
- **Hibiskus:** Hibiskustee ist ein bekanntes Mittel gegen Bluthochdruck, wird aber in Mexiko auch gegen Fettleibigkeit eingesetzt. Tatsächlich scheint sich ein Bestandteil des Hibiskus an das Fett spaltende Enzym Lipase zu heften, damit verlangsamt er die Fettverdauung und es wird am Ende mehr Fett beim Stuhlgang ausgeschieden. Tatsächlich ist auch eine leichte Gewichtsreduzierung belegt, wenn wir täglich drei bis vier gut durchgezogene Tassen trinken. Ein Nachteil: Trinken wir beständig Hibiskustee, greift das, wie bei Zitrusfrüchten und Smoothies, den Zahnschmelz an. Es ist sinnvoll, sich nach dem Trinken den Mund mit Wasser auszuspülen und nicht gleich danach die Zähne zu putzen. Zudem sollte man nicht mehr als einen Liter pro Tag zu sich nehmen. Neben der Wirkung auf die Fettverdauung scheint Hibiskus auch leicht den Appetit zu hemmen.

- **Tee:** Es ist eine sehr angenehme Möglichkeit, mit Teetrinken das Gewicht zu reduzieren. Vor allem der grüne Tee mit seinem darin enthaltenen Polyphenol EGCG führt zu mehr Fettverbrennung. Im Gegensatz zu anderen Fatburnern gelingt grünem Tee dies ohne unangenehme Nebenwirkungen wie Bluthochdruck oder Herzrasen. Die Ergebnisse aus Studien legen nahe, dass die gewichtsreduzierenden Effekte individuell sehr unterschiedlich sind. Jeder sollte selbst testen, ob grüner Tee die erwünschte Reaktion bringt, wenn man davon täglich drei oder vier Tassen trinkt.
- **Kaffee:** Dass er den Stoffwechsel antreibt, erleben die meisten von uns jeden Morgen. Diese Wirkung läuft parallel mit einer höheren Fettverbrennung und einer höheren Stoffwechselaktivität einher. Die Beschleunigung des Stoffwechsels lässt sich auch am kurzfristig schnelleren Herzschlag und vor allem an einer leichten Erhöhung der Körpertemperatur von einem halben Grad ablesen.
- **Nüsse:** Sie helfen beim Abnehmen trotz ihres Fettgehalts. Denn sie sättigen, enthalten Ballaststoffe und fördern die Bildung der guten kurzkettigen Fettsäuren im Darm. Besonders Pistazien mit Schale unterstützen die Gewichtsabnahme. Sie müssen erst herausgeschält werden, ehe man sie essen kann – allein dieser Umstand gibt dem Darm und dem Gehirn Zeit, reichlich Sättigungssignale auszusenden. In der Ernährungswissenschaft spricht man hierbei vom »Pistazien-Prinzip«. Für harte Nüsse und Mandeln, die man langsam und intensiv kauen muss, trifft es ebenso zu.
- **Berberitze:** Sie findet man preisgünstig in Asia-Läden, sie sind ein wichtiger Teil traditioneller persischer Reisgerichte. Es gibt nicht viele klinische Studien zu Berberitze und Berberitzensaft, aber die durchgeführten wiesen eine zusätzliche Gewichtsabnahme nach. Schwangere und Stillende sollten davon jedoch Abstand nehmen, da es den Stoffwechsel zu sehr bremst.

- **Yacón:** Die Ergebnisse von Untersuchungen zu präbiotischen Nahrungsergänzungen, die oftmals als Beitrag zur Gewichtsabnahme beworben werden, waren bisher enttäuschend. Das gilt nicht für den Yacón-Sirup, nach dessen Einnahme das Fett erwiesenermaßen weniger wurde. Er ist nicht ganz so süß wie Honig, hat aber einen angenehmen Geschmack und ist relativ kalorienarm. Es gibt aber einen Nachteil, der mit der präbiotischen Wirkung zu tun hat. Am Anfang kann er zu starken Blähungen führen. Ich würde empfehlen, erst mit einer sehr kleinen Menge anzufangen und dann auf rund zwei Teelöffel pro Tag aufzudosieren. Bekommt man auch nach vier Wochen noch Blähungen oder Durchfall, passt es nicht zum individuellen Mikrobiom.

Weniger Kilos durch weniger Stress

Bei vielen Patienten in der Klinik und in meiner Sprechstunde ist Stress ein mitverursachender Faktor für Übergewicht. Oftmals beginnen die ersten Gewichtsprobleme in Phasen mit großen Belastungen, zu wenig Zeit für sich selbst und für Bewegung. Wer Stress hat, hat weniger Muße zu kochen und zu genießen, greift eher zu Fast Food. Berüchtigte Tröster bei Stress sind Süßigkeiten, Alkohol und Snacks. Auch andere Folgen von intensiven Anspannungen können Übergewicht fördern, seien es Schlafstörungen und Schlafmangel, die körpereigene Produktion von Cortisol, das die Gewichtszunahme verstärkt, oder Medikamente, die das Körpergewicht enorm erhöhen können, bis hin zu depressiven Verstimmungen. Hier ist es unbedingt erforderlich, Belastungen zu reduzieren, Ruhephasen einzubauen, eine gute Lebensorientierung zu finden und Achtsamkeit zu entwickeln. Lesen Sie hierzu auch das Kapitel über die emotionale und soziale Seite unserer Ernährung und wie Essen gegen Depressionen helfen kann, siehe S. 290 ff.

Es existiert kein Allgemeinrezept, da das Leben für jeden seine eigenen familiären, partnerschaftlichen, gesundheitlichen, beruflichen oder finanziellen Probleme bereithält. Wenn sich der Berg an Aufgaben nicht vermindern lässt, ist es wichtig, Körper und Gehirn einmal täglich für mindestens 20 Minuten in eine Tiefenentspannung zu bringen. Ein Urlaub vom Denken funktioniert am wirksamsten mit Meditation.

Schlanker durch Kälte

Zum Schluss möchte ich noch eine wenig bekannte Empfehlung aussprechen, die wir uns zunutze machen können, wenn es darum geht, Gewicht zu verlieren. Kälte kann schlank machen – das resultiert zunächst aus dem zusätzlichen Energieverbrauch. Wenn wir unsere 37 Grad Betriebstemperatur halten wollen, braucht es bei 15 Grad Raumtemperatur mehr Energie als bei 25 Grad. Es war Pfarrer Kneipp, der die Therapie mit Kältereizen und besonders mit kaltem Wasser populär machte. Er wurde an seiner Wirkstätte Bad Wörishofen dadurch berühmt, dass er Tausende von Patienten mit Wohlstandserkrankungen helfen konnte. Sein Prinzip der Abhärtung, der Hormesis, ist eine Steigerung der körpereigenen Fähigkeiten zur Wärmeproduktion, der Gefäßregulation und der Resilienz.

Ein visionärer Ratschlag Sebastian Kneipps (1821–1897) war es, sich nicht immer in gut beheizten Räumen aufzuhalten, sondern sich eher kühleren Temperaturen von 17 bis 19 Grad Celsius auszusetzen. Pro einem Grad kühlerer Raumtemperatur verbrauchen wir etwa 30 Kilokalorien mehr Energie. Die Reize kalter Güsse, kalter Bäder, eines Wasser- oder Schneetretens sowie kalter Tauchbäder nach einer Sauna geben noch stärkere Signale an den Körper ab, seine Eigenproduktion an Wärme zu steigern. Wir alle kennen aus der Kindheit das Phänomen glühender Hände nach einer Schneeballschlacht, sobald wir wieder im Warmen waren. Der Körper öffnet seine Gefäße. Dieses Wechselspiel aus Vasokonstriktion (in der Kälte) und Vasodilatation (im Warmen) ist eines der Grundprinzipien der Kneipp-Therapien und lässt sich trainieren. Tauchte man in Studien Versuchspersonen die Hände und Füße in Eiswasser, sah man über Wärmebildkameras, wie das braune Fettgewebe aktiviert und Wärme erzeugt wurde. Diese natürliche Fettverbrennung des Körpers, die er entwickelt, um Wärmeverlust zu verhindern, können wir gut und einfach nutzen (siehe auch Kapitel Kohlenhydrate, S. 85 ff.).

Mindset zum Abnehmen

Eingangs habe ich erklärt, dass die Verdauung – ebenso wie übrigens auch der Hunger – in unserem Kopf entsteht. Aber auch Frust durch Übergewicht oder Abnehm-Frust, all dies ist hauptsächlich Kopfsache. Die Anwendung und Kombination der von mir empfohlenen Aspekte ist natürlich ebenfalls vom Kopf, vom Mindset, abhängig beziehungsweise beeinflussbar.

Der Erfolg der Gewichtsabnahme hängt zunächst davon ab, wie viele der zuvor aufgezeigten Elemente sich kombinieren und in den eigenen Alltag integrieren lassen. Die Umsetzung muss keinesfalls perfekt sein, der erste Schritt ist wichtig. Jede Treppe beginnt mit der ersten Stufe, danach ist Askese gefragt. Damit meine ich nicht, was man üblicherweise darunter versteht, nämlich Verzicht. Askese ist ein vom altgriechischen Wort *askeín* abgeleiteter Ausdruck und bedeutet »Übung«, »Praxis«. Entscheidend ist: Gewohnheiten abzutrainieren und neue einzuüben – mit einer klaren Zielsetzung und ohne sich Stress zu machen.

Abnehmen sollte auch einen gewissen Reiz verstrahlen: Ich beginne etwas Neues, ein Abenteuer, und die Belohnung lautet am Ende: mehr Lebensfreude, mehr Lebensqualität, mehr Gesundheit. Es geht nicht mühelos, aber es ist möglich. Bei der Raucherentwöhnung lasse ich oft den Satz fallen: »Was einmal geht, geht auch zweimal.« Misserfolge und Rückfälle gehören dazu. Hat man aber erst angefangen, sich gesund zu ernähren, kann beim nächsten Versuch darauf aufgebaut werden.

Quintessenz: das Übergewicht

- Eine nachhaltige Gewichtsabnahme ist mit etwas Geduld gut zu erreichen, wenn ein großer Teil der vorgestellten Tipps umgesetzt wird. Es gibt Menschen, bei denen die genetische Steuerung sehr dominant ist. Oder dass durch jahrelanges Leiden unter Adipositas der »Set Point«, also das Gewicht, das der eigene Körper als normal ansieht und verteidigt, so hoch ist, dass es extrem schwierig wird, das Gewicht dauerhaft zu reduzieren.
- Funktionieren alle diese Methoden nicht, kann bei schwerer Adipositas die Magenverkleinerung helfen. Diese bedarf einer sorgfältigen Indikation durch den behandelnden Chirurgen, kann aber für einige von schwerer Adipositas betroffene Menschen ein Segen sein.
- Neuerdings stehen Medikamente wie Ozempic oder Wegovy zur Verfügung. Auch wenn mir die Euphorie etwas verfrüht erscheint und der gleiche Effekt durch kluge Ernährung erreicht werden kann, ist grundsätzlich zu begrüßen, dass hier eine Option dazugekommen ist.
- Ich rate dazu, alle natürlichen Wege auszuschöpfen, bevor man lebenslang ein kostenintensives Medikament benötigt. Die beschriebenen Möglichkeiten brauchen Zeit, sie klingen zunächst etwas mühsam und sie gefallen sicher nicht der Ernährungs- und der Pharmaindustrie. Aber sie wirken ohne Nebenwirkungen, verschaffen generell mehr Gesundheit und am Ende auch mehr Genuss und Lebensfreude.

Die unterschätzte Gefahr – die Gifte in unseren Lebensmitteln

Jeder, der einen Garten hat, weiß, dass in ihm nicht nur Blumen und Pflanzen wachsen, sondern auch unzählige Unkräuter – oder besser: Beikräuter –, die oft mit erstaunlicher Kraft sprießen und gedeihen. Für die Menschheit und ihre Hungersnöte war es eine bahnbrechende Errungenschaft, als chemische Mittel wie die Herbizide entwickelt wurden, die gerade die Fruchtpflanzen wirksam schützten. Mit ihnen konnten die pflanzlichen Mitwettbewerber um Nahrung, Wasser und Licht ohne mühsame Arbeit aus dem Weg geräumt werden. Die Fressfeinde wiederum – Insekten, Pilze und andere kleine Lebewesen – wurden durch Insektizide abgetötet. Zusammen mit der industriellen Herstellung von Düngemitteln wurde es möglich, die Erträge der Lebensmittelproduktion massiv zu steigern.

Für Herbizide und Insektizide setzte sich der Begriff »Pestizide« durch, abgeleitet von den lateinischen Wörtern *pestis* (»Geißel«, »Seuche«) und *caedere* (»töten«). Inzwischen existieren mehr als 1000 Pestizide und etwa 18 000 Produkte, die zum Pflanzenschutz oder, aus anderer Perspektive, zum Abtöten alles unerwünscht Lebendigen in der Umgebung der Nutzpflanze ausgesprüht werden.

Das Pflanzengift Glyphosat

Das am meisten verbreitete Pestizid der Welt ist Glyphosat. Ursprünglich war die Chemikalie als Reinigungsmittel für Tanks und Metallröhren entwickelt worden, schnell fiel aber auf, dass kaum ein Kraut mehr wuchs, wenn es in die Erde gelangte. Der US-Saatguthersteller Monsanto patentierte es schließlich als Unkrautvernichter. Glyphosat wurde unter dem Produktnamen »Roundup« 1974 eingeführt und hat Monsanto Milliarden US-Dollar eingebracht.

Glyphosat beeinflusst das Leben auf dem Acker massiv. Es ist ein Totalherbizid, alle Pflanzen auf dem Feld werden abgetötet, es wächst nach seinem Einsatz kein Gras, kein Kraut, kein Pilz, keine Blume, kein Moos mehr, nichts – außer jenen Pflanzen, die gentechnisch resistent gegen Glyphosat gemacht wurden. Das führt jedoch zu einem Rückgang der biologischen Vielfalt. Durch weniger Wildpflanzen auf und neben den Äckern und Feldern existiert weniger Lebensraum für Insekten und Vögel. Das schadet der Landwirtschaft selbst, denn die Erträge hängen wiederum von Insekten ab, die die Fruchtpflanzen bestäuben. Weiterhin werden zahlreiche Bodenorganismen durch Glyphosat vernichtet. Dadurch kann die Symbiose zwischen Pflanzen und Bodenlebewesen gestört werden, was dann den Bedarf an Düngemitteln erhöht. Die Pflanzen werden so anfälliger für Krankheiten. Es ist ein Teufelskreis, der mit mehr und mehr Chemie befeuert wird.

Aber Landwirte mochten Glyphosat, es steigerte ihre Erträge – auch wenn sie abhängig von Monsanto wurden: was den Einsatz des Pestizids anbelangte, aber auch den Kauf des genetisch veränderten Saatguts. Etwa 90 Prozent aller Getreideflächen in den USA werden mit Glyphosat bearbeitet. In Deutschland und Europa sind es weniger, dennoch ist es das bedeutendste Pestizid beim Anbau von Obst, Getreide, Gemüse und Wein. Zudem wird es in Millionen Gärten, auf Golfplätzen und sogar an Badestränden eingesetzt. Die Deutsche Bahn hat bis 2023 Glyphosat auch entlang der Schienen versprüht.

Neben seiner fast schon unheimlichen Effektivität als Unkrautvernichter schien ein überragender Vorteil von Glyphosat zu sein, dass es Menschen und Tieren nicht schadet. Es wurden sogar Umweltvorteile ausgemacht: Die Äcker müssten nicht mehr so tief umgepflügt werden, mit der Folge, dass Bodenerosion und CO_2-Emissionen reduziert würden. Monsanto war aber offenbar bewusst, dass man der Darstellung, das Mittel sei unbedenklich für Menschen und Tiere, nicht ewig trauen würde. Die Firma berief sich auf zahlreiche wissenschaftliche Studien, fast alle von dem Unternehmen finanziert und von bezahlten Wissenschaftlern publiziert. Die Behörden in den USA und Europa zogen mit, nicht anders die WHO, sie befürworteten über Jahrzehnte die Zulassung von Glyphosat.

Als die nachgewiesenen Konzentrationen in Nahrungsmitteln wegen seines immer intensiveren Einsatzes anstiegen, wurden die erlaubten Grenzwerte schlichtweg erhöht. Es kam deshalb einem Erdbeben gleich, als 2015 die IARC, die Internationale Krebsagentur der WHO, Glyphosat als möglicherweise krebserregend einstufte. Die IARC, bekannt für ihre eher vorsorgliche Bewertung, kam nach Begutachtung aller verfügbaren Daten offenbar zu einem anderen Ergebnis als alle bisher eingeschalteten Behörden. Sie argumentierte, dass die Evidenz bei sieben von 15 Langzeitstudien an Tieren ein erhöhtes Krebs- und Tumorrisiko zeige. Studien an Menschen existierten nur in einem begrenzten Umfang, sie waren zudem von schlechter Qualität, doch diese gaben zumindest Hinweise auf erhöhte Krankheitsrisiken. Der IARC reichten diese Daten aus, um sich gegen Glyphosat auszusprechen.

Seither besteht eine heftige Kontroverse um dessen gesundheitliche Einschätzung. Die US-amerikanischen und europäischen Behörden blieben auch nach dem Gutachten der Internationalen Krebsagentur bei ihrer Meinung, dass Glyphosat seine Zulassung behalten sollte. Offensichtlich übten und üben die Konzerne einen erheblichen Einfluss aus. Was besonders irritiert, ist, dass trotz der unfassbar großen Menge von weltweit versprühtem Glyphosat die Sicherheitsdaten weiter überwiegend von Monsanto selbst kommen.

Die Gefahreneinordnung durch Glyphosat ist komplex. So können Ergebnisse von Tierversuchen nicht direkt auf Menschen übertragen werden. Und epidemiologische Daten haben die bekannten Schwächen, dass sie mehr auf Beobachtung beruhen. Bei einigen Erkrankungen sind die Indikatoren allerdings sehr stabil, dies gilt etwa für die Verursachung des Non-Hodgkin-Lymphoms durch Glyphosat, einer Tumorerkrankung des Lymphsystems. Auch finden sich Hinweise, dass andere Formen von Lymphomen, also Tumoren von Lymphzellen, durch den Unkrautvernichter mitverursacht werden.

Schaut man sich den Wirkmechanismus von Glyphosat an, wird deutlich, dass die Substanz stark in die Biologie eingreift. Sie hemmt ein für den Pflanzenstoffwechsel erforderliches Enzym, die EPSP-Synthase. Weiterhin unterbricht sie die Produktion lebenswichtiger Aminosäuren in der Pflanze, das Wachstum stoppt und die Pflanze stirbt innerhalb weniger Tage. Die gleichen Signalwege sind zu großen Teilen auch in unseren Darmkeimen vorhanden. Wir müssen also davon ausgehen, dass Glyphosat das Darm-Mikrobiom beeinflusst. Eine Zwillingsstudie des Teams um den Ernährungsforscher Tim Spector stützt diese These. Die Wissenschaftler fanden in mehr als der Hälfte der Probanden Reste von Glyphosat in ihrem Urin. Zudem wiesen sie nach, dass Menschen, die mehr konventionelles Obst und Gemüse aßen, mehr Chemikalien in ihrem Urin und Darm hatten. Die Konsequenz daraus sollte nun nicht darin bestehen, weniger Obst und Gemüse zu essen, sondern dieses nicht mehr mit so vielen Pestiziden zu besprühen.

Was ist mit Menschen, die etwa wegen ihres Berufs stärker mit Glyphosat belastet sind? Hierüber urteilen inzwischen Gerichte. So musste der Leverkusener Bayer-Konzern, der für den Kauf von Monsanto 2018 rund 66 Milliarden US-Dollar bezahlte, erleben, wie ein erstes US-Gericht einem Mann Schadensersatz in Höhe von über 80 Millionen US-Dollar zusprach, da er regelmäßig Glyphosat versprühte hatte und an Blutkrebs erkrankte. Weitere 9000 Gerichtsfälle kommen auf Bayer zu. Der Firma droht eine Katastrophe, für die Anwälte ist dieser Streit um Pestizide ein Geldsegen.

Die Geschichte von Glyphosat veranschaulicht beispielhaft, dass sich niemand bei der Sicherheit von Lebensmitteln auf die Behörden verlassen darf. Es ist sicher keine Panik angebracht, aber Anlass zur Sorge besteht.

Was unabhängige Studien offengelegt haben

So formulierte das auch eine Gruppe führender unabhängiger Wissenschaftler, die 2016 feststellte, dass es eine enorme Anzahl von unterschätzten oder unter den Teppich gekehrten Risiken beim Einsatz von Pestiziden gebe: Glyphosat reichere sich entgegen den ursprünglichen Erkenntnissen in Nahrungsmitteln an; es lasse sich in Geweben, im Blut und im Urin beim Menschen finden; es könne Störungen der Hormonfunktion in der Schwangerschaft, in der Leber und in den Nieren hervorrufen; es rufe möglicherweise Antibiotika-Resistenzen hervor – und eventuell ist es Mitverursacher von Lymphkrebs. Sie kritisierten, dass die erlaubten Grenzwerte in Nahrungsmitteln zu hoch seien und von den Behörden vor allem auf der Basis von Firmendaten festgelegt würden, und dass es höchste Zeit sei, Lebensmittel von unabhängigen Fachleuten bewerten zu lassen.

Was unabhängige Studien herausbekommen können, zeigte sich auch in einer Untersuchung, die von Forschern an der Eidgenössischen Technischen Hochschule (ETH) in Zürich initiiert wurde. Sie wiesen nach, dass Insekten über die Pflanzen Glyphosat aufnehmen. Dies habe zur Folge, so die Wissenschaftler weiter, dass deren Nachkommen stark geschädigt würden – und das sogar bei Konzentrationen deutlich unterhalb der erlaubten Spritzmenge. Die Anwendung von Pestiziden ist also eine der Hauptursachen für den Insektenrückgang und die Abnahme der Biodiversität. In den vergangenen drei Jahrzehnten ist die Zahl der Insekten in Deutschland um mehr als 70 Prozent gesunken.

Man hätte erwarten können, dass nach der Bewertung durch die WHO Maßnahmen eingeleitet würden, sich von Glyphosat zu verabschieden. Aber weit gefehlt, die Europäische Behörde für Lebensmittelsicherheit (EFSA) und die US-amerikanische Umweltbehörde EPA (Environmental Protection Agency) haben die Zulassung für das Pestizid weiter als unbedenklich beurteilt. Die EU-Kommission gab im November bekannt, die Genehmigung für Glyphosat um zehn Jahre, bis zum 15. Dezember 2033, zu verlängern.

Kritiker sahen sich einmal mehr bestätigt, dass die großen Konzerne in der Lage sind, ihre wirtschaftlichen Interessen durchzudrücken. Es stellt sich aber auch die Frage, um wie viel besser die Alternativen zu Glyphosat wären. Bei meinen Recherchen hierzu habe ich mit dem Wissenschaftler gesprochen, der die meisten Studien zu Glyphosat, darunter auch viele mit kritischen Ergebnissen, mit durchgeführt hat: Robin Mesnage vom King's College in London. Im Zoom-Gespräch meinte er pragmatisch, Glyphosat sei derzeit noch ein notwendiges Übel. Angesichts der Ernährungsprobleme von acht Milliarden Menschen und auch aus geopolitischer Sicht könne man aktuell nicht darauf verzichten. Wichtig sei es, die chemische Zusammensetzung von Glyphosat so verträglich und risikoarm wie möglich zu halten und gleichzeitig die Bio-Landwirtschaft zu fördern. Glyphosat sei nicht die einzige Chemikalie in den vielen Glyphosat-Produkten. Die behördlichen Bewertungen konzentrierten sich aber ausschließlich auf diesen Wirkstoff. »Roundup« von Monsanto enthalte zum Beispiel viele weitere Chemikalien, die dem Glyphosat helfen sollen, stärker in die Zellen einzudringen, und die zum Teil deutlich giftiger seien. Die genaue Zusammensetzung ihrer Produkte müssten die Hersteller aber mit Hinweis auf das Produktgeheimnis nicht offenlegen.

Wie die Agrarwende hilft

Politiker in der EU haben sich zum Ziel gesetzt, Pestizide bis 2030 um 50 Prozent zu reduzieren, in Deutschland sollen bis dahin 30 Prozent der Agrarfläche Bio-Anbau sein. Aktuell sind es zehn Prozent, in England drei Prozent und in den USA noch weniger. Vorbilder sind Österreich und Schweden, wo bereits ein Viertel der landwirtschaftlichen Produkte aus Bio-Anbau stammt. Beschleunigen wir die Agrarwende, werden wir belohnt – auch wenn es bisher nicht viele Studien gibt, die den Zusammenhang zwischen Bio, herkömmlicher Landwirtschaft und dem Krebsrisiko untersuchten. Wichtige Daten liefert aber etwa die französische NutriNet-Santé-Studie, die 2009 gestartet wurde. Hierbei wurden 60 000 Teilnehmer über einige Jahre beobachtet. Es zeigte sich, dass Menschen, die häufig Bio-Obst und -Gemüse aßen, ein geringeres Krebsrisiko von 25 Prozent aufwiesen. Natürlich könnte das daran liegen, dass die Bio-Esser sich auch anderweitig gesünder verhalten. Dennoch ist diese Erkenntnis ein wichtiges Argument für den Verzehr von Bio-Lebensmitteln.

Schwangere und Kleinkinder sollten sich schwerpunktmäßig mit Bio-Produkten ernähren. Wer einen Garten hat, dem empfehle ich, selber anzubauen, das ist die sicherste Variante und dazu noch die kostengünstigste. Ist Bio zu teuer oder nicht im Angebot, sollten einige Nahrungsmittel nicht zu häufig gegessen werden, leider auch die von mir so geliebten Haferflocken. Fast alle konventionellen Haferflocken haben hohe Pestizid-Konzentrationen, da es häufig Praxis ist, den Hafer kurz vor der Ernte nochmals mit Glyphosat zu besprühen, um die Trocknung zu fördern.

Einige Obst- und Gemüsesorten sollten ebenso nicht zu oft gegessen werden, wenn sie nicht aus Bio-Anbau stammen. Das gilt vor allem für feuchte Fruchtpflanzen, denn Früchte, die viel Wasser haben, binden viele Chemikalien. Dazu gehören Gurken, Birnen, Pfirsiche, Nektarinen und leider auch Erdbeeren. Werden die konventionellen Erdbeeren nur in der Erntesaison gegessen, kann sich deren Belastung in Grenzen halten. Bei Blaubeeren empfehle ich ebenfalls Bio; eine gute Wahl sind Blaubeeren aus der Tiefkühltheke, denn sie sind oft nicht so teuer wie frische Ware. Bei Tomaten sollte auch auf Bio-Qualität geachtet werden, wobei Sie möglichst keine Dosentomaten verwenden sollten (siehe S. 236).

Es hilft, Obst und Gemüse gut zu waschen, am besten mit einer Bürste oder einem harten Schwamm und unter Verwendung einer fünfprozentigen Essigsäure. Schälen ist nur bedingt empfehlenswert, denn auf diese Weise gehen die wertvollsten Inhaltsstoffe verloren. Der Nutzen der vielen sekundären Pflanzenstoffe in der Schale überwiegt die Nachteile durch Pestizide bei weitem. Leider sind auch Bio-Produkte nicht komplett frei von Pestiziden, da diese nicht an der Grundstücksgrenze vom Nachbaracker haltmachen. Zudem sind Pestizide wie Glyphosat in der Luft und im Wasser so angereichert, dass quasi kein Gemüse oder Obst mehr frei davon ist. Aber die Belastung mit Schadstoffen ist bei Bio-Ware deutlich geringer.

Die gefährliche Wirkung hormonaktiver Stoffe

Menschen und Tiere sind durch ihre Ernährung einer Vielzahl von hormonell aktiven Stoffen ausgesetzt. Dazu gehört neben den Pestiziden eine Vielzahl von anderen Chemikalien, im Fachjargon werden sie aufgrund ihrer vermutlich negativen Wirkung auf die menschliche Hormonregulation endokrine Disruptoren (ED) genannt. Sie finden sich in Kunststoffverpackungen, Fertignahrung, Kosmetika und in Pestiziden und stören das Hormonsystem auf vielfältige Weise. Manche dieser chemischen Substanzen wirken wie Hormone und binden sich im Körper an einen entsprechenden Rezeptor an. Andere wiederum blockieren Hormonrezeptoren und verhindern so, dass körpereigene Hormone andocken und wirken können. Sie sind ebenso in der Lage, die Produktion körpereigener Hormone zu hemmen, auf diese Weise bringen sie das fein austarierte System in unserem Körper aus der Balance. Aufgrund der Vielfalt an Wirkmechanismen zahlreicher Hormonsysteme in unserem Körper und der enorm großen Anzahl an Chemikalien lässt sich die Schädlichkeit dieser einzelnen Substanzen nur schwer erfassen.

Viele endokrinologische Fachgesellschaften und die WHO sehen es allerdings als erwiesen an, dass ED an der Entstehung von Krebserkrankungen der Geschlechtsorgane, der Unfruchtbarkeit bei Mann und Frau, von Diabetes mellitus, Allergien, Herz-, Schilddrüsen- sowie neurologischen und psychischen Erkrankungen beteiligt sind. Besonders gefährdet sind wieder Kinder und Schwangere. In einer Presserklärung warnte die Deutsche Gesellschaft für Endokrinologie (DGE) 2017 vor weiteren Folgen: Anstieg von hormonabhängigen Tumoren, also Prostata-, Hoden-, Gebärmutter- und Brustkrebs, verfrühte Pubertät der Jugendlichen, Übergewicht und Diabetes bei Kindern.

Weil synthetische Chemikalien lange Zeit ohne ausreichende Prüfungen über deren Unbedenklichkeit zugelassen wurden, verbreiteten sich ED weltweit sprunghaft. Diese Tatsache erschwert auch die Durchführung von Studien deutlich, weil kaum mehr eine

Probandengruppe gefunden werden kann, in deren Körperflüssigkeit sich keine dieser Substanzen befindet. Von den vermuteten 1000 endokrinen Disruptoren wurden bisher nur wenige detailliert auf ihre gesundheitsschädliche Wirkung untersucht. In den vorhandenen Untersuchungen wird aber immer wieder deutlich, dass bei bestimmten Substanzen die genannten Risiken vermehrt auftauchen. Da endokrine Disruptoren bereits in niedrigsten Konzentrationen zu ausgeprägten Veränderungen der Hormonbalance führen können, ist es extrem schwierig, unbedenkliche Grenzwerte festzulegen.

Bisphenol A (BPA)

Unter den vielen Chemikalien spielen zwei eine herausragende Rolle, mein Kollege, Josef Köhrle, Direktor des Instituts für Experimentelle Endokrinologie der Charité in Berlin, führte dazu 2017 in der Presseerklärung der Deutschen Gesellschaft für Endokrinologie aus: »Wenngleich es immer Ursachenbündel sind, die Krankheiten verursachen, bestehe kein Zweifel daran, dass bestimmte endokrine Disruptoren wie Bisphenole oder Phthalate daran beteiligt sind.«

Bisphenol A (BPA) war eine der ersten synthetischen Substanzen, die die Wirkung des natürlichen weiblichen Sexualhormons Östrogen nachahmen konnten. Als Medikament für die Östrogenersatztherapie taugte BPA aber nicht, dafür war die Wirkung letztlich zu schwach. Aber die Substanz startete eine Karriere als Industriechemikalie und ist heute in zahllosen Produkten des täglichen Gebrauchs zu finden. Aus BPA werden stabile Kunststoffe, die Polycarbonate, hergestellt und Epoxidharze für Lacke, Beläge und Beschichtungen. Es findet sich unter anderem in Kunststoffflaschen, in der Innenbeschichtung von Konservendosen, in Plastikgeschirr, Plastikboxen, Mobiltelefonen, Kaffeemaschinen, Klebestoffen, Zahnprothesen und Zahnspangen. Weltweit werden jährlich Millionen von Tonnen davon produziert. Es ist nicht möglich, ein BPA-freies Leben zu führen.

Dass BPA eine hormonartige Wirkung hat, steht wissenschaftlich außer Zweifel. Die Frage ist nur, ob dessen Wirkung ausreicht, um Krankheiten auszulösen. Forscher haben dazu ein konträres Meinungsbild. Manche schlagen Alarm, andere meinen, alles sei halb so wild. Auch die Behörden sind uneins. Während die EFSA die Chemikalie nach einer Neubewertung durch Experten drastisch einschränken will, sieht die Europäische Arzneimittel-Agentur (EMA) eine Gesundheitsgefahr als wissenschaftlich nicht belegt. Von der EU-Kommission wird Bisphenol A inzwischen aber als toxisch für die Fruchtbarkeit und nach dem europäischen Chemikalienrecht als besonders besorgniserregende Substanz eingestuft.

Nachdem Forschungsergebnisse einen Zusammenhang mit gesundheitlichen Problemen vor allem bei Kindern nahelegten, wurde BPA zumindest in der EU, den Vereinigten Staaten und anderen Ländern in Produkten für Kinder verboten. Aber für Erwachsene sah man keine Notwendigkeit, mit Ausnahme von Frankreich, wo die Substanz 2015 generell untersagt wurde. Manchmal spielt in der politischen Diskussion das Argument des Beelzebubs eine Rolle. So hatten sich die Schweizer Behörden einem Verbot für BPA für Trinkflaschen und Lebensmittelverpackungen für Neugeborene und Kleinkinder nicht angeschlossen, mit dem Argument, »ein Verbot von BPA würde unweigerlich dazu führen, dass die Hersteller von Verpackungen und Bedarfsgegenständen auf andere Stoffe ausweichen müssten, deren Toxizität weniger gut bekannt ist«. Damit lagen sie nicht so falsch. Robin Mesnage verglich in einer Studie 2017 die Östrogen-Wirkung von BPA mit sechs anderen Bisphenolen. Drei davon wiesen eine deutlich stärkere Hormonwirkung als BPA auf. Achtung: Hier kann sich auch für Sie als Verbraucher bei der Kennzeichnung eine Falle ergeben. Wird ein Produkt als »BPA-frei« deklariert, ist es gut möglich, dass ein anderes, eventuell schädlicheres Bisphenol in ihm enthalten ist.

In Metastudien zeigte sich, dass Menschen mit den höchsten BPA-Werten im Blut ein etwa zwei Drittel höheres Risiko für Adipositas haben als diejenigen mit den niedrigsten Werten. Bei Personen mit hoher BPA-Belastung wurde weiterhin mehr Fettmasse und weniger Muskelmasse nachgewiesen. Aufgrund dieser Befunde werden endokrine Disruptoren auch als Dickmacher, als Obesogene bezeichnet.

Die internationalen endokrinologischen Fachgesellschaften empfehlen, den Kontakt mit endokrinen Disruptoren möglichst gering zu halten. BPA gelangt zu 90 Prozent durchs Essen in unseren Körper. Wir können aber den Kontakt mit ihm reduzieren: Kaufen Sie keine Getränke in Plastikflaschen, sondern greifen Sie nur zu Glasflaschen. Verzichten Sie möglichst auf Plastikbehälter zum Aufbewahren von Lebensmitteln, bei Tiefkühlkost nehmen Sie die Ware zum Auftauen aus der Verpackung, verwenden Sie kein Plastikgeschirr und erhitzen Sie es vor allem nicht. Vermeiden Sie das Trinken aus Kunststoffbechern. Ebenso sollten Sie, wo immer es geht, Konservendosen umgehen, da sie mit Epoxidharz beschichtet sind; am schlimmsten ist Fisch in Dosen. Hohe BPA-Werte finden sich ebenso in Tüten- und Dosensuppen. Kaufen Sie eingemachtes Gemüse und Obst in Gläsern.

Besonders belastet sind Dosentomaten. Bei einer Untersuchung von 20 verschiedenen Dosentomaten durch Öko-Test im Jahr 2023 war nur ein Produkt empfehlenswert. Bei 18 untersuchten Dosentomaten war BPA »stark erhöht«. Verzehrt ein erwachsener Mensch mit 75 Kilogramm Körpergewicht eine Dose mit geschälten Tomaten pro Woche, nimmt er über 20-mal mehr BPA zu sich, als die EFSA aktuell für unschädlich hält. Es könnte dann schwierig mit der Fortpflanzung werden. Die beste Methode, um BPA zu reduzieren, ist, mit frischen und wenig verarbeiteten Lebensmitteln zu kochen und zum Aufbewahren Glas, Keramik oder Metall zu nutzen.

Die Weichmacher – Phthalate

Phthalate sind Weichmacher, sie sorgen dafür, dass Kunststoffe geschmeidiger und leichter formbar werden. Die am häufigsten in der Industrie eingesetzten Phthalate haben Abkürzungen wie DIDP, DINP, DPHP, DEHP, DNOP oder DIBP. Wissenschaftliche Daten legen nahe, dass einige Phthalate die männliche Fortpflanzungsfähigkeit beeinträchtigen – die Mitgliedsstaaten der EU stuften DEHP, DBP und BBP als fortpflanzungsgefährdend ein. DPHP wirkte in Tierversuchen schädigend auf die Schilddrüse und die Hirnanhangsdrüse, die das Hormonsystem des Körpers wesentlich mitsteuert. Einige Phthalate können in höheren Dosen die Leber beeinträchtigen. Eine dänische Studie registrierte 2019 eine starke Korrelation zwischen ihnen und einem erhöhten Brustkrebsrisiko.

Für die verschiedenen Weichmacher existieren unterschiedliche Grenzwerte, die Behörden wirken auch hier ziemlich hilflos. Sie räumen ein, dass Phthalate inzwischen in allen Grundnahrungsmitteln enthalten seien, und geben den Ratschlag, sich abwechslungsreich zu ernähren, damit ein höherer Gehalt einzelner Lebensmittel nicht zu sehr zu Buche schlage. Natürlich gilt als Gefahrenabwehr wie zuvor, möglichst frisch zu kochen und auf hochverarbeitete Nahrungsmittel zu verzichten. Phthalate finden sich in Fleisch, Geflügel, Milchprodukten und Eiern. In Kinderspielzeug sind die ungesündesten Phthalate DINP, DIDP und DNOP inzwischen glücklicherweise verboten. Aus Frischhaltefolien sind die schlimmsten Weichmacher ebenfalls mittlerweile verbannt.

PFAS – Chemikalien für die Ewigkeit

Seit den 2000er-Jahren werden weltweit per- und polyfluorierte Alkylsubstanzen (PFAS) in der Umwelt, in Nahrungsmitteln und in Menschen nachgewiesen. Diese industriell hergestellten Chemikalien kommen nicht natürlich vor, es gibt fast 5000 verschiedene Verbindungen. Alle PFAS sind, wurden sie einmal ausgebracht, kaum oder nur sehr schwer wieder einzufangen. Man nennt sie deshalb auch »ewige Chemikalien«. Eingesetzt werden sie vorwiegend in der Industrie und in Konsumgütern, sie kommen in Farben vor, in Leder- und Textilbeschichtungen, in (Outdoor-)Kleidung, Schuhen, Teppichen, Verpackungen, Pflegemitteln und in der Papierproduktion – um nur einige zu nennen.

PFAS kennen keine Grenzen, man findet sie inzwischen in den entlegensten Gebieten, selbst in der Polarregion und der Tiefsee. Und leider auch in Lebensmitteln: in Fisch, Meeresfrüchten, Wildtieren, in der Milch. In der Leber von Eisbären sind diese Substanzen bis zu 4000-fach erhöht. Nun wird Eisbärleber selten bei uns gegessen, es illustriert aber das Problem der Biomagnifikation, der Anreicherung einer Substanz in einem Körper: Eisbären fressen sehr viel Fisch und damit speichern sie das Umweltgift in der Leber. Ein Vorgang, der in geringem Maße auch der menschlichen Leber droht.

PFAS können aber nicht nur die Leber schädigen, sondern weiterhin das Cholesterin erhöhen, unser Immunsystem beeinträchtigen, die Funktion der Schilddrüse beeinflussen, die Qualität der Spermien schwächen und, wie die meisten Umweltgifte, das Risiko vergrößern, Tumore zu bekommen. Studien haben zudem gezeigt, dass ein höherer PFAS-Spiegel bei Schwangeren mit einem niedrigeren Geburtsgewicht für die Neugeborenen verbunden ist.

Die gute Nachricht ist, dass die EU im Rahmen ihres Green-Deal-Programms eine Beschränkung aller PFAS anstrebt, Ausnahmen soll es nur geben, wenn deren Anwendung nachweislich unverzichtbar für das Allgemeinwohl ist. Man darf gespannt sein, wie die EU das Allgemeinwohl definieren wird. Die schlechte Nachricht ist, dass wir bis zu großflächigen Verboten individuell nichts gegen das Krankheitsrisiko durch PFAS unternehmen können. Es bleibt lediglich die Möglichkeit, unseren Körper durch einen gesunden Lebensstil insgesamt widerstandsfähiger zu machen.

Mikroplastik überschwemmt die Welt

Unsere Meere sind mit Plastik vermüllt, jedes Jahr gelangen etwa fünf bis zehn Millionen Tonnen Kunststoff in die Meere. Seit Beginn der Massenproduktion von Plastik hat die Menschheit rund 8,3 Milliarden Tonnen produziert, etwa 6,5 Milliarden Tonnen wurden Abfall, sie befinden sich nun im Wasser, in der Luft, in der Erde sowie in Menschen und Tieren. Bis zur völligen Zersetzung können vermutlich Tausende von Jahren vergehen, denn Plastik ist biologisch nicht abbaubar, es zerfällt lediglich in immer kleinere Partikel. Kleine Plastikpartikel unter einer Größe von fünf Millimetern werden Mikroplastik genannt.

Plastik findet sich überall, auf dem Mount Everest, im Allgäu, am Nordseestrand und sogar im Neuschnee der Antarktis. Es gibt riesige Plastikteppiche auf den Ozeanen, die einen Umfang von Hunderten von Kilometern haben. Eine wissenschaftliche Arbeit von 2018 fand Mikroplastik in 93 Prozent aller Proben aus Kunststoffflaschen. Auch Hühnereier, Tee, Fisch und Fleisch sind nicht frei davon. Das Mikroplastik selbst stammt aus unterschiedlichsten Quellen: Kosmetik und Hygieneartikel, Behälter und Flaschen, Malerfarbe, Spielzeug, Kunststofftextilien oder Reifenabrieb. In den Ozeanen stellen diese kleinen Partikel ein besonderes Problem dar, da Meerestiere sie mit Nahrung verwechseln, etwa mit Plankton. Besonders hoch ist die Belastung für uns Menschen, wenn wir kleine Fische wie Sardinen ganz essen, da sich in den Eingeweiden besonders viel Mikroplastik sammelt.

Noch ist nicht absehbar, was dieser Chemie-Cocktail für unsere Gesundheit bedeutet, aber mehr und mehr Studien weisen auf potenzielle Gefahren hin. Forscher der Universität Marburg berichteten 2021, dass Kunststoffpartikel im Blut zu Entzündungen der Blutgefäßwände führen. Sie brachten in Zellkulturen Polystyrolpartikel mit Zellen der Gefäßwände in Verbindung. In der Folge setzten sich entzündliche Immunzellen in großer Zahl an der Gefäßwand fest, ein ähnlicher Prozess, wie er auch bei Herzinfarkten und Schlaganfällen stattfindet.

Ein weiteres Problem scheint darin zu bestehen, dass die Plastikteilchen zusätzlich giftige Stoffe aufnehmen und in den Körper transportieren. Ein trojanisches Pferd für weitere Chemikalien, etwa von Feinstaubkomponenten, Pestiziden oder pflanzlichen Allergenen. Noch sind diese Erkenntnisse nicht belastbar genug, um die Behörden zu zwingen, Maßnahmen einzuleiten. Aber es besteht der Verdacht, dass sich hier ein unkalkulierbares Risiko aufbaut; Warnungen gibt es genug. Die US-amerikanische Forscherin und Journalistin Melissa Suran veröffentlichte 2022 im *Journal of the American Medical Association* (JAMA) einen vielbeachteten Beitrag, in dem es heißt, dass die Plastikteilchen des Reifenabriebs immer fragmentierter und kleiner werden würden, es entstünden schließlich Nanopartikel, die auch durch menschliche Schleimhäute wandern können.

Schon 1998 hatten Forscher berichtet, dass sie Plastikfasern in Lungengewebe gefunden hätten, in Autopsien von Menschen, die an Lungenkrebs gestorben waren. Andere Studien bestätigten die Befunde. Mikroplastik wird zudem besonders beim Verzehr von Fisch über die Darmwand aufgenommen und landet so im Blut. In einer Untersuchung wurden bei 17 von 22 Blutproben gesunder Menschen Plastikpartikel im Blut gefunden, das meiste davon Polyethylenterephthalat (PET), woraus die gängigen Plastikflaschen hergestellt werden. Es zeigte sich ebenso, dass Menschen mit entzündlichen Darmerkrankungen auffallend hohe Konzentrationen von Mikroplastik im Stuhl aufwiesen. Andere Untersuchungen belegen, dass die kleinsten Kunststoffteile die Zellmembran beschädigen und die Zellfunktion stören. Aber das sind lediglich Laborexperimente, die bislang nicht beweisen können, ob daraus auch Krankheiten entstehen. Eine noch unbeantwortete Frage ist, ob Mikroplastik die Blut-Hirn-Schranke passieren kann, die das Gehirn vor im Blut zirkulierenden Krankheitserregern, Toxinen und Botenstoffen schützt. Möglich ist das jedoch, sind die Partikel sehr klein. Viren könnten sie als Mitfahrgelegenheit nutzen und sich so ins Gehirn schmuggeln. So zeigte eine Studie, dass die als Durchfallerreger im Krankenhaus gefürchteten Rotaviren sich häufig ans Mikroplastik anheften.

Ganz offensichtlich ist das Wichtigste, dass wir weniger Kunststoffe produzieren. In der Industrie gibt es ein zunehmendes Bewusstsein für das Problem, verantwortungsvolle Firmen beteiligen sich an entsprechenden Forschungsprogrammen. Auf individueller Ebene empfehle ich vor allem, keinen Fisch zu essen (siehe S. 244 ff.).

Die besorgniserregende Belastung mit Schwermetallen

2021 löste ein Bericht des US-amerikanischen Kongresses Alarm aus. Er enthüllte, dass in den meisten Produkten für Baby- und Kindernahrung erhebliche Mengen an Arsen, Kadmium, Blei und Quecksilber zu finden waren. Zwei Jahre später gab die US-Behörde FDA (Food and Drug Administration; Behörde für Lebens- und Arzneimittel) neue Richtlinien für Babynahrung heraus: »Closer to zero.« Ganz bei Null ist nicht möglich, gewisse Mengen an Schwermetallen sind überall zu finden, in der Luft, im Wasser und in der Erde und werden von dort kaum schnell wieder verschwinden. Allerdings existiert auch hier kein wissenschaftlich abgesichertes Level, das wir nicht überschreiten dürfen, um uns nicht zu gefährden.

Bei Kindern können bereits kleinere Mengen die Gehirnentwicklung beeinträchtigen, Verhaltensstörungen verursachen und den Intelligenzquotienten (IQ) reduzieren. Erwachsene tolerieren die Schwermetalle besser, aber Zusammenhänge mit neurologischen Krankheiten wie Parkinson, Multiple Sklerose oder Alzheimer fallen in Studien immer wieder auf, ebenso gibt es viele Hinweise auf erhöhte Krebsraten. Doch eindeutige Beweise für gesundheitliche Schädigungen wurden bislang nicht gefunden. Dennoch empfehle ich, bei der Ernährung darauf zu achten, möglichst wenig Schwermetalle aufzunehmen; gerade für die Vorbeugung von Demenz könnte es relevant sein. Durch eine Ernährungsumstellung kann schon nach wenigen Wochen eine Belastung durch Schwermetalle wie Quecksilber, Kadmium und Blei um bis zu 30 Prozent reduziert werden. 90 Prozent der schwer abbaubaren Schadstoffe stammen aus tierischen Produkten. Daher haben Menschen, die sich proteinreich und kohlenhydratarm ernähren, mehr Schwermetalle im Körper. Leider ist auch Bio-Fleisch nicht viel gesünder.

Neben tierischen Lebensmitteln weisen ebenso einige pflanzliche Nahrungsmittel häufig höhere Schwermetallwerte auf. Das sind überraschenderweise Äpfel und Fruchtsäfte. Da Fruchtsäfte mit einem gesteigerten Risiko für eine Fettleber und Diabetes Typ 2 einhergehen, würde ich diese ohnehin vom Einkaufszettel verbannen.

Vor einigen Jahren wurde festgestellt, dass Reis Arsen enthält. Arsen kommt natürlicherweise im Boden vor, und bei dem wasserintensiven Wachstum von Reispflanzen reichert sich dieses an. Der Arsengehalt in Reis ist etwa zehnmal höher als in anderen Getreidesorten. Besonders immens ist er in verarbeiteten Produkten wie Reiscrackern und Reiswaffeln. Der Arsengehalt im Reis lässt sich aber auf einfache Weise reduzieren: Waschen Sie den Reis vor dem Kochen gründlich, indem Sie ihn zweimal zwei Minuten lang hintereinander in frisches Wasser geben. Kochen Sie Reis zudem mit mehr Wasser als üblicherweise angegeben wird. Dann bindet sich das Arsen im Kochwasser, das Sie abschütten. Bevorzugen Sie Naturreis statt weißen Reis. Zwar enthält brauner Naturreis noch mehr Arsen, dafür wartet er mit einer größeren Menge an Ballaststoffen auf. Werden diese im Dickdarm verstoffwechselt, gelangt dadurch weniger Arsen über das Blut in den Körper. Zu den arsenarmen Reissorten zählt Basmatireis. Ich empfehle gelegentliche Reistage, rate aber von einer wochenlangen Reis-Diät ab.

Spinat wiederum kann höhere Mengen an Cadmium enthalten, dies vor allem in den USA, weniger in Europa. Dunkle Schokolade enthielt in einigen Untersuchungen zu viel Blei und Kadmium. Essen wir von dunkler Schokolade nicht Unmengen, besteht aber kein Risiko. Leider schützt Bio nicht ganz vor einer Belastung mit Schwermetallen, denn diese kommen aus der Luft und dem Wasser in die Pflanze. Schwermetalle finden sich besonders in Knochenbrühe. Die würde ich Ihnen auch aus anderen Gründen ohnehin nicht empfehlen. Bio-Knochenbrühe ist genauso belastet mit Schwermetallen wie konventionelle. Grundsätzlich kann aber Bio vor der Zufuhr von Schwermetallen schützen. So ernährten sich auf Zypern 149 Schulkinder über 40 Tage lang ausschließlich von Bio-Nahrung, sie wurden mit einer sich konventionell ernährenden Gruppe verglichen. Bereits nach dieser kurzen Zeit fanden sich im Blut der Bio-Schüler deutlich niedrigere Bleirückstände und etwas niedrigere Kadmiumwerte.

Was von Detox zu halten ist

Neben der üblen Seite von Umweltgiften möchte ich andererseits betonen, dass wir derzeit eine sehr hohe Lebensmittelsicherheit haben, von der unsere Vorfahren nur träumen konnten. Aber es gibt die Bedrohung durch Umweltgifte – und sie lässt bei vielen Menschen sowie bei Patienten in meiner Sprechstunde den Wunsch aufkommen, sich zu entgiften. Detox ist ein großer Trend im Wellnessbereich. Detox-Diäten sollen unseren Körper (oder einzelne Organe) entgiften, ihn innerlich reinigen. Wissenschaftlich ist jedoch wenig geklärt, ob sie wirklich funktionieren.

Wir wissen, dass unsere Nieren, die Leber und das Darm-Mikrobiom stets bemüht sind, uns von ungesunden, gefährlichen Stoffen zu befreien. Offenbar ist aber unser archaisches System bei der Begegnung mit modernen Umweltgiften überfordert, sonst würden sich keine Anreicherungen von Schadstoffen wie Schwermetallen, Kunststoffen, Mikroplastik im Blut und in den Geweben finden lassen.

Bei akuten Vergiftungen gibt es etablierte Verfahren, um Gifte aus dem Körper herauszufiltern, das kann von Chelat-Infusionen (bei diesem Verfahren werden sogenannte Chelatbildner eingesetzt, die sich mit Metallionen zu Komplexen verbinden und anschließend aus dem Körper ausgeschwemmt werden) bis zur Nierendialyse und einem Plasmaaustausch reichen. Sagenumwoben sind letztere Therapien, auch Apheresen genannt, angewandt bei Rockstars wie Keith Richards von den Rolling Stones, wenn zu viel Drogen konsumiert wurden. Oder auch als letzte Option, wenn Immunerkrankungen nicht behandelbar sind. Ob dieses Verfahren bei den vielfältigen und im Einzelnen eher gering konzentrierten Giften in unserer heutigen

Nahrung Sinn macht, ist unklar. Vermutlich sind die Risiken höher als der Nutzen.

Die beste und nachhaltigste Art der Entgiftung ist es, sich gesund, pflanzenbetont, vielseitig und mit möglichst unterschiedlichen Bio-Produkten zu ernähren. Und natürlich bekannte Toxine wie Rauchen und Alkohol dem Körper zu ersparen und die zellulären Reinigungssysteme durch Sport, Fasten und viel Gemüse zu stimulieren. Immer noch nicht ganz geklärt ist, ob man durch Fasten Umweltgifte loswird. Dass Heilfasten im übertragenen Sinn stark entgiftet und die Zellreinigung durch den Prozess der Autophagie massiv ankurbelt, habe ich in meinem Buch *Mit Ernährung heilen* ausführlich dargestellt.

Die meisten Detox-Kuren sind wahrscheinlich gut für die Gesundheit, aber nicht, weil sie speziell entgiften, sondern weil sie grundsätzlich mit Methoden wie Ernährungstherapie, Sauna und Kneipp-Anwendungen, Bewegung, Massagen und Stressreduktion arbeiten. Tatsächlich gibt es Hinweise, dass bei einem Saunagang von 15 Minuten eine forcierte Ausscheidung von Blei stattfindet. Schwitzen lässt sich natürlich auch über Sport auslösen, dabei steigern Sie zusätzlich Ihre Ausdauer und Muskelmasse. Ob spezielle Präparate und Nahrungsergänzungsmittel zur Entgiftung beitragen, ist nicht belegt. Chlorella-Algen stehen im Ruf, dies zu tun, die Studien zeigen aber keine Entgiftung, sondern lediglich eine leichte Absenkung der Cholesterinspiegel. Heilerde, die bei Sodbrennen und Magenproblemen günstig wirkt, kann chemisch gesehen Schwermetalle binden. Ob sie aber beim kurzen Durchgang durch den Magen-Darm-Trakt für die Gesundheit relevant ist, ist nicht untersucht. Die beste Methode, um Schadstoffe aus der Nahrung sofort zu binden und mit dem Stuhl auszuscheiden, sind Ballaststoffe – weshalb ich wieder einmal empfehle, sich unbedingt um die Ballaststoffe im täglichen Essen zu kümmern.

Die hohe Dioxinbelastung von Fisch

Fisch befindet sich ganz oben auf der Liste der Lebensmittel, die mit Schwermetallen belastet sind, vor allem mit Quecksilber, das schon bei relativ geringen Konzentrationen das Nervensystem schädigt. Deshalb steht er im Mittelpunkt heftiger Debatten, ob sein Verzehr überhaupt noch gesund ist.

Das Meer schluckt seit Jahrhunderten viele Abfälle, die Belastung von Speisefisch mit giftigen Substanzen ist hoch. In ihnen findet sich eine potenzierte Ansammlung von Stoffen wie Dioxin, PCB (giftige und krebserregende Chlorverbindungen), PFC (per- und polyfluorierte Chemikalien), das Insektizid DDT (Dichlordiphenyltrichlorethan) und andere Pestizide, aber auch Schwermetalle wie Quecksilber, Cadmium oder Blei. Gerade die oft empfohlenen fetten Kaltwasserfische wie Lachs oder Makrele oder der Pangasius aus Vietnam sind davon betroffen. Ebenso ist Thunfisch sehr häufig mit Quecksilber belastet. Zwar liegen die bislang gemessenen Werte unter den behördlichen Grenzwerten, langfristig sind damit gesundheitliche Probleme jedoch nicht ausgeschlossen. Inzwischen lassen sich erhöhte Konzentrationen dieser Schwermetalle bei Menschen nachweisen, die häufig Fisch essen.

Ein neu identifiziertes Risiko, das offenbar mit häufigem Fischverzehr verbunden ist, ist Hautkrebs. Die Tumorvariante ist weltweit auf dem Vormarsch, und inzwischen betrifft jede dritte Krebsdiagnose die Haut. In einer Studie der Brown University in Providence (USA) mit knapp 500 000 Teilnehmern wurde erstmals dieser Zusammenhang untersucht. Das Ergebnis war, dass der Verzehr von 300 Gramm Fisch oder mehr pro Woche das Risiko, ein Melanom zu bekommen, den schwarzen Hautkrebs, um 20 Prozent erhöht. Vor allem Thunfisch stach negativ hervor.

Noch relevanter erscheint mir, dass die Fischerei nicht mehr nachhaltig ist. Nach Berechnungen des BMUV sind knapp 60 Prozent der Fischbestände ausgeschöpft. Bei weiteren 30 Prozent wird bereits mehr gefangen als Nachwuchs produziert. Die FAO, die Ernährungs- und Landwirtschaftsorganisation der Vereinten Nationen, stellte schon vor Jahren fest, dass nur 13 Prozent der Fischbestände noch groß genug sind, um sich problemlos zu regenerieren. Fast alle Berechnungen zeigen, dass Ende dieses Jahrhunderts kaum mehr Fische im Meer schwimmen werden, wenn sich die Fangbestimmungen nicht gravierend ändern. Fangfisch hat als Nahrungsmittel also wenig Zukunft. Der moderne Fischfang hat auch nichts mehr mit dem romantischen Bild eines Fischers zu tun, der einsam im Dunkeln seine Netze vom Boot aus auswirft, sondern es ist industrialisierte Tierquälerei, zu der besonders die Fangmethoden der Hochseeschlepper mit ihren Schleppnetzen beitragen, die die Biotope am Meeresboden und die Artenvielfalt zerstören.

Inzwischen lässt sich eine zunehmende Verschiebung in Richtung Aquakultur beobachten. Dabei entstehen die gleichen negativen Folgen wie bei der Rinder-, Schweine- oder Geflügelmassentierhaltung. Der Begriff »Aquakultur« klingt nett, er beschreibt allerdings nichts anderes als schlimmste Massenfischhaltung. In norwegischen Aquakulturen werden bis zu 200 000 Lachse in großmaschigen Gehegen gehalten. Wie bei jeder Massentierhaltung ist dabei der Lebensraum viel zu eng bemessen. Es breiten sich Parasiten aus, die mit Pestiziden bekämpft werden. Die Pestizide landen im Lachsfleisch und im norwegischen Fjord. Noch dramatischer geht es in den Zuchtanlagen für Scampi, Garnelen und Co. in Thailand und Vietnam zu. Aus diesen Ländern stammen die meisten Meeresfrüchte, die im Supermarkt tiefgefroren verkauft werden.

Ein weiteres Problem besteht in den Antibiotikaresistenzen, die durch eine Aquakultur gefördert werden. Chinesische Wissenschaftler der University Dalian publizierten 2022, dass sich im Meeresboden vor allem in der Nähe von Aquakulturen antibiotikaresistente Bakterien herausbilden. Antibiotikaresistenzen stellen bereits jetzt für Patienten auf Intensivstationen und nach Operationen eine Bedrohung dar, weil viele wichtige Heilmittel nicht mehr wirken. Die Vorstellung, dass in Zukunft noch viel mehr Aquakulturbetriebe entstehen, beunruhigt mich. Es ist auch nicht so, dass Zuchtfische ihren Artkollegen in den Meeren das Leben belassen. Im Gegenteil: Etwa jeder fünfte Wildfisch endet inzwischen als Futter für Zuchtfische. Statt die Meere zu entlasten, kurbeln die florierenden Aquakulturen die weltweite Überfischung sogar noch an.

Wollen Sie nicht auf Fisch verzichten, sollten Sie den Verzehr reduzieren und den Fisch nur aus zertifizierten nachhaltigen

Fischfarmen beziehen. Man darf sich allerdings keine zu großen Illusionen über diese Labels machen. Die internationale Organisation OceanCare ist der Ansicht, dass kein Label existiert, das die Bedingungen für nachhaltigen und fairen Fischfang wirklich erfüllt. Trotzdem ist es immer noch besser, einen Fisch mit Label als ohne eines zu kaufen. Am nachhaltigsten ist es, überhaupt keinen Fisch zu essen. Verzichten Sie vor allem auf Meeresfrüchte, die ihren schönen Namen leider schon lange nicht mehr verdienen und alle Kriterien einer fehlgeleiteten Massentierhaltung besonders erfüllen.

Quintessenz: Umweltgifte

- Alle Lebensmittel sind mittlerweile mit Pestiziden belastet – neben Obst und Gemüse (über die Nahrungskette) auch Fleisch. Versuchen Sie deshalb, möglichst Bio-Produkte zu verwenden, da die Belastung hier geringer ist.
- Waschen Sie Obst und Gemüse (auch Bio) intensiv, um sie von Schadstoffen zu befreien.
- Kochen Sie so oft wie möglich frisch, kaufen und lagern Sie Lebensmittel in Glas-, nicht in Plastikbehältern.
- Vermeiden Sie Plastikverpackungen und -flaschen.
- Herbizide und Weichmacher, Schwermetalle und Mikroplastik stehen in Verdacht, das Risiko für Allergien, Krebs- oder neurologische Erkrankungen zu erhöhen, sie können in den Hormonhaushalt des Körpers eingreifen und die Fertilität herabzusetzen. Besonders Schwangere und Eltern von Kleinkindern sollten versuchen, auf Lebensmittel mit hoher Belastung zu verzichten.
- Verzichten Sie weitgehend auf Fisch oder verringern Sie den Verzehr, beziehen Sie ihn aus zertifizierten Fischfarmen.

Sicher länger leben

So können wir 120 Jahre und älter werden

Während meiner Zeit als internistischer Assistenzarzt arbeitete ich über vier Jahre auf der Intensivstation. Die Arbeit erfüllte mich, aber ich wurde auch nachdenklich. Lebensverlängerung um jeden Preis, mit vielen Medikamenten, Nebenwirkungen, Einschränkungen, Schmerzen, Kosten und Ängsten – und mit sinkender Lebensqualität? Die Abwägung, dem Leben mehr Jahre zu geben oder den Jahren mehr Leben zu geben, ist genau der Punkt, auf den sich derzeit die Entwicklung der Forschung zur Langlebigkeit zuspitzt.

Jeder einzelne Aspekt unseres Lebens kann enormen Einfluss auf die Zukunft unserer Gesundheit nehmen und der größte Teil der Erkrankungen, die im Alter mit dem Verlust von Lebensqualität einhergehen, lässt sich durch eine gesunde Ernährung, ausreichend Bewegung, weniger Stress und guten Schlaf vermeiden.

Wie wir mehr gesunde Jahre gewinnen, als es die Evolution vorsieht

An der Schwelle zum 20. Jahrhundert lag die Lebenserwartung der Neugeborenen in den meisten Industrienationen zwischen 45 und 50 Jahren, Frauen wurden schon damals etwas älter als Männer. Etwa 20 Prozent der Menschen starben aufgrund einer hohen Säuglingssterblichkeit und durch Infektionen vor dem zehnten Lebensjahr. Als Hygiene, Wasserqualität und das öffentliche Gesundheitswesen sich verbesserten, Impfungen und Antibiotika entwickelt wurden, entstand die erste Langlebigkeitsrevolution, denn die frühe Sterblichkeit ging rasch zurück. Die zweite Revolution erlebten wir in den vergangenen drei Jahrzehnten. Die Kombination aus medizinischem Fortschritt und Wohlstand schob die durchschnittliche Lebenserwartung weiter nach oben. Heute leben Neugeborene in Deutschland mehr als doppelt so lange wie vor 150 Jahren. Das Durchschnittsalter der deutschen Bevölkerung lag 2021 mit 45 Jahren um mehr als fünf Jahre höher als noch 1990, im Jahr der Vereinigung. Die Anzahl der Menschen im Alter ab 70 Jahren ist zwischen 1990 und 2021 von acht Millionen auf 13,5 Millionen Personen gestiegen.

Einen präziseren Einblick, wie sich die Lebenserwartung verlängert hat, bekommt man, wenn man sich die Lebenserwartung von älteren Menschen anschaut; die Säuglingssterblichkeit, Unfälle und andere Ursachen für einen frühen Tod sind dann herausgefiltert. Ein 65-jähriger Mann konnte um 1880 mit einer weiteren durchschnittlichen Lebenserwartung von 9,6 Jahren rechnen, eine gleichaltrige Frau mit zehn Jahren. Nach den Daten von 2022 betragen diese Werte für 65-jährige Männer nun 17,6 Jahre und für gleichaltrige Frauen 20,9 Jahre. Erst 2022 und 2023 ging diese Entwicklung in Deutschland und vor allem in den USA leicht zurück. Das hängt vermutlich mit der Coronapandemie zusammen, könnte aber auch ein Hinweis dafür sein, dass Übergewicht und Adipositas beginnen, sich negativ auf die Lebenserwartung auszuwirken.

Angesichts dieser Entwicklung stellen sich folgende Fragen: Geht es bei der Lebenserwartung tendenziell immer weiter nach oben? Werden wir älter und älter oder gibt es eine biologische Grenze? Und: Was machen wir eigentlich mit unseren Bonusjahren? Können wir in diesen gewonnenen Lebensjahren wirklich gut leben, vital und weitgehend gesund? Denn wer möchte schon 15 Jahre länger leben, wenn diese hauptsächlich aus einem langsamen Siechtum bestehen?

Zur Wahrheit gehört die Tatsache, dass die Verlängerung des Lebens nach dem Zweiten Weltkrieg vor allem viele Jahre mit Krankheiten produziert hat. Der US-Amerikaner Matt Kaeberlein, einer der weltweit führenden Alterswissenschaftler, spricht von einem »verlorenen Jahrzehnt«. Irgendwann beginnen die Krankheiten und Gebrechen, und sie halten dann über zehn Jahre und mehr an.

Die Langlebigkeit legt also eine der größten Schwächen unseres hoch technisierten Medizinsystems bloß: Sobald eine Krankheit auftritt, wird sie mit aufwendigen Behandlungsmethoden bekämpft. Ist die akute Krankheit einigermaßen unter Kontrolle, wird der Patient aus der Tür geschoben. Etwas später erwischt ihn die nächste Krankheit – und das Prozedere geht von vorne los. Der gemeinsame Nenner all dieser Krankheiten, der Alterungsprozess, wird nicht weiter beachtet – obwohl ein mögliches Ausbremsen des Alterns die Gesundheit dramatisch verbessern würde. Forscher haben errechnet, dass es für die Lebenserwartung gar nicht mehr so viel bringt, wenn wir beispielsweise ein Wundermittel gegen Krebs finden sollten. Es verhilft uns im Durchschnitt nur zu etwa 2,5 weiteren Jahren. Die anderen altersabhängigen Erkrankungen schreiten jedoch in dieser Zeit weiter voran und nehmen dann den Platz von Krebs ein: Herzschwäche, Parkinson, Schlaganfall, Nierenversagen.

Es gilt, die gesunde Lebensphase zu verlängern

Die Wissenschaft ist sich einig, dass das nicht so sein muss. Wird die Lebensspanne länger, sollten auch die Krankheiten später beginnen. Was uns wirklich interessieren sollte, ist die Gesundheitsspanne – also die Zeit, die wir ohne schwere Krankheiten und Gebrechen leben. Wie wir diese Gesundheitsspanne verlängern können, will ich in diesem Kapitel beschreiben.

Viele Menschen treibt die Frage um, ob und wie es uns gelingt, das maximale Lebensalter nach oben zu schrauben. Für die Antwort schauen wir uns die ältesten Menschen der Welt, die Supercentenarians an. Ihre Lebens-und Ernährungsweisen bekommen inzwischen viel Aufmerksamkeit, bei den Blauen Zonen war bereits die Rede von ihnen. Den Weltrekord des verlässlich dokumentierten höchsten menschlichen Lebensalters hält die Französin Jeanne Calment. Sie starb 1997 und wurde 122 Jahre alt. Calment war kein Kind von Traurigkeit, fuhr bis zum 100. Lebensjahr Fahrrad und rauchte bis zum 117. Laut einer Legende hörte sie mit dem Rauchen erst auf, als sie schlecht sah und sich sorgte, beim Anzünden der Zigaretten ihre Wohnung in Brand zu stecken. Madame Calment war übrigens nur knapp ein Meter fünfzig groß. Es ist wohl kein Zufall, da Wachstumshormone die Gegenspieler bei Langlebigkeit sind. Ein anderer prominenter Supercentenarian war der Brite Henry Allingham, ein Royal-Air-Force-Veteran des Ersten Weltkriegs, er starb 2009 im Alter von 113 Jahren. In einem Interview in der *Daily Mail* anlässlich seines 110. Geburtstags antwortete er 2006 auf die Frage, was das Geheimnis seines langen Lebens sei: »Zigaretten, Whisky und wilde, wilde Frauen.« Es könnte sein, dass uns einzelne Fallberichte auf die falsche Spur bei der Langlebigkeit führen. Zumindest würde ich Rauchen und Alkohol nicht empfehlen, um zu versuchen, sein Leben zu verlängern.

Bislang ist die Obergrenze also etwa bei 120 Jahren. Ist mehr drin? Der US-amerikanische Biologe Steven Austad, der Löwendompteur war, bevor er Professor wurde, wettete 2001 gegen einen anderen prominenten Altersforscher aus den USA, S. Jay Olshansky, dass der erste Mensch, der 150 Jahre alt werde, schon geboren sei. Wissenschaftler wie Austad sind davon überzeugt, dass das, was im Tierreich möglich ist, auch für Menschen drin sei.

Andere halten das für übertriebenen Unsinn. Um den Streit zu verstehen, müssen wir tiefer in die Biologie und die Wissenschaft des Alterns eintauchen. In der Biologie ist es ist nicht so, dass das Altern eine unveränderliche Konstante in der Natur wäre. Die ersten Einzeller waren unsterblich, haben sich geteilt, vermehrt und weitergelebt. Erst vor etwa einer Milliarde Jahren betrat der Tod die Bühne. Mit der Entstehung der Mehrzeller und der Spezialisierung von Geweben und Organen wurde aber der Wartungs- und Reparaturaufwand im Körper größer. Unsterblich sind nur noch die Ei- und Samenzellen. Ansonsten wird seither gestorben. Aber bis heute hat die Evolution bei Pflanzen, Tieren und Menschen zu extrem unterschiedlichen Lebensspannen geführt. Es gibt die Eintagsfliegen, die nur ein paar Stunden Lebensfreude haben, aber auch Wale, die bis zu 200 Jahre alt werden können. Manche Muscheln schaffen es auf über 500 Jahre. Bei großen Bäumen sind mehrere 100 Jahre Lebensalter nicht selten, die ältesten Kiefern und Tannen in Kalifornien und Skandinavien sind vermutlich 500 bis 1000 Jahre alt. Wir Menschen teilen mit ihnen einige biologische Mechanismen und Gene. Mit den Tieren sind sogar die meisten Gene identisch. Können wir es also ihnen nachmachen, die langsamer altern?

Manche Arten scheinen so wenig zu altern, dass Menschen früher glaubten, sie seien unsterblich. Riesenschildkröten etwa altern so langsam, dass Biologen von einem vernachlässigbaren Altern sprechen. Das langsame Altern ist vor allem eine Domäne der wechselwarmen Tiere, der Amphibien und Reptilien. Sie können ihren Stoffwechsel sehr ruhig walten lassen, sie müssen weder heizen noch kühlen, das spart Energie. Sie benötigen daher auch nicht fortwährend etwas zu essen, sie können hervorragend lange Zeit ohne Nahrung auskommen. Schlangen oder Krokodile können monatelang fasten, was deren Leben sehr verlängert. Auch Tiere, die Winterschlaf halten, leben länger. Sie haben einen langsameren Lebensrhythmus, fasten im Winterschlaf, werden später erwachsen, pflanzen sich gemütlicher fort und tragen ihre Jungen länger als gleich große Säugetiere, die auch im Winter aktiv sind. Ein beeindruckendes Beispiel sind Fledermäuse. Sie werden viel älter als andere Wirbeltiere wie Vögel, die ähnlich groß sind. Wissenschaftler fanden heraus, dass die lange Fastenzeit der Fledermäuse im Winterschlaf die Autophagie, die Reinigung und Verjüngung der Zellen, ankurbelt. Auch die Weltraumforschung interessiert sich für Winterschläfer. Wollen wir tatsächlich zum Mars fliegen, ist es wichtig, durch die Strahlen im Weltraum nicht krank zu werden. Aus einem noch nicht geklärten Grund sind winterschlafende Tiere besonders resistent gegen Strahlung. Wissenschaftler sind auf der Spur der Wirkmechanismen des Winterschlafs, weil die Tiere in vielerlei Hinsicht resilient sind. Der Winterschlaf scheint mir aber für Menschen wenig attraktiv zu sein. Man hat nicht wirklich viel davon, wenn man einige der dafür womöglich gewonnenen Jahre einfach verschläft.

Grundsätzlich gilt: Je größer eine Art ist, desto länger leben die Tiere. Größere Säugetiere und Menschen haben einen ruhigeren Stoffwechsel, einen langsameren Herzschlag als kleinere, auch das schont das Herz, die Gefäße und das Gehirn. Kleine Tiere wie Mäuse werden meist nicht älter als zwei Jahre, während der Afrikanische Elefant in der Savanne ein stattliches Alter von 80 Jahren erreichen kann. Innerhalb einer Spezies wiederum – wo Anatomie und Stoffwechsel grundsätzlich gleich oder fast gleich sind – ist es umgekehrt und besser, klein zu sein, um länger zu leben. Zwergmäuse sind die langlebigsten Mäuse, Rehpinscher leben länger als Doggen, Ponys länger als große Pferde. Und so scheint es, siehe Madame Calment, auch bei uns Menschen zu sein.

Günstig für eine längere Lebenserwartung ist zudem ein späteres Alter bei der Fortpflanzung. Jung mit Sex zu beginnen, ist in der Biologie nicht sinnvoll für die Langlebigkeit. Das hat mit einem weiteren Prinzip der Evolution zu tun. Eine Maus, die leicht von einem Adler oder einem anderen Raubtier gefressen werden kann, vermehrt sich früh, es gibt keine große Zeitspanne, um sich fortzupflanzen. Nach der Vermehrung altert die Maus schnell und stirbt mit zwei bis drei Jahren. Der Raubvogel hingegen steht oben an der Nahrungskette. Er kann es sich leisten, nur alle paar Jahre seine Gene weiterzugeben. Das Fliegen verschafft darüber hinaus einige Vorteile, daher werden fliegende Tiere generell älter als gleich große, aber nicht fliegende Tiere. Manche Vögel werden bis zu 100 Jahre alt. Auch bei unserer Körpergröße ist offenbar eingepreist, dass wir an der Spitze der Nahrungskette stehen. Denn für unsere Körpergröße leben wir im Verhältnis zu anderen ähnlich großen Tieren schon beachtlich lang. Wir übertrumpfen sogar Elefanten.

Die unsterbliche Qualle

Einige Quallen-Arten altern offenbar nicht und könnten technisch gesehen ewig weiterleben. Das erstaunlichste Tier in dieser Gattung ist Turritopsis dohrnii – benannt nach Anton Dohrn, in dessen Labor auch Ilja Metschnikow, der Pionier der Mikrobiom-Forschung, für eine gewisse Zeit arbeitete. Turritopsis lebt im Mittelmeer und wird etwa drei Millimeter groß. Sie altert nicht, und das bewirkt die große Zahl an Stammzellen, die dauernd neues Leben nachliefern. Ist die Qualle verletzt oder im Überlebensstress, hat sie die Fähigkeit, sich über die Aktivierung dieser Stammzellen in ein jüngeres Stadium zurückzuversetzen, dann wachsen und knospen aus ihr neue identische Polypen.

Die Qualle altert rückwärts, ähnlich wie Brad Pitt in dem Film *Der seltsame Fall des Benjamin Button*. Ganz unsterblich sind die Turritopsis aber nicht, sie können gefressen werden oder unter Umweltproblemen leiden. Aber es bleiben ihnen im Durchschnitt viele hundert Lebensjahre. Ganz genau wird man es wohl nie wissen, denn es dauert zu lange, als dass dies in bezahlbaren Forschungsprojekten bis zum Ende beobachtet werden könnte. Die Vitalität der Qualle kann wie bei den Säugetieren durch eine Nahrungsknappheit und leichten Lebensstress gesteigert werden. Und da sind wir wieder beim Fasten und dem Prinzip der Stimulation der Selbstheilungskraft, der Hormesis. Turritopsis dohrnii kann sich unter Drucksituationen reparieren und gleichsam verewigen. Auch bei uns Menschen wird die Stammzellenbildung und die Neubildung von Mitochondrien durch Fasten angestoßen, wie der Fastenpionier Valter Longo nachweisen konnte.

Bei den Mechanismen des Alterns gibt es ein weiteres populäres Programm, es fußt auf der Theorie der freien Radikalen. Sie besagt, dass durch eine falsche Ernährung Elektronen frei werden, die die DNA durch Oxidation schädigen. Es ist eine Analogie zum Verrosten, der Oxidation von Eisen und Stahl. Obwohl diese Theorie inzwischen als weitgehend widerlegt gilt, ist sie immer noch erstaunlich verbreitet. Die Auswirkungen sind in jeder Apotheke und jedem Drogeriemarkt zu sehen. Vitamine und Nahrungsergänzungen werden als Antioxidantien beworben und in Massen verkauft; es ist eine Branche mit Milliardenumsatz. Tatsächlich können freie Radikale Mutationen und Zellschäden verursachen, dies scheint aber nach allem, was wir bislang wissen, nicht den Prozess des Alterns zu beeinflussen. In einer zusammenfassenden Analyse von 68 Studien mit 230 000 Teilnehmern wurde untersucht, ob die Einnahme von Nahrungsergänzungsmitteln mit Antioxidantien das Leben verlängert. Das Gegenteil war der Fall. Sie war mit einem früheren Tod verbunden. Sparen Sie sich also den Ablasshandel mit Vitamintabletten, von einigen Ausnahmen abgesehen, auf die ich später eingehen werde. Investieren Sie Ihr Geld besser in gesunde Lebensmittel. Die gleichen Vitamine und Mikronährstoffe, die Sie als Tabletten kaufen, wirken wirklich, wenn Sie sie in natürlichen Lebensmitteln essen, als Obst, Gemüse und Gewürz. Auf diese Weise können Sie dazu beitragen, Ihr Leben zu verlängern.

Grundsätzlich ist zu fragen, warum es in der Biologie überhaupt das Phänomen der Alterung gibt. Wenn Hersteller von Haushaltsgeräten in die Produktion einen Verschleiß mit einbauen, liegt die

Motivation auf der Hand: Die Geräte dürfen nicht ewig halten, es soll mehr Umsatz gemacht werden. Eine Waschmaschine, die Jahrzehnte hält, ist wenig rentabel. Die Biologie will uns aber nichts verkaufen, das Ziel besteht im Überleben der eigenen Art, der Spezies. Das biologische Ausleseprinzip der Evolution beinhaltet, dass die Stärksten, Schnellsten oder Klügsten die besten Überlebenschancen haben und damit auch die besten Chancen auf reichlich Nachkommen. Das Konzept »Survival of the Fittest« gilt aber nur für die Fortpflanzung und die Aufzucht der Kinder, vielleicht noch für eine zeitlich begrenzte Vitalität der Großeltern, damit die Eltern sich besser den notwendigen Lebensaufgaben widmen können. Biologisch hat die menschliche Spezies aber keinen Vorteil, wenn wir 120 oder gar 150 Jahre alt werden. Womöglich ist im evolutionären Prozess eine Weisheit verankert, die sich darin äußert, ältere Generationen einfach verschwinden zu lassen, damit Raum für nachfolgende Generationen frei wird, für Änderungen und Innovationen.

Jedenfalls konnten sich Gene und Proteine im Laufe der Menschheitsgeschichte durchsetzen, die in jungen Jahren eine gute Vitalität erwirken, aber im Alter Nachteile bringen können. Ein solches Beispiel ist das Signalprotein mTOR (siehe S. 157): In jungen Jahren fördert es Wachstum, Muskelkraft und Fruchtbarkeit. Werden wir älter, wirkt es eher schädlich, dann fördert mTOR Diabetes Typ 2, Entzündungen und Krebs. Gene und Proteine können also Licht oder Schatten liefern, je nach dem Alter des Menschen. Im Fachjargon nennt man das etwas kompliziert »antagonistische Pleiotropie«.

Kennzeichen von Alterungsprozessen

Was genau geschieht eigentlich in den Zellen, wenn wir faltige Haut bekommen, wenn Kraft und Schnelligkeit nachlassen, die Gefäße verkalken? Eine durchschnittlich große Frau besteht aus etwa 30 Billionen Zellen, ein etwas größerer Mann aus 35 Billionen, dazu kommt noch die gleiche Anzahl an Bakterien im Darm.

Das menschliche Gebilde ist eine gigantische komplexe Maschinerie aus Energiezufuhr, Produktion, Recycling und Entsorgung im Nanosekundentakt. Je nach Gewebe und Zelltyp teilen und erneuern sich Zellen mal schneller, mal langsamer, manche – wie die Nerven- und Herzzellen – nur im Ausnahmefall. Bei den unzähligen Zellteilungen können sich Fehler einschleichen. Schäden können an den Genen selbst, an den Strukturen, die sie umgeben und schützen, und an den Proteinen entstehen. Im Gewebe und in den Zellen, die sich nicht oder nur sehr langsam erneuern, setzen sich Ablagerungen fest. Die Folgen: Das Gewebe erschlafft, die Haut bekommt Flecken und Falten, Gelenkknorpel werden brüchig, der Körper wird unbeweglicher. Der Spitzensport deckt dies radikal auf: Olympiasieger im Sprint wird man nicht mehr mit 40.

Es sind unzählige einzelne Prozesse, die das Altern Tag für Tag, Jahr für Jahr mal mehr und mal weniger beeinflussen. Nach heutigem Wissensstand gibt es acht bis 15 sogenannte Hallmarks, Charakteristika der Alterung. Dabei geht es um sich häufende Schäden am Erbgut, der DNA, aber auch dem Epigenom, das darüber bestimmt, welche Gene ein- und ausgeschaltet werden, sowie an den Proteinen, die die DNA reparieren können. Es gibt eine Abnutzung der Chromosomenenden, der Telomere, die die DNA schützen sollen. Je mehr sie sich im Alter verkürzen, desto fehlerhafter wird die Zellteilung. Telomere verkürzen sich stärker, wenn wir viel Stress haben oder uns schlecht ernähren. Auch die Mitochondrien, die Energiefabriken der Zellen, nutzen sich ab, besonders wenn wir zu viel und zu viel Ungesundes essen.

Es gibt darüber hinaus ein besonders kurioses Kennzeichen des Alterungsprozesses. Üblicherweise werden alte Zellen durch neue ersetzt. Die alten verabschieden sich, machen Platz für die jungen durch ein Selbstmordprogramm, die Apoptose. Wenn dieses Programm nicht mehr reibungslos funktioniert, verbleiben diese greisen, die seneszenten Zellen im Blut, im Gewebe und in den Organen und machen dort Stress. Sie geben völlig enthemmt unnütze Botenstoffe ab, schädigen damit die benachbarten gesunden Zellen und verursachen Entzündungen im Körper. Man spricht in diesen Fällen von Zombiezellen. Auch die Alterung unseres Darm-Mikrobioms fördert Entzündungen, die schon erwähnte Inflammation.

Diesen üblen Vorgängen des Alterns hat unser Körper eine enorme Fähigkeit der Reparatur und Regeneration, der Selbstheilungsfähigkeit gegenübergestellt. Durch zelluläres Müll-Recycling, der Autophagie, kann die Zelle alte oder beschädigte Proteine und Mitochondrien abbauen und daraus sogar Energie zurückgewinnen. Die Autophagie wird vor allem durch Fasten, Sport und guten Schlaf angekurbelt. Warum gerade Fasten und Sport? Bedeutet doch beides letztlich Stress, Überlebensstress für die Zelle. Aber alles, was uns nicht umbringt, macht uns stark – dieser von Friedrich Nietzsche stammende Satz stimmt jedenfalls in hohem Maße auch für das zelluläre Leben. Die Zelle aktiviert bei Stress Prozesse, die den sparsameren Umgang mit Ressourcen fördern. Zudem werden die Abläufe optimiert. Die Autophagie ist ein doppelter Gewinn. Zum einen wird die Zelle gereinigt, zum anderen entsteht beim Abbau und Recycling des Zellschrotts Energie. Das funktioniert besonders gut, wenn die Zelle dafür Muße hat und nicht durch die Verdauung vollbeschäftigt ist. Man kann es sich so vorstellen: Ein Auto kann nicht repariert werden, solange wir damit auf der Autobahn fahren. Erst wenn es in der Garage steht, gibt es die Möglichkeit zur Reparatur.

Schließlich spielen auch die Stammzellen eine große Rolle. Sie haben das Potenzial, sich zu vielen spezialisierten Zelltypen auszubilden. Sie sind eine Art Basislager und in der Lage, Ersatzzellen nach Bedarf auszubilden. Etwa eine Milliarde haben wir von ihnen, Tausende werden sekündlich produziert. Wir müssen nur verhindern, dass sich die Stammzellen im Laufe des Lebens zu sehr abnutzen und ihre Fähigkeit zur Ausbildung von fehlerfreien Ersatzzellen verlieren. Fasten und Sport führen zur stärkeren Neubildung von Stammzellen.

Leider können einige Zellen nicht auf diese Weise erneuert werden, dazu zählen die Zellen von Herz und Gehirn. Daher ist es für ein gesundes Altern wichtig, Schädigungen an diesen Zellen zu vermeiden. Auch die Haut kann sich nur bedingt regenerieren. Haben sich dort erst einmal Ablagerungen festgesetzt, haben wir Defekte durch zu viel Sonne abbekommen oder sind die Kollagenproteine der Haut geschädigt und werden weniger neue hergestellt, kann unser Körper diese Mängel nicht mehr reparieren. Zwar sind die Regale der Drogerien mit Kollagenpulvern voll, aber sehr wahrscheinlich kommen diese Stoffe gar nicht bis in die Haut. Sind erst einmal Mängel vorhanden, hilft nur noch eine teure ästhetische Dermatologie.

Rasant altern durch falsche Nahrung

Bei all diesen Prozessen, die über die Alterung der Zellen mitentscheiden, spielt die Nahrung eine große Rolle. Ein Beispiel, wie uns ungesundes Essen schneller altern lässt, sind die AGEs, die Advanced Glycation Endproducts (siehe S. 98). Dabei verbinden sich Proteine oder Fette mit Zucker, diese langkettigen braunen Verbindungen können vom Körper nicht mehr abgebaut werden. AGEs lagern sich in der Haut, im Herz, in den Gefäßen und Nieren ein. Am meisten bekommen wir ab, wenn wir erhitztes Fleisch essen. Dabei spielt die Art des Erhitzens eine Rolle. Grillen, scharfes Anbraten und Frittieren erzeugt bei Hühnerfleisch oder Rindfleisch einen fünf- bis zehnfach höheren AGE-Gehalt als das gekochte Pendant in einer Hühnersuppe oder beim Tafelspitz. AGEs befinden sich aber auch in kross gebackenem Brot, in Keksen und Pommes frites. In die Schlagzeilen geriet vor Jahren das Glykoprotein Acrylamid, das unter anderem in Pommes frites und Chips enthalten ist und potenziell das Krebsrisiko erhöht.

AGEs sind nach heutigem Kenntnisstand auch für die Alzheimer-Demenz von Bedeutung. Sie fördern die Bildung von zwei Kennzeichen der Demenz: die Bildung von verklumpten Proteinen und der amyloiden Plaques im Gehirn. AGEs in der Haut kann man relativ einfach erfassen, mit einem kleinen Gerät wird die Haut am Unterarm angeleuchtet und die Fluoreszenz, die Lichtdurchlässigkeit, gemessen. Auch wenn sie nicht gleich zur Demenz führen, haben Menschen mit mehr AGEs in ihrer Haut eine schlechtere

Hirnleistung und eine schlechtere Merk- und Konzentrationsfähigkeit. Die einfachste Methode, um weniger AGEs im Körper zu haben, ist, pflanzenbetont zu essen und sehr kross Gebackenes und Frittiertes zu vermeiden.

Auch die Gene haben einen großen Einfluss auf unsere Lebenserwartung. Hat man zwei Eltern, die 100 Jahre alt wurden, sind die Chancen hoch, selbst ein solches Alter zu erreichen – sofern man gesund lebt. Aber die Gene sind weit weniger wichtig, als man früher dachte. Anhand von Erhebungen an dänischen Zwillingen, die zwischen 1870 und 1900 geboren wurden, errechneten Wissenschaftler, dass die Gene ungefähr für 25 Prozent des erreichten Lebensalters verantwortlich sind. Neuere Daten des Google-Forschungsunternehmens Calico gehen von deutlich niedrigeren Werten aus. Die hier arbeitenden Wissenschaftler werteten Hunderte Millionen Daten aus Stammbäumen aus und fanden unter anderem heraus, dass Ehepartner sich mehr im Lebensalter annähern als Geschwister. Offenbar ist der Lebensstil entscheidend, die Genetik bestimmt letztlich weniger als zehn Prozent des Lebensalters. Ich denke, das ist eine gute Nachricht.

Der Lebensstil ist entscheidend

Wie oft habe ich Patienten erlebt, die große Ängste hatten, weil der Vater, die Mutter oder Geschwister früh starben und sie sich diesem Alter langsam näherten. Leben und essen wir gesund, hat das genetische Risiko nur noch wenig Kraft. Am Ende entscheiden die Gene mit, aber sie werden durch die Umwelt, durch unser Verhalten und die Ernährung stark beeinflusst. Die Gene sind zu einem erheblichen Teil einer mächtigeren Befehlskette untergeordnet.

Das führt zu der Frage, wer mit den Genen kommuniziert, damit sie sich ein- oder ausschalten. Wer sagt der Zelle, dass sie sich reinigen und verjüngen soll? Die wesentlichen Akteure der molekularen Alterung sind miteinander verbunden. Es gibt ein Informationsnetzwerk, eine Art Software aus Transkriptionsfaktoren und

Signalstoffen, die abhängig davon sind, wie wir leben, was wir essen, welche Belastungen auf uns einwirken, wie gut wir schlafen und wie wir uns bewegen. Sie bedienen die Alterungs- oder die Reparatur- und Verjüngungsvorgänge. Die meisten dieser Botenstoffe sind Nährstoff-Sensoren, sie messen die Zucker- und die Proteinzufuhr und die Kalorienmenge, die wir essen. Am wichtigsten sind Signalstoffe und Moleküle wie mTOR, AMPK, Insulin und IGF-1. Weitere Mitspieler sind die Sirtuine, eine Proteingruppe, die das Zell-Recycling und die DNS-Reparatur in der Zelle mit steuern. Diese Botenstoffe elektrisieren derzeit viele Altersforscher, denn es ist ein Tanz der Moleküle und Nährstoffe, der entscheidet, wie stark unser Körper wächst und altert.

Die Moleküle entscheiden mit, wann wir wachsen, ob wir Entzündungen bekommen, wann die Zellen altern, sich zumüllen, sich erneuern oder reparieren. Und da diese Moleküle ja auch Sensoren für Nährstoffe sind, können wir sie beeinflussen: durch Medikamente und durch die Ernährung. mTOR zum Beispiel fördert Wachstum, aber beschleunigt die Alterung, indem es Autophagie und Zellreparatur drosselt, wenn zu viel davon im Umlauf ist. mTOR wird erhöht, wenn wir viel Protein essen, und erniedrigt, wenn wir fasten oder wenig Protein essen. AMPK ist der Zuckersensor. Ist wenig Zucker im Blut, geht AMPK nach oben und schlägt Alarm. Von der Zelle werden dann Sparmaßnahmen ergriffen – so wird zum Beispiel das Wachstum gedrosselt und der Wartung und Reparatur der Vorzug gegeben. Das bremst die Alterung zusätzlich. Auch Insulin und IGF-1 reagieren auf Zucker, Protein und die Menge an Kalorien. Wenn zu viel davon ausgeschüttet wird, entsteht langfristig Diabetes, wir altern und können Tumore bekommen. Fasten wir hingegen und reduzieren Zucker und tierisches Protein, entfallen die negativen Prozesse. All diese Moleküle sind auch beim An- und Ausschalten der Gene beteiligt, der Epigenetik, die maßgeblich das Altern beeinflusst.

Als klar war, dass über diese Software – die Summe der genannten Moleküle –, der Prozess des Alterns gesteuert wird, entbrannte ein Wettlauf unter Wissenschaftlern, um das Ziel der Lebensverlängerung zu erforschen und neue Verfahren zu entwickeln. Der Guru der Wissenschaftler, die überzeugt davon sind, dass wir mit der richtigen Software-Programmierung locker 150 Jahre werden können, ist der US-amerikanische Genetiker David Sinclair, Professor an der Harvard University. Sinclairs wissenschaftlicher Stern begann vor 20 Jahren aufzugehen. Nach Studien an Mäusen schloss er, dass Resveratrol, der sekundäre Pflanzenstoff in Rotwein, die Sirtuine aktiviert, das Gen für Langlebigkeit. Wenig später gründete er eine Firma zur Nutzung von Resveratrol und verkaufte diese 2008 für 720 Millionen US-Dollar. Pech für die Käufer: Die Resveratrol-Hypothese bestätigte sich nicht, die Firma wurde aufgelöst, aber Sinclair war ein reicher Mann.

Er forschte intensiv weiter, denn er ist überzeugt davon, dass es keine unverrückbaren Grenzen gibt. Altern, so seine Überzeugung, sei letztlich eine Krankheit auf zellulärer Ebene, und es müsse Wege geben, diese Mutter aller Krankheiten zu behandeln. In seinem Labor wurden viele Belege erbracht, dass sich einige Kennzeichen der Alterung teilweise rückgängig machen lassen, indem wir Sirtuine, mTOR und andere Signalstoffe beeinflussen. Zumindest bei Mäusen. Sinclair vertritt die These, dass vor allem das Nachlassen der epigenetischen Kontrolle über die DNA das Altern verursacht. In einer beeindruckenden Arbeit konnte er 2023 bei Mäusen das epigenetische Alter in beide Richtungen drehen. Zunächst schädigte er das Epigenom, und danach konnte er es durch eine bestimmte Zufuhr von Mikromolekülen wieder auf jung programmieren. In seinem Buch mit dem nicht gerade zurückhaltenden Titel *Das Ende des Alterns* schwärmt Sinclair davon, dass Menschen mit ihren Ururenkeln spielen könnten. Ich bin mir allerdings nicht sicher, ob das unser Ziel sein soll, allein wegen der unübersichtlichen Familiengrößen, ganz zu schweigen vom Stress am Weihnachtsfest.

Es gibt eine Floskel, die lautet, dass junge Menschen reich werden wollen, reiche Menschen hingegen jung. Das beschreibt sehr gut den Eifer, mit dem derzeit die Silicon-Valley-Milliardäre sich mit viel Geld auf die Suche nach dem Jungbrunnen machen. Die Eigentümer von Google, Jeff Bezos und Mark Zuckerberg investieren in die Langlebigkeitsforschung. Der PayPal-Gründer Peter Thiel meint wenig zurückhaltend: Die große Aufgabe der modernen Welt bestehe darin, »den Tod zu einem lösbaren Problem zu machen«. Geld ist genug da, und mit Hightech hat man bisher noch vieles erreicht. Nur das Altern und erst recht das Sterben stören diese Männer – vielleicht gelingt es, sich auch von dieser Unannehmlichkeit freizukaufen.

Ob die Lebensverlängerung beim Menschen irgendwann wirklich so einfach funktioniert, wie es einige Investoren denken und wie es Sinclair in Podcasts und auf YouTube weltweit verbreitet, erscheint mir mehr als fraglich. Kritiker werfen Sinclair und anderen Langlebigkeitsgurus vor, dass sie zu sehr vereinfachen, einzelne Ergebnisse an Zellen oder Mäusen vorschnell auf den Menschen übertragen. Dass sie nicht selten an Patenten für Medikamente und Nahrungsergänzungen finanziell beteiligt seien, steigere nicht ihre Objektivität. Der menschliche Organismus sei zudem viel komplexer als die Labormaus, die ihr ganzes Leben in einer keimfreien, monotonen Umgebung verbringt – anders als die Menschen. Aber noch aus einem anderen Grund ist es schwierig, aus der Forschung an Mäusen Rückschlüsse auf die menschliche Langlebigkeit zu ziehen. Es gibt die bereits erwähnte Grundregel in der Biologie, dass große Tiere älter werden. Der Mensch wird auch wegen seiner Spitzenposition in der Nahrungskette schon beachtlich alt, er ist schon sehr optimiert und damit privilegiert, selbst wenn vielen Zeitgenossen das noch nicht reicht.

Etliche namhafte Wissenschaftler, darunter auch Mitstreiter von Sinclair wie Matt Kaeberlein gehen davon aus, dass eine Lebensverlängerung über 120 Jahre unrealistisch ist. Statt das Sterben hinauszuzögern, so ihr Anliegen, solle es Ziel der Forschung sein, die gesunde Lebensspanne zu verlängern. Es wäre besser, fit, stark, zufrieden und mobil bis zum letzten Atemzug zu sein, also gesund zu sterben. Der Doyen dieser Gruppe ist der kanadische Arzt Peter Attia. Für ihn ist Bewegung der wichtigste Schlüssel für fitte Urgroßmütter und Urgroßväter, das hat vermutlich mit seiner sportlichen Vergangenheit als Boxer und Schwimmer zu tun.

Die wissenschaftliche Evidenz legt hingegen nahe, dass eine gesunde Ernährung die Maßnahme Nummer eins für ein langes und gesundes Leben ist. Sport und Bewegung sind vor allem wichtig, um Gebrechlichkeit, körperliche Schwäche sowie Osteoporose zu vermeiden. Wenn das Ziel darin besteht, im Alter möglichst keine der schweren und belastenden Erkrankungen zu bekommen – oder zumindest erst sehr spät darunter zu leiden –, der sollte auf die richtige Ernährung achten und darf andere Faktoren nicht vernachlässigen: Bewegung, nicht rauchen, ausreichend schlafen und Stress reduzieren.

Die Alterserkrankungen, die am meisten Lebensqualität rauben, Schwächen verursachen und Schmerzen zufügen, sind Herzerkrankungen, Schlaganfall, Diabetes Typ 2, neurologische Erkrankungen wie Parkinson und Demenz sowie Krebs. Für diese Erkrankungen zeigen Studien aus jüngster Vergangenheit, dass die richtige Ernährung die Vorbeugung wesentlich unterstützt, eine ergänzende Therapie sein kann und damit letztlich die Lebenserwartung erhöht.

Diese Schlussfolgerung ergibt sich aus den bisherigen Kapiteln: Die Ernährung ist der größte biochemische Eintrag in unseren Körper, in unsere Zellen und in unser Gewebe. Altern ist schlussendlich nichts anderes als ein biochemischer Vorgang. Die weltweit größte Studie zur Frage, wie sich die Ernährung auf unsere Lebensdauer auswirkt, wurde 2022 von einer Gruppe norwegischer Wissenschaftler anhand der Daten aus der Global-Burden-of-Disease-Datenbank veröffentlicht. Ihre Ergebnisse haben alle Mutmaßungen über die Bedeutung der Ernährung übertroffen. Männer, die sich ab dem 20. Lebensjahr optimal ernähren würden, gewännen demnach 13 Lebensjahre hinzu, Frauen 10,7 Jahre. Frauen hatten etwas weniger Zugewinn, da sie sich meist ohnehin gesünder als Männer ernähren. Die Spitzenplätze der Lebensmittel, die die meisten Lebensjahre beisteuerten, belegten:

- Hülsenfrüchte mit 2,4 Jahren, gefolgt von Vollkorngetreide und Nüssen mit je 2,2 und 1,8 Jahren.

Nach den drei positiven Lebensmitteln, die es aufs Treppchen schafften, folgten auf den nächsten fünf Plätzen Lebensmittel, die zu einem längeren Leben führen, wenn man sie weglässt oder deutlich reduziert:

- Fleisch, verarbeitetes Fleisch wie Wurst, gesüßte Getränke, Eier und Weißmehlgetreide. Danach kamen Obst, Gemüse und Milchprodukte. Obst und Gemüse lagen überraschend weit hinten. Die Erklärung dafür ist, dass weltweit schon viel davon gegessen wird.

Bedauerlicherweise ist es eher unrealistisch, dass sich ein 20-jähriger Mensch optimal gesund ernährt. Empfehlungen von Ernährungsfachleuten haben generell eine schlechte Erfolgsquote, im richtigen Leben umgesetzt zu werden, ganz besonders unter der Jugend. Die Ursache dafür ist der Belohnungsaufschub. 20-Jährige interessiert es herzlich wenig, wenn sie erfahren, dass sie in 50 Jahren keinen Herzinfarkt oder Darmkrebs bekommen, wenn sie sich ab jetzt gesund ernähren. 50 Jahre sind im jungen Alter eine Ewigkeit, zumal besonders junge Männer von der eigenen Unverwundbarkeit überzeugt sind. Ich kann mich selbst an ein solch wunderbares Lebensgefühl erinnern.

Auch wer erst mit 60 auf gesunde Ernährung setzt, gewinnt viele Lebensjahre

Jetzt kommt aber die außergewöhnliche Botschaft der norwegischen Studie: Wenn man erst mit 60 anfängt, sich das schlechte Essen abzugewöhnen, bekommen Männer immer noch 8,8 Jahre und Frauen acht Jahre Bonusjahre. Sogar bei 80-Jährigen gab es noch 3,4 Jahre obendrauf.

Unter einer optimalen Ernährung verstand die Studie das, was hier immer wieder zur Sprache kommt: vollwertig, überwiegend oder auch ganz pflanzlich, abwechslungsreich, viele Hülsenfrüchte, reichlich Ballaststoffe und sekundäre Pflanzenstoffe, die Polyphenole. Die Forscher waren aber nicht lebensfremd. Sie berechneten auch die Wirkung einer machbaren Ernährung, die dem Schweinehund in uns etwas mehr Rechnung trägt. Folgte man dieser Kompromissernährung, hätte eine 20-jährige Frau immerhin noch 6,2 Bonusjahre und ein 20-jähriger Mann 7,3. Wir müssen dennoch berücksichtigen, dass selbst eine solch große epidemiologische Studie nur eine beschränkte Aussagekraft hat. Die Zahlen sollte man nicht bis auf die letzte Ziffer hinterm Komma zu genau nehmen. Es kann verschiedene Gründe geben, weshalb Menschen, die sich nicht sehr vollwertig und gesund ernähren, älter werden und umgekehrt. Aber die sehr große Teilnehmerzahl der Studie belegt eindeutig die Tendenz, dass die lebensverlängernde Wirkung guter Nahrung reell und vor allem beachtlich ist.

Patientengeschichte – Ernährung bei genetischer Vorbelastung

Nach einem Vortrag, den ich über gesunde Ernährung, Fasten und das Thema Langlebigkeit gehalten hatte, kam einer der Zuhörer in meine Sprechstunde. Er wollte eine individuelle Beratung. Schon vor einigen Jahren hatte er begonnen, sich intensiv über Anti-Aging und Langlebigkeit zu informieren. Grund war seine Sorge, eine familiäre Belastung geerbt zu haben. Denn beide Eltern verstarben relativ früh, mit 66 und 69 Jahren, wobei seine Mutter auch an Demenz gelitten hatte. Er selbst war 57 und bemerkte schon einige altersbedingte Einschränkungen. Bei der Untersuchung fielen tatsächlich einige Befunde auf, die auf eine gewisse vorzeitige Alterung schließen ließen. Herzfrequenz und Blutdruck waren erhöht, der Bauchumfang zu groß. Der Einbeinstand war schwierig, die spontane Gehgeschwindigkeit etwas langsam. Er litt unter beginnender Arthrose im Knie, die Beweglichkeit der Schulter war eingeschränkt.

Ich empfahl ihm sechs Grundregeln, die derzeit wissenschaftlich belegt sind:

- Eine pflanzenbasierte Ernährung mit möglichst wenig tierischem Eiweiß
- Fasten (zweimal im Jahr ein Fünf-Tage-Heilfasten) und dazwischen an den meisten Tagen der Woche ein Intervallfasten mit 14:10 (siehe S. 363 ff.)
- Bewegung sowie ein intensives Kraft- und Koordinationstraining
- Weizenkeime, davon täglich zwei Esslöffel (Spermidin, siehe S. 271 f.), drei Tassen grüner Tee, täglich Beeren (auch Tiefkühlware oder getrocknet), Nüsse und Fermentiertes wie Joghurt (aus Milch oder vegan)
- Kältekammer, kalte Güsse, Sauna
- Ausreichend Schlaf, möglichst oft früh zu Bett gehen.

Hier muss diese Patientengeschichte leider enden, denn ob der Mann durch die Ratschläge tatsächlich länger gesünder leben wird, wird sich erst in einigen Jahren zeigen.

Die Einschätzung, dass mit idealer Ernährung die biologische Uhr angehalten werden kann, würde noch mehr Beweiskraft bekommen, würden neben den epidemiologischen Belegen und den anerkannten Wirkungen guten Essens auf Alterserkrankungen wie Diabetes Typ 2, Arthrose oder Herzleiden auch die direkten Altersmechanismen in den Zellen bewiesen. Tatsächlich gibt es erste Studienergebnisse dazu. Bei den Telomeren zeigte der US-amerikanische Arzt und Lebensstilpionier Dean Ornish – er behandelte unter anderem Ex-Präsident Bill Clinton –, in Zusammenarbeit mit der US-amerikanischen Molekularbiologin und Nobelpreisträgerin Elisabeth Blackburn, dass eine pflanzliche Ernährung bei Patienten mit Prostatakarzinom die Verkürzung der Telomere stoppt. Bei einigen verlängerten sich diese Schutzkappen an den Enden der Chromosomen sogar wieder.

Hinsichtlich des epigenetischen Alters wurde 2022 die Arbeit eines renommierten US-amerikanischen Altersforschungszentrums veröffentlicht. Untersucht wurden in dieser Framingham Offspring genannten Studie knapp 2000 Teilnehmer, die im Schnitt 67 Jahre alt waren. Detailliert wurden deren Ernährungsgewohnheiten dokumentiert, anschließend dann sogenannte epigenetische Uhren gemessen, womit sich das biologische Alter auf Zellebene abschätzen lässt. Dabei zeigte sich: Je pflanzlicher und vollwertiger sich die Personen ernährten, desto jünger waren biologisch betrachtet ihre Zellen.

Weniger Kalorien versprechen ein längeres Leben

Mehrfach habe ich Mechanismen beschrieben, wie wir uns vor der Alterung schützen können. Immer wieder spielt das Reduzieren von Kalorien – zumeist in verschiedenen Formen des Fastens – eine entscheidende Rolle. Damit werden Altersvorgänge gebremst und die Reparatur sowie die zelluläre Reinigung angeschoben. mTOR, Insulin und IGF-1 werden verringert, Sirtuine und AMPK erhöht, mit der Folge, dass alle Reparatursysteme an den Genen und in den Zellen, die Stammzellen- und Mitochondrien-Neubildung sowie die Autophagie angekurbelt werden. Die gesamte Körpermaschinerie läuft wie im Schongang. Man kann es sich ein bisschen wie bei einem Motor vorstellen, der länger durchhält, wenn wir mit niedriger Drehzahl fahren. Bei einer kalorischen Restriktion werden an vielen Stellen Energiesparmaßnahmen ergriffen, die aber im Gegenzug die »Haltbarkeit« unseres Körpers verlängern.

Es gibt einige eindrucksvolle Beispiele, die zeigen, dass kalorische Restriktion auch unter erzwungenen Umständen medizinisch günstige Folgen hatte. Anfang 1917 verhängten die Alliierten im Ersten Weltkrieg aus strategischen Gründen eine Getreide- und Hungerblockade. In der unmittelbar zu erwartenden Not bestellte die dänische Regierung Mikkel Hindhede, einen naturheilkundlichen Arzt, zum Leiter des Gesundheits- und Landwirtschaftsausschusses. Hindhede entschied, die Versorgung des Landes radikal umzukrempeln. Da Dänemark vom Import von Futtermitteln abgeschnitten war, beschloss er, die Schweine- und Rinderhaltung massiv einzuschränken. Agrarland sollte nur noch zum Getreide-, Gemüse- und

Kartoffelanbau genutzt werden. Alle Schweine wurden zu hohen Preisen nach Deutschland und Großbritannien verkauft, die Milchproduktion halbiert. Die Nahrung für die Dänen bestand nun aus Vollkornbrot, Kleie, Porridge, aus Roggen, Gerste, Kartoffeln, Rüben und Kohl, ergänzt mit etwas Milch und Butter. Der Arzt war davon überzeugt, dass eine weniger energiedichte und proteinarme Nahrung, wenn sie auf Vollkorngetreide und Gemüse basierte, die Menschen ausreichend versorgte. Sein Plan ging auf, die dänische Bevölkerung musste im Gegensatz zu anderen Nationen keinen Hunger erleiden. Das durchschnittliche Gewicht ging infolge einer leichten kalorischen Restriktion zurück. Hindhede kommentierte es lakonisch, die karge Kost habe wohl nicht zur Völlerei Anlass gegeben. Die erstaunlichen medizinischen Ergebnisse dieses ungewollten Feldversuchs mit der Beschränkung von Kalorien und Proteinen publizierte er 1920 im *Journal of the American Medical Association*. Die jährliche Sterberate pro 10 000 Bürger, die zwischen 1900 und 1916 stets um 100 lag, reduzierte sich 1918 auf 66.

Auch in Norwegen wurden 1941 die Lebensmittel infolge des Zweiten Weltkriegs knapp. Die Ernährung wurde auf Getreide, Gemüse und nur noch geringe Fleisch- und Milchmengen umgestellt. Die durchschnittliche Kalorienzufuhr verminderte sich gegenüber den Vorkriegsjahren um 20 Prozent. Bei den Nährstoffen reduzierte sich die Proteinzufuhr, während der Verzehr von Kohlenhydraten anstieg. 1951 berichte eine Forschergruppe um Axel Strøm von der Universität Oslo im englischen Fachblatt *Lancet* über die medizinischen Auswirkungen dieser kargen Jahre. Die Sterblichkeit war um 20 Prozent gesunken, vor allem Herz-Kreislauf-Leiden verringerten sich enorm. Womöglich hatte es nicht nur an der Kalorienreduktion gelegen, sondern auch am Verzicht auf Fleisch und Wurst, sodass die kargen Jahre die Menschen gesünder machten. Tatsächliche Beweise erbringen, wie schon öfter erwähnt, nur kontrollierte Studien.

Es ist ein Verdienst des an der Duke University in North Carolina forschenden Franzosen Eric Ravussin, eine solche durchgeführt zu haben, die CALERIE-Studie. Bei ihr wurden von 2007 bis 2011 erstmals die Auswirkungen einer längerfristigen Kalorienrestriktion auf

Menschen in einer randomisierten Studie untersucht. Für das Experiment wurden 220 normalgewichtige und gesunde Erwachsene in verschiedenen Regionen der USA ausgewählt. Die eine Hälfte sollte sich zwei Jahre lang einer Kalorieneinschränkung von 25 Prozent unterziehen, die andere Hälfte änderte ihre Nahrung nicht. Durch weniger Kalorien besserten sich die Blutfett- und Cholesterinspiegel sowie die Insulinfunktion. Gemessen wurde zudem der Fortschritt der biologischen Alterung mittels chemischer Markierungen in den Blutkörperchen. Bei den Nachuntersuchungen zwölf und 24 Monate später hatte sich der so gemessene Alterungsprozess in der ersten Gruppe leicht verlangsamt. Vielleicht wäre es mehr gewesen, wenn die Teilnehmer noch weniger gegessen hätten. Sie schafften statt der angepeilten 25 nur 12 Prozent. Immerhin.

Spreche ich in meinen Vorträgen über kalorische Restriktion, betone ich immer wieder, wie schwierig oder gar unmöglich sie in der Praxis umzusetzen ist. Weniger zu essen fällt uns eigenartigerweise schwerer, als zu fasten. Wenn man es aber schafft, ist es hochwirksam. Ich erinnere mich gut an eine 72-jährige Patientin, die für die naturheilkundliche Behandlung einer Multiplen Sklerose zu uns in das Immanuel-Krankenhaus kam. Fünf Jahre zuvor war sie schon einmal bei uns gewesen. Allerdings hatte ich sie viel übergewichtiger in Erinnerung, und damals stand auch die Behandlung eines Diabetes Mellitus Typ 2 im Vordergrund. Auf die Frage, wie es um ihren Diabetes aktuell bestellt sei, meinte sie, den habe sie nicht mehr, sie habe seit dem letzten Aufenthalt zwölf Kilogramm Gewicht abgenommen, ihre Blutzuckerwerte seien jetzt völlig normal. Ich wollte daraufhin wissen, wie sie das geschafft habe, mit welcher Ernährungsumstellung oder Diät. Sie antwortete: »Mit gar keiner Diät.« Sie habe damals bei einem meiner Vorträge gehört, dass man mit 20 Prozent weniger Kalorien Stoffwechselerkrankungen heilen und dies zu einem gesünderen und langen Leben führen könne. Das habe sie überzeugt, und von da an habe sie angefangen, konsequent immer weniger zu essen. Ihr Frühstück bestehe aus einem Brötchen mit einer Hälfte mit Marmelade und der anderen Hälfte mit Käse. Mittags esse sie oft eine Suppe mit einer Scheibe Brot und Butter, gegen drei Uhr genehmige sie sich einen Kaffee und zwei Kekse und abends gebe es ein Käse- oder Wurstbrot. Sie fügte hinzu, die ersten vier Wochen nach den Mahlzeiten sei sie oft noch hungrig gewesen, aber inzwischen reiche ihr das aus. Ihre Ernährung war alles andere als pflanzenbetont und vollwertig, dennoch hatte sie ihr gesundheitliches Ziel erreicht. Sie hatte Normalgewicht, der Diabetes Mellitus Typ 2 war weg, ebenso der Bluthochdruck. Eine Sache hatte sie sich ebenfalls angewöhnt: immer ausreichend zu trinken, Tee oder Wasser.

Und täglich bitte Superfoods

Die historischen Beispiele aus Dänemark und Norwegen, aber auch die Fälle, die ich jeden Tag in der Klinik beobachten kann, lassen beim Thema gesunde Langlebigkeit nur einen Schluss zu: Am wichtigsten ist für uns das, was sich tagtäglich auf dem Teller befindet. Es nützt wenig, wenn wir uns konsequent ungesund ernähren und dann zur Beruhigung einen Blaubeer-Smoothie trinken. Dennoch gibt es im Bereich der Altersforschung einige Nährstoffe und Nahrungsmittel, die möglicherweise ein besonders großes Potenzial in sich bergen, unser Leben zu verlängern. Ich überbewerte einzelne Nahrungsmittel und Nährstoffe beim Thema Anti-Aging nicht, aber einige dieser Superfoods versuchen zum Teil Wirkungen des Fastens zu imitieren, sie werden daher auch als »Fastenmimetika« bezeichnet – es lohnt sich, sich mit ihnen zu befassen:

Spermidin

Das vielversprechendste Fastenmimetikum ist Spermidin. Der vielleicht etwas irritierende Name rührt daher, dass Spermidin zuerst in Samenzellen identifiziert wurde, aber es findet sich in fast jedem Körpergewebe; die Konzentration von Spermidin lässt mit dem Alter nach. In Laborexperimenten hat es eine beachtliche Wirkung auf einen der zentralen Prozesse für Langlebigkeit, die Autophagie. Seit Jahren forschen die Molekularbiologen Frank Madeo und Tobias

Eisenberg an der Universität Graz zu dessen Wirkungen; sie fanden viele günstige Effekte. Spermidin regeneriert die Erbsubstanz und die Mitochondrien verschiedener Gewebe, es schützt das Herz und hemmt Entzündungen. Die Frage ist derzeit, ob Spermidin auch vorbeugend gegen Demenz eingesetzt werden kann. Erste Studien belegen eine positive Wirkung auf die Gedächtnisleistung und gegen Depressionen.

Nicht wenige Nahrungsmittel enthalten Spermidin, darunter Weizenkeime, Nüsse, Knoblauch, Zitrusfrüchte, das fermentierte japanische Sojabohnengericht Natto oder das asiatische Malvengewächs Durian. Es könnte also eine Möglichkeit bestehen, Langlebigkeit mittels stimulierter Autophagie durch den Verzehr spermidinreicher Nahrungsmittel zu fördern. Deshalb empfehle ich, öfter solche zu essen, neben den schon genannten: Äpfel, Birnen, Erbsen, Brokkoli, Blumenkohl, gereifter, würziger Käse (am meisten Spermidin enthalten Harzer, Cheddar und Tilsiter), Pilze, Salat, Soja und Sojaprodukte, Vollkornprodukte. Auch Darmbakterien produzieren Spermidin, wenn sie reichlich mit Ballaststoffen und Präbiotika gefüttert werden.

Ergothionein

Bei der Suche nach einzelnen Substanzen, die das Leben zu verlängern helfen, fiel in einigen größeren Studien Ergothionein auf. Ergothionein ist eine Aminosäure, die zwar schon vor mehr als 100 Jahren entdeckt wurde, sich aber seither im Dornröschenschlaf befunden hatte. Es fungiert als Zellschutz. Niedrige Ergothionein-Spiegel im Blut und im Gewebe sind mit einigen Alterszeichen verbunden: Demenz, Herzkrankheiten, Gebrechlichkeit oder Parkinson. Ergothionein wird nur von Pilzen und Bakterien produziert, die besten Quellen sind Speisepilze und Tempeh, eine Sojaspezialität, bei der das Soja durch Pilze fermentiert wird. Ich bereite mir gern Tempeh-Geschnetzeltes in der Pfanne zu, mit Sesamöl, etwas Sojasauce und Schnittlauch. Köstlich! Überhaupt sind Pilze sehr gesund, sie enthalten Beta-Glucane, sie sind gut für das Mikrobiom. Selbst Champignons schneiden in Studien gut ab. So wurde in Japan und

Singapur herausgefunden, dass Menschen, die mehrmals in der Woche Pilze essen, seltener unter Demenz leiden.

Polyphenole

Die ungemein wichtige Gruppe sekundärer Pflanzenstoffe stimuliert die Regeneration von Zellen und die Bildung von Mitochondrien. Polyphenole, die sich in Obst, Gemüse und Getreide befinden, helfen bei der Gewichtsabnahme, sie reduzieren Bauchfett, wirken entzündungshemmend, gefäßschützend und sogar antidepressiv. Ich habe sie bislang mehrmals erwähnt, sie wirken auch gut auf die Darmbakterien, die dann mehr gesunde, kurzkettige Fettsäuren produzieren. Diese wiederum können FGF-21 ankurbeln, jenen Faktor, der auch die lebensverlängernde Wirkung einer proteinarmen Nahrung vermittelt.

Die Faustregel für Polyphenole lautet: Je bitterer, schärfer und intensiver der Geschmack, je dunkler, blauer oder violetter eine Frucht (oder ein Gemüse) ist, desto mehr Polyphenole stecken drin. Und je kleiner die Frucht ist, desto mehr Polyphenole hat sie im Verhältnis zum Wasser in den Pflanzen, da sich die meisten Polyphenole in der Schale befinden. Schließlich wäre es am besten, wenn die Früchte erst reif geerntet würden, dies ist aber heute bei den oftmals langen Transportwegen eher selten der Fall. Freuen Sie sich deshalb, wenn Sie Gelegenheit haben, im Sommer selber Beeren zu pflücken.

Auch bei Polyphenolen ist es an der Schnittstelle von Forschung und Industrie nicht selten zu vorschneller Euphorie gekommen. Kaum wird in einem Labor entdeckt, dass ein bestimmtes Polyphenol Potenzial für längeres Leben haben könnte, werden in rasender Geschwindigkeit entsprechende Nahrungsergänzungen auf den Markt gebracht, angepriesen als »Forever-young-Elixiere«. Meist ist bei ihnen die Dosis nur viel höher als in einer Portion Obst oder Gemüse, nach dem Motto: »Viel hilft viel.« Das hat damit zu tun, dass man lange Zeit annahm, die Polyphenole würden aufgrund ihrer antioxidativen Wirkung gesund sein, indem sie die freien Radikale im Körper neutralisieren. Heute weiß man, dass dies nur für wenige Substanzen tatsächlich gilt, so bei Vitamin C und E, Zink und

Selen. Bei den meisten Polyphenolen ist es andersherum: Sie haben eine leicht prooxidative Wirkung. Das klingt zunächst irritierend, eher ungesund. Diese prooxidative Wirkung ist aber so mild, dass sie die Reparatur- und Selbstheilungsfähigkeiten der Zelle und der Mitochondrien anregt. Es ist das Grundprinzip der Naturheilkunde: Die Zelle und die Regulationssysteme bekommen das Signal, dass sie etwas mehr arbeiten müssen – und stärken damit ihre Ressourcen.

Exemplarisch hat das der Grundlagenwissenschaftler und Mediziner Michael Ristow von der Berliner Charité für den grünen Tee gezeigt. Der gesunde Hauptbestandteil von grünem Tee ist das Polyphenol EGCG. Zunächst fütterte Ristow die in der Forschung beliebten Fadenwürmer Caenorhabditis elegans mit EGCG und stellte fest, dass sich – ganz im Gegensatz dazu, was alle bisher dachten –, zunächst die Produktion der ungeliebten freien Radikale erhöhte. Bald danach aber aktivierten die Würmer ihre eigene Abwehrfähigkeit und begannen, mehr Schutzenzyme herzustellen. Es ist also ein Spiel über Bande: Kleine Mengen von an sich ungesunden freien Radikalen mobilisieren die zelleigenen Schutzmechanismen, dabei entstehen viele gesunde Kollateralwirkungen. Am Ende kommt es dann tatsächlich zu einer Erhöhung der antioxidativen Fähigkeiten der Zelle. Es ist ähnlich wie beim Sport: Strengen wir uns an, geht der Puls hoch, tun wir das aber regelmäßig, erhalten wir einen langsameren Ruhepuls. Damit schonen wir unser Herz und machen es leistungsfähiger. Polyphenole sind eine Art Training für die Zelle.

Aber eine sehr hohe Dosis eines einzelnen Polyphenols führt vermutlich nicht zum Ziel, sondern schwächt die Zelle. Das erklärt letztlich auch, weshalb die Einnahme von hoch dosierten Substanzen nicht die erhoffte Wirksamkeit gezeigt hat, sondern eher das Gegenteil. Ich schildere diese Zusammenhänge so ausführlich, weil ich daraus eine Empfehlung ableite. Am besten ist die Wirkung, wenn Sie viele unterschiedliche und niedrig dosierte Polyphenole zu sich zunehmen, also abwechselnd bunte, geschmacksintensive Gemüse, Früchte und Gewürze essen. Das ist gesünder als ein halbes Kilo Blaubeeren zu verspeisen oder zehn Tassen grünen Tee an einem Tag zu trinken.

Auf einige vielversprechende Polyphenole möchte ich noch ausführlicher eingehen, weil sie immer wieder Gegenstand wissenschaftlicher Diskussionen sind:

- **Oleuropein (OLE):** Oleuropein kommt reichlich im Olivenöl vor. In Laborstudien zeigt es eine erstaunliche entzündungshemmende Wirkung, es schirmt damit das Herz und die Nerven ab. In einigen Beobachtungsstudien war der reichliche Verzehr von Olivenöl mit mehr gesunden Lebensjahren verbunden. Die Olivenölflasche sollte also ein ständiger Begleiter in der Küche und auf dem Tisch sein.
- **Fisetin:** Fisetin findet sich vor allem in Erdbeeren, zudem in Äpfeln, in Zwiebeln, Weintrauben, Kakis, Mangos und Kiwis. Neben seiner antientzündlichen Wirkung zeigten einige Laborstudien, dass Fisetin als Senolytikum wirkt, das heißt, es bekämpft die Zombiezellen in unserem Körper. Darüber hinaus deuten Tierstudien darauf hin, dass es das Haarwachstum fördert, vor Diabetes schützt und die Leistung des Gehirnes aktiviert. Ob dies aber auch beim Menschen so stattfindet, ist noch unklar. Da es aus vielen anderen Gründen gut ist, Äpfel oder Erdbeeren zu essen, bringt Fisetin noch den Bonus einer möglichen Anti-Aging-Wirkung. Sollte sich herausstellen, dass unsere Haare dadurch nicht schneller wachsen, bleiben uns viele andere Vorteile, wenn wir Mangos, Kiwis und Kakis verspeisen.
- **Ellagsäure:** Die Ellagsäure findet sich reichlich in Erdbeeren, Himbeeren und weiteren Beerensorten, auch in Granatäpfeln und Nüssen. Schon vor vielen Jahren fanden Forscher der Universität Murcia in Spanien in Tierversuchen heraus, dass Darmbakterien aus Ellagsäure Urolithin A herstellen. Diese Metaboliten bekämpfen die Zombiezellen, aktivieren die Bildung der Mitochondrien und stärken die Muskelkraft. Wir wissen aber noch nicht, ob Ellagsäure beim Menschen genauso wirkt wie in Tierversuchen. Da aber Beeren, Nüsse und Granatäpfel in jeder Hinsicht gesund sind, gibt uns das noch ein weiteres Argument, viel davon zu essen.

- **Quercetin:** Quercetin ist eines der populärsten Polyphenole. Es kommt in Fruchtschalen, Rinden und Blättern vor. Sehr viel davon enthalten beispielsweise Kapern, die wir in Deutschland leider selten essen. Neben Kapern ist es in Äpfeln, im Grünkohl, in Zwiebeln und Lauchgewächsen, Beeren, Brokkoli, Weintrauben, Tomaten und anderem Gemüse vorhanden. Quercetin aktiviert Sirtuin und scheint wie Fisetin und die Ellagsäure die Zombiezellen auszuschalten. Wissenschaftler gehen davon aus, dass es auch beim Menschen lebensverlängernd wirken kann. In den USA laufen zahlreiche Studien zu Quercetin, die das Ziel haben, schwere Erkrankungen im Alter zu bekämpfen. Eine erste kleine Studie hat positive Resultate bei schweren Lungenleiden gezeigt. Allerdings war die eingesetzte Menge mit über 1000 Milligramm am Tag sehr hoch. Ein Apfel enthält etwa zehn Milligramm. Es kann sein, dass für stark fortgeschrittene Erkrankungen solche Megadosen sinnvoll sind. Dann befinden wir uns aber im Reich der Pharmakotherapie, mit Ernährungstherapie hat das nichts mehr zu tun. Ich empfehle, mit Beeren, Obst und Gemüse viel Quercetin zu sich zu nehmen. Da sind wir bei der viel zitierten englischen Redewendung »An apple a day keeps the doctor away« (»Ein Apfel am Tag reicht aus, um dir den Arzt vom Leib zu halten«). Ein englisch-italienisches Forscherteam – die italienischen Wissenschaftler kamen aus dem Apfelanbaugebiet Trentino – erhöhte den Einsatz: »Two apples a day keep the doctor away.« Der Genuss von zwei Äpfeln am Tag mit knapp 1000 Milligramm Polyphenolen, eben auch viel Quercetin, so wurde herausgefunden, verbessere die Cholesterin- und Triglyceride-Werte und stärke die Blutgefäße. Bei der Kontrollgruppe, die Apfelsaft trank, konnte diese Wirkung nicht registriert werden. Nur wenn wir den Apfel ganz verzehren, haben wir den vollen Effekt. Quercetin wirkt übrigens auch entzündungshemmend und hilft, Viren und Bakterien zu bekämpfen. Ich empfehle, gerade in der Winterzeit regelmäßig Äpfel, Zwiebeln, Lauch, Grünkohl und Brokkoli zu essen.

- **Isofalcarintriol:** Ein neuer Star am Himmel der Langlebigkeit scheinen die guten alten Möhren zu sein. Sie enthalten den Stoff Isofalcarintriol, der zur Neubildung von Mitochondrien führt und in einer vielbeachteten Tierstudie beachtliche Effekte für ein langes Leben zeigte.

Langlebigkeit aus der Apotheke

Es gibt drei Substanzen, die für große Aufregung in der Langlebigkeitsforschung sorgen. Was ist nach heutigem Wissensstand von ihnen zu halten?

Rapamycin

Unter einigen Wissenschaftlern gilt Rapamycin als Nummer eins unter den Kandidaten, die versprechen, unser Leben zu verlängern. Es ist eine Art natürliches Antibiotikum und wurde 1960 bei Bodenproben entdeckt, die von der Osterinsel stammten. Herausgefunden wurde, dass Rapamycin das Immunsystem dämpft, entwickelt wurden dann daraus Medikamente, die nach Transplantationen das Abstoßen von Organen verhinderten. Schon bald fiel Forschern aber noch eine durchaus erfreuliche Nebenwirkung auf: Versuchstiere, die Rapamycin bekamen, hatten zwar in der Tat ein etwas schwächeres Immunsystem, dafür lebten sie jedoch länger. Ob Rapamycin auch bei Menschen das Leben verlängern kann, ist bislang nicht bewiesen. Viele Wissenschaftler gehen aber davon aus und nehmen es in einer geringen Dosis teilweise selber ein. Jedoch der Grat zwischen erfreulichen Wirkungen und unerfreulichen Nebenwirkungen wie Infekten, grauer Star, Nierenschwäche oder Wundheilungsstörungen ist schmal. Ich habe mich bisher nicht getraut, Rapamycin einzunehmen, dafür fehlen mir die notwendigen Studiendaten. Wir können aber seine Wirkung durch geeignete Ernährung etwas imitieren. Das Protein mTOR steht ja für mechanistic Target Of Rapamycin, und Rapamycin hemmt mTOR. Wir können das Protein im Körper auch reduzieren, indem wir fasten und wenig tierische Proteine zu uns nehmen. Das hätte den Vorteil, dass wir unter keinen unerwünschten Wirkungen zu leiden hätten.

NAD

NAD (Nicotinamid-Adenin-Dinukleotid) ist ein Coenzym, ein Hilfsstoff für andere Enzyme und kommt in jeder lebenden Zelle vor; es spielt bei der Erzeugung von Energie in den Mitochondrien eine große Rolle. Im Alter sinkt aber der NAD-Spiegel und die Funktion der Mitochondrien lässt nach. Auch die Sirtuine, die Enzymgruppe, die lebensverlängernde Prozesse in der Zelle vermittelt, benötigen NAD. Die Substanz aber wie eine Tablette einzunehmen, macht keinen Sinn, sie schafft es nicht durch die Zellwand. Besser geeignet sind Vorstufen von NAD, die als NAD-Booster bezeichnet werden. Die beiden bekanntesten sind Nicotinamid-Mononukleotid (NMN) und Nicotinamid-Ribosid (NR). Einige Forscher sind von NAD-Boostern sehr überzeugt, nehmen sie ein und bewerben es indirekt in den Medien.

Auf der Grundlage identischer Prinzipien wurde irgendwann auch eine Sirtfood-Diät erfunden. Als die britische Sängerin Adele damit erfolgreich ihre Kilos verlor, wurde sie zu einem Megatrend. Wissenschaftlich ist nichts Besonderes an ihr, es ist letztlich eine kalorienarme, pflanzliche Diät mit vielen Polyphenolen. Damit nimmt man ab, klar, und Sirtuine werden durch die erzielte Abnahme des Gewichts stimuliert. Dahinter verbergen sich keine großen Geheimnisse, es stellt sich nur immer wieder heraus, dass eine pflanzenbasierte Ernährung eine ideale Grundlage für ein langes Leben schafft. Nicht wenige Wissenschaftler halten den Hype um NAD und NMN beziehungsweise NR für übertrieben und verweisen darauf, dass sie an unzähligen chemischen Reaktionen im Körper beteiligt, also Allerweltsmoleküle sind. Die Vorstellung, dass eine Minimenge von eingenommenem NMN direkt den Weg zu den Sirtuinen im Körper findet, halten sie für abenteuerlich. Zudem sei viel Geld im Spiel, sodass diejenigen, die daran verdienen, nicht mehr objektiv darüber urteilen würden, was es wirklich bringt. Inzwischen gibt es erste kleinere Studien zu NMN am Menschen. Dabei zeichnet sich ab, dass es wohl die Gewichtsabnahme unterstützt sowie den Cholesterinspiegel und den Blutdruck leicht senkt. Als ich NAD einmal probierte, hatte ich durchaus den Eindruck, dass es mir energetisch guttat. Ein Beleg für dessen Wirksamkeit ist das aber natürlich nicht. In nächster Zeit werden weitere Studien veröffentlicht, dann wird sich zeigen, ob NMN und andere Booster wirklich etwas bringen.

Metformin

Metformin liefert sich ein Kopf-an-Kopf-Rennen mit Rapamycin um den Rang des prominentesten Kandidaten unter den Medikamenten für ein langes Leben. Metformin stammt aus der Pflanzenheilkunde, genauer gesagt von der Geißraute. Ärzte setzten es über Jahrhunderte als Arznei gegen häufiges Wasserlassen ein, ein Symptom von Diabetes. Heute weiß man, dass Metformin die Alterungssignalmoleküle wie AMPK und mTOR sowie das Mikrobiom günstig beeinflusst. In der Medizin hat es einen festen Platz in der Diabetes-Therapie. Richtig Furore machte es aber erst, als in einer Studie auffiel, dass Diabetiker, die Metformin erhielten, offenbar länger lebten als Menschen, die keinen Diabetes hatten. Das war kein wissenschaftlicher Beweis, aber es regte die Fantasie all jener an, die von einem langen Leben träumen. Mit Spannung werden daher die Ergebnisse einer großen Studie erwartet, die 2015 begonnen wurde und 2024 abgeschlossen sein wird, die TAME-Studie (TAME steht für Treating Aging with Metformin). Gesunde Menschen, die keinen Diabetes haben, erhielten Metformin. Nun wird Alterung umfangreich untersucht. Der Studienleiter Nir Barzilai, Mediziner am Albert Einstein College in New York und einer der Stars der Langlebigkeitsforschung, ist offenbar so von Metformin überzeugt, dass er es sich oral zuführt. Ich habe es kurz versucht und war von einer sofort spürbaren Nebenwirkung wenig angetan: Metformin bremst die sportliche Leistungsfähigkeit. Eine zweite Nebenwirkung spielt sich im Darm ab, es beeinflusst das Mikrobiom, meist zum Guten, aber zehn bis 15 Prozent der Konsumenten bekommen Verdauungsbeschwerden. Auch daher rate ich: Warten Sie ab, bis die TAME-Ergebnisse veröffentlich sind.

So lässt sich die gesunde Lebensspanne verlängern

Fassen wir alle aktuell vorliegenden Forschungsergebnisse zusammen, so kann es nur ein Resultat geben: Wir können sehr viel tun, um bis ins hohe Alter fit und gesund zu bleiben. Es ist nicht zwingend, dass unser letztes Lebensjahrzehnt ein schlechtes sein muss. Jeder einzelne Aspekt unseres Lebens kann enormen Einfluss auf die Zukunft unserer Gesundheit nehmen. Kombinieren wir die richtige Ernährung mit einer Kalorienbeschränkung durch regelmäßiges Heilfasten (etwa zwei- oder dreimal für fünf Tage im Jahr) oder durch Intervallfasten, bremsen wir die Alterungs- und Abbauprozesse im Körper. Gönnen wir uns ausreichend und guten Schlaf und reduzieren wir Stress, können wir die Spanne, in der wir gesund bleiben, weiter ausdehnen. Und natürlich sind Sport und Bewegung wichtig.

Schon seit Langem empfehlen Wissenschaftler, dass wir auf etwa 90 bis 120 Minuten Ausdauertraining pro Woche durch Walken, Joggen, Radeln und/oder Schwimmen kommen sollten. Für den Erhalt der Muskeln und das Vermeiden von Gebrechlichkeit im Alter ist Krafttraining sehr wichtig. Bei uns allen beginnt spätestens ab dem 50. Lebensjahr der Muskelabbau, besonders ausgeprägt ist er ab dem 75. Lebensjahr. Wir sollten also frühzeitig eine gute Basis für ein Krafttraining schaffen und schon mit 50 bis 60 Jahren starten, unseren Körper auf den Muskelabbau vorzubereiten.

Schaffen Sie sich im Alltag vielseitige Möglichkeiten und versuchen Sie eine Art Mini-Krafttraining in den Alltag einzubauen. Mir hat es geholfen, kleine Hanteln im Büro und im Arbeitszimmer zu haben und Thera-Bänder an den Türen. Auch Klassiker wie Liegestütze, Sit-ups, Skifahrer-Hocke oder neuere Varianten wie Plank-Übungen tragen zum Muskelerhalt bei. So überraschend es klingt: Selbst Fasten fördert die Muskelleistung. Anfangs leidet der Muskel zwar kurzfristig, aber durch die im Fasten stattfindende Zellreinigung performen die Muskelzellen danach besser.

Unsere Gesundheitsspanne können wir noch weiter erhöhen, wenn wir Vorsorgeuntersuchungen wie beispielsweise für Darmkrebs nutzen und Risikofaktoren wie Blutdruck, Cholesterin und Blutzucker medizinisch im Blick haben. Sind trotz guter Ernährung, Fasten und Bewegung die Werte zu hoch, stehen heute viele gut verträgliche Medikamente zur Verfügung. Ein langes und gesundes Leben realisiert sich nur, wenn wir nicht an vermeidbaren Erkrankungen sterben. Mit alldem werden bis zu 15 mehr gesunde Lebensjahre nicht nur möglich, sondern sehr wahrscheinlich. Dass das Altern rückgängig gemacht werden kann und die Krankheiten des Alterns komplett geheilt werden können, bleibt wohl Science-Fiction. Aber Bonusjahre zu bekommen bis zur natürlichen biologischen menschlichen Grenze, die zwischen 120 und 130 Jahren liegen dürfte, sind möglich. S. Jay Olshansky hat dazu einen Begriff geprägt, der mir gut gefällt. Er spricht von der Langlebigkeits-Dividende, was heißt, mehr Lebensjahre bei guter Gesundheit zu erhalten, wenn wir das Altern hinauszögern.

Mit den enormen Erkenntnissen der vergangenen zwei Jahrzehnte scheinen wir den Schlüssel für ein gesundes längeres Leben tatsächlich in unseren eigenen Händen zu halten. Das wichtigste Ziel sollte sein, die Gesundheitsspanne zu verlängern, das verlorene Jahrzehnt wiederzugewinnen. Der israelische Historiker Yuval Noah Harari schreibt in seinem Buch *Homo Deus. Eine Geschichte von Morgen*: »Solange die Menschen an etwas sterben, so lange werden wir danach streben, dieses Etwas zu überwinden.« Die nächsten Jahrzehnte der Forschung in diesem Bereich werden spannend.

Quintessenz: die Lebensmittel für ein langes Leben

- Eine vollwertige pflanzliche Ernährung kann helfen, unser Leben zu verlängern. Es gibt aber auch unter ihnen gesunde und sehr gesunde Lebensmittel. Ich habe zwölf von ihnen zusammengestellt, die ein gesundes Leben mit einer Langlebigkeits-Dividende versprechen:
  1. Vollkorngetreide
  2. Hülsenfrüchte wie Bohnen, Linsen, Erbsen
  3. Äpfel und Beeren
  4. Joghurt (auch vegan)
  5. Olivenöl
  6. Zwiebel und Knoblauch
  7. Kohl wie Brokkoli oder Grünkohl
  8. Weizenkeime
  9. Reichlich Gewürze
  10. Kaffee und Tee
  11. Pilze und Tempeh
  12. Nüsse

Bio-Boom – warum Mensch, Tier und Umwelt zusammengehören

Ökologische Landwirtschaft ist das Pendant zur traditionellen Ernährung, es ist gleichsam die natürliche und ursprüngliche Form der Herstellung von Nahrungsmitteln – mit immensen Vorteilen für unsere Gesundheit und die Erde, aber sie ist auch mit großen Herausforderungen verbunden. Bei meinen eigenen Bemühungen, Salat und Gemüse im Garten anzubauen, lernte ich diese schnell kennenlernen: Es gab auch andere Interessenten für meine gärtnerischen Erfolge: Schnecken, Würmer und andere Tierchen, die die Ernte dezimierten. Das ist ebenso die entscheidende Aufgabe für die Bio-Landwirtschaft, denn die Erträge bei einem ökologischen Anbau sind geringer, er braucht mehr Bodenfläche. Im Bio-Ackerbau liegt das durchschnittliche Ertragsniveau in Deutschland je nach Standort, Fruchtart und Bewirtschaftungssystem zwischen 15 Prozent und 55 Prozent unter dem der konventionellen Landwirtschaft. Die Ertragsunterschiede haben zum Teil aber auch damit zu tun, dass die konventionelle Wirtschaft (durch den Einsatz von Chemie) bessere Böden zur Verfügung hat. Das führt zu folgendem Problem: Auf der einen Seite dürfen wir die Umwelt nicht noch mehr belasten, auf der anderen müssen in Zukunft acht bis zehn Milliarden Menschen auf dieser Erde satt werden, möglichst gesund.

Bio-Lebensmittel können einen wichtigen Beitrag zu einer Gesundheit von Mensch, Tier und Umwelt leisten, da alles miteinander zusammenhängt. Aus diesem Grund gibt es drei wichtige Kriterien für die ökologische Landwirtschaft: zum einen der Verzicht auf chemisch-synthetische Pflanzenschutzmittel, weiterhin das Ablehnen löslicher mineralischer Düngemittel sowie drittens eine artgerechte Tierhaltung.

Wie schädlich Pestizide sein können, habe ich zuvor ausgeführt (siehe S. 226 ff.). Es geht hier darum, einen klugen Weg zu finden, um die Belastungen für unsere Gesundheit und die Natur in Grenzen zu halten. Er muss gefunden werden, denn die fatalen Folgen von zu viel Chemie sind uns allen bekannt, dazu gehört unter anderem das Sterben von Insekten und Bienen. Auch die Böden sind betroffen, denn in einem intensiv konventionell bewirtschafteten Boden mit regelmäßiger Bearbeitung durch Glyphosat oder anderen breit wirkenden Pestiziden existiert nicht mehr viel Leben, außer dem der Nutzpflanze, die genetisch so gezüchtet wurde, dass allein sie der Chemie widersteht. Weniger Pestizide bedeutet mehr Biodiversität, das schützt uns vor vielen zukünftigen Problemen, ebenso vor neuen Pandemien. Äcker der Bio-Landwirtschaft sind sehr lebendig, sie weisen im Schnitt 90 Prozent mehr Wildkräuter, Mikroorganismen und Regenwürmer als konventionell bewirtschaftete auf. Gerade die Regenwürmer sind sehr wichtig für die Auflockerung des Bodens und bewirken, dass er Feuchtigkeit und CO_2 speichern kann. Die Böden konventioneller Landwirtschaft hingegen erodieren, sie können leicht von Starkregen weggespült oder vom Wind abgetragen werden, da sie nicht oder kaum von Mikroorganismen durchdrungen oder mit anderen Pflanzen bedeckt sind.

Eine Bio-Landwirtschaft hat weitere Vorteile, für die Medizin am relevantesten ist der geringe Einsatz von Antibiotika. Für das Klima und die Emissionen von Treibhausgasen bietet die ökologische Tierhaltung hingegen nur leichte Vorteile beim Gülle-Management, ansonsten schneidet sie nicht besser ab. Im Gegenteil: Die Fütterung von Rindern vorzugsweise mit Gras und die Weidehaltung führen zu einem höheren Ausstoß von Methan während der Verdauung. Das verlängert weiterhin die Lebenszeit, die ein Tier braucht, um das gewünschte Schlachtgewicht zu erreichen. Dadurch entstehen 20 bis 40 Prozent mehr Treibhausgase pro Kilogramm Fleisch oder Milch als bei der Fütterung mit nährstoffreichem Futter und Getreide. Natürlich ist eine Weidehaltung gut fürs Tierwohl, Milch und Fleisch haben eine bessere Fettzusammensetzung und sind vitaminreicher. Aber wer etwas fürs Klima tun möchte, kommt nicht daran vorbei, weniger Fleisch und Milchprodukte zu essen.

2021 lag der Marktanteil von Bio-Lebensmitteln in Deutschland bei rund sieben Prozent, die ökologisch-landwirtschaftlichen

Flächen umfassten zehn Prozent. Die Bundesregierung hat sich vorgenommen, dass bis 2030 knapp ein Drittel der landwirtschaftlichen Fläche biologisch bewirtschaftet werden soll. Das ist ein sportliches Ziel, denn die Inflation hat den Spielraum für die teureren Lebensmittel für viele Menschen in Deutschland eingeengt.

Alles Bio – welche Labels wirklich gut sind

Immerhin: Gemessen an den im Jahr 2021 erreichten Umsätzen existiert hierzulande mit einem Umsatz von über 15 Milliarden Euro nach den USA der weltweit zweitgrößte Bio-Markt. Besonders beliebt ist der Konsum von Bio-Eiern sowie von Bio-Obst und -Gemüse. Diese Entwicklung wird begleitet von einem zunehmend größeren Bio-Angebot in Discountern. Vorbei ist die Zeit, als allein kleine Bio-Läden Käufer anzogen. Zuerst kamen Bio-Supermärkte wie Denns, Alnatura oder Bio Company in die Städte. Inzwischen haben selbst Edeka, Rewe, Lidl oder Aldi große Bio-Sortimente. Das ist an sich sehr zu begrüßen, ein Nachteil ist indes eine unübersehbare Anzahl von Siegeln, Zertifikaten, Eigenmarken und Werbebegriffen, die den Käufer verwirren.

Seit dem 1. Juli 2010 müssen alle Bio-Lebensmittel, die in der EU hergestellt werden, das EU-Label tragen. Es hat die Form eines Blattes. »Öko« oder »Bio« darf danach ein Produkt nur dann genannt werden, wenn definierte Standards zu mindestens 95 Prozent erfüllt sind. Diese umfassen den Verzicht auf chemische Dünge- und Schutzmittel, eine artgerechte Tierhaltung mit einer bestimmten Anzahl an Tieren pro Quadratmeter, Tierfutter aus biologischem Anbau, Verzicht auf Gentechnik, Verwendung von Antibiotika nur zu medizinischen Zwecken und maximal 49 Zusatzstoffe in verarbeiteten Lebensmitteln.

- Das **EU-Bio-Label** hat viele Kritiker, denen die Vorgaben zu lax sind, insbesondere bei der Tierhaltung. EU-Ökobauern dürfen beispielsweise bis zu 3000 Hennen in einem Stallabteil halten, maximal sechs Hühner teilen sich dabei einen Quadratmeter Fläche. Das ist alles andere als artgerecht. Die meisten Öko-Verbände haben weit strengere Vorgaben.

- Zudem existiert bereits seit 2001 ein **sechseckiges deutsches Bio-Siegel** mit der Aufschrift »Bio«. Vergeben wird es vom Bundesministerium für Ernährung und Landwirtschaft (BMEL), es hat die gleichen Kriterien wie das EU-Siegel, deshalb ist es an sich überflüssig. Schließlich sind da noch die Siegel der großen Bio-Verbände, die strengere Vorgaben haben:
- **Demeter** existiert seit 1924 und erlaubt nur maximal 21 Zusatzstoffe in verarbeiteten Produkten und geht bei der Tierhaltung deutlich über die EU-Mindestkriterien hinaus: weniger Geflügel und Schweine pro Hektar, Verbot der Enthornung von Rindern, Auslauf für Legehennen, 100 Prozent Bio-Futter, davon mindestens 50 Prozent vom eigenen Betrieb oder von regionalen Kooperationspartnern.
- **Bioland**, 1971 gegründet, stellt das Tierwohl an die erste Stelle und schreibt etwa regelmäßige Kontrollen vor. Erkrankte Tiere sollen bevorzugt naturheilkundlich behandelt werden. Tiertransporte dürfen maximal vier Stunden dauern. Die langfristige Erhaltung der Bodenfruchtbarkeit steht im Mittelpunkt. Bioland legt viel Wert auf Regionalität.
- **Naturland** wurde 1982 gegründet mit dem Ziel, den ökologischen Landbau weltweit zu fördern; die Organisation umfasst heute über 65 000 zertifizierte Erzeuger in 58 Ländern. Auch Naturland geht mit seinen strengen Kriterien über die EU-Mindeststandards hinaus, etwa in der Tierhaltung.
- Die Supermärkte haben zudem viele eigene Begriffe und Eigenmarken geschaffen: **Rewe Bio**, **Edeka Bio**, **BioBio** (Plus, Netto), **GutBio** (Aldi), **Naturgut** (Penny) oder **Bio Sonne** (Norma). Diese Siegel sind nicht rechtsverbindlich, man sollte also darauf achtgeben, ob auch das **EU-Label** auf der Ware ist. Inzwischen stehen sogar viele Lebensmittel mit dem Siegel der strengeren Anbauverbände in den Regalen der Discounter. Lidl führt Bioland, Demeter steht bei Rewe, Edeka und Kaufland. Penny

und Aldi haben Naturland im Angebot. Aldi Süd hat 2023 seine neue Bio-Eigenmarke **»Nur Nur Natur«** eingeführt, eine Premiummarke, die mit »erlesenen« Bio-Zutaten, »schonender« Herstellung, »hochwertigen« Rohstoffen, einem weitgehenden Verzicht auf Zusatzstoffe und einer Zertifizierung nach Naturland-Kriterien wirbt.

Zur Orientierung für Ihren Einkauf: Das EU-Label ist allgemein geprüft, aber eher Standard als ambitioniert. Demeter, Bioland und Naturland sind verlässliche und etablierte Zertifizierungen, für die viel strengere Kriterien erfüllt sein müssen. Seien Sie kritisch bei Begriffen wie »natürlich«, »naturnah«, »unbehandelt«, »aus umweltschonender Landwirtschaft« oder »aus kontrolliertem Anbau« – sie sind nicht geschützt. Hier liegt nicht zwingend ein wirkliches Bio-Produkt vor, es sind meist Mogelpackungen.

Bio heißt auch nicht, dass das Produkt unbedingt nachhaltig ist. Die Lebensmittel können trotzdem einen weiten Transportweg hinter sich haben und aus einem nicht saisonalen Anbau stammen, etwa Äpfel aus Argentinien im Frühsommer oder Bio-Mangos aus Brasilien. Viele Bio-Lebensmittel stecken zudem immer noch in Plastik.

Wenn die Pflanze leidet, sind die Früchte gesund

Beim Weinbau ist es eine bekannte Erfahrung: Der Wein wird besser, geschmacksintensiver, wenn die Pflanze, der Rebstock, kämpfen, wenn er leiden muss – sei es durch eine steile Hanglage, Trockenstress oder Sonnenbestrahlung. Auf fruchtbaren Böden wachsen Reben zwar schnell und in großer Menge, sie sind jedoch geschmacksärmer. Die besten Weine kommen daher aus klimatischen Grenzzonen, in denen der Weinbau gerade noch möglich ist. Auf steinigen, harten Böden müssen sich die Reben quälen, etwa in Südafrika, wo die Wurzeln sich in einem Überlebenskampf durch die trockene Erde fressen müssen.

Das grundsätzliche Problem der Pflanze ist: Sie kann nicht weglaufen, sich nicht vor Fressfeinden, den Schnecken, Würmern, Insekten, Pilzen und anderen Kleinstlebewesen dünne machen. Sie musste andere Schutzmaßnahmen entwickeln. Da gibt es zum einen die mechanischen Abwehrmaßnahmen: Dornen, Stacheln, harte Schalen. Aber bedeutender sind die chemischen Waffen, die fehlende Mobilität erfordert, dass sie sich mit ihnen ihr Überleben sichern müssen. Das sind die faszinierenden sekundären Pflanzenstoffe, die die Gewächse schützen und gesund erhalten. Zum einen locken sie die Insekten mit betörenden süßen Früchten und Duftstoffen an, damit durch sie die Samen verbreitet werden und die Fortpflanzung gesichert ist. Zum anderen bauen sie einen Schutzwall auf, damit sie nicht von Insekten angeknabbert, von Pilzen bedroht, von der Sonne verbrannt werden. Diese sekundären Pflanzenstoffe, die bereits mehrfach erwähnten Polyphenole, sind intensiv dunkel, bunt oder sie leuchten hell, sie schmecken bitter, pikant oder scharf – und all das dient dem Schutz und der Abwehr.

In der ökologischen Landwirtschaft wird die Pflanze nicht durch Pestizide geschützt, sie bekommt auch keine Wuchshilfe durch Mineraldünger. Die Pflanze muss sich selber anstrengen, um zu wachsen. Sie braucht dafür Zeit, in der sie mehr sekundäre Pflanzenstoffe produziert, was wiederum auch uns Menschen zu einem längeren Leben verhelfen kann. Eine Metaanalyse von über 340 Studien einer internationalen Forschergruppe um Carlo Leifert von der Newcastle University bestätigte 2014, dass die Konzentration der Polyphenole, etwa die gelben Flavonoide oder die dunklen Anthocyane, in Bio-Lebensmitteln um 20 bis 60 Prozent höher liegen als in Produkten des konventionellen Anbaus.

Dieser Schutz der Pflanzen überträgt sich bei der richtigen Dosis auf uns Menschen, wenn wir die sekundären Pflanzenstoffe zu uns nehmen. Daher sind Obst, Beeren, Gewürze, Gemüse, Salate mit intensiver oder dunkler Farbe und von einem intensiven, bitteren, scharfen oder pikanten Geschmack so gesund für uns. Es ist zudem der wichtigste Faktor, der Pflanzen zu Heilpflanzen werden lässt. So sind die Senföle und Glucosinolate in Senf, Rettich oder Kresse gut gegen Erkältungen, Hals- und Blasenentzündungen, Cranberries und dunkle Preiselbeeren beugen Blasenentzündungen vor. Aromatische Gewürze wie Thymian, Ingwer, Fenchel oder Salbei helfen bei Husten und Infekten, die Aromen von Nadelhölzern wie Kiefer und Zirbe, Holunder und Wacholder unterstützen das Immunsystem. Und Kurkuma, Safran, Hagebutte oder Bitterstoffe aus Wermutkraut, Schafgarbe oder Tausendgüldenkraut helfen gegen unterschiedlichste Entzündungen.

Der Anteil sekundärer Pflanzenstoffe macht einen Wein zu einem guten Wein. Schmecken kann man dieses Prinzip nicht nur bei ihm. Das beste Olivenöl stammt aus Höhenlagen wie in Istrien oder am Gardasee. Dort sind die Herausforderungen für die Pflanze größer wegen des stärkeren UV-Lichts, wechselnder Wetterlagen und nächtlicher Kälte.

Quintessenz: Bio-Lebensmittel

- Eine ökologische Landwirtschaft bedeutet mehr Biodiversität. Dies ist für das ökologische Gleichgewicht unserer Erde und auch für unsere eigene Gesundheit von erheblicher Bedeutung.
- Pflanzen in der Bio-Landwirtschaft bilden zum Selbstschutz besonders viele sekundäre Pflanzenstoffe wie die Polyphenole. Diese schützen auch uns vor chronischen Erkrankungen und können sogar heilen, wenn wir sie mit unserer Nahrung aufnehmen.
- Bio-Lebensmittel belasten unseren Körper nicht mit Rückständen von Pestiziden.
- Wichtig ist es, genau auf die Bio-Labels zu achten, bei Formulierungen wie »naturnah« oder »aus kontrolliertem Anbau« auf Produkten ist Misstrauen angebracht.

Wie unser Essen unserer Seele guttut

In meinem Alltag als Arzt mache ich immer wieder Erfahrungen mit Patienten, die mir neue Erkenntnisse vermitteln. So erging es mir mit einer 40-jährigen Frau, die stationär zu uns in die Klinik kam. Ihr Leidensweg hatte mit großem Stress durch familiäre und berufliche Belastungen begonnen. Sie litt zunehmend unter Schmerzen und häufiger werdenden depressiven Stimmungslagen. Nach einer umfangreichen Untersuchung diagnostizierten wir ein Fibromyalgie-Syndrom (FMS), ein nicht entzündliches Schmerzsyndrom, das häufig mit Verdauungsstörungen und Depressionen zusammenfällt. Die Patientin hatte Blähungen und Bauchschmerzen, internistisch sprechen wir von einem Reizdarm. Gegen die Depressionen und die Fibromyalgie verordneten wir ein mildes Antidepressivum, Bewegungstraining und, da die Schmerzen sehr stark waren, ein Schmerzmittel. Das half zunächst, vor allem der Schlaf wurde besser. Aber innerhalb eines Jahres nahm die Frau acht Kilogramm Gewicht zu, die antidepressive Wirkung der Medikamente nahm ab, die Patientin verzweifelte.

Ihre Ernährung war sehr kohlenhydratlastig, viel Weißbrot und Nudeln, Käse und Wurst, Sandwiches. Wenig Gemüse und oft ein unkontrollierter Heißhunger nach Süßem. Sie wisse natürlich, dass das nicht gesund sei, sagte sie, aber wenn sie sich niedergeschlagen fühle, schaffe sie es nicht, sich auch noch Mühe mit dem Essen zu geben. Sie sei dann in einer »Darauf-kommt-es jetzt-auch-nicht mehr-an-Stimmung«. Sie steckte in einem Teufelskreis. Eine verschriebene Physiotherapie half ebenso wenig wie eine Psychotherapie. Sie fühlte sich wie in einer Sackgasse.

Ich erörterte mit ihr die Möglichkeiten, Methoden der Naturheilkunde und der Ernährungsmedizin zu nutzen. Wir entschieden uns schließlich zu einem siebentägigen Heilfasten mit einem anschließenden Übergang zu einer pflanzenbetonten, leicht verdaulichen

Kost nach den Prinzipien der indischen Ayurveda-Medizin. Bereits am dritten Fastentag geschah Erstaunliches: Sie fühlte sich, als ob ein Schalter umgelegt worden sei. Das Fasten führte zu einer Gewichtsabnahme von fünf Kilogramm, sie fand sich selbst viel beweglicher, die Schmerzen ließen nach. Die Stimmungslage war anfänglich noch schwankend, aber gegen Ende des Fastens waren die depressiven Symptome so gut wie verschwunden. Diese positiven Erfahrungen motivierten sie sehr, fortan gesünder zu essen. Eine Kost, die auf eine vollwertige pflanzliche Ernährung aufbaute, klappte problemlos. Wir empfahlen ihr, häufig die Gewürze Kurkuma, Ingwer und Safran zu verwenden sowie Nüsse und Beeren regelmäßig zu essen. Zudem sollte sie unbedingt auf industrielle Fertigprodukte, süße Getränke und Süßstoffe verzichten. Nach Rücksprache mit ihrer Hausärztin setzten wir die Antidepressiva und die Schmerzmittel ab.

Was wir daraus lernen: Unsere Ernährung hat stets zwei Seiten. Die Energie- und Nährstoffzufuhr ist die eine uns allen bekannte Seite, das Emotionale und Soziale die andere. Ein wohlschmeckendes Essen, am besten in angenehmer Gesellschaft, gibt uns Nährstoffe und Kalorien, ist aber vor allem auch ein sinnlicher Genuss, es ist gut für Herz (im übertragenen Sinn) und Seele, ist ein Seelentröster oder »Soul Food«. Unser tägliches Essen schafft Lebensqualität. Gerät unsere Ernährung jedoch aus der Balance, kann sie zum Ausgangspunkt von Adipositas und vielen anderen Krankheiten werden. Über die suchtmachende Wirkung von energiedichtem, süßem und fettigem Industrie-Essen, das hemmungslos die Belohnungsreize triggert, ging es hier schon häufiger. Es ist unfair, dass uns diese Versuchungen kurzfristig glücklich machen, langfristig aber Unglück über uns bringen – so ähnlich, wie es bei allen Drogen der Fall ist.

Hinreichend ist belegt, dass wir die negativen Wirkungen oft wieder loswerden, sobald wir es schaffen, die Finger von den ultrahochverarbeiteten Nahrungsmitteln zu lassen. Es stellt sich aber die Frage, ob das Essen nicht noch mehr kann, nämlich psychische

Erkrankungen zu heilen oder sie zumindest zu bessern. Vor wenigen Jahrzehnten noch wäre dies von Medizinern als Unfug und absurde Idee abgetan worden. Dann aber verstanden wir immer mehr, wie der Darm und das Gehirn in Verbindung miteinander stehen, wie sie zusammenarbeiten. Wie Appetit, Hunger, Sättigung und Verdauung vom Gehirn mit gesteuert werden, wie der längste Nerv unseres Körpers, der Vagusnerv, Gehirn und Magen-Darm-Trakt miteinander verbindet, eine Art Datenhighway zwischen den Organen. Wie neuroendokrine, also das Nervensystem betreffende Hormone, Zytokine und Neurotransmitter des Gehirns und des Darms sich wechselseitig im Zehntelsekundentakt Botschaften schicken. Und wie dieses Netzwerk darüber mitentscheidet, ob wir uns gut oder schlecht fühlen, ob wir im Alter an Demenz oder Parkinson erkranken.

Viele Antidepressiva verstärken die Wirkung des Serotonins in unserem Körper, es wird bisweilen etwas übertrieben als Glückshormon bezeichnet. Interessanterweise finden sich die meisten Rezeptoren für Serotonin nicht im Gehirn, 90 Prozent stecken in unserem Darm. Daher verursachen auch die meisten Serotonin-Medikamente Nebenwirkungen im Darm. Wäre es dann nicht am einfachsten, wir würden Nahrungsmittel mit einem hohen Serotonin-Gehalt wie Bananen oder Ananas zu uns nehmen? Leider funktioniert es nicht so. Die Blut-Hirn-Schranke am Eingang unseres Gehirns lässt Serotonin nicht durch. Ein weiterer findiger Gedanke war es, Nahrungsmittel oder Nahrungsergänzungsmittel zu essen, die viel Tryptophan enthalten. Tryptophan ist die Vorstufe von Serotonin und wird ins Gehirn durchgewunken. Es gelang allerdings nie überzeugend, die Wirksamkeit dieser Aminosäuren auf die Psyche zu belegen. Schokolade und Kakao, die viel Tryptophan aufweisen, scheinen tatsächlich leicht antidepressiv zu wirken, vermutlich aber nicht aufgrund der Serotonin-Vorstufen, sondern wegen der reichlich darin enthaltenen Polyphenole.

Besser funktioniert es offenbar, indirekt auf die Botenstoffe des Gehirns einzuwirken. Ein Beispiel dafür ist das Enzym Monoaminooxidase, kurz MAO genannt. Serotonin und Dopamin, die beide für gute Stimmung sorgen, werden durch MAO abgebaut. Bei Depressionen verordneten Ärzte deshalb MAO-Hemmer. In der Natur sind auch diese Hemmstoffe in Beeren, Trauben, Äpfel, in Gemüse sowie in grünem Tee und zahlreichen Gewürzen zu finden.

Aber vermutlich sind es nicht diese biochemischen Wirkungen von Nahrungsmitteln, die entscheiden, ob aus Essen Seelennahrung, Mood Food, wird. Der Hauptdarsteller scheint vielmehr wieder einmal das Darm-Mikrobiom zu sein. Die Billionen von Mikroorganismen produzieren unablässig Tausende von stoffwechselaktiven Metaboliten, die über das Blut und den Vagusnerv Signale an das Gehirn geben. Anfang der Nullerjahre sprach man dann vom Darm als zweitem Gehirn, etwa zehn Jahre später tauchte der Begriff der Darm-Hirn-Achse auf. Diese besteht aus vermutlich 200 Millionen Nervenzellen und erzeugt bei uns die Schmetterlinge im Bauch, wenn wir verliebt sind. Sie sorgt aber ebenso für Stress, wenn uns Ärger auf den Magen schlägt. Auch die gereizte Stimmung bei Hunger wird wahrscheinlich vom Bauchgehirn ausgelöst.

Gesunde Ernährung bei Depressionen

Es besteht die große Hoffnung, dass sich über diesem biologischen Zusammenhang zwischen dem Gehirn und dem Darm neue Behandlungswege für psychische Erkrankungen eröffnen, vor allem für Depressionen. Dringend werden sie auch gebraucht. Depressionen sind eine Volkskrankheit geworden, im Zuge der Pandemie ist die Zahl der Betroffenen noch einmal deutlich angestiegen. Laut Erhebung des Robert Koch-Instituts von 2021 berichteten 13 Prozent der Erwachsenen über depressive Symptome, ein Jahr später waren es bereits 20 Prozent. Das Bundesarbeitsministerium registrierte 2022 insgesamt 132 Millionen Fehltage aufgrund psychischer Erkrankungen, mehr als das Doppelte gegenüber 2012.

Die Ursachen sind vielfältig und noch nicht vollständig erforscht. Die klassische Medizin behandelt Depressionen mit Psychotherapie und medikamentös mit trizyklischen Antidepressiva (TZA) oder eben Serotonin-Hemmern. Es hat sich jedoch gezeigt, dass die Wirkung solcher Medikamente, vergleicht man sie mit Placebo-Tabletten, eher bescheiden ist. Bei schweren Depressionen ist die medikamentöse Therapie dennoch unverzichtbar.

Wie kann die Ernährung dazu beitragen, die Leiden dieser Volkskrankheit zu lindern? Industrie-Essen ist extrem ungesund und kann, wie schon erwähnt, bei der Auslösung einer Depression eine Rolle spielen. In einer der weltweit größten fortlaufenden epidemiologischen Studien, der Nurses' Health Study II, analysierten Wissenschaftler der Harvard University um Andrew T. Chan und Christine Mehta diesen Zusammenhang bei knapp 32 000 Frauen im Alter von 42 bis 62 Jahren. Die Untersuchung ergab, dass Frauen, die den höchsten Anteil an hochverarbeiteten Lebensmitteln zu sich nahmen, ein um 50 Prozent höheres Risiko hatten, an einer Depression zu erkranken. Eine nähere Auswertung der Daten ergab, dass die künstlichen Süßstoffe die größte Gefahr darstellten. Tierstudien hatten bereits zuvor einen Zusammenhang zwischen künstlichen Süßstoffen und Depressionen nahegelegt. Dass Süßstoffe nicht gut für uns sind, obwohl sie keine Kalorien haben, wird immer deutlicher. Der Grund hierfür ist offensichtlich der schädliche Einfluss auf das Darm-Mikrobiom, denn künstliche Süßstoffe lösen die Übertragung bestimmter Signalmoleküle im Gehirn aus, die die Stimmung drücken.

In den vergangenen Jahren sind nun einige randomisierte klinische Studien, also wissenschaftliche Arbeiten mit Beweiskraft, hinzugekommen, die die Heilkraft der Ernährung auf unser Seelenleben belegen. Die erste Untersuchung, die SMILES-Studie (Supporting the Modification of lifestyle In Lowered Emotional States), wurde 2017 von einer australischen Forschergruppe publiziert. Die Ergebnisse erzeugten weltweit große Aufmerksamkeit. 67 übergewichtige Frauen und Männer mit einer schweren Depression nahmen daran teil, die eine Hälfte wurde siebenmal eine Stunde lang in Ernährungsfragen geschult. Täglich sollten diese Probanden reichlich Vollkornprodukte (fünf bis acht Portionen), Obst und Gemüse (neun Portionen), Olivenöl, Hülsenfrüchte sowie Milchprodukte und Nüsse verzehren. Fisch und mageres Fleisch durften jeweils zwei- bis dreimal pro Woche auf den Teller. Süßigkeiten, Weißmehl, Frittiertes, Fast Food, Wurst und gesüßte Getränke kamen auf die Verbotsliste. Die andere Hälfte der Probanden erhielt siebenmal eine Stunde lang ein freundliches Gespräch über allgemeine Themen. Nach zwölf Wochen zeigte sich eine sehr deutliche Besserung der Depression bei der Gruppe mit einer SMILES-Ernährung. Auch die Ängste waren weniger geworden, und das unabhängig davon, ob sie Gewicht abgenommen hatten. Ich betone das, weil einige Ernährungsexperten und Ärzte vermuten, dass die antidepressive Wirkung von Ernährung allein von der Gewichtsabnahme abhängt. Es hat sich aber in der SMILES-Studie gezeigt: Es kommt wesentlich auf den Inhalt der Nahrung an.

Ähnliche Erfolgsergebnisse gab es kurz darauf bei einer Studie aus dem australischen Sidney mit 101 jungen Männern, die unter einer leichten bis mittelschweren Depression litten. Das Spektakuläre daran war, dass die Ernährungsschulung lediglich über ein viertelstündiges Video erfolgte. Zusätzlich erhielt jeder Teilnehmer einen Gutschein über 60 australische Dollar. Die erste Gruppe sollte sie für den Kauf gesunder Lebensmittel verwenden, die Probanden der Kontrollgruppe durften mit dem Geld erwerben, was sie wollten. Grundlage der empfohlenen Ernährung bildete eine mediterrane Kost mit täglich fünfmal Gemüse, dreimal Obst, dreimal Vollkornprodukten, dreimal Milchprodukten und wahlweise pflanzlichem oder tierischem Protein. Zusätzlich wurden die Teilnehmer dazu animiert, Nüsse, Nussmus, Kurkuma und Zimt zu essen. Das Vorgehen wirkte: Die Depressivität in der ersten Gruppe besserte sich erheblich, auch die Ängste nahmen ab. Erstaunlich war, dass die Verbesserungen schon nach drei Wochen messbar waren.

Eine weitere Untersuchung rückte die Polyphenole unserer Nahrung in den Fokus. Eine Gruppe von Probanden sollte täglich über acht Wochen lang fünf Portionen Obst und Gemüse, eine Portion Beeren sowie 50 Gramm Bitterschokolade mit 70 Prozent Kakaogehalt essen. Ich weiß nicht, ob Sie zu den Menschen zählen, die Bitterschokolade mögen, ich gönne sie mir doch recht häufig. Aber

50 Gramm am Tag zu essen, ist eine sportliche Herausforderung. Die Wissenschaftler wollten jedoch unbedingt herausfinden, wie sich die Polyphenole im Kakao im Blut auswirken. Die Laboranalysen waren beachtlich. Ursprünglich wollten die Forscher primär die Funktion der Blutgefäße überprüfen, die sich wirklich zum Positiven veränderte. Zudem wurde ebenso die Stimmung der Teilnehmer besser, die depressiven Symptome weniger. Diese Erkenntnisse sind in zweifacher Hinsicht bemerkenswert. Zum einen zeigen sie, dass gute Ernährung Depressivität und Ängstlichkeit bessern kann. Zum anderen belegen sie, dass es gar nicht so schwer ist, sich gesund zu ernähren.

In der Psychiatrie setzt sich zunehmend die Erkenntnis durch, dass Depressionen durch eine Art Entzündung im Gehirn entstehen. Entzündungsproteine, Botenstoffe, Zytokine wie die Interleukine sowie Tumornekrosefaktoren (TNF), die bei chronischen Entzündungen wie Rheuma oder Darmentzündungen vermehrt produziert und ausgeschüttet werden, sind häufig auch bei Menschen mit Depressionen erhöht. In der Rückenmarksflüssigkeit zeigen sich hohe Werte an entzündlichen Biomarkern. Der genaue Mechanismus, wie Bestandteile von Nahrungsmitteln die Entzündungen hemmen oder fördern und wie sie mit dem Gehirn in Verbindung kommen, ist noch unklar. Aber es gibt keinen Zweifel darüber, dass entzündliche Biomarker grundsätzlich ins Gehirn gelangen und die an Depressionen beteiligten Neurotransmitter und Nervenbahnen beeinflussen können. Forscher der Arbeitsgruppe um Walter Willett konnten zeigen, dass eine ungesunde Ernährung die Entzündungswerte im Blut erhöhen und dass Menschen mit diesen Werten häufiger an Depressionen leiden.

Entzündungen wiederum treten verstärkt auf, wenn wir süße Getränke, Fleisch und Wurst, Weißmehlprodukte und Margarine verzehren, aber wenig Olivenöl, Gemüse oder Kaffee. Eine internationale Forschergruppe kreierte daraufhin eine spezielle entzündungshemmende Ernährung. Letztlich sind Hauptelemente der Mahlzeiten die üblichen Verdächtigen. Danach ist es wichtig, die »Big Five« (Vollkorngetreide, Gemüse, Obst, Hülsenfrüchte,

Nüsse) vermehrt zu essen, Olivenöl zu bevorzugen, pflanzliche Omega-3-Fettsäuren und viele Gewürze auf den Speiseplan zu setzen: Und Finger weg von Wurst, Süßigkeiten, gesüßten Getränken und Industrie-Essen.

Immer wieder stellt sich die Frage, ob es auch einzelne Nahrungsmittel gibt, die antidepressiv wirken. Gerade bei Gewürzen ist es naheliegend, dies anzunehmen, denn der Übergang zur Pflanzenheilkunde ist fließend. Es gibt Heilpflanzen, die nachweislich bei psychischen Erkrankungen helfen. Am bekanntesten sind das Johanniskraut, das gegen eine leichte bis mittelschwere Depression wirkt, und Lavendelextrakte, die bei Ängsten und Stress helfen. Vielversprechend sind auch Safran und Kurkuma. Während sich Psychiater in Europa oft noch den Gewürzen als Heilmittel verschließen, sind sie im asiatischen Raum schon lange verbreitet und Gegenstand wissenschaftlicher Untersuchungen.

Curcumin, ein Polyphenol aus der Pflanze Kurkuma, wurde bereits in zehn Studien untersucht, und es fand sich dabei eine deutlich lindernde Wirkung auf Depressivität und Ängste. Für Kurkuma wurde noch ein besonderer Effekt nachgewiesen. Es erhöht die Blutkonzentration eines wichtigen Stimmungsfaktors im Gehirn um 50 Prozent, gemeint ist der Brain-derived neurotrophic factor (BDNF). Das schafft sonst nur das Heilfasten. Kurkuma können Sie als Gewürz zusammen mit Fett und Pfeffer benutzen, um die Aufnahme in den Körper zu verbessern, oder als Extrakt in Kapseln einnehmen.

Die arabische Medizin setzt traditionell Safran bei Ängsten und Depressionen ein. Zahlreiche Studien belegen seine Wirksamkeit, aber sie sind meist klein und stammen aus dem arabischen und asiatischen Raum. Ob wir die Ergebnisse eins zu eins auf die europäische Bevölkerung übertragen können, ist unklar. Dennoch empfehle ich, Kurkuma und Safran bei leichten und mittelschweren Depressionen. Mein Eindruck ist, dass sie eine antidepressive Wirkung haben, die aber eher schwach ausgeprägt ist und bei weitem nicht so stark anschlägt wie eine umfassende Ernährungsumstellung oder eine medikamentöse Therapie.

Große Hoffnungen hatten viele meiner Kollegen auch in Nahrungsergänzungsmittel mit Vitamin D, Omega-3-Fettsäuren und Calcium gesetzt. Doch sie erwiesen sich als Irrläufer. Besser sieht es wieder einmal für die Nüsse aus. In einer Analyse der UK Biobank haben Forscher bei 13 000 Menschen zwischen 2007 und 2020 den Zusammenhang zwischen Depressionen und Ernährungsgewohnheiten untersucht. Das Ergebnis: Der Verzehr von 30 Gramm Nüssen täglich reduzierte das Risiko, an einer Depression zu erkranken um 17 Prozent. Leider fehlen bisher klinische Studien, die ausschließlich die Verbindung zwischen Nüssen und Depression untersuchten, um diese Erkenntnis zu untermauern. Da Nüsse überhaupt viele gesundheitliche Vorteile bieten und sie keine Zubereitung benötigen, empfehle ich eine Handvoll Nüsse pro Tag.

Ingwer, Chili, Erdbeeren – probieren Sie es aus

Eine bekannte Schwierigkeit, will man die Zusammenhänge zwischen Ernährung und Depression untersuchen, ist die umgekehrte Kausalität. Es ist ein bekanntes Phänomen, dass Menschen, die unter Depressionen leiden, auch zu einem ungesunden Lebensstil mit wenig vorteilhafter Ernährung neigen. Ihre Antriebslosigkeit schwächt die Motivation, sich beim Einkauf und beim Kochen Mühe zu geben. Hochverarbeitete Lebensmittel sind dann oft schnelle Tröster.

Depressionen können zudem den Appetit zügeln und, auf der anderen Seite, den Appetit anstacheln, bis hin zu Heißhungerattacken. Daher gibt es unter den Erkrankten sehr häufig Mangelernährung und Adipositas. Die Einnahme von Antidepressiva beeinträchtigt zusätzlich den Appetit und das Sättigungsgefühl, sie machen deshalb sehr häufig dick. Die Pharmaka können ebenso die Verdauung und das Mikrobiom stören.

In meinen Sprechstunden berichten mir Menschen, die eine leichte Depression hatten, dass sie unter dem verordneten Medikament fünf bis zehn Kilogramm zugenommen haben. Sicherlich müssen Nebenwirkungen in Kauf genommen werden, wenn keine andere Therapiemöglichkeit infrage kommt. Oftmals ist es aber aus meiner Sicht fahrlässig, alternative Optionen wie Spaziergänge, Sport, Aufenthalte in der Natur, Johanniskraut, eine gesunde Ernährung, Wärme- und Kälteanwendungen gar nicht erst auszuprobieren. Die aktuelle Forschung gibt Hoffnung für solche Wege, es wäre somit ein wichtiger Schritt, wenn sich Mediziner über die Potenziale der Ernährung informieren und sie nicht von vornherein abtun.

Ein Herangehen ohne Vorurteile wird sicherlich nicht einfacher, wenn Boulevardmedien oder Social-Media-Beiträge immer wieder die aufmunternden Wirkungen einzelner Nahrungsmittel preisen. Selbst wenn der Verzehr von Bananen, Datteln oder Cashewnüssen gute Laune verbreitet, heißt das noch lange nicht, dass eine kurzfristige Stimmungsaufhellung gleichzusetzen ist mit einer nachhaltigen Besserung einer Depression. Dennoch kann es sich lohnen, einige Nahrungsmittel für sich auszuprobieren. Neben Kurkuma, Safran und Nüssen lohnen polyphenolreiche Nahrungsmittel, etwa violette und blaue Beeren. Oder eben dunkle Schokolade. Ich empfehle zehn bis 30 Gramm von 60- bis 80-prozentiger kakaohaltiger Schokolade täglich. Schokoladen mit noch mehr Kakao schmecken nicht mehr, finde ich. Aber wer es mag: bitte zugreifen. Mein Favorit ist eine Schokolade mit 70 Prozent Kakao, gewürzt mit Kardamom und etwas Salz.

Ähnliche Effekte wie mit Bitterschokolade lassen sich mit scharfen Gewürzen erzielen. So können Ingwer und vor allem Chili die Stimmung anheben. Chili bewirkt eine Ausschüttung von Endorphinen, es ist jedoch ein kurzfristiger Kick, im Englischen »Pepper-High-Effect« genannt. Auch Erdbeeren können bei einer Depression hilfreich sein. Das legen zumindest die Ergebnisse einer ersten kleineren klinischen Studie von 2023 über zwölf Wochen lang an der University of Cincinnati nahe. Gab man Probanden täglich 13 Gramm Erdbeerpulver, was ungefähr acht Erdbeeren entspricht, besserte sich die kognitive Hirnleistung und die Depressivität nahm ab.

Was den Gehalt an Flavonoiden, einer Untergruppe der Polyphenole, anbelangt, ist der altbekannte und ganz unspektakuläre

Kamillentee der Hidden Champion. Bei ihm muss ich immer an Udo Jürgens denken, der meist eine Kanne mit dem obligatorischen Tee auf seinem Flügel stehen hatte.

Mehrmals habe ich auf die Darm-Hirn-Achse hingewiesen. Neuere Studien befassen sich intensiv mit dem Zusammenhang zwischen dem Mikrobiom und unserm Gehirn. So hat eine psychiatrische Forschergruppe an der University of Chicago die Wechselwirkungen zwischen kurzkettigen Fettsäuren, Entzündungsmarkern im Blut und den eingenommenen Nahrungsmitteln untersucht. Dabei zeigten sich etwa Wechselwirkungen zwischen dem Verzehr von viel tierischem Eiweiß, Mangel an kurzkettigen Fettsäuren (zu wenig Ballaststoffe) und Entzündungen. Bei den kurzkettigen Fettsäuren sind wir wieder beim Darm-Mikrobiom, dem es generell gutgeht, wenn wir Fermentiertes oder Probiotika zu uns nehmen. Für fermentierte Lebensmittel gibt es keine wissenschaftlichen Studien. Man kann bisher nur vermuten, dass sie bei depressiven Stimmungen helfen. Bei den Probiotika ist mir der völlig unübersehbare Markt mit etlichen Produkten für eine angebliche gute Stimmung ein Dorn im Auge. Aber erste Studien geben durchaus Hinweise auf mögliche antidepressive Effekte. Im Journal *JAMA Psychiatry* wurde 2023 eine kleine randomisierte Studie mit 50 Teilnehmern veröffentlicht, die einen Vorteil für das eingesetzte Probiotikum zeigte. Die Teilnehmer erhielten das Präparat mit 14 unterschiedlichen Stämmen für acht Wochen. Der günstige Effekt auf Depression und Ängste war sehr deutlich.

Mir reichen diese Ergebnisse jedoch noch nicht. Aus dieser kleinen Studie würde ich nicht den Schluss ziehen, genau dieses Präparat bei Depression zu empfehlen. Auch wenn die Werbung es suggeriert: Es existiert noch keine präzise Verordnung von Probiotika, das Mikrobiom ist individuell zu unterschiedlich für eine einheitliche Anwendung. Meine wichtigsten Empfehlungen bleiben deshalb, das Essen von Polyphenolen und Ballaststoffen zu optimieren sowie weniger Fleisch, Zucker und Industrie-Essen zu verzehren. Ergibt diese Nahrung keinen Effekt, kann durchaus ein Versuch mit einem Probiotikum erfolgen. Ich empfehle, ein kostengünstiges

Standardpräparat zu nehmen, und wenn es finanziell möglich ist, zuvor eine Mikrobiom-Analyse mit Gensequenzierung durchzuführen und die Werte nach drei Monaten überprüfen zu lassen.

Quintessenz: Lebensqualität

- Es gibt eine antidepressiv wirkende Ernährung, deshalb kann Essen bei Depressionen eine sinnvolle Therapieergänzung sein.
- Bei schwereren Depressionen und bei Ängsten ist von einer geringeren Wirkung durch Nahrung auszugehen.
- Bei leichten bis mittelgradigen Schweregraden von Depressionen lohnt es sich, zunächst das Essen zu optimieren: Beeren, auch Erdbeeren (frisch oder als Pulver oder Tiefkühlware), Nüsse, Vollkorngetreide, reichlich Gemüse und Obst – im Kern ist das eine traditionelle, mediterrane, pflanzenbetonte Ernährung.
- Versuchen Sie zur Stimmungsaufhellung ungewöhnliche Mittel: kakaohaltige Schokolade, Chili, Kamillentee. Gewürze, Aroma- und Heilpflanzen wie Safran, Lavendel, Kurkuma oder Johanniskraut können die Therapie ergänzen.

Die verborgenen Geheimnisse der Lebensmittel

Bei vielen Lebensmitteln sind wir uns gar nicht bewusst, wie wichtig und gesund sie sind oder für uns sein können. Das beginnt bei den Getränken, die für uns die tägliche Lebensbasis bilden. Es endet bei den Gewürzen, die wir in erster Linie nutzen, um den Geschmack unseres Essens zu verfeinern. Und schließlich stellt sich die Frage, ob wir alles, was uns gesund erhält und ein langes Leben stiftet, über die Nahrung bekommen, oder ob heutzutage bestimmte Nahrungsergänzungsmittel sinnvoll sind.

Unsere Getränke

Wasser

Wasser ist zweifellos das beste und gesündeste Getränk für den Körper, es ist für unser Leben unverzichtbar. Aber welche Menge ist gesund? Und spielt es eine Rolle, welches Wasser wir trinken? Ein häufiger Ratschlag lautet, täglich mindestens zwei bis drei Liter Flüssigkeit zu sich zu nehmen, am besten Wasser. Woher diese Mengenangabe stammt, ist schwer zu eruieren, eine eindeutige Untersuchung mit präzisen Ergebnissen ist mir nicht bekannt. Ständig eine Flasche Wasser mit sich zu führen, und zwar überallhin, ist ein Trend, der nicht verkehrt ist, aber auch keine großartigen Vorteile für unsere Gesundheit hat. Sicher, wenn wir viel schwitzen, bei Hitze, nach einem Saunagang, beim Sport oder einem Flüssigkeitsverlust bei einer Durchfallerkrankung, muss der Wasserhaushalt wieder ausgeglichen werden. Bei Kindern ist nachgewiesen, dass eine Dehydrierung zu Konzentrationsstörungen führt. Bei Erwachsenen kann ein Flüssigkeitsmangel müde machen, auch klagen wir häufig über Kopfschmerzen, wenn wir deutlich zu wenig trinken. Eine ausreichende Flüssigkeitszufuhr schützt zudem vor

Nierensteinen und wiederkehrenden Blasenentzündungen. In einer Studie mit Frauen, die mindestens dreimal pro Jahr unter einer Blasenentzündung litten, konnte mit täglich zusätzlich 1,5 Litern Wasser die Hälfte der Entzündungen bekämpft werden.

Dass viel trinken aber generell die Nieren schützt und es wichtig ist, stets eine Wasserflasche bei sich zu haben, ist eine Legende. Die Nieren sind das Zentralorgan des Flüssigkeitshaushalts. Sie werden täglich von mehr als 1500 Litern durchspült, weil das Blut permanent zirkuliert, um Schadstoffe herauszufiltern und die Salzkonzentration im Blut zu regulieren. Ist zu viel Salz im Blut, wird es verdünnt und wenig Urin ausgeschieden, ist zu wenig Salz da, wird die Urinproduktion heraufgeregelt. Ob wir nun am Tag einen halben Liter mehr oder weniger trinken, scheint dabei den Nieren egal zu sein. In einer 2018 veröffentlichten klinischen Studie wurde überprüft, ob bei Menschen mit leicht eingeschränkter Nierenfunktion – was in einem höheren Alter sehr häufig der Fall ist – vermehrtes Trinken nutzt. Überraschenderweise war das nicht der Fall, es hatte keine Auswirkung auf die Nieren.

Bei Übergewicht kann es sinnvoll sein, mehr zu trinken. Ein oder mehrere Gläser Wasser etwa 30 Minuten vor dem Essen sättigen und regen den Stoffwechsel an. Eine Flüssigkeitszufuhr muss aber nicht immer nur durch Trinken erfolgen. Saftiges, wasserreiches Obst und Gemüse können ebenfalls einen Beitrag zum Flüssigkeitshaushalt leisten. Essen wir zu Mittag einen Tomaten-Gurken-Salat und einen Teller Gemüsesuppe, bekommen wir immerhin einen halben Liter Flüssigkeit zugeführt.

Unser Körper ist so eingestellt, dass er sparsam mit Wasser umgeht. Sehr wahrscheinlich war – evolutionsgeschichtlich betrachtet – Wasser nicht rund um die Uhr und überall verfügbar. Dementsprechend macht es aus biologischer Sicht keinen Sinn, ständig extra viel zu trinken, von den genannten Sonderfällen abgesehen. Deshalb mein Rat: Achten Sie auf die Signale Ihres Körpers. Es ist zweifelsohne gut, dann zu trinken, wenn man durstig ist. Dehydrierungen beim Sport und bei heißen Temperaturen sollten wir vermeiden. Mit einem einfachen Test können Sie übrigens Ihren

Hydrierungszustand überprüfen: Trinken Sie zwei Gläser Wasser. Müssen Sie anschließend innerhalb einer Stunde eine annähernd gleiche Menge Urin lassen (der zudem eher hell ist), ist Ihr Wasserhaushalt in der Balance. In der Regel ist auf den Körper und seine Signale Verlass. Er misst fortlaufend die Salzkonzentration im Blut. Wir haben sogar Sensoren im Mund- und Rachenraum, in der Speiseröhre und im Darm, die registrieren, wie viel wir trinken. Verspürt man kein Verlangen, etwas zu trinken, muss man sich also nicht dazu zwingen. Nur im höheren Alter kann das natürliche Durstgefühl nachlassen, dann ist es gut, einen festen Trinkrhythmus zu haben. Als Faustregel gilt in diesem Fall: mindestens 1,5 Liter Flüssigkeit täglich.

Leitungswasser zu trinken ist in Deutschland und den angrenzenden Ländern eine gute Wahl, nicht nur weil es preiswerter ist, es ist zudem weniger mit Mikroben belastet als in Flaschen abgefülltes Wasser. Der Grund: Leitungswasser unterliegt strengeren Kriterien als käufliches Quell- und Mineralwasser. Allerdings ist das Leitungswasser in größeren Städten zunehmend mit Rückständen von Medikamenten belastet, dazu gehören Hormone, Benzodiazepine, Antibiotika, Blutdrucksenker wie Valsartan, Röntgenkontrastmittel sowie Entzündungshemmer wie Diclofenac. In Gegenden mit intensiver Landwirtschaft finden sich zudem teilweise Pestizide und Nitrate im Wasser. Die Kläranlagen müssen immer mehr aufgerüstet werden, doch trotz moderner Klärtechnik ist es kaum mehr möglich, die Rückstände komplett zu entfernen.

Aus Angst vor Belastungen haben sich viele Menschen inzwischen zu Hause eine Filteranlage angeschafft. Die hochwertigen Anlagen, die direkt an die Wasserleitung angeschlossen werden, filtern unbestritten Medikamente, Schwermetalle und andere unerwünschten Stoffe aus dem Wasser heraus. Ob das gesundheitlich jedoch relevante Vorteile bringt, lässt sich nur schwer beurteilen. Häufig filtern sie zu viel heraus, auch wichtige Mineralien werden auf diese Weise entfernt. Solche mineralarmen Wasser schmecken angenehm rein, allerdings brauchen wir Mineralien, und Wasser ist dafür eine wichtige Quelle. Die in Drogeriemärkten angebotenen günstigeren Filtersysteme sind nicht zu empfehlen. Die Gefahr der bakteriellen Verunreinigung ist zu groß, wenn die Filter nicht oft genug gewechselt werden.

Gutes Mineralwasser aus tiefen Quellen kann allerdings gegenüber Leitungswasser etwas vorteilhafter sein. Allerdings ist der ökologische Fußabdruck von Leitungswasser, das nicht transportiert werden muss, nicht zu übertreffen. Wenn Sie sich für abgefülltes Wasser entscheiden, greifen Sie aber unbedingt zu Glasflaschen, Plastikflaschen geben bedenkliche Weichmacher ins Wasser ab, die hormonähnliche Effekte auslösen und das Mikrobiom schädigen können. Gerade bei Hitze werden schädliche Bestandteile herausgelöst. Bemerken Sie beim ersten Schluck aus einer Flasche einen Plastikgeschmack, entsorgen Sie den Rest lieber sofort. Einige teure Mineralwässer kommen aus Italien oder Frankreich und werden häufig in der Edelgastronomie angeboten. Für das tägliche Wassertrinken sind sie überflüssiger Luxus, und vor allem sind sie durch die langen Transportwege ökologisch bedenklich. Nehmen Sie lieber ein gutes Mineralwasser aus der Region.

Vielfach wird angenommen, dass stilles Wasser besser verträglicher und gesünder ist als Mineralwasser mit Kohlensäure. In Deutschland trinken wir Sprudelwasser deutlich häufiger als stilles Wasser, in den meisten europäischen Ländern und in den USA ist es umgekehrt. Tatsächlich macht es medizinisch keinen wesentlichen Unterschied. Sprudelwasser kann bei empfindlichen Menschen etwas Völlegefühl und gelegentlich Sodbrennen verstärken. Es ist chemisch etwas saurer mit einem pH-Wert von meist 5,5. Das spielt aber keine Rolle, da der pH-Wert im Magen ohnehin sehr hoch ist. Die Wahl des Mineralwassers können Sie nach Ihrer Verdauung ausrichten. Sprudelwasser hilft gegen Verstopfung und bei einigen Formen von Reizdarmbeschwerden, stilles Wasser ist besser, wenn sie zu Durchfall neigen.

Weltweit werden immer mehr Säfte, Schorlen und Softdrinks getrunken. Hier empfehle ich ganz klar, diesen Trend nicht mitzumachen. Wie schon beschrieben, enthalten sie enorme Mengen Zucker und Zusatzstoffe. Auch Fruchtsäfte sind nicht viel besser und erhöhen das Risiko für Übergewicht und Diabetes Typ 2. Reines Wasser zu trinken und einen Apfel zu essen ist allemal besser, als eine Apfelschorle zu trinken.

Bier

Die Medizin hat Bier bisher nur wenig Aufmerksamkeit geschenkt. Nur so weit, dass es reichlich Kalorien hat und somit für den Bierbauch verantwortlich gemacht wird. Inzwischen hat sich das Blatt für eines der Lieblingsgetränke der Deutschen aber gewendet, und wie: Es kann der Gesundheit dienlich sein. Hierfür sind unterschiedliche Inhaltsstoffe verantwortlich, insbesondere die Polyphenole und Bitterstoffe des Hopfens. Der lateinische Name von Hopfen ist Humulus lupulus, damit werden die beiden in ihm enthaltenen Bitterstoff-Gruppen beschrieben: die Alpha-Säuren mit diversen Humolonen und die Beta-Säuren mit den Lupulonen.

In Tierstudien konnten Forscher aus Erlangen und Wien 2018 zeigen, dass die Alpha-Säuren gut sind gegen Leberfett und Entzündungen, zudem wirken sie günstig auf den Fett- und Zuckerstoffwechsel ein, sie können also eher helfen, Übergewicht zu verhindern, statt für dicke Bäuche zu sorgen. Eine interessante klinische Studie mit gesunden jungen Männern, denen vor den Mahlzeiten ein Extrakt aus Bitterhopfen als Kapsel verabreicht wurde, bestätigte diese Ergebnisse. Die Einnahme führte dazu, dass die Probanden bei der Testmahlzeit und einem späteren Snack weniger aßen. Es waren mehr Sättigungshormone der Magen-Darm-Zellen ins Blut abgegeben worden. Es zeigte sich auch ein Anstieg des Hormons GLP-1. Die Aktivierung von GLP-1 ist ja der wesentliche Wirkmechanismus der bereits erwähnten Abnehmspritzen Ozempic und Wegovy (siehe S. 141 f.). Ob diese günstigen Wirkungen auch langfristig bestehen bleiben, muss noch weiter erforscht werden. Aber bislang sind es hervorragende Nachrichten für alle Bierliebhaber.

Eine positive Entwicklung sind die immer populäreren alkoholfreien Biere. Hier empfehle ich vor allem die zuckerärmeren, herberen Varianten. Schauen Sie sich auf der Kennzeichnung den Zuckergehalt an, die Unterschiede sind teilweise beachtlich.

Alkoholfreies Bier ist zweifelsohne nicht nur wegen des geringeren Kaloriengehalts gesünder als alkoholhaltiges Bier, denn der (schädliche) Alkohol im traditionellen Bier hebt die guten Wirkungen der Polyphenole und des Hopfens in der Summe meist auf. Es ist anzunehmen, dass bei alkoholfreiem Bier die günstigen Wirkungen auf den Stoffwechsel deutlich überwiegen.

Eine Schwachstelle des alkoholfreien Biers ist der Gehalt des Polyphenols. Beim Prozess der Entalkoholisierung wird ein Teil der Polyphenole herausgefiltert. Im Durchschnitt enthält alkoholfreies Bier 120 bis 150 Milligramm Polyphenole pro Liter, während alkoholhaltiges Bier 280 Milligramm und mehr aufweist. Diesen Nachteil können wir ausgleichen, indem wir eine größere Menge alkoholfreien Bieres trinken. In einer klinischen Studie sollten Patienten mit beginnendem Bluthochdruck in drei Gruppen über vier Wochen lang täglich 600 Milliliter alkoholhaltiges Bier, 900 Milliliter alkoholfreies Bier oder 90 Milliliter Gin trinken. Mit diesen Dosierungen war der Alkoholgehalt bei Bier und Gin ausgeglichen und der Polyphenolgehalt von alkoholfreiem und alkoholhaltigem Bier fast. Nach den vier Wochen zeigte sich eine signifikante Abnahme des Blutdrucks, jedoch nur bei der Gruppe, die alkoholfreies Bier bekam. In dieser verbesserten sich auch zahlreiche Blutwerte der Immunfunktion und das kardiovaskuläre Risiko. Die Wirkung von Bier auf die Regulation des Blutzuckers ist aber noch nicht ausreichend untersucht. Für Wein zeigte sich in einer klinischen Studie, die alkoholhaltigen mit alkoholfreiem Wein verglich, ein Gleichstand, beide verbesserten leicht die Regulation des Blutzuckers.

Auch im Hinblick auf die Gesundheit des Gehirns punktet das alkoholfreie Bier. Dass ein überhöhter und dauerhafter Alkoholkonsum das Gehirn schädigt, ist seit Langem nachgewiesen. Bisher wurde dies jedoch nur mit größeren Mengen Alkohol in Verbindung gebracht. MRT-Untersuchungen im Rahmen der United-Kingdom-Biobank-Studie, die von 2006 bis 2010 an 500 000 Probanden aus dem Vereinten Königreich durchgeführt wurde, zeigten, dass bereits eine Flasche mit alkoholhaltigem Bier am Tag mit einem Rückgang des Hirnvolumens und einer Störung von Nervenzellen einhergehen kann – das entspricht einer vorzeitigen Alterung des Gehirns um ein bis zwei Jahre. Ist das Bier jedoch alkoholfrei und der Hopfen kann sich ungestört entfalten, sieht die Sache anders aus. In Tierstudien konnte nachgewiesen werden, dass sich die Alpha-Säuren des Hopfens positiv auf die Hirnleistung auswirken.

Eine klinische Studie mit 60 Erwachsenen bestätigte die segensreiche Wirkung des Hopfens. Die Teilnehmer hatten leichte kognitive Einschränkungen, was als Vorstufe der Demenz gilt. Eine Gruppe der Teilnehmer bekam einen Extrakt des Bitterhopfens, die andere ein Placebo. Nach zwölf Wochen verbesserten sich die Hirnleistung der Hopfen-Gruppe. Solche einzelnen Untersuchungen sind noch kein endgültiger Beweis für Gesundheitserfolge, sie zeigen aber das mögliche Potenzial von (alkoholfreiem) Bier.

Nicht zu vergessen: Bier ist ein fermentiertes Getränk und kann somit das Darm-Mikrobiom günstig beeinflussen. Eine Patientin von mir konnte durch das Trinken von alkoholfreiem Bier ihre chronische Darmentzündung (Morbus Crohn) bessern. Auch gegen Osteoporose scheint Bier einen wirksamen Beitrag leisten zu können. Das Polyphenol Xanthohumol, das ausschließlich in Hopfen vorkommt und dem Getränk seine gelbe Farbe verleiht, schützt die Knochen. Andererseits vermindert chronischer Alkoholkonsum die Knochenmasse und Knochendichte, ist also ein Risikofaktor für Osteoporose. Also: Nur alkoholfreies Bier kann wirklich nützlich sein. Ich jedenfalls habe mit Freude die Vorteile alkoholfreien Biers zur Kenntnis genommen, denn ich trinke es gerne.

Zudem scheint Vollbier eine große Nebenwirkung zu haben. Verschiedene Erhebungen in europäischen Ländern zeigen, dass sich Biertrinker für gewöhnlich ungesünder als Abstinenzler und Weintrinker ernähren. Sie essen weniger Gemüse und Obst und mehr Fleisch. Auch in den USA haben Biertrinker ein ungesünderes Essverhalten. Macht Bier also Appetit auf Ungesundes? Es ist stark davon auszugehen, dass es keinen kausalen Zusammenhang gibt. Wahrscheinlicher ist, das Nichtbiertrinker und Weingenießer einer höheren sozialen Schicht angehören und sich deshalb gesünder ernähren.

Kaffee

Rund 3,3 Milliarden Kilogramm Kaffee werden pro Jahr hergestellt, mit dieser Menge eine halbe Billion Tassen gefüllt – der Siegeszug von Kaffee ist phänomenal. Vermutlich liegt seine Wiege in der Region Kaffa in Äthiopien. Die Pflanzen der Sorte Arabica sind Abkömmlinge von Sträuchern, die hier wild wachsen. Von Nordafrika aus eroberte die Kaffeebohne die Welt, in Wien schaffte es die Kaffeehaustradition 2011 sogar zum immateriellen Weltkulturerbe der UNESCO.

Kaffee ist das absolute Lieblingsgetränk der Deutschen: Über 160 Liter trinkt jeder Erwachsene im Durchschnitt pro Jahr. Mengenmäßig kann da selbst Mineralwasser nicht mithalten. Bier, Limonaden, Tee und Wein liegen abgeschlagen auf den hinteren Plätzen.

Botanisch betrachtet ist Kaffee eine rote Kirsche, die Bohne ist der Samen im Inneren der leicht bitter schmeckenden Frucht. Der Anbau benötigt Wärme und reichlich Wasser, einer der ökologischen Nachteile des Kaffeetrinkens. Die Medizin sieht den Kaffee inzwischen als gesund an. Wurde er früher vor allem im Hinblick auf Bluthochdruck, Herzerkrankungen und Schlafstörungen als überwiegend negativ bewertet, mehren sich in den vergangenen zwei Jahrzehnten die Belege für erstaunlich vielseitige gesunde Wirkungen. Demnach reduziert regelmäßiges Kaffeetrinken das Risiko, an Morbus Parkinson, Diabetes Typ 2, Herzinfarkt, Leberleiden, Gicht, Gallensteinen, Depressionen, Darm-, Brust- und Prostatakrebs und sogar an Demenz zu erkranken. Am meisten beeindruckt mich, dass Kaffee möglicherweise dazu beiträgt, dass wir später sterben. Mehrere Studien fanden heraus, dass Menschen, die regelmäßig mehrere Tassen Kaffee täglich tranken, eine höhere Lebenserwartung hatten. Dabei war es egal, welche Sorte die Probanden zu sich nahmen. Allerdings stammt der überwiegende Teil dieser Daten aus beobachtenden Untersuchungen, die ja nicht eindeutig beweisen können, ob es nun wirklich der Kaffee ist, der ein gesundes und langes Leben fördert, oder ob sich Kaffeegenießer grundsätzlich gesundheitlich vernünftiger verhalten.

Für die Wirkung von Koffein auf Übergewicht, Stoffwechsel und Diabetes haben Forscher des Karolinska-Instituts in Stockholm 2023 im *BMJ* eine Studie veröffentlicht, die mehr Beweiskraft besitzt, weil sie ein elegantes Verfahren nutzt: die Mendelsche randomisierte Studie – benannt nach dem österreichischen Genetiker Gregor Mendel. Hier werden die Teilnehmer nicht wie in klinischen Studien per Los zufällig in Gruppen aufgeteilt, sondern man schaut sich Gruppen mit unterschiedlichen Genen an, die nicht willentlich beeinflussbar sind. Für den Stoffwechsel des Koffeins gibt es in unserem Körper Genvariationen, die darüber entscheiden, wie schnell das Koffein im Blut abgebaut wird. Es gibt die langsamen Verstoffwechsler, die das Koffein schwer abbauen können und deshalb höhere Koffein-Blutspiegel haben, und es gibt die schnellen Verstoffwechsler mit niedrigen Koffein-Spiegeln. Es ist bekannt, dass die langsamen Abbauer weniger Kaffee trinken, weil sie spüren, dass sie ansonsten Schlafstörungen bekommen. Dennoch weisen sie im Durchschnitt tagsüber einen deutlich höheren Koffein-Spiegel auf. In den Studienergebnissen zeigte sich nun, dass höhere Koffein-Spiegel tatsächlich mit weniger Diabetes Typ 2, weniger Gewicht und Fettmasse verbunden waren. Das Koffein selbst muss uns also dabei helfen, gesund zu bleiben.

Kaffee hat aber auch einige unerwünschte Wirkungen. Diese sehe ich beim Fasten, wenn Patienten in den ersten Tagen als Folge ihres regelmäßigen Kaffeekonsums häufig unter Kopfschmerzen und Rückenschmerzen leiden. Wenn die Beschwerden zu stark sind, empfehle ich den »Kurkaffee« – also einen Kaffee, der dann Teil der Therapie wird, um die Schmerzen zu lindern.

Sicherlich ist es nicht ratsam, durch Kaffee das eigene Schlafbedürfnis auszutricksen. Wer unter Schlafstörungen leidet, sollte nicht spät am Tage viel oder starken Kaffee trinken. Persönlich habe ich die Erfahrung gemacht, dass gerade der morgendliche Kaffee nicht nur ein großer Genuss ist, sondern auch zuverlässig anregt. Dagegen bewirkt bei starkem Schlafmangel selbst der zweite doppelte Espresso am Nachmittag nichts mehr bei mir außer einem unangenehmen Bauchgefühl.

Ein hoher Kaffeekonsum in stressigen Zeiten bewirkt oft das Gegenteil von dem, was wir uns von ihm versprechen: Er macht nicht mehr wach, sondern verstärkt die Stresssymptome. Bei einigen Menschen schlägt Kaffee auf den Magen. Diese Reizung wird oft durch eine bestimmte Röstung verursacht. Werden die Bohnen sehr schnell bei hohen Temperaturen geröstet, bilden sich viele Säuren. Durch eine langsamere und schonendere Bearbeitung wird der Kaffee magenfreundlicher und bekömmlicher.

Bei stark und kurz gerösteten Bohnen kann ein Schuss Milch die Verträglichkeit verbessern. Aber Kuhmilch im Kaffee hat zwei Nachteile, sie hemmt einige der günstigen Wirkungen des Kaffees, zudem wird das Koffein nicht so schnell im Blut abgebaut, sodass daraus eher nächtliche Schlafstörungen resultieren. Eine Barista-Soja-Hafermilch ist hier von Vorteil. Der gute alte und wieder in Mode gekommene Filterkaffee wird häufig sehr gut vertragen. Zudem bleiben beim Aufbrühen die in den Kaffeebohnen enthaltenen Öle Cafestol und Kahweol, die für eine leichte Erhöhung des Cholesterins verantwortlich gemacht werden, im Kaffeefilter hängen. Das heißt, wer sein Cholesterin senken will, sollte auf Filterkaffee wechseln.

Interessanterweise steigern Kaffee und andere Bitterstoffe die Abgabe von Magensäure. Aber nur, wenn wir sie auch wirklich herunterschlucken. Spucken wir die bitteren Substanzen wieder aus, bleibt die erhöhte Magensekretion weitgehend aus. Grundsätzlich signalisiert bitterer Geschmack, dass etwas Giftiges im Anmarsch sein könnte, daher wird der Appetit darauf gedämpft oder wir bekommen das Gefühl, Bitteres im Mund wieder loswerden zu wollen. Gelangen die Bitterstoffe aber bis in den Magen, binden sie sich an die dortigen Rezeptoren und der Körper versucht, die möglichen Giftstoffe schnell unschädlich zu machen. Das gelingt am besten durch viel Magensäure. Im Darm beschleunigt Kaffee die Verdauung, viele Menschen nutzen das, um einer Verstopfung entgegenzuwirken. Eine etwas schnellere Transitzeit der Nahrung, also ein etwas schnellerer Durchmarsch, bringt gesundheitliche Vorteile (siehe S. 20). Mögliche Schad- und Giftstoffe haben weniger Zeit, in Kontakt mit der Darmschleimhaut zu treten und die Zellen zu schädigen. Die angenehme Folge: Das Risiko, an Darmkrebs zu erkranken, sinkt. Epidemiologischen Studien zufolge geht durch Kaffeetrinken das Risiko, an Darmkrebs zu erkranken, um 10 bis 20 Prozent zurück.

Die stimulierende Wirkung von Kaffee hat mit der Zellenergie zu tun. Der Energieträger unserer Zellen und damit unseres Lebens ist das Adenosintriphosphat, kurz ATP. Wird Energie verbraucht, wird ein Molekül freigesetzt, das Adenosin, und ATP wird zu Adenosinmonophosphat (AMP) oder Adenosindiphosphat (ADP) und muss wieder regeneriert werden. Dass beim Energieverbrauch entstehende Adenosin aktiviert entsprechende Rezeptoren, signalisiert dem Körper Müdigkeit und reduziert die Spontanaktivität und den Energieverbrauch. Koffein kann sich ebenfalls an die Adenosinrezeptoren binden, blockt sie aber und hemmt das Müdigkeitssignal. Hirnuntersuchungen mit speziellen PET-Scans des Forschungszentrums Jülich zeigten, dass ein täglicher Konsum von rund vier Tassen Kaffee etwa 50 Prozent der Adenosinrezeptoren im Gehirn blockiert. Die Stärke des Effekts überraschte die Forscher. Der Effekt hält wenige Stunden an, länger wäre auch nicht gut, denn der Körper und die Zellen sollen ja nicht über ihre Kräfte haushalten. Für eine kurze Zeit sind wir aber wacher und vitaler. Hopfen in Bier und einige pflanzliche Mittel wie Baldrian stimulieren übrigens ebenfalls die Adenosinrezeptoren.

Die belebende Wirkung des Kaffees kann individuell sehr unterschiedlich sein. Eine Bekannte von mir kann nicht schlafen, wenn sie nach 14:00 Uhr eine Tasse Kaffee trinkt. Ich selbst schlafe wunderbar, selbst wenn ich um 21:00 Uhr noch einen Espresso genieße. Dieses Phänomen hängt wieder mit den schnellen und langsamen Verstoffwechselungen zusammen. Die Art der Verstoffwechselung beeinflusst laut einer Studie von 2018, in der die Gene von Kaffeetrinkern und deren Stoffwechselaktivität untersucht wurden, aber nicht die grundsätzlich positive gesundheitliche Wirkung der Bohnen.

Auch in einem letzten Punkt wurde Kaffee inzwischen rehabilitiert. Anhänger einer basenreichen Ernährung glauben vielfach, dass Kaffee den Körper mit Säuren belastet. Das Gegenteil ist aber der Fall: Kaffee ist basisch. Das manchmal durch Kaffee geförderte Sodbrennen hat nichts mit der Säure im Kaffee zu tun, sondern mit den Gerbstoffen und der durch Kaffee manchmal gestörten Schließfunktion am Übergang der Speiseröhre zum Magen.

Festhalten lässt sich, dass der Kaffeeboom nicht zu den schlechtesten Entwicklungen zählt. Italien ist das Kaffee-Eldorado. Selbst an Tankstellen in der Provinz gibt es wunderbare Siebträgermaschinen aus Edelstahl, die einen herrlichen Espresso zubereiten. Da tun sich geschmackliche Welten auf zu dem meist dürftigen Kaffeegeschmack hiesiger Vollautomaten. Bezüglich der idealen Dosis gibt es keine einheitliche Empfehlung. Wahrscheinlich sind bis zu vier Tassen täglich optimal. Trinken Sie Ihren Kaffee schwarz oder mit Mandel-, Soja- oder Hafermilch, möglichst ohne oder mit nur wenig Zucker. Wenn Ihnen Kuhmilch besser schmeckt, ist es sinnvoll, die Menge zu reduzieren. Und belassen Sie es besser nur bei einem kleinen Milchschaum.

Tee

Seit Jahrtausenden werden in der Naturheilkunde Kräuter eingesetzt, die wir als Tee konsumieren. Jeder kennt den Kamillentee oder Kräutertee, wenn wir als Kind krank waren. Hier soll aber vor allem von Camellia sinensis die Rede sein, dem Teestrauch, der so groß werden kann wie ein Baum. Von ihm, einer Kamelienpflanze, werden die frischen Blätter für die klassischen Teesorten geerntet. Die Weiterverarbeitung entscheidet, ob aus ihnen ein grüner, schwarzer oder weißer Tee entsteht. Für Schwarztee durchlaufen die Blätter einen Prozess der Fermentierung, der die schwarze Farbe erzeugt. Sowohl dem grünen als auch dem schwarzen und weißen Tee werden günstige Wirkungen auf die Gesundheit bescheinigt.

Vor allem der grüne Tee ist sehr als Getränk zu empfehlen. Zwei bis drei Tassen täglich senken den Blutdruck, den Cholesterinspiegel sowie den Blutzucker und unterstützen vermutlich auch die Gewichtsabnahme. Bei Autoimmunerkrankungen wie Multiple Sklerose oder Lupus erythematodes (LE) und bei einigen Krebsarten wie Brust- oder Prostatakrebs diskutieren Wissenschaftler über eine Schutzwirkung durch Tee. In asiatischen Ländern, in denen grüner Tee in großen Mengen konsumiert wird, gibt es auffallend niedrige Brustkrebsraten – allerdings wird dieser Umstand auch mit Soja in Verbindung gebracht. Allergien, Heuschnupfen und Stress sind ebenso Indikationen für grünen Tee, wie Studien herausgefunden haben. Im EEG (Elektroenzephalogramm), das die Hirnstromaktivität messt, lässt sich bereits wenige Minuten nach dem Teetrinken eine entspanntere Hirnstromaktivität nachweisen. Wie stark dieser Effekt tatsächlich ist, bleibt unklar, aber es scheint, als wenn Tee sich wirklich auf unsere Mentalität auswirkt und die Redewendung »Abwarten und Tee trinken« auf einer soliden wissenschaftlichen Basis steht.

Tee ist ein Gesamtextrakt mit zahlreichen möglichen Wirksubstanzen, aber als Hauptträger der Wirkung wird das Epigallocatechingallat (EGCG) angesehen. In Tierversuchen fördert EGCG sogar die Langlebigkeit (siehe S. 274). Grüne Tees aus Japan enthalten in der Regel höhere Mengen sekundärer Pflanzenstoffe als aus anderen Ländern. Wenn Sie grünen Tee als Medizin nutzen wollen, müssen Sie ihn länger ziehen lassen. Nicht ein bis drei Minuten, wie üblich empfohlen wird, weil er dann erfrischend schmeckt. Die wirksamen Substanzen entfalten sich erst vollständig nach längerer Zeit. Zehn Minuten sind eine gute Vorgabe, auch wenn er dann etwas bitterer und intensiver schmeckt. Bei einem länger gezogenen grünen Tee aus Japan befinden sich hundertmal mehr Polyphenole in einer Tasse als bei einem chinesischen Tee, der nur kurz aufgebrüht wird. Der zu Pulver zermahlene grüne Tee Matcha ist ebenso eine sehr empfehlenswerte Variante. Ich persönlich bevorzuge Sencha und den etwas preisgünstigeren Bancha, beides sind feine, wohlschmeckende grüne Tees aus Japan. Schon wenige Blätter pro Tasse reichen für ein wunderbares Geschmackserlebnis.

Von Grünteeextrakten rate ich ab, die Wirkungen sind weniger überzeugend und Nebenwirkungen auf die Leber können nicht ausgeschlossen werden. Richtiger Tee hingegen hat kaum Nebenwirkungen, außer dass das darin enthaltene Koffein – umgangssprachlich auch Tein genannt –, analog zum Kaffee zu Schlafstörungen führen kann. Allerdings gibt es einen Unterschied zwischen Kaffee und Tee. Im Kaffee ist das Koffein an Chlorogensäure gebunden, und dieser Komplex setzt bei einem Kontakt mit der Magensäure das Koffein sofort frei. Im Tee hingegen ist Koffein an Polyphenole gebunden, es wird erst im Darm freigesetzt. Deshalb gibt Kaffee den schnellen Kick, dagegen macht Tee leicht verzögert wacher. Ärgerlich nur: Schwarzer Tee kann die Zähne verfärben, dagegen hilft schon leichtes Putzen.

Für Tee gilt das Gleiche wie für Kaffee: Trinken Sie ihn am besten ohne Kuhmilch, auch wenn die Engländer und Ostfriesen unter Ihnen jetzt protestieren werden. Milch hebt Teile der gesundheitsfördernden Wirkung auf.

Wein

Ein guter Wein ist vieles: ein Kulturgut, ein Genussmittel, ein alkoholisches Getränk. In meiner kardiologischen Ausbildungszeit war es nicht selten, dass bei Fachkongressen der Abschlussvortrag vor dem Büfett von den segensreichen Wirkungen des Rotweins auf das Herz-Kreislauf-System handelte. Das hob die Laune und stimmte auf die Après-Veranstaltungen ein. Inzwischen ist bekannt, dass die möglicherweise leicht positive Wirkung bei der Prävention eines Herzinfarkts die zahllosen negativen Folgen von Alkohol, egal ob er sich nun in Wein, Bier oder Schnaps versteckt, nicht aufwiegt.

Selbst ein geringer Alkoholkonsum birgt gesundheitliche Risiken, es gibt kein gesundes Quantum, zu diesem Schluss gelangten mehrere große Metastudien. Sie zeigten unisono, dass Alkohol schon ab dem ersten Tropfen mehr schadet als nutzt. Zwar verringern ein bis zwei alkoholische Getränke am Tag die Wahrscheinlichkeit, an gewissen Herzkrankheiten zu sterben. Doch dieser scheinbar positive Effekt steht in keinem Verhältnis zu der Menge an schweren Erkrankungen, die durch Alkohol mit ausgelöst oder verstärkt werden. Das Spektrum reicht von sehr vielen Krebsformen über Magen- und Atemerkrankungen, Bauchspeicheldrüsen- und Leberentzündungen, Demenz, Bluthochdruck, Schlaganfall, Fettleber,

Nervenkrankheiten, Tuberkulose, psychischen Erkrankungen bis hin zu Verletzungen und Todesfällen durch Verkehrsunfälle und Gewalttaten. In meiner Zeit als Notarzt im Norden Berlins führte ich mehr als zwei Jahre lang eine persönliche Statistik über die Ursache der Notfälle in meinen Nachtschichten. Meistens gab es fünf bis sechs Einsätze, Alkohol war bei mehr als 50 Prozent der Grund für den Notfall.

Alkoholische Getränke stellen die Medizin und unsere Gesellschaft vor ein enormes Problem, denn vor allem in Deutschland ist ihr Konsum gesellschaftlich verankert und entsprechend verbreitet: 94 Prozent der Männer und 90 Prozent der Frauen trinken regelmäßig Alkohol. Vor allem seine krebsfördernde Wirkung ist besorgniserregend. Das über ihn aufgenommene Ethanol wird durch den Biokatalysator Alkoholdehydrogenase (ADH) in Acetaldehyd umgewandelt. Es wird davon ausgegangen, dass dieses Zwischenprodukt beim Stoffwechsel die Erbsubstanz DNA schädigt.

Eine Übersichtsstudie, die 2018 in *The Lancet* veröffentlicht wurde, konnte nachweisen, dass Alkohol das Leben verkürzt. Dafür wurden 83 Studien aus 19 wohlhabenden Ländern und damit die Daten von rund 600 000 Menschen erfasst, die regelmäßig Alkohol tranken. Die Ergebnisse: Ab einer Alkoholmenge von 100 Gramm pro Woche – was ungefähr täglich 1,5 Gläsern Wein entspricht – verkürzt sich das Leben. Man muss aber auch betonen, dass die nachteiligen Wirkungen zum Beispiel kleiner Mengen Wein statistisch eine geringe Signalstärke haben. Wer also ein Glas mit Genuss trinkt, braucht sich nicht sogleich um seine Gesundheit zu sorgen. Allerdings: Sich das tägliche Trinken von einer Flasche Wein als gesund schönzureden oder schönzutrinken, können nur diejenigen, deren Gehirnleistung bereits angegriffen ist.

Probieren Sie alkoholfreies Bier oder alkoholfreien Wein aus. Auch der Dry January ist eine gute Idee, eine trockene Zeit nach dem Schlemmen zu Weihnachten und Silvester. Denken Sie daran: Der Mensch ist ein Gewohnheitstier, und mit ein wenig Geduld lässt sich jede Gewohnheit ändern. Die Vorteile liegen auf der Hand: weniger Belastung für die Organe, besserer Schlaf, am nächsten

Morgen ein frischeres Gefühl, weniger Übergewicht, weniger Kosten. Nur Partygespräche können etwas merkwürdig werden, wenn man selbst keinen Alkohol trinkt und ab einer gewissen Uhrzeit feststellt, dass die Gesprächsinhalte immer unzusammenhängender und eigenartiger werden.

Waren Sie bislang abstinent, dann fangen Sie am besten gar nicht erst mit Alkohol an. Und möchten Sie ein Glas Weiß- oder Rotwein genießen, halten Sie es am besten mit der mediterranen Tradition: eine kleine Menge begleitend zum Essen. Dann sind die Wirkungen auf den Stoffwechsel günstiger und der Alkohol treibt das Gewicht nicht so stark in die Höhe.

Unsere Gewürze

Gewürze sind gesund. Ausnahmsweise kann ein Thema der Ernährungsmedizin einmal einfach zusammengefasst werden. Verantwortlich hierfür ist die hohe Konzentration der schon mehrfach erwähnten sekundären Pflanzenstoffe, also Polyphenole und Flavonoide, die Scharfstoffe wie die Gingerole in Ingwer oder Senföle in Kresse oder Meerrettich. Deshalb: Investieren Sie in Ihr Gewürzregal. Meist besteht es leider noch zu oft einzig aus Salz, Pfeffer, einem Gemüsebouillonextrakt und Kräutern der Provence. Dabei gibt es 20 bis 30 Kräuter und Gewürze, die zu empfehlen sind.

Die Basis sollten Zwiebeln und Knoblauch sein. Für beide ist eine umfangreiche gesunde Wirkung nachgewiesen, das betrifft die Funktion der Blutgefäße, die Immunfunktion sowie den Stoffwechsel. Rote Zwiebeln sind etwas besser als weiße und frischer Knoblauch wirkt intensiver, als schon leicht eingetrockneter. Gut ist es zudem, frische Petersilie, Schnittlauch und Basilikum zur Hand zu haben, diese haben zahlreiche gesundheitsförderliche Effekte, genauso wie Dill. Für den Fall, dass frische Kräuter nicht verfügbar sind, tun es auch tiefgekühlte Gewürze. Außerdem sollten Sie Ihre Küche mit einem Sortiment von europäischen Trockengewürzen bestücken: Thymian, Oregano, Lorbeerblätter, Salbei, Rosmarin,

Estragon oder Muskatnuss. Aber auch asiatische wir Kurkuma, Safran, Ingwer, Nelken, Piment, Bockshornklee, Kardamom, Kreuzkümmel, Senfsamen und Koriander sollten nicht fehlen. Dazu noch ein oder zwei Gewürzmischungen aus Indien und Thailand wie Curry oder Garam Masala. Lecker ist ebenso die arabische Mischung Ras el Hanout, sie enthält meist Kurkuma, Anis, Koriander, Fenchel, Zimt, Pfeffer, Ingwer, Kreuzkümmel, Chili, Kardamom, Bockshornklee und Muskat.

Damit wir es im Alltag auch schaffen, viele Gewürze zu essen, müssen wir natürlich kochen. Und dabei sollte es möglichst unkompliziert zugehen. Bei mediterranen Gerichten brate ich Zwiebeln und/oder Knoblauch in Olivenöl an und gebe anschließend einen Esslöffel europäischer Gewürze dazu. Bei den asiatischen Gerichten nehme ich zum Anbraten Zwiebeln, Ingwer und/oder Knoblauch und füge indisch-asiatische Trockengewürze hinzu. Selbst bei Süßspeisen machen sich Gewürze gut. Experimentieren Sie mit Kardamom, rotem Pfeffer, Zimt oder Safran.

Die gesunden Wirkungen der einzelnen Gewürze sind zahllos, lassen Sie deshalb kein Gericht ungewürzt. Wenn es Ihnen am Anfang nicht sofort mundet, kann ich Sie nur ermutigen, es weiter zu probieren. Für alle intensiven Geschmackswahrnehmungen, von bitter bis scharf, gibt es Gewöhnungseffekte. Auf meiner ersten Indienreise sah ich, wie Kleinkinder in Delhi ein Gemüsecurry aßen, das ich nur überlebte, wenn ich es mit viel Joghurt und Wasser zu mir nahm. Ich musste mich erst an die scharfen Gewürze heranschmecken.

Wegen ihrer besonderen Wirkung haben es einige Gewürze verdient, ausführlicher dargestellt zu werden:

Kurkuma

Kurkuma, das intensiv gelb färbende Pulver, das durch Zermahlen der Pflanze Curcuma longa (Gelbwurz) gewonnen wird, ist der absolute Star unter den medizinisch wirksamen Gewürzen. Am meisten wird es in Indien verwendet (rund drei Gramm täglich), und viele Forscher führen die sehr niedrigen Krebsraten in diesem Land unter anderem auf den reichlichen Verzehr von Kurkuma zurück.

Nachgewiesen ist, dass es das Wachstum von Polypen im Darm, die Vorstufe von Krebs, hemmt. In einer Studie erhielten Teilnehmer sechs Monate lang Kurkuma sowie den sekundären Pflanzenstoff Quercetin (siehe S. 276). Nach dem halben Jahr hatte sich die Anzahl der Darmpolypen halbiert.

Zahlreiche Studien weisen ebenso auf eine entzündungshemmende Wirkung hin, insbesondere bei Rheuma und Arthrose, aber auch bei Darmentzündungen, Verdauungsstörungen und dem Reizdarmsyndrom. In einer Untersuchung, die 2020 in der Fachzeitschrift *Annals of Internal Medicine* publiziert wurde, überprüften Forscher die Wirkung bei Arthrose. Es wurden Patienten mit schwerer Kniearthrose und bestehenden Kniegelenkergüssen in die Studie aufgenommen und in zwei Gruppen eingeteilt: Eine Gruppe erhielt ein Kurkuma-Extrakt (1000 Milligramm) über drei Monate, die andere Placebo-Tabletten. Die Kurkuma-Gruppe berichtete über abgemilderte Schmerzen, diese waren nicht sehr ausgeprägt, aber deutlich spürbar.

Darüber hinaus wirkt Kurkuma günstig auf die Blutfette, insbesondere auf den Cholesterinspiegel und den Blutzucker bei Diabetes Typ 2. Also ob das nicht schon genug wäre, hat das Gewürz, wie gezeigt, eine nachgewiesene antidepressive Wirkung. Die Wirkstärke ist jeweils nur leicht, wir können mit Kurkuma sicherlich keine antirheumatischen oder antidepressiven Medikamente ersetzen. Aber als zusätzliche Maßnahme, als Add-on-Therapie, empfehle ich es unbedingt.

Das in Kurkuma enthaltene Kurkumin und andere Bestandteile wie die Curcuminoide sind wasserabweisend, weshalb sie beim Verzehr nur zu einem geringen Anteil vom Körper aufgenommen werden. Eine deutlich bessere Wirkung erreichen wir durch eine Zugabe von Pfeffer und Fett. Insofern sind Currymischungen, in denen Pfeffer enthalten ist, sowie das Kochen mit Ölen oder Ghee (ein Butterreinfett aus der ayurvedischen Ernährung) eine gesunde indische Tradition.

Zur Selbstbehandlung empfehle ich, einen halben bis ganzen Teelöffel Kurkuma am Tag zu essen, etwa eineinhalb bis drei Gramm, am besten mit etwas Öl und Pfeffer. Viele Menschen mögen auch die Golden Milk (Goldene Milch), in der Kurkuma mit Mandelmilch und weiteren Gewürzen wie Kardamom zubereitet wird.

Von der Wirkdosis am präzisesten ist die Einnahme von Kurkuma in Form von Fertigextrakten, die über Apotheken zu beziehen sind. Meistens wird bei diesen Präparaten der Hauptinhaltsstoff Kurkumin angereichert, sodass daraus eine Tagesdosis von 100 bis 200 Milligramm resultiert. Es gibt zudem Präparate, bei denen die Aufnahme in den Körper durch einen Einsatz kleinster Fettpartikel erhöht wird. Solche Extrakte enthalten überraschend wenig Kurkumin, meist unter 50 Milligramm pro Tablette. Da aber die Aufnahme durch das Fett viel besser ist, bleibt die Wirkung gewährleistet.

Wenn Sie den natürlichen Extrakt bevorzugen, empfehle ich Kurkuma in überprüfter Qualität oder als Bio-Ware, dann sollten auch keine Rückstände von Pestiziden darin enthalten sein. Ein Problem in Asien ist nämlich die Bleibelastung, denn um die gelbe Farbe zu intensivieren, wird von unseriösen Produzenten gelbes Bleichromat zugegeben. Bleichromat ist ein Nervengift, in Bangladesch und Teilen Indiens hat dies zu vielen schlimmen Vergiftungen geführt. Inzwischen haben die Regierungen Gegenmaßnahmen eingeführt. Der bei uns importierte Gelbwurz war bislang nicht von Kontaminationen betroffen, doch zur Sicherheit sollte Kurkuma nicht online über unbekannte Anbieter bezogen werden, auch sollte man die maximale Dosis von einem Teelöffel pro Tag nicht überschreiten.

Ingwer

Ingwer ist ebenfalls ein Allrounder. Fast 40 000 Tonnen werden jedes Jahr nach Deutschland importiert, meist aus China. Studien belegen eine medizinische Wirkung gegen Kopfschmerz, Migräne und rheumatische Entzündungen; Ingwer lindert Halsschmerzen, reagiert antibakteriell und antiviral und durchwärmt den Körper. Eine Studie der Technischen Universität München wies nach, dass der Scharfstoff Gingerol beim Trinken von reichlich Ingwertee die Aktivität von Immunzellen, der neutrophilen Granulozyten, günstig beeinflusst. Ingwer unterstützt die Verdauung bei schweren

Speisen, zudem senkt er den Blutzucker und wirkt günstig gegen Fettstoffwechselstörungen. Interessanterweise wirkt Ingwer auch gegen Übelkeit, vor allem bei Reisen, und moderat, um die Nebenwirkungen einer Chemotherapie zu mildern. Bei Übelkeit in der Schwangerschaft waren Ärzte längere Zeit zurückhaltend, da es Berichte gab, wonach Ingwer vorzeitige Wehen auslösen könne. Das hat sich aber als Legende herausgestellt. Eine Tasse Ingwertee kann werdenden Müttern gegen Schwangerschaftsübelkeit helfen, auch können Frauen auf Präparate aus der Apotheke zurückgreifen.

Ingwer können Sie auch äußerlich anwenden: Bei Kopfschmerzen wird – so ein asiatisches Hausmittel – ein heißes Ingwerfußbad empfohlen. Bei Erkältungen sind Brustwickel aufgrund der wärmenden Eigenschaften sehr angenehm. Am liebsten aber esse ich Ingwer mit frischem Gemüse, ebenso in der Kürbissuppe und zu Sushi.

Safran

Safran ist das teuerste Gewürz der Welt mit einem Kilopreis bis zu mehreren Tausend Euro. Das liegt daran, dass die Ernte sehr mühsam ist, für ein Kilogramm Safran müssen über 100 000 Blüten geerntet werden, zumeist per Hand. Lediglich die drei kleinen Stempel aus der Blüte werden für das aromatische Gewürz verwendet. Safran hat zwei wichtige medizinische Einsatzbereiche. Zum einen bei depressiven Verstimmungen, Ängsten und Schlafstörungen, zum anderen belegte eine klinische Studie einen Nutzen bei rheumatoider Arthritis. Hier war die Wirkung nicht besonders stark, aber immerhin linderten sich die Schmerzen. Es lohnt sich also, Safran als ergänzende Option bei rheumatischen Entzündungen auszuprobieren. Da das Gewürz nicht so breit in der Küche einsetzbar ist wie Kurkuma oder Ingwer, empfehle ich die Verwendung eines Apotheken-Präparats.

Bitterstoffe

Es klingt etwas überraschend, aber je bitterer ein Lebensmittel ist, desto gesünder ist es, das betrifft Schokolade, Olivenöl, Chicorée, Rucola, Brokkoli oder Bier. Natürlich gilt die Regel nur bis zu einem bestimmten Grad. Sokrates wurde mit dem Schierlingsbecher getötet, und Strychnin ist bitter und eines der stärksten Gifte.

Die Zellrezeptoren, die uns bitter schmecken lassen, sind schon vor mehr als 20 Jahren entdeckt worden, im Mund, im Verdauungstrakt und in den Bronchien, sie werden mit den Oberbegriffen T2R oder TASR2 bezeichnet. Ihre Aufgabe ist es wohl, Nährstoffe oder Luftbestandteile zu identifizieren und Reaktionen des Immunsystems zu veranlassen. Diese Rezeptoren funktionieren wie ein Überwachungsapparat. Tiere, die reine Fleischfresser sind, haben kaum oder keine Bitterrezeptoren, unsere Vorgänger, die Menschenaffen, sind hingegen reichlich mit Bitterantennen ausgestattet, da sie sich von Pflanzen und Blättern ernähren und entsprechend vorsichtig vorgehen müssen. Bitterrezeptoren finden sich, so weiß man inzwischen, in fast allen unseren Organen, auch im Gehirn und in den Nieren. Ein klarer Hinweis, dass sie noch andere Aufgaben haben, als uns zu warnen.

Einige unserer heute viel gegessenen Lieferanten von Kohlenhydraten und Gemüsesorten haben Vorfahren, die noch deutlich mehr Bitterstoffe aufwiesen. Die Urkartoffeln wiesen in der Schale und an verletzten Stellen viele Alkaloide auf, sodass sie nicht gut essbar waren. Die grünen Stellen und die »Augen« unserer Kartoffeln sind hingegen einfach zu entfernen. Kleine Kinder sollten grundsätzlich keine ungeschälten Kartoffeln essen. Zucchini können bitter schmecken, dann enthalten sie zu viel Cucurbitacin und sollten nicht verzehrt werden. Auch bei Süßmandeln sind ein bis drei Prozent der Nüsse bitter, am besten ist es, diese auszuspucken, erwischen wir eine.

Einige Nahrungsmittel mit Bitterstoffen verheißen uns Gesundheit, etwa die Bittermelone aus Indien (sie wirkt gegen Diabetes), Chicorée, Endiviensalat, Schalen von Zitrusfrüchten, Kohlsorten wie Grünkohl, Rosenkohl, Brokkoli und Rettich, Bitterhopfen (siehe S. 306 ff.). Wenn wir etwa Rucola essen, laufen komplexe chemische Reaktionen ab, sobald wir zubeißen. Ausgangstoff sind die Glucosinolate. Verletzen wir seine Zellwände, setzt die Pflanze das Enzym Myrosinase frei, aus den Glucosinolaten entsteht das hochwirksame

Senföl Sulforaphan. Der gleiche Prozess läuft bei Brokkoli ab, deshalb ist zu beachten: Nach dem Zerteilen die Enzyme rund 20 Minuten arbeiten lassen, bis das Sulforaphan produziert ist, und erst dann das Gemüse erhitzen (Merke: »Hacken und warten«). Sulforaphan wirkt gegen Diabetes und Krebs, es unterstützt das Immunsystem und das Mikrobiom, es arbeitet gegen Bakterien und Viren.

Bitteres wird besonders intensiv verdaut, es steigert die Produktion von Magensäften und die Ausschüttung des Hormons GLP-1. Die Verdauung wird somit verbessert, die Kalorienzufuhr reduziert, der Blutzuckerspiegel abgesenkt. Die gute Wirkung auf die Verdauung ist auch der Grund, weshalb alle altbewährten Magen- und Verdauungstropfen Bitterstoffe enthalten. Von Enzian bis Wermut, von Tausendgüldenkraut bis Schafgarbe. In unserer Klinik setzen wir Heilpflanzenextrakte mit der Bitteren Schleifenblume bei Sodbrennen und Entzündungen der Speiseröhre ein, Extrakte aus Artischocken zur Senkung des Cholesterins und Wermut bei Morbus Crohn.

Die günstige Wirkung auf den Magen-Darm-Trakt ist auch der Grund, warum sich in der Kulinarik der Aperitif, sei es mit Wermut oder anderen Bitterstoffen, durchgesetzt hat. Der Aperitif optimiert wie bitteres Gemüse unsere Verdauung. Freuen Sie sich also, wenn Sie in einen besonders bitteren Radicchio oder Rucola beißen. Interessanterweise verändert sich die Einordnung von bitter im Laufe des Lebens. Kinder mögen fast gar nichts Bitteres essen oder trinken, je älter wir werden, desto mehr finden wir Gefallen an diesem Geschmack. Sicherlich hat das auch viel mit Gewöhnung zu tun.

Meine Empfehlung: Mindestens einmal täglich bitteres Gemüse oder bittere Salate essen. Eine Alternative sind Bittertropfen oder -sprays vor den Mahlzeiten. Wer mag, kann bittere Tees als Verdauungshilfe trinken. Nutzen Sie die Kraft der Bitterstoffe!

Unsere Nahrungsergänzungsmittel

Nahrungsergänzungsmittel sind ein Milliarden-Markt mit kontinuierlichem Wachstum, von dem Apotheken, Drogerie- und Supermärkte profitieren. Die meisten Mediziner sehen diesen Boom kritisch, viele Menschen hingegen vertrauen den Produktversprechungen. Sie wissen, dass gesundes Essen wichtig ist, scheuen aber oft den Aufwand, sich umfassend zu informieren, Gesundes einzukaufen und Mahlzeiten daraus zuzubereiten. Es erscheint ihnen einfacher, stattdessen Multivitamintabletten einzunehmen. Bei einer Forsa-Umfrage aus dem Jahr 2022 haben 49 Prozent der befragten Deutschen angegeben, innerhalb von sechs Monaten eines oder mehrere solcher Mittel gekauft zu haben.

Die Wissenschaft ist sich weitgehend einig, dass die meisten von ihnen eine nutzlose Geldverschwendung sind. Diese radikale Meinung hatte auch ich lange Zeit, inzwischen sehe ich es etwas differenzierter. Vieles halte ich für unsinnig, aber es gibt tatsächlich sinnvolle Ergänzungen zur Nahrung. Welche das sind, ist sehr individuell. Auf einen negativen Nebeneffekt hat eine Studie des Universitätsklinikums des Saarlandes hingewiesen. Die Forscher hatten 39 Vitamin-, Mineral-, Kalzium- und Magnesiumtabletten untersucht. Dabei stellten sie enorme Natriumchlorid-Konzentrationen fest, im Schnitt 380 Milligramm pro Tablette, rund ein Fünftel unseres Tagesbedarfs an Salz. Salz wird den Tabletten beigemischt, damit sie sich besser auflösen.

Vitamin D

Viele Menschen haben einen Vitamin-D-Mangel. Das liegt zum einen an der höheren Lebenserwartung, denn die körpereigene Vitamin-D-Produktion durch Sonnenlicht lässt im Alter nach. Zum anderen verbringen wir mehr und mehr Zeit in Gebäuden und nicht an frischer Luft und in der Sonne. Um Vitamin D zu bilden, ist es wichtig, in den Monaten, in denen die Sonneneinstrahlung hoch ist, also von April bis Oktober, täglich ein paar Minuten eine möglichst große Oberfläche des Körpers der Sonne auszusetzen. Das machen wir immer weniger, und wenn wir es tun, wird mit Sonnenschutzmitteln die Vitamin-D-Produktion ausgebremst. In unserer Klinik finden wir bei regelmäßigen Kontrollen eine große Anzahl von zu niedrigen Vitamin-D-Spiegeln.

Studien haben Zusammenhänge zwischen einem solchen und zahlreichen chronischen Erkrankungen aufgezeigt. Es gab deshalb die Hoffnung, dass das Vitamin zur Prävention von Herz-Kreislauf-, Autoimmun- oder Krebserkrankungen beitragen könnte. Um dies zu überprüfen, wurden von 2010 bis 2022 weltweit große Untersuchungen zur Wirksamkeit von Vitamin D durchgeführt. Dabei wurde es entzaubert, große Ernüchterung machte sich breit: Weder bei Depression noch bei Multipler Sklerose oder gegen Stürze und Knochenfrakturen im Alter zeigte Vitamin D Effekte, auch in der Krebsprävention gab es keine überzeugende Wirkung. Ebenso floppte es bezüglich des Herz-Kreislauf-Systems.

Trotzdem sollten wir Vitamin D nicht aus unserer Hausapotheke verbannen. Die meisten Studien scherten nämlich alle Teilnehmer über einen Kamm, ohne auf die unterschiedlichen Bedürfnisse einzugehen. Ich empfehle, alle ein bis zwei Jahre eine Messung im ersten Quartal des Jahres zu machen, dann, wenn bei uns die Vitamin-D-Speicher durch den Winter geleert sind. Zumal es durchaus gute Gründe gibt, einen Mangel auszugleichen. Eine zweite Auswertung einer Studie ergab nämlich, dass Vitamin D in der Prävention von Autoimmunerkrankungen, besonders rheumatischen Leiden, wirken kann. Der Effekt ist nicht sehr groß, aber wer in seiner Familie eine Häufung von Autoimmunerkrankungen hat, sollte dringend auf einen normalen Vitamin-D-Spiegel achten. Zudem wurde inzwischen eine leichte Schutzwirkung für das Risiko festgestellt, an Diabetes Typ 2 zu erkranken.

Experten und internationale Fachgesellschaften stimmen bei Vitamin D überein, dass die Zufuhr über die Ernährung zu gering ist, um damit den Bedarf zu decken. Fetter Seefisch, Eier oder Pilze enthalten Vitamin D in geringer Menge, und in Ländern wie den USA wird Vitamin D bisweilen der Milch, pflanzlichen Drinks und Zerealien zugesetzt. Fachleute empfehlen eine Vitamin-D-Ergänzung bei einem zu niedrigen Blutspiegel, bei chronisch Kranken oder Menschen, die sich nicht genug der Sonne aussetzen. Die Deutsche Gesellschaft für Endokrinologie rät chronisch Kranken, die sich selten im Freien aufhalten, zur Einnahme von 800 bis 2000 IE. Diese Angabe bleibt etwas ungenau. Eine tägliche Dosis von 1000 IE als Ergänzung scheint mir ein guter Kompromiss für Menschen, die wenig in der Sonne sind oder bei der Messung leicht erniedrigte Blutspiegel haben. Zu beachten ist, dass zu viel Vitamin D unerwünschte Wirkungen haben kann. Und denken Sie bei der Sonnenbestrahlung, dass die gesamte Hautoberfläche zählt. Nur das Gesicht in die Sonne zu halten, bringt nicht viel und steigert einzig die Hautalterung. Und: Die Strahlen können kein Glas durchdringen. Das Sonnenbad durchs Autofenster oder im Wintergarten nutzt nichts.

Omega-3-Fettsäuren

Omega-3-Fettsäuren haben ebenfalls den Ruf, eine Art Wundermittel zu sein (siehe auch S. 127 f.). In epidemiologischen Studien fanden sich immer wieder Zusammenhänge mit einer entzündungshemmenden Wirkung sowie eine gewisse Schutzwirkung auf Herz und Gehirn. Aber die Ergebnisse von Hunderten von klinischen Untersuchungen waren ähnlich wie bei Vitamin D ernüchternd. In den anerkannten, aber auch kritischen Analysen fand sich kein klarer Nachweis für einen generellen Nutzen. Und wenn, dann allenfalls für die Einnahme der pflanzlichen Omega-3-Fettsäure Alpha-Linolensäure, sie hat einen kleinen Effekt bei der Prävention von Demenz und Depressionen. Auch für einzelne Erkrankungen wie das entzündliche Gelenkrheuma oder Bluthochdruck zeigten sich geringfügige Vorteile in den Studien.

Eine generelle Empfehlung, Omega-3-Öle oder -Präparate einzunehmen, ist aber nicht gerechtfertigt. Wer auf Nummer sicher hinsichtlich seiner Herz- und Hirngesundheit gehen will, kann sie natürlich ausprobieren. Besonders bei rheumatoider Arthritis, Migräne oder Bluthochdruck ist es einen Versuch wert. Es ist hilfreich, zuvor eine Bestimmung des Verhältnisses der Omega-3- zu

Omega-6-Fettsäuren im Blut vornehmen zu lassen, denn bei der Verstoffwechselung dieser Fettsäuren besteht eine Konkurrenz um dasselbe Enzym. Sind mehr Omega-6-Fettsäuren im Blut, werden mehr entzündungsfördernde Folgestoffe, Eicosanoide, produziert. Sind mehr Omega-3-Fettsäuren vorhanden, entstehen mehr antientzündliche Eicosanoide.

Die ungünstigeren Omega-6-Fettsäuren finden sich vor allem in pflanzlichen Ölen wie Sonnenblumen-, Distel- oder Maiskeimöl. Das Verhältnis von Omega 3 zu Omega 6 sollte zwischen 1:1 und 1:5 liegen, meistens befindet es sich bei 1:10 und darüber. Die Bestimmung dieses Laborwerts wird allerdings nicht von den Krankenkassen bezahlt.

Für die Nahrungsergänzung mit Omega-3-Fettsäuren empfehle ich keine Fischölkapseln aufgrund der ökologischen Nachteile (siehe S. 130 f.), sondern Leinsamen, Leinöl, Rapsöl, Walnüsse und grünes Blattgemüse. Die längerkettigen Omega-3-Fettsäuen EPA und DHA können Sie am besten über Algen und Algenöl aufnehmen, von dem Gemisch mit Leinöl täglich einen Teelöffel, dann sind die kurz- und langkettigen Omega-3-Fettsäuren kombiniert. Ich gebe es in meinen Joghurt. Wer kein Öl mag, kann täglich eine Kapsel mit etwa einem Gramm Omega-3-Fettsäuren schlucken.

Vitamin B12

Vitamin B12 spielt bei zahlreichen Prozessen des Stoffwechsels eine wichtige Rolle, auch für die Funktion der Nervenzellen und bei der Bildung von Blutzellen. Die Zahl der Menschen mit einem Mangel an Vitamin-B12, das nur in tierischen Produkten in relevanter Menge enthalten ist, steigt. Vermutlich hatten sie in der Vorzeit selbst bei pflanzenbetonter oder veganer Ernährung keinen B12-Defizit, da sie Obst und Gemüse selten wuschen und durch die bakteriellen Verunreinigungen genug davon aufnahmen. Das ist heute natürlich keine Option mehr. Wer sich vegan ernährt, muss Vitamin B12 supplementieren. Inzwischen haben aber auch Menschen, die Fleisch und Milchprodukte essen, häufig einen Vitamin-B12-Mangel. Das liegt vor allem an Medikamenten, die die Aufnahme von

B12 stören. Ebenso ist bei einer geschwächten Magensäureproduktion, zum Beispiel einer chronischen Gastritis, ein B12-Mangel zu befürchten, weiterhin bei entzündlichen Darmerkrankungen oder einem übermäßigen Alkoholgenuss. Ältere Menschen sind ebenfalls betroffen. Ich empfehle daher, gelegentlich den Vitamin-B12-Spiegel überprüfen zu lassen.

Der Ausgleich eines leichten Mangels erfolgt über Tabletten oder über speziell angereicherte Zahnpasta, nur in schweren Fällen durch ärztlich verabreichte Spritzen. Ähnlich wie bei Vitamin D ist sich die Fachwelt über die optimale Dosis von B12 nicht einig. Ein ausgewiesener Ernährungswissenschaftler auf diesem Gebiet ist Markus Keller vom Forschungsinstitut für pflanzenbasierte Ernährung in Gießen (IFPE), er empfiehlt aufgrund der aktuell vorliegenden Daten für erwachsene Veganer eine Dosierung von 50 bis 200 Mikrogramm pro Tag. In den USA werden häufig Lutschtabletten eingenommen, bei denen das Vitamin B12 über die Mundschleimhaut aufgenommen wird, hierzulande wird meist eine Kapsel täglich zum Schlucken präferiert. Für Vegetarier, die Milchprodukte oder Eier zu sich nehmen, legt Keller eine gelegentliche Supplementierung nahe, bei Kleinkindern werden fünf Mikrogramm, bei Kindern zwischen vier und elf Jahren 25 Mikrogramm empfohlen. Sinnvoll ist es, etwa alle zwei Jahre kontrollieren zu lassen, ob die Blutwerte in Ordnung sind. Frauen, die eine Schwangerschaft in Betracht ziehen oder bereits schwanger sind, sollten täglich 250 Mikrogramm eines B12-Ergänzungsmittels einnehmen.

Sorge vor einer Überdosierung müssen Sie nicht haben, es gibt keine festgelegte Obergrenze. Das liegt daran, dass selbst bei hohen Dosen der Körper nur einen Bruchteil der B12-Menge aufnimmt. Selten kommt es vor, dass Menschen einen erhöhten Spiegel aufweisen, obwohl sie kein Vitamin B12 einnehmen. Dies kann ein Hinweis auf ernstere Gesundheitsprobleme sein und sollte abgeklärt werden.

Weitere Ergänzungen

Hierbei geht es eher um eine individuelle Verordnung, es kann aber sinnvoll sein, in Absprache mit einem Arzt folgende Mittel einzunehmen:

- **Vitamin E** (600 bis 800 mg pro Tag) bei einer Fettleber
- **Coenzym Q10** (Ubichinon) bei Erschöpfung und Herzerkrankungen
- **Zink** und **Vitamin C** bei akuten Erkältungen
- Für Frauen mit starker Regelblutung **Eisentabletten** oder eisenhaltiges Vollkorngetreide und Gemüse in Kombination mit Vitamin C.

Bei chronischen Herzerkrankungen werden inzwischen Nahrungsergänzungen wohlwollender als früher diskutiert. In einer Metastudie, veröffentlicht im Fachblatt *Journal of the American Colleagues of Cardiology*, wird vor allem für Polyphenole, Omega-3-Fettsäuren, Folsäure und Q10 ein Potenzial für Herz-Kreislauf-Erkrankungen gesehen – wie so oft in der Wissenschaft mit dem unbefriedigenden Hinweis, dass weitere Studien notwendig für klare Aussage seien.

Auch die Forschung zum Thema Langlebigkeit hat bei mir die Sichtweise auf Nahrungsergänzungen verändert (siehe S. 324 ff.). Dabei geht es nicht primär darum, einen Mangel zu vermeiden, sondern darum, unseren Körper zu optimieren. Mit jeder neuen Forschungsarbeit wird aber deutlich, dass am Ende wahrscheinlich keine Empfehlungen für ein generelles Tuning herauskommen werden. Zu sehr spielen die Gene, die Ernährung, der Lebensstil, das Geschlecht und vor allem das jeweilige Lebensalter eine Rolle. Ideal wäre es also, die Zufuhr individuell auf Basis der Diagnostik zu steuern. Das ist aber derzeit noch nicht ausreichend möglich beziehungsweise zu kostspielig.

Deshalb empfehle ich, einen Kompromiss einzugehen. Klar im Vordergrund sollte die Ernährung stehen. Moleküle wie Spermidin, Selen oder Folsäure lassen sich hervorragend durch eine gute Ernährung in ausreichender Menge zuführen. Bestehen aber

Einschränkungen beim Kauen oder Verdauen oder gehört man zu einer Risikogruppe, kann ein Versuch mit wenigen ausgewählten Supplementen durchaus sinnvoll sein:

Spermidin

In epidemiologischen Studien zeigte sich, dass der Spermidin-Spiegel im Blut ab dem 60. Lebensjahr deutlich abfällt. Spermidin wird vom Körper selbst produziert, doch am einfachsten ist es, Spermidin über die Nahrung oder Supplemente zuzuführen. Spermidin ist das vielversprechendste Fastenmimetikum, es fördert die Autophagie. Die erfreuliche Nachricht ist, dass in Tierstudien die Schutzwirkung auf das Altern von Gehirn, Herz und Immunsystem selbst dann zu sehen war, wenn erst im höheren Alter Spermidin verabreicht wurde.

In industrialisierten Ländern nehmen die Menschen im Durchschnitt zehn Milligramm Spermidin täglich zu sich, bei schlechter Ernährung kann die Zufuhr auf acht Milligramm sinken. Der Unterschied zwischen neun und zwölf Milligramm ist laut Daten mit einer signifikant höheren Lebenserwartung und einem reduziertem Krankheitsrisiko im Alter verbunden.

Es gibt hervorragende Quellen für Spermidin in Nahrungsmitteln (siehe S. 271). Ich empfehle, auf ein Spermidin-reiches Essen zu achten, es ist letztlich eine pflanzenbetonte mediterrane Nahrung mit Weizenkeimen. Eine elegante Art, seinen Spermidin-Level zu erhöhen, geht über die Zufuhr von probiotischen Bakterien, vor allem Bifidobakterien in fermentierten Nahrungsmitteln oder in Supplementen. Bidfidobakterien produzieren dann Spermidin im Darm.

Besteht ein familiäres Risiko für Demenz, für Herzerkrankungen oder für Bluthochdruck, kann ab dem 60. Lebensjahr die Nahrungsergänzung mit einem Spermidin-Präparat ebenfalls Sinn machen, zwei bis drei Milligramm pro Tag. Als angenehmer Nebeneffekt ist es gut für die Haare. In einer Studie aus Mailand führte die tägliche Nahrungsergänzung mit einem Spermidin-Präparat nach drei Monaten zu einer Stärkung der Haarwurzeln und einem reduzierten Haarausfall.

Vitamin-Derivat NMN

Nicotinamide Mononukleotide (NMN) bieten sich besonders an, wenn Übergewicht, ein erhöhter Cholesterinspiegel und Bluthochdruck vorliegen. Natürlich ist auch hier eine gesunde Ernährung meine erste Empfehlung. Man kann jedoch zusätzlich als Versuch NMN mit einer Tagesdosis von etwa 1000 Milligramm über ein paar Wochen einnehmen. Sie können dann selbst überprüfen, ob es einen günstigen Effekt auf die eigenen Blutfette, den Blutdruck, das Gewicht hat. Und ob sich das Geld dafür lohnt.

Glucosamin

Ein weiterer Kandidat als Molekül für Langlebigkeit ist Glucosamin. Schon länger wird es als Mittel bei Arthrosen eingesetzt, wenngleich der Effekt eher gering ist. Leiden Sie unter Arthrose, ist die Tagesdosis von 1000 Milligramm Glucosaminsulfat einen Versuch wert, besonders im Hinblick auf die zusätzliche Wirkung für ein langes Leben. Wie immer sollten Sie testen, ob die Nahrungsergänzung ihr Geld wirklich wert ist, indem Sie beispielsweise für drei Monate pausieren und überprüfen, ob Sie eine Veränderung an sich bemerkt haben.

Wie wir uns selbst am besten heilen können – der Segen des Fastens

Die Vorteile des Heil- und Intervallfastens sind frappierend: Beide Fastenformen sind einfach durchzuführen, sie sind sehr wirksam zur Behandlung und Vorbeugung von Krankheiten, sie sind gut verträglich, kosten wenig Geld, wirken sich langfristig positiv auf das Gewicht aus, führen zu mehr Lebensqualität und zu mehr Genuss beim Essen. Und: Sie verhelfen aller Wahrscheinlichkeit nach zu einem längeren Leben.

Heilfasten ist das traditionelle Fasten aus medizinischer Indikation. Früher wurde es oft als Luxuskur für Übergewichtige oder Wohlhabende belächelt, die entfetten oder entschlacken wollten. Heutzutage ist es eine der wichtigsten Therapien in der Naturheilkunde und der innovativen Ernährungsmedizin, und auch für mich ist es eine der beeindruckendsten und wirksamsten Heilmethoden. Natürlich sind ebenso Bewegung, Sport, Kneipp-Therapie, Massagen, Akupunktur oder Yoga entscheidende naturheilkundliche Verfahren, aber das Fasten besticht durch seine Effizienz und seine Zuverlässigkeit. Die Pioniere der Fastenmedizin geizten nicht mit Superlativen. Von dem Arzt Gustav Riedlin (1861–1949) stammt die Aussage, Heilfasten sei eine »Operation ohne Messer«. War das etwas übertrieben? Ich denke nicht.

Seit meiner ersten Fastentherapie 1992 habe ich etwa 40 000 Fastenverläufe beobachten können, zahlreiche Studien durchgeführt und selbst viel Fastenerfahrung gesammelt. Die Quintessenz ist für mich eindeutig. Zusammen mit der Ernährung ist es tatsächlich die Königsdisziplin der Naturheilkunde, sogar der gesamten Prävention und Gesundheitserhaltung. Was das Fasten in kurzer Zeit erreichen kann, ist einzigartig.

Täglich erlebe ich an unserer Klinik die verblüffend guten Wirkungen des Fastens. Erhöhter Blutdruck normalisiert sich, rheumatische Entzündungen gehen zurück, Patienten mit Diabetes

Typ 2 benötigen nur noch wenige oder gar keine Medikamente. Manche Erkrankungen wie Fettleber oder leichtere Entzündungen können ganz geheilt werden. **Für das Leberfasten habe ich im Folgenden einen Fasten-Fahrplan über 5 Tage für Sie zusammengestellt siehe S. 334–337.** Der Gewichtsverlust, für viele der Kern des Heilfastens, ist in Wahrheit oft nur ein willkommener Nebeneffekt.

Das Fasten ist vermutlich fast so alt wie die Menschheit selbst. Es gilt in allen Weltreligionen als Zeit der Einkehr und Besinnung und ist durch den freiwilligen Verzicht ein Ausdruck von Glauben und Demut. In der christlichen Tradition sind Fasten und Beten Methoden zur Erneuerung, zur Stärkung der Seele. Auch Mohammed fastete. Ohne zu essen, verbrachte er den ganzen Monat Ramadan in einer Höhle am Berg Hira in der Nähe von Mekka. Viele der 1,9 Milliarden Muslime auf der Welt fasten heute wie Mohammed vor über 1440 Jahren.

Ab dem Mittelalter wurde das christliche Fasten zum Fake-Fasten, zur Farce. Martin Luther fastete zwar selber, entband aber seine Anhänger von jedem Fastenzwang. Gott habe dem Menschen das Essen zum Genuss und nicht zum Verzicht geschenkt, war seine Ansicht. Auch bei den Katholiken verwässerte sich das Fasten mehr und mehr. Der vom Fasten ausgehende mentale Effekt wurde wiederum für viele Ziele genutzt. Der ostfränkische König Otto I. ließ sein Heer vor der entscheidenden Schlacht gegen die Ungarn bei Augsburg am 10. August 955 nichts essen. Fasten galt nicht als Askese, die schlechte Stimmung machte, sondern sollte positive Effekte für die Aufmerksamkeit und die Sinne bringen. Auch viele Schriftsteller rühmten das Fasten, von Mark Twain über Upton Sinclair bis hin zu Hermann Hesse oder Mario Vargas Llosa.

Die Geschichte der Menschheit war viele Jahrhunderte lang geprägt von einem Wechsel von Fülle und Knappheit, von Perioden mit reichen Ernten und Missernten, von fruchtbaren Sommern und kargen Wintern. Nichts war sicherer als die nächste Hungerphase. Hätten sich unsere Urahnen bei Hunger apathisch in die Höhle gelegt, wäre die Menschheit zugrunde gegangen. Die körperliche Aktivierung, wenn wir hungern oder fasten, ergibt also Sinn.

Plan für 5 Tage Leberfasten

	1. und 2. Entlastungstag	1. Fastentag
Fastenmahlzeiten	mindestens 2,5 Liter Wasser ohne Kohlensäure/ungesüßte Kräutertees **Mahlzeiten:** **Früh:** 50 g Haferflocken mit Wasser aufkochen, Zimt und eine Handvoll Brom-/Himbeeren **Mittag:** 50 g Haferflocken mit je 100 g geriebener Zucchini und Karotten mit Wasser aufkochen, frische Kräuter zum Würzen **Abend:** Gemüse-Kartoffel-Suppe	mindestens 2,5 Liter Wasser ohne Kohlensäure/ungesüßte Kräutertees **Früh:** Abführmaßnahme bei Bedarf + Kräutertee **Mittag:** 200 ml Hafer- oder Leinsamensud **Abend:** 250 ml Gemüsebrühe (1 TL Leinöl & gehackte Petersilie zu der warmen Brühe in die Schüssel geben) **Vor dem Abendessen: Bittertropfen oder Bitterspray**
Unterstützende Maßnahmen	• sich innerlich auf das Fasten einstimmen z. B. mit einer Entspannungsmeditation • Bewegung an frischer Luft	• **Fastenbeginn** mit ggf. Darmreinigung: Morgens 1 Teelöffel Bittersalz auf 0,25 l Wasser trinken, 30 bis 60 min vor dem Frühstück, bis dahin keine andere Flüssigkeit zu sich nehmen. Das Bitterwasser reinigt verträglich den Darm, der Gallenfluss wird erhöht, die Darmaktivität verstärkt. • **1 × pro Tag (optimal mittags): Anregung der Lebertätigkeit durch Leberwickel (30 min)** • Ruhephasen einbauen
Fastenprozesse	Salzarme leichte Mahlzeiten • entwässern den Körper • bereiten den Körper auf das Fasten vor • entlasten die Verdauungsorgane	Umstellung auf die Nahrung von Innen • Körper baut Glykogen-Speicher (Glucose) in Leber und Muskulatur ab • fortlaufende Entwässerung reduziert Blutdruck

Wichtig: **Bei der Einnahme von Medikamenten halten Sie vor dem Leberfasten bitte Rücksprache mit Ihrem Arzt.**

	2. Fastentag	3. Fastentag
Fastenmahlzeiten	mindestens 2,5 Liter Wasser ohne Kohlensäure/ungesüßte Kräutertees **Früh:** 250 ml Kräutertee mit Bitterstoffen (z. B. Löwenzahn oder Schafgarbe) **Mittag:** 200 ml Hafer- oder Leinsamensud **Abend:** 250 ml Gemüsebrühe (1 TL Leinöl & gehackte Petersilie zu der warmen Brühe in die Schüssel geben) **Vor dem Abendessen: Bittertropfen oder Bitterspray**	mindestens 2,5 Liter Wasser ohne Kohlensäure/ungesüßte Kräutertees **Früh:** 250 ml Kräutertee mit Bitterstoffen (z. B. Löwenzahn oder Schafgarbe) **Mittag:** 200 ml Hafer- oder Leinsamensud **Abend:** 250 ml Gemüsebrühe (1 TL Leinöl & gehackte Petersilie zu der warmen Brühe in die Schüssel geben) **Vor dem Abendessen: Bittertropfen oder Bitterspray**
Unterstützende Maßnahmen	• Trockenbürstemassage am Morgen zur Anregung der Durchblutung (1 × täglich möglich) • Leichte Bewegung, viel Ruhephasen • **1 × pro Tag (optimal mittags): Anregung der Lebertätigkeit durch Leberwickel (30 min)**	• **1 × pro Tag (optimal mittags): Anregung der Lebertätigkeit durch Leberwickel (30 min)** • ggf. Darmreinigung mit morgens Bittersalz • verstärkte Zungen-/Mundpflege • Bewegung integrieren z. B. Spaziergänge mit gutem Tempo (mind. 30 min)
Fastenprozesse	Glykogen-Speicher in Leber und Muskeln sind geleert, Fastenstoffwechsel läuft. Fettabbau und Produktion von Ketonkörpern aus dem Körperfett hergestellt ggf. kann leichte Schwäche auftreten durch Umstellung	Leber arbeitet im Fastenstoffwechsel: • Reperaturvorgänge laufen • Stoffwechselprodukte werden verstärkt ausgeschieden z. B. Aceton über Lunge ggf. ungutes Mundgefühl/verfärbte Zunge

Leberwickel: Während des Fastens muss die Leber verstärkt arbeiten, durch die Wärme wird ihre Durchblutung angeregt: Ein mit warmem Wasser getränktes Geschirrhandtuch in Leberhöhe auf die Haut legen, darauf eine Wärmflasche. Für eine halbe Stunde ruhen.

	4. Fastentag	5. Fastentag
Fastenmahlzeiten	mindestens 2,5 Liter Wasser ohne Kohlensäure/ungesüßte Kräutertees **Früh:** 250 ml Kräutertee mit Bitterstoffen (z. B. Löwenzahn oder Schafgarbe) **Mittag:** 200 ml Hafer- oder Leinsamensud **Abend:** 250 ml Gemüsebrühe (1 TL Leinöl & gehackte Petersilie zu der warmen Brühe in die Schüssel geben) **Vor dem Abendessen: Bittertropfen oder Bitterspray**	mindestens 2,5 Liter Wasser ohne Kohlensäure/ungesüßte Kräutertees **Früh:** 250 ml Kräutertee mit Bitterstoffen (z. B. Löwenzahn oder Schafgarbe) **Mittag:** 200 ml Hafer- oder Leinsamensud **Abend:** 250 ml Gemüsebrühe (1 TL Leinöl & gehackte Petersilie zu der warmen Brühe in die Schüssel geben) **Vor dem Abendessen: Bittertropfen oder Bitterspray**
Unterstützende Maßnahmen	• **1 × pro Tag (optimal mittags): Anregung der Lebertätigkeit durch Leberwickel (30 min)** • verstärkte Zungen-/Mundpflege • Bewegung integrieren z. B. Spaziergänge mit gutem Tempo (mind. 30 min) • Entspannungsübungen wie z. B. Yoga, Autogenes Training, Meditation einbauen • ggf. Saunaanwendungen	• **1 × pro Tag (optimal mittags): Anregung der Lebertätigkeit durch Leberwickel (30 min)** • ggf. Darmreinigung mit morgens Bittersalz • verstärkte Zungen-/Mundpflege • Bewegung integrieren z. B. Spaziergänge mit gutem Tempo (mind. 30 min) • Entspannungsübungen wie z. B. Yoga, Qigong einbauen
Fastenprozesse	Leber baut Leberfett ab und aktiviert Autophagie. Vorübergehend können Leberwerte im Labor ansteigen aufgrund der höheren Stoffwechselaktivität.	• Leber baut weiter Leberfett ab. Insulin und IGF1 sinken deutlich, Abbau von verzuckerten Eiweißen (AGEs) • reduzierter Blutdruck

Hafersud/Leinsamensud: 1–1,5 EL feine Haferflocken oder Leinsamen auf 200 ml Wasser mind. 5 min aufkochen oder länger im heiß aufgekochten Wasser stehen lassen und rühren. Vor dem Verzehr bitte die festen Bestandteile absieben. Es kann auch eine größere Menge zubereitet und am nächsten Tag aufgewärmt werden. Mit einer Prise Zimt und Salz verfeinern bei Bedarf.

	1. Aufbautag	2. und 3. Aufbautag
Fastenmahlzeiten	weiterhin gut trinken **Früh:** gedünstete Möhre mit frischer Petersilie & 1 TL Leinöl **Mittag:** Gemüse-Kartoffel-Suppe **Abend:** Zucchini gedünstet, etwas passierte Tomaten & frische Kräuter **Vor dem Abendessen: Bittertropfen oder Bitterspray**	weiterhin gut trinken **Früh:** z. B. 50 g Hafer-Leinsamen-Porridge, dazu 100 g Beeren mit Zimt & Kardamom abgeschmeckt. Eine Handvoll Mandeln oder 25 Gramm Mandelmehl **Mittag:** 300 g gedünstetes Gemüse mit 100 g Quark (Kuhmilch oder Soja) und 1 EL Leinöl **Abend:** Gemüse-Kartoffel-Suppe oder Feldsalat mit Chamignons & Räuchertofu
Unterstützende Maßnahmen	• Ballaststoffreich, salzarm, langsam essen, gut kauen, Sättigung beachten • **Leberwickel durchführen** • nur leichte Bewegung, Ruhephasen einbauen	• Ballaststoffreich, salzarm, langsam essen, gut kauen, Sättigung beachten • ggf. milchsauervergorenen Sauerkrautsaft (250 ml) • **Leberwickel durchführen** • Bewegung intensivieren
Fastenprozesse	• Ballststoffreiche, salzarme, zuckerfreie Ernährung ist gut für den Aufbau des Mikrobioms. • Der Stoffwechsel stellt sich wieder um. Ketonkörperproduktion wird zurückgefahren. • Der Geschmacksinn ist geschärft.	• Der Körper lagert wieder etwas Wasser an und das Gewicht kann 0,5 bis 1 kg steigen. • Die Sensibilisierung der Geschmacksnerven durch das Fasten macht frühere Gewohnheiten leicht veränderbar. • Neue Erfahrung stärkt Selbstbewusstsein, bringt mentale Stärke und achtsameren Umgang mit sich

Gemüsebrühe: Für ca. 4 Portionen, 1,5 kg Bio-Gemüse (z. B. Karotten, Kürbis, Poree, Sellerie etc.) auf 1,5 Liter Wasser mit 1 TL Salz und Gewürzen wie Lorbeerblättern & Wacholderbeeren ca. 90 min kochen lassen. Gemüse absieben.

Auch das Intervallfasten fußt auf unseren biologischen Wurzeln, der Verzicht auf Essen war Teil des Lebens. Frühere Generationen kannten keine Kühlschränke, um das Essen frisch zu halten. Die Rund-um-die-Uhr-Versorgung durch Supermärkte, Fast Food oder Pizza-Lieferdienste ist erst wenige Jahrzehnte alt. Die endgültige Aufgabe des natürlichen Intervallfastens durch andauerndes Snacken zwischendurch ist ein Phänomen des 21. Jahrhunderts. Noch in den 1970er-Jahren aß der US-Amerikaner drei Mahlzeiten am Tag, ohne Zwischenmahlzeiten. Bei unseren Großeltern hieß es, wenn man am Nachmittag etwas Süßes essen wollte: »Verdirb dir nicht den Appetit für das Abendessen.«

Auch wenn sich unsere Ernährung komplett verändert hat: Die Biologie unseres Körpers ist noch die alte. Mit Heil- und Intervallfasten passen wir unseren Ernährungsrhythmus wieder unserer Biologie an. Selbst wenn Sie persönlich noch nie gefastet haben: Ihre Gene und Ihre Zellen kennen es, und Ihr Körper ist auf das Fasten bestens vorbereitet. Der Wechsel von Fasten und Essen entspricht letztlich unserer Werkseinstellung.

Fasten bedarf allerdings zu Beginn einer gewissen Disziplin. Das wirkt zunächst unsympathisch, klingt nach Zwang. Aber Sie können davon ausgehen, dass Sie schon nach kurzer Zeit spürbar viel zurückbekommen. Mehr Vitalität, eine bessere Stimmung, Krankheiten werden gelindert, verschwinden oder verursachen zumindest weniger Beschwerden.

Ich habe das Fasten in meiner Zeit als Assistenzarzt am damaligen Krankenhaus Moabit in der Abteilung für Naturheilkunde kennengelernt. Dort war die Tradition des Fastens sehr lebendig, zahlreiche Professoren hatten es in Dresden und Berlin selbst praktiziert, aber mit dem Vormarsch der modernen Pharmakologie war es ins Abseits geraten. Es schien antiquiert zu sein. Diäten wurden der große Renner – wenn jemand überhaupt Interesse hatte, sich der Fresswelle entgegenzustellen. Das Fasten geriet so in Vergessenheit, vor allem auch dessen Bedeutung, dass es nämlich mehr ist als bloßer Gewichtsverlust. Erst in jüngster Vergangenheit bekam es wieder mehr Zuspruch.

Grundsätzlich unterscheiden wir drei Möglichkeiten: das mehrtägige Heilfasten, die erst vor einigen Jahren entwickelte mehrtägige Fasting-Mimicking-Diät (Scheinfasten) und das Intervallfasten (siehe S. 363 ff.).

Das Heilfasten

Die klassischen Formen des Heilfastens sind die Methoden nach Franz Xaver Mayr, Otto Buchinger und das Schleimfasten. Das Prinzip ist bei allen gleich:

Man nimmt sehr geringe Mengen an Kalorien zu sich, trinkt ausreichend und gestaltet die Fastentage entspannt und mit etwas Bewegung.

Die Fastenspeisen nach Mayr sind Gemüsebrühen und Suppen, altbackenes Brot oder Getreidecracker, bei Buchinger sind es kleine Mengen an Säften und Gemüsebrühe, beim Schleimfasten Getreideschleime und Porridge. Die tägliche Kalorienmenge liegt zwischen 200 und 400, maximal 500 Kilokalorien.

Diese Methoden basieren auf praktisch-ärztlichem Denken. Mayr legte Wert auf das Kauen, um bewusstes Essen wieder zu erlernen, und auf die Gesundung des Darms. Buchinger propagierte den Verzicht fester Speisen, um Abstand von der Überernährung zu bekommen. Beim Schleimfasten liegt das Augenmerk auf der Magen- und Darmschonung, Getreideschleime sind grundsätzlich in der Naturheilkunde ein Heilmittel gegen Magenentzündungen und Darmreizungen.

In den USA hat sich daneben das reine Wasser- und Teefasten etabliert, also ein Null-Kalorien-Fasten. Mayr setzte es auch häufiger zu Beginn des Fastens für wenige Tage ein. Dieses Vorgehen ist jedoch mit Nachteilen verbunden, denn unser Organismus holt sich dann die Energie nicht nur aus dem Fettabbau, sondern er greift zudem auf das Körperprotein zurück, um daraus zusätzlich Zucker herzustellen. Das jedoch schwächt die Muskeln. Daher sind kleine Fastenspeisen besser, als nur pures Wasser und Tee zu trinken.

Patientengeschichte – Neustart mit Heilfasten

Die 54 Jahre alte Susanne K. kam wegen zunehmender Stoffwechselprobleme in meine Sprechstunde. Bis Anfang 30 war die Lehrerin schlank gewesen, nach der Geburt ihrer zwei Kinder nahm sie an Gewicht zu, aber es störte sie zunächst nicht weiter, sie konnte ihr Gewicht bei 70 Kilogramm stabilisieren. In den Wechseljahren jedoch nahm sie stärker zu, obwohl sich an ihren Essgewohnheiten nichts geändert hatte. Sie probierte verschiedene Diäten aus, unter anderem Low Carb, Basenfasten und vegane Ernährung. Es kam jeweils zu schnellen Gewichtsverlusten, aber die Effekte waren nicht nachhaltig, schnell waren die Pfunde wieder drauf. Aktuell wog sie 96 Kilogramm, was sie sehr unglücklich machte, sie fühlte sich unförmig und unwohl. Sport wurde aufgrund des Gewichts immer beschwerlicher. Beim letzten Hausarztbesuch fielen Bluthochdruck und ein beginnender Diabetes Typ 2 auf. Sie bekam Metformin und einen Blutdrucksenker verordnet.

Ihre Ernährung war eher »bürgerlich«, sie aß aber unregelmäßig. Oft versuchte sie, bewusst weniger zu essen, dann holte sie wieder der Heißhunger ein. Mittags in der Schule verzehrte sie oft Käsebrote, außerdem trank sie regelmäßig Smoothies und Apfelschorle sowie mehrmals pro Woche abends ein bis zwei Gläser Wein. Süßigkeiten waren ein Problem, vor allem nachmittags.

Wir verabschiedeten alle Diäten – und sie wagte als Neustart bei mir in der Klinik eine Heilfastentherapie. Ich machte sie darauf aufmerksam, dass das Wichtigste beim Fasten nicht die schnelle Gewichtsabnahme sei, sondern das Durchbrechen der Ernährungsgewohnheiten. Nach dem Fasten schaffte sie es, zu vier Fünftel eine vegetarische Vollwertnahrung in ihren Alltag zu integrieren. Sie schaute nicht mehr auf ihr Gewicht, sondern konzentrierte sich darauf, sich gesund ernähren.

Wir sahen uns ein Jahr später wieder. Sie hatte während des stationären Aufenthalts schon drei Kilogramm abgenommen. Jetzt waren elf weitere Kilos runter, ihr Gewicht lag nun bei 82 Kilogramm. Das Medikament gegen Diabetes konnte halbiert werden, der Blutdruck war ohne Medikamente normal. Am meisten aber freute sie sich, dass sie wieder mit Genuss essen konnte und sich die Beschwerden der Wechseljahre gebessert hatten. Ihr Ziel bestand nun darin, auf 75 Kilogramm zu kommen.

Das Scheinfasten – Fasting-Mimicking-Diät

Beim Scheinfasten, das Valter Longo als Ergebnis langjähriger Forschungsarbeiten entwickelte, sind etwa 500 bis 800 Kilokalorien täglich vorgesehen. Der Unterschied zu einer sonstigen Diät besteht darin, dass eine rein vegane Kost, die zudem zuckerarm und ballaststoffreich ist, immer noch den Stoffwechsel des Fastens weitgehend aufrechterhält. Longo wollte die Kalorienobergrenze bewusst ausreizen, weil er davon ausgeht, dass es den Menschen dann leichter fällt, das Fasten durchzuhalten.

Ich lernte Longo bei einer Fastentagung 2013 kennen und versuchte, ihn vom klassischen europäischen Fasten zu überzeugen. Er meinte lapidar, dass nur »crazy Germans« fünf Tage oder mehr fast nichts essen würden, in den USA sei das schwer vorstellbar. Es ist also nicht nur eine wissenschaftliche, sondern auch eine kulturelle Frage, wie man fastet. Weder am Immanuel Krankenaus noch an den spezialisierten Fastenkliniken in Deutschland, Österreich, Spanien oder der Schweiz wird die Erfahrung gemacht, dass es den Menschen ungemein schwerfällt, das Heilfasten durchzuhalten. Ich erkenne aber einen Vorteil für das Scheinfasten, wenn man es selbstständig zu Hause praktiziert, ohne Urlaub. Dann fällt den meisten Menschen das Scheinfasten tatsächlich leichter.

Auf das Intervallfasten gehe ich später ein (siehe S. 363 ff.), die folgenden Ausführungen beziehen sich auf das Heil- und Scheinfasten:

Welches Fasten für wen?

Bei meinen Visiten und Sprechstunden steht für mich stets die medizinische Indikation im Vordergrund. Es kommt darauf an, die beste Wirkung und die beste Verträglichkeit zu erreichen. Danach empfehle ich die Methode, die am besten umzusetzen ist, mit dem Hinweis, ruhig verschiedene Verfahren auszuprobieren. Wir wissen heute, dass die etablierten Formen des Fastens ziemlich ähnlich wirken. Das Scheinfasten lässt sich gut im Alltag umsetzen, ein Mayr- oder Lanserhof-Fasten in der Klinik ist bei Darmerkrankungen, Verdauungsstörungen und Erschöpfungszuständen hervorragend, das Buchinger-Fasten wirkt bei rheumatischen Erkrankungen und Bluthochdruck sehr zuverlässig.

Braucht es die Darmreinigung?

Bei den meisten traditionellen Fastenmethoden gehört eine gute Darmreinigung dazu. Es erfolgt durch die Einnahme von Abführsalzen wie Glauber- oder Bittersalz. Oftmals werden auch während des Fastens Einläufe und Klistiere empfohlen. Sicherlich hat diese Reinigung gewisse Vorteile, der Hunger soll sich damit reduzieren. Die wissenschaftliche Überprüfung des Scheinfastens hat jedoch deutlich gemacht, dass die Darmreinigung nicht zwingend notwendig ist, Longo zum Beispiel verzichtet darauf.

Manche Menschen sind beeindruckt, dass selbst nach vielen Tagen des Fastens noch Stuhlgang vorhanden ist, sie glauben, dass Darm und Körper entschlacken und dafür der Darm gespült werden sollte. Es sind aber keine Schlacken. Durch das Abschilfern der alten Darmschleimhautzellen, die Fastenspeisen und die Säfte aus Galle und Bauchspeicheldrüse gibt es Stuhlgang, auch wenn man fast nichts mehr isst. Ich stelle meinen Patienten inzwischen frei, das Fasten mit oder ohne Darmreinigung durchzuführen – und empfehle, beides auszuprobieren. Es gehört zur Optimierung der Therapie, herauszufinden, was persönlich am besten passt.

Wie oft oder lange soll man fasten?

Valter Longo war der Erste, der zur Optimierung der Ergebnisse eine kürzere Fastendauer und dafür mehr Wiederholung empfahl. Kein Wissenschaftler hat bisher verglichen, ob ein einmaliges Fasten über 20 Tage im Jahr oder viermal fünf Tage besser sind. Ich denke, dass kürzere Intervalle eher zu unserem heutigen Leben passen. Wer gesund ist, dem empfehle ich als Start in die Fastenwelt eine fünftägige Fastenkur. Wer Heilfasten im therapeutischen Sinne betreibt, erzielt etwas bessere Wirkungen bei sieben oder zehn Tagen. Stark übergewichtige Menschen, die viele Fettreserven haben, können natürlich auch drei oder vier Wochen fasten. Ein fülliger Mensch mit viel »Hüftgold« kann durchaus vier Wochen durchhalten. Ein eher dünner Mensch – ich zähle selber dazu und kenne dieses Problem – wird sich schwertun, länger als zehn Tage zu fasten, denn dann werden die Reserven knapp. Und dies bedeutet Stress für den Körper. Man sollte auch nicht beim ersten Fastenversuch die endgültige Einschätzung vornehmen, welche Dauer für einen persönlich das meiste bringt. Beim Fasten ist es wie beim Sport: Je öfter wir es praktizieren, desto leichter fällt es uns. Es ist eine Art Fastentraining, der Körper gewöhnt sich daran, selbst wenn die Verläufe immer wieder variieren können. Insgesamt empfehle ich Fastenphasen von fünf bis sieben Tagen, am besten zwei- bis viermal im Jahr.

Wie Fasten nachhaltig wird

So schön die Fastenzeit sein kann, so stolz wir nach einer Woche Heilfasten sind, so entscheidend ist für unsere Gesundheit, was danach geschieht. Das Fastenbrechen ist wichtig, wir können in diesen Tagen die Software unseres Ernährungsverhaltens neu schreiben. Das fällt leichter als man denkt, denn nach dem Fasten schmeckt Süßes, Salziges oder Fettes zunächst einmal nicht mehr so gut und so intensiv. Wir fühlen uns bei einem Schokocroissant geschmacklich überfordert. Es ist also das entscheidende Zeitfenster für eine Ernährungsumstellung. Das konnte ich schon 2005 in einer Studie aufzeigen. Dafür verglich ich bei etwa 2000 Patienten, die in der Klinik stationär behandelt worden waren, wie sich die Essgewohnheiten nach dem Aufenthalt verändert hatten. Bei den knapp 1000 Patienten, die gefastet hatten, hatte sich die Ernährung gegenüber der anderen Gruppe, die nicht gefastet hatte, eindeutig verbessert, selbst sechs Monate nach der Anwendung. Ob das Fasten über Jahre betrachtet zu mehr Gesundheit führt, ist nicht belegt. Leider finden entsprechende Langzeitstudien bisher keine Geldgeber. Fasten ist kein teures Medikament, das die Industrie patentgeschützt verkaufen kann – deshalb ist aus der Wirtschaft keine finanzielle Unterstützung für Studien zu erwarten.

Fasten als Medizin

Ohne Übertreibung kann man vom Segen des Fastens sprechen. Fasten wirkt in seiner Breite beeindruckend, ich setze es bei Erkrankungen wie Rheuma, Darmerkrankungen, Schmerzsyndromen, Bluthochdruck, Diabetes Typ 2, neurologisch-chronischen Erkrankungen, Erschöpfungssyndromen und leichter Depression ein. Bei über 80 Prozent unserer Patienten ist Fasten ein Teil des Behandlungskonzepts. Inzwischen setzen wir es aber nicht nur bei unseren jährlich 1500 Patienten in der Klinik ein, sondern auch ambulant. Hierfür habe ich zusammen mit meinem Team Online-Kurse, Ratgeber und Apps entwickelt. Das Fasten ist damit ein Basiselement meiner Empfehlungen für ein gesundes Leben.

Der Grund seiner breiten Wirkung liegt darin, dass der Körper in ein komplett anderes Stoffwechselprogramm umschaltet. Der »Metabolic Switch«, wie es die US-amerikanischen Forscher nennen, bedeutet, dass ein ganzes Orchester von Hormonen, Botenstoffen und Signalmolekülen die Arbeit umstellt. Frank Madeo, Professor für Molekulare Biowissenschaften in Graz und einer der führenden Fastenforscher, beschreibt, wie kraftvoll er wirkt: »Kein Ereignis verändert das Feingefüge des Stoffwechsels so außerordentlich wie Fasten, nicht einmal eine Schwangerschaft oder die schwerste Herzoperation.«

Es sind sieben essenzielle Mechanismen des Fastens, die die Heilwirkung erzeugen

1 Autophagie – Entschlackung in neuem Gewand

Fastenstunden und -tage sind für den Körper Phasen, in denen er sich stärker der Reparatur von Genen, Proteinen und Mitochondrien widmen kann. Besonders faszinierend unter diesen molekularen Mechanismen ist die Autophagie, ein Selbstheilungsvorgang, der durch nichts so stark angeregt wird wie durch das Fasten. Sind im Körper die Glykogenvorräte aufgebraucht und die Signalmoleküle mTOR, Insulin, IGF-1 und AMPK runter- beziehungsweise raufreguliert, beginnen die Zellen, die Autophagie massiv anzukurbeln. Sie haben nun viel Zeit dafür, sind nicht mit Prozessen der Verdauung und des Stoffwechsels beschäftigt. Jetzt werden alte oder beschädigte Zellbestandteile und Proteine abgeräumt und ersetzt. Das altgriechische Wort autóphagos bedeutet frei übersetzt »sich selbst verzehrend«, »selbstfressend«. Das benennt ziemlich gut, worum es geht: Besonders durch unsere Art der Ernährung sammelt sich in sämtlichen Zellen eine Art »Mikroschrott«. Dieser setzt sich aus deformierten und geschädigten Eiweißen und Zellbestandteilen zusammen. Mit dem Alter steigt diese Last. Kommt keine neue Nahrungsenergie mehr an, versucht die Zelle das vorhandene Material wiederzuverwenden. Für dieses Recycling ummantelt sie die defekten Eiweißteile oder Mitochondrien mit einer Doppelmembran, das Gebilde wächst zu einem Autophagosom heran und verbindet sich mit Verdauungsenzymen der Zelle. Die alten Eiweißteile und Zellbestandteile werden chemisch klein gehackt und können danach zum Aufbau neuer Proteine und Zellorganellen verwendet werden. Die Autophagie eliminiert auch ungebetene Eindringlinge in die Zelle, etwa Bakterien und Viren. Inzwischen weiß man, dass für Alterungsprozesse und Erkrankungen wie Demenz oder Herzschwäche eine gebremste Autophagie eine Rolle spielt. Der Prozess der Zellreinigung ist elementar wichtig, um Infektionen zu bekämpfen und Alterungsprozesse aufzuhalten.

2 Fettabbau und Erholung von Rezeptoren

Fasten gewährleistet, dass sich besonders die Fettanlagerungen im Bauchraum und um die inneren Organe abbauen. Das sogenannte Viszeralfett fördert Diabetes Typ 2, Bluthochdruck und Herzkrankheiten und spielt bei der Fettleber eine ungünstige Rolle (siehe S. 111 ff.). Nach dem Fasten ist das Fett um die inneren Organe und am Bauch deutlich abgebaut und die in diesen Geweben produzierten entzündlichen Stoffe fluten den Körper fortan in sehr viel niedrigerer Konzentration. Das Fasten führt zudem zur Erholung verschiedener Hormon- und Steuerungssysteme, die im Körper mit der Verdauung und Verarbeitung unserer Nahrung zu tun haben. Durch regelmäßiges und zu üppiges Essen werden diese übersteuert, überfordert und »resistent«. Fasten fungiert also wie eine Art Resettaste für diese Systeme.

3 Ketonkörper – die Spezialernährung für das Gehirn
Unser Körper funktioniert wie ein Hybridmotor. Der langfristige Energie-Akku ist das Fett. Glykogen ist der Speicher für die kurzfristig benötigten Kohlenhydrate, der sekundenschnell Zucker in die Blutbahn abgeben kann. Beim Fasten entstehen nach zwölf bis 16 Stunden Ketone als Ersatzbrennstoff für Zucker. Bis dahin versorgen die Glykogenspeicher den Körper mit Zucker. Wenn er leer ist, beginnt der Fettabbau, die Fettzellen setzen Fettsäuren frei, und aus diesen baut die Leber den Ersatzbrennstoff, eben die Ketone ß-Hydroxybutyrat und Acetoacetat. Das abgebaute Acetoacetat, das Aceton, bewirkt den typischen säuerlichen Atem beim Fasten. Er zeigt, dass es funktioniert.

Das Gehirn benötigt beim Fasten einen eigenen Energielieferanten, denn die freigesetzten Fettsäuren kann es nicht nutzen. Es scheint, dass bei Erkrankungen der Nervenzellen die Ketonkörper ein besonders günstiger Energielieferant sind. Damit wird die vielversprechende Wirkung des Fastens auf Erkrankungen wie beginnende Demenz, Multiple Sklerose oder Parkinson erklärt.

Das Glykogen in der Leber wird übrigens schneller verbraucht und der Wechsel von Zucker auf Ketone früher erreicht, wenn wir gleichzeitig Sport treiben. Man kann die Produktion der Ketonkörper also boostern, indem man sich beim Fasten reichlich bewegt. Sport verbessert zudem die Autophagie, die Stoffwechseleffekte und die Hormesis. Es ist daher wichtig, sich nicht nur auszuruhen. Sie sollten auch keine Bestleistungen aufstellen, aber tägliche Bewegung ist wichtig. Sie verhindert auch, dass sich zu viel Muskelmasse abbaut.

Die Ketone sind zusammen mit anderen Botenstoffen, die während des Fastens vermehrt im Gehirn produziert werden, für die Stimmungsverbesserung zuständig – gelegentlich bis zur »Fasteneuphorie« oder dem »Fasten-High«. Solange also Fettreserven vorhanden sind, führt das Fasten zu keinem Energiemangel. Beim Scheinfasten enthalten die Fastenspeisen meist viel Fett und Protein, ähneln somit der ketogenen Ernährung (siehe S. 116 ff.). Damit soll sichergestellt werden, dass die Produktion von Ketonkörpern nicht durch Kohlenhydrate gestört wird. Sehr wahrscheinlich ist aber beim Fasten der absolute Kalorienverzicht viel wichtiger, denn Formen des Scheinfastens mit mehr Kohlenhydraten funktionieren nach unserer klinischen Erfahrung genauso gut wie die fettreicheren.

4 Die Wirkung auf das Mikrobiom

Fasten kann ein gestörtes Mikrobiom wieder in Balance bringen, es neu und gesünder ausrichten. Die Erklärung ist einfach: Das Mikrobiom ist vor allem ein Resultat dessen, was wir essen. Fasten wir, durchbrechen wir die durch falsche oder einseitige Ernährung entstandene Fehlbesiedlung des Darms. Deshalb ist die Ernährung nach dem Fasten, der Neuaufbau des Mikrobioms, so ungemein wichtig. Fermentierte Nahrungsmittel und Ballaststoffe sollten hier im Vordergrund stehen, tierische Produkte weitgehend außen vor bleiben. Und Sie werden sehen, wie sich vieles nach dem Fasten besser anfühlt: das Bauchgefühl, die Haut, die körperliche Kraft.

5 Der Anti-Entzündungs-Effekt

Entzündungen sind an den meisten chronischen Erkrankungen beteiligt. Dies ist auch bei Arteriosklerose der Fall, einer entzündlichen Gefäßverkalkung, die zu Herzinfarkten und Schlaganfällen führen kann. Vor Jahren entdeckte die Wissenschaft, dass Gefäße nicht ausschließlich durch Verkalkungen oder Ablagerungen verengt werden, sondern dabei vielmehr eine dauerhafte Gefäßentzündung zugrunde liegt. Auch bei Arthrosen weiß man heute, dass es weniger rein mechanische Abnutzungen der Gelenke sind, die schmerzhaft werden, sondern die Gelenke chronisch entzündet sind. Viele weitere Erkrankungen werden ebenfalls durch Entzündungen hervorgerufen, insbesondere im Darm. Entzündungsreaktionen im Körper verstärken sich durch das Zusammenspiel zweier Faktoren: zum einen durch eine ungünstige Zusammensetzung unseres Mikrobioms als Folge schlechter Ernährung und zu viel Stress, zum anderen durch das zunehmende Lebensalter, da das Immunsystem nicht mehr so zielgenau arbeitet wie in jungen Jahren. In der Wissenschaft spricht man von dem bereits erwähnten »Inflammaging«, dem Zusammenspiel von Entzündung und Zellalterung. Fasten hemmt auf verschiedenen Ebenen Entzündungen: zellulär über antientzündliche Signalwege, über Verschiebungen von bei chronischen Entzündungen besonders relevanten weißen Blutzellen, den Lymphozyten und Monozyten, und über die Autophagie. In der Praxis sehen wir die Effekte am deutlichsten und schnellsten bei Erkrankungen wie der rheumatoiden Arthritis, bei Morbus Bechterew und der Schuppenflechte (Psoriasis).

6 Hormesis – Die Bildung neuer Mitochondrien

Fasten stimuliert die Selbstheilungskraft, so forciert es die Bildung neuer Stammzellen und Mitochondrien. Das haben zahlreiche Experimente von Grundlagenforschern wie Valter Longo, Mark Mattson und Luigi Fontana gezeigt. Es kommt also zu einer tatsächlichen Zellverjüngung. Da die Mitochondrien und deren Abnutzung mit unserem Alter in Verbindung stehen, ist die Neubildung der Mitochondrien, die Mitohormesis, ein entscheidender »verjüngender« Faktor beim Fasten. Die fastenbedingte Hormesis bewirkt in experimentellen Studien zudem eine bessere Resilienz gegen Stressoren wie Lärm oder die schädliche Wirkung von UV-Strahlen.

7 Der Neustart-Effekt

Für die meisten Menschen, die wiederholt fasten, ist die seelische und psychische Wirkung eine ganz elementare Erfahrung. Der Verzicht löst die Abhängigkeit vom Konsum, und diese Askese zeigt uns andere Wege auf, Glück und Zufriedenheit zu empfinden. Auch biochemisch sind diese Stimmungszustände zu erklären. Zwar sind die ersten ein bis zwei Tage häufig anspruchsvoll und etwas mühsam, weil Kopf- und Rückenschmerzen und starke Hungergefühle uns belasten können. Mit längerer Fastendauer wird die Stimmung jedoch immer besser. Im Gehirn werden vermehrt Serotonin und Dopamin, also Glücks- und Belohnungshormone ausgeschüttet. In der Evolution ergibt das Sinn, da sich so die Chancen erhöhen, erfolgreich auf Essenssuche zu gehen. Aufgrund der schnellen und guten Wirkung auf körperliche Beschwerden wird das psychische Wohlbefinden unterstützt. Jeder, der erfolgreich fastet, hat sich bewiesen, wie »selbstwirksam« er ist, und kann zu Recht stolz darauf sein. Diese Selbstwirksamkeit macht es leichter, danach erfolgreich seine Ernährung zu verändern oder sportliche Bewegung durchzuhalten.

In mehreren Studien konnten mein Team und ich nachweisen, dass das Heilfasten auch eine antidepressive Wirkung hat und das psychische Wohlbefinden signifikant verbessert. Idealerweise verbindet man das Fasten mit einem reduzierten digitalen Konsum, also mit einer Zeit, in der wir bewusst weitgehend auf Smartphone, Tablet, PC und Fernseher verzichten. Natürlich erleichtern die digitalen Geräte vieles in unserem Leben. Aber Studien belegen, dass intensiver digitaler Konsum und Social-Media-Nutzung Stress erzeugen und schon bei Jugendlichen das Risiko für Depressionen erhöhen – mit der Folge von Konzentrations- und Schlafstörungen. Ich empfehle daher, während des Fastens das Smartphone und andere digitale Geräte so wenig wie möglich zu nutzen.

Reset für die Seele

Je mehr ich das Fasten als hochwirksame Methode zu schätzen lernte, desto klarer wurde mir, dass es neben den zahlreichen körperlichen Wirkungen diese sehr starke mentale, psychische und spirituelle Komponente hat. Wir erfahren im Laufe des Lebens auf unterschiedliche Weise immer wieder den einen oder anderen Mangel: Mangel an Geld, an Erfolg, an Zuwendung, an Liebe. Fasten ist ein zielgerichteter bewusster Verzicht. Ein Verzicht, der unter der eigenen Kontrolle und Steuerung steht. Fasten unterbricht das angelernte Verhalten, Glück vorrangig durch Konsum zu erlangen. Wir bewältigen im Fasten einen existenziellen Hunger auf eine Weise, die uns körperlich und seelisch stärkt. Auch aus diesem Grunde würde ich niemandem ein Fasten empfehlen, wenn das einzige Ziel in der Gewichtsabnahme besteht. Fasten ist viel mehr: Neben den Vorteilen für die Gesundheit ist es auch eine Zeit, um die Schönheit der Natur, der Musik oder der Literatur zu genießen. Fasten ist somit nicht nur für den Körper ein Reset, sondern auch für den Geist und die Seele.

Deshalb ist es eine enorme Ignoranz, dass das Fasten so gut wie gar nicht in der ärztlichen Ausbildung auftaucht, geschweige denn von Krankenkassen bezahlt wird. Das Einsparpotenzial für Medikamente gegen Diabetes, Bluthochdruck, Herzkrankheiten, Depression oder Autoimmunerkrankungen würde meiner Meinung nach in die Milliarden gehen. Glücklicherweise aber verbreitet es sich trotzdem.

Wirkungsweisen des Fastens aus meinem Klinikalltag

Rheuma und Arthrosen

Die Wirkung des Fastens beim Rheuma wurde bereits 1991 von Forschern um den norwegischen Immunologen Jens Kjeldsen-Kragh belegt. Beeindruckend früh besserten sich in der zehntägigen Fastenphase fast alle Symptome des Rheumas deutlich. Die vor dem Fasten dokumentierten Beschwerden wie der Schwellungszustand der Hände, die Entzündungszeichen im Blut und die Schmerzen zeigten alle steil nach unten. Das ist auch die Erfahrung, die wir täglich in unserer Klinik machen, die ein deutschlandweites Rheumazentrum ist. Die Wirksamkeit des Heilfastens bei Rheuma ist ebenso in einer Metaanalyse belegt, in zwei neueren Studien konnten wir die Ergebnisse dieser früheren Untersuchungen weitgehend bestätigen. Wichtig ist mir, zu betonen, dass Fasten Rheuma nicht oder nur sehr selten heilt, es bessert vor allem die Symptome der Krankheit. Oftmals kommen Patienten zu uns, die ihre Medikamente absetzen und stattdessen fasten möchten. Das ist kein kluges Vorgehen. Die neueren Medikamente sind hochwirksam und in vielerlei Hinsicht ein Segen. Ich empfehle beides zu kombinieren: Medikamente und Fasten. Bessern sich die Beschwerden, lässt sich zum Beispiel die Dosis des Cortisons reduzieren.

Gelenkarthrosen sind zu einer Volkskrankheit geworden. Bei ihnen steht weniger die Entzündung (wie bei der rheumatoiden Arthritis) im Vordergrund, sondern eine lebenslange Über- und Fehlbelastung. Trotzdem: Auch die Arthrose hat einen entzündlichen Anteil. Entsprechend leiden viele Patienten unter Schwellungen der Gelenke. Die Fastentherapie zeigt hier eine gute Wirkung. Hinzu kommt, dass Fasten eine Ernährungsumstellung leichter macht, ein damit verbundener Gewichtsverlust entlastet zudem die Gelenke. Somit ist das Fasten als Teil einer vielfältig angelegten Therapie geradezu prädestiniert. Lindern sich die Gelenk- und Muskelbeschwerden, sind die Chancen sehr hoch, die Medikamente reduzieren zu können, zum Beispiel die Dosis der Schmerzmittel.

Diabetes Typ 2

Eine der essenziellen Folgen des Fastens ist das Absinken des Insulinspiegels. Es hat eine sehr wertvolle Wirkung, denn es führt zu einer besseren Effizienz des Insulins nach dem Fasten und damit zu einer Verbesserung und manchmal auch zu einer Heilung von Diabetes Typ 2. Bei Typ-2-Diabetes besteht nämlich meist eine Insulinresistenz, das infolge der Überernährung ausgeschüttete Insulin wirkt nicht mehr so gut an der Zelle, es ist »stumpf« geworden. Durch das Fasten erholen sich die Zellen, das Insulin ist auf einmal wieder stärker wirksam.

Bei den fastenden Patienten unserer Klinik können wir das immer wieder an den notwendigen Insulindosen vor und nach einer Fastenwoche ablesen. Oft sind es vor dem Fasten 80 oder 100 Einheiten Insulin, die täglich gespritzt werden müssen, nach dem Fasten nur noch 20 oder 30 Einheiten. Manche Patienten können Insulin sogar ganz weglassen. Keine medizinische Therapie sonst kann so etwas erreichen. In zwei kleineren Studien konnten wir belegen, dass durch das Fasten der HbA1c-Wert, der die durchschnittliche Blutzuckereinstellung der letzten drei Monate angibt, sowie weitere Risikowerte rasch und gut absinken. In weiteren Untersuchungen mit übergewichtigen Patienten, die unter Diabetes Typ 2 litten, konnten wir weiterhin zeigen, dass sich schon nach einer Woche eines ambulanten Heilfastens die Regulation des Blutzuckers deutlich besserte und der Effekt mehrere Monate lang anhielt. Wichtig für Patienten mit Diabetes Typ 2: Während des Fastens muss mit dem Insulin pausiert oder dieses reduziert werden. Das sollte immer unter ärztlicher Anleitung erfolgen.

Bluthochdruck

Eine beeindruckende medizinische Wirkung des Fastens ist die Absenkung eines zuvor erhöhten Blutdrucks. Meist fällt der Blutdruck während des Fastens um 25 bis 30 Punkte (mmHg) ab, also viel mehr, als es sich mit einem blutdrucksenkenden Medikament erzielen lässt. Sehe ich diesen Effekt als betreuender Arzt, weiß ich, dass die Patienten auch nach dem Fasten mit einer pflanzenbetonten, vollwertigen Ernährung sowie Bewegung eine Menge erreichen und wahrscheinlich auf einige Medikamente verzichten können. Gibt es kaum einen Effekt des Fastens auf den Blutdruck, bleiben die Medikamente unverzichtbar.

Fettleber

Das Fasten reduziert die Fettleber massiv. Der Diabetologe Peter Schwarz vom Paul-Langerhans-Institut in Dresden hat vor wenigen Jahren begonnen, das Heilfasten bei seinen Patienten mit Diabetes Typ 2 und Fettleber als Therapie anzubieten. Als er im Rahmen einer Studie die Fettleber mit einem MRT dokumentieren wollte und dabei feststellte, dass die Fettleber bei einem Patienten fast weg war, vermutete er zunächst ein defektes MRT-Gerät und rief einen Techniker an. Das MRT funktionierte aber, bei der weiteren Befragung gab der Patient an, eine lange Fastenkur hinter sich zu haben.

Das überzeugte Schwarz so sehr, dass er das Fasten an seiner Klinik als Therapiemaßnahme zu etablieren begann. Eine massive Besserung der Fettleber zeigte sich ebenso bei einer von mir gemeinsam mit den Buchinger-Kliniken am Bodensee durchgeführten Beobachtungsstudie an mehr als 700 Patienten. Die Fettleber reduzierte sich bei einem Fasten über durchschnittlich zehn Tage um 50 Prozent.

Das Fasten ist bei der Fettleber ein besonderer Segen, weil gegen sie ansonsten kaum probate Mittel helfen. Auch mit Bewegung erreicht man nur wenig. Patienten mit einer Fettleber laufen möglicherweise 10 000 Schritte am Tag, es wirkt sich für sie aber so aus, als hätten sie nur 2000 Schritte zurückgelegt. Natürlich kann man langfristig mit einer ballaststoffreichen Ernährung die Fettleber wegbekommen, es ist indes nur viel mühsamer. Mit Fasten geht es viel schneller. Nach einem Heilfasten von sieben bis zehn Tagen können wir etwa 150 Gramm Leberfett loswerden. Eine im Ultraschall deutlich erkennbare Fettleber hat etwa 300 bis 350 Gramm. Das bedeutet: Mit zwei bis drei Fastenzyklen lässt sie sich heilen. Fieberhaft hatten Pharmafirmen weltweit versucht, Medikamente gegen eine Fettleber zu entwickeln, bisher jedoch ohne nennenswerten Erfolg. Derzeit ist die Arbeitsgruppe von Professor Peter Schwarz und mir in der Planung zu einer größeren klinischen Studie, die unsere vielversprechenden Beobachtungen unter strikten Bedingungen dokumentieren.

Neurologische Erkrankungen

Die positiven Wirkungen des Fastens auf das Gehirn und die Nervenzellen hat Mark Mattson, einer der weltweit führenden US-amerikanischen Neurowissenschaftler an der Johns Hopkins University in Baltimore, mehrfach nachgewiesen. Fütterte er Mäuse mit einer fett- und zuckerreichen Nahrung, wurden diese nicht nur übermäßig dick, sondern auch dumm. Lern- und Gedächtnisdefizite zeigten sich hier schon bei Jungtieren. Durch Fasten konnten die Tiere wieder gesunden. Eine präventive Wirkung des regelmäßigen Fastens für neurologische Erkrankungen wie Demenz, Multiple Sklerose, Morbus Parkinson, Epilepsie und Schlaganfall konnte er in zahlreichen Laborversuchen dokumentieren. Nahrungsentzug führt zu einer vermehrten Ausschüttung des Nervenzellschutz- und Wachstumsfaktors BDNF. Dieser verhindert nicht nur das Absterben von Gehirnzellen, sondern regt ebenso die Neubildung von Nervenzellen an. Während des Fastens geschehen, wie beschrieben, für das Gehirn weitere günstige Anpassungen des Stoffwechsels, so die vermehrte Bildung von Ketonkörpern. Noch sind Untersuchungen zum Fasten und neurologischen Erkrankungen rar. In zwei ersten Studien konnte meine Arbeitsgruppe zusammen mit Neurologen der Charité belegen, dass Heilfasten zu einer Verbesserung der Lebensqualität führte.

Krebserkrankungen

Eine Sonderrolle kommt dem Fasten im Rahmen einer Krebserkrankung zu. Eine Fülle von Daten aus Tierexperimenten weist auf eine mögliche präventive, aber auch therapeutische Wirkung von Kurzzeitfasten bei Krebserkrankungen hin. Beim Fasten reagieren gesunde Körper- und Krebszellen sehr unterschiedlich. Durch den fastenbedingten Wegfall der Wachstumssignale von Insulin, mTor und IGF-1 und den des Zuckers geraten Krebszellen in Schwierigkeiten. Die normalen Körperzellen hingegen gehen in einen »protektiven« Stoffwechsel über, das heißt, sie fallen beim Fasten in eine Art Winterschlaf, in einen Ruhemodus. Sie ducken sich weg, konzentrieren sich auf lebenserhaltende Maßnahmen wie Selbstreinigung und werden dadurch widerstandsfähiger. Hungern müssen sie aber nicht, denn sie können Ketone und Fettsäuren zur Energiegewinnung nutzen. Das können die entarteten Krebszellen nicht, sie sind auf Autopilot und teilen sich weiter.

Valter Longo hatte aus diesen Unterschieden die Hypothese abgeleitet, dass Fasten während einer Chemotherapie der Krebszelle schaden und den gesunden Körperzellen helfen könnte. Aufgrund der Daten aus Tierstudien haben wir und weitere Forschergruppen in den USA, Holland und Italien den Einsatz eines Fastens begleitend zur Chemotherapie erstmals untersucht. In einer ersten Pilotstudie konnten wir signifikant günstige Wirkungen eines 60- bis

72-stündigen Fastens bei Krebspatienten unter Chemotherapie auf die Fatigue (große Müdigkeit) sowie auf die Lebensqualität im Vergleich zu einer Normalkost feststellen. Analoge Ergebnisse fanden andere Arbeitsgruppen. Aktuell haben wir eine größere Studie mit 100 Patientinnen mit Brustkrebs beendet. Es bestätigte sich erneut, dass Fasten im Vergleich zu einer normal essenden Kontrollgruppe die Chemotherapie besser überstehen lässt, sich die Lebensqualität erhöht und die Fatigue bessert.

Dennoch rate ich beim Fasten unter Chemotherapie momentan noch zu einer gewissen Zurückhaltung. Kritische Onkologen haben durchaus recht, wenn sie einwenden, dass es zu früh sei, das Fasten während einer Chemotherapie allgemein zu empfehlen. Es ist sehr wichtig, alle Voraussetzungen zu prüfen, das Gewicht engmaschig zu kontrollieren und das Fasten sehr genau zu begleiten. Wir hoffen, dass wir in einem Jahr genauer sagen können, wem das Fasten während der Chemotherapie besonders gut hilft und für wen es eher ungeeignet ist.

Ob das Fasten auch den Krebs bekämpfen kann, lässt sich derzeit nur in Tierexperimenten zeigen. Klinische Studien müssen folgen. Den Krebs auszuhungern, ist ein Idee, die leider so einfach nicht funktioniert. Denn eine zu starke Gewichtsabnahme könnte zum Beispiel auch die Abwehr des Körpers schwächen. Möglicherweise kann eine Kombination aus gesunder Ernährung und periodischem Fasten oder Intervallfasten die Therapie bei Krebs gut unterstützen. Inzwischen ist zunehmend belegt, dass durch Fasten zum Beispiel Brust- und Darmkrebs seltener auftreten und seltener nach einer erfolgten Therapie wiederkommen. Meine derzeitige Empfehlung lautet bei Krebserkrankungen: eine profunde Ernährungsberatung einzuholen. Leider gibt es immer noch zu viele Onkologen, die ihren Patienten als einzige Empfehlung mitgeben: »Essen Sie, was Sie wollen.«

Haut

Die Haut reagiert bei fast allen Fastenden. Meist zeigt sich erst eine unruhige Haut, die nach mehreren Tagen aber immer reiner und weicher wird. Erkrankungen wie Neurodermitis, Psoriasis und chronische Ekzeme bessern sich nicht immer, aber häufig. Grundsätzlich macht Fasten »schöner«, nicht unbedingt während man fastet, aber wenn man es beendet hat. Die meisten Patienten unserer Klinik erscheinen verständlicherweise aufgrund ihrer starken Beschwerden mit einem sehr angespannten Gesicht zur Aufnahme. Dazu kommen oft Wassereinlagerungen, Augenringe, unruhige oder aufgedunsene Haut, Ekzeme – eine Folge von schlechter und zu viel Nahrung, bei manchen von Medikamenten, Alkohol, Stress und zu wenig frischer Luft. »Mein Partner sagt, ich hätte wieder meine jugendliche Freude und Entspanntheit im Gesicht« – solche Äußerungen höre ich oft bei Folgeterminen. Übrigens nützt Fasten nicht nur dem Gesicht, sondern ebenso den Schleimhäuten. Die Darmschleimhaut regeneriert sich, selbst das Zahnfleisch profitiert. Gemeinsam mit der Zahnklinik der Charité konnten wir zeigen, dass sich durch Fasten der Zustand des Zahnfleisches bei Parodontose verbessert.

Kann man sich schön essen?

Ein bisschen was geht, würde man umgangssprachlich sagen. Die Faltenbildung im Alter, die Farbe und Frische des Teints und die Vitalität und Pigmentierung der Haut – all diese Faktoren lassen sich mit Ernährung günstig beeinflussen. Schönheit ist natürlich subjektiv, aber Menschen mit einer rosigen Gesichtsfarbe gelten allgemein als attraktiver. Die Hautfarbe gesünder aussehen zu lassen, lässt sich einfach und zügig erzielen. Je mehr Carotin sich in der Haut abgelagert hat, desto ästhetischer wirkt der Teint. Bei Babys kennen wir das Phänomen: Wird reichlich Möhrenbrei gefüttert, wird die Haut schön karottenrot. Bei Erwachsenen sorgen drei bis vier Portionen Gemüse mit reichlich Beta-Carotin (Möhren, Tomaten oder Süßkartoffeln) schon nach vier bis sechs Wochen für eine rötlich-gelbe Färbung der Haut – der erste Schritt zu einem anziehenden Aussehen.

Hinzu kommt, dass Möhren bereits in niedriger Dosierung tatsächlich Alterungsprozesse abbremsen. Mein Schönheitstipp Nummer eins lautet deshalb: täglich eine Portion Möhren, sei es als Möhrensalat oder Möhrengemüse. Eine Studie kam zu dem Ergebnis, dass es für die Wahrnehmung von Frische und Gesundheit mehr bringt, neun Portionen Gemüse und Obst täglich zu essen als drei. Wer schön sein will, muss leiden, mag mancher nun denken. Aber auch wenn neun Portionen zunächst nach großer Anstrengung klingen, dürfen Sie nicht vergessen, dass jeweils kleine Mengen ausreichen. Und der Tag ist lang ...

Die Hautalterung selbst entsteht durch den oxidativen Stress von UV-Licht und Sauerstoff, durch Gewebsentzündung sowie der Abnahme des Kollagengehalts und der Mikrodurchblutung. Haut- und Hauptgegner eines attraktiven Teints sind natürlich Rauchen und Alkohol.

Der Verzehr von grünem und gelbem Gemüse ist wiederum mit einer geringeren Ausprägung der Lidfalten (»Krähenfüße«) verbunden. Diese Form der Hautalterung wird vor allem durch polyphenolreiches Obst (Beeren!) und Gemüse abgebremst. Einen ähnlichen Effekt haben Milchsäurebakterien (Laktobazillen) im Joghurt. Für eine Studie erfassten Forscher bei Menschen im australischen Melbourne und in Schweden den Grad der Alterung mit einer Mikrotopografie der Haut, also einer feinen Messung kleinster Erhebungen der Oberfläche, und gleichzeitig die Ernährungsgewohnheiten der Probanden. Das Ergebnis: Die Sonnenbestrahlung war der stärkste Alterungsfaktor, die Schweden waren hier klar im Vorteil. Bei den Nahrungsmitteln fanden sich Schutzwirkungen, wenn mehr Olivenöl, Gemüse, Hülsenfrüchte, Obst (Äpfel und Birnen), Tee und weniger Butter, Milchprodukte, Fleisch gegessen wurde. Auch der Verzehr von Nüssen und Mandeln schwächt die Faltenbildung, vor allem die »Krähenfüße« ab. In einer klinischen Studie reduzierte der Verzehr von täglich 55 Gramm Nüssen schon nach vier Monaten die Tiefe der Faltenbildung, die standardisiert über Computeranalysen von Gesichtsfotografien erfasst wurde. Nun sind 60 Gramm Nüsse eine ordentliche Menge. Vielleicht reichen ja auch schon weniger ...

Grüner Tee überzeugte in Studien ebenfalls, wenn die Haut mit UV-Licht gereizt wird. Die Wissenschaftler sahen den hohen Gehalt an Polyphenolen dafür verantwortlich. Schließlich erhöht auch Spinat den Kollagengehalt der Haut, er führt zum Rückgang von Gesichtsfältchen. Und dann gibt es noch die legendäre Gurkenmaske. Gurken bestehen zu über 95 Prozent aus Wasser, sie sind also ein Feuchtigkeitslieferant. Legen wir das Gemüse auf das Gesicht und vor allem die Augenpartie, fühlen wir uns frischer und die Haut sieht lebendiger aus – aber nur für einen kurzen Moment. Man könnte mutmaßen, dass das Fisetin (siehe S. 275), das auch in Gurken enthalten ist, die Hautalterung bremst. Aber das scheint mir aufgrund der geringen Dosis bei einer äußeren Anwendung sehr unwahrscheinlich zu sein.

Und auch das Fasten schenkt uns Schönheit: Während des Heilfastens sieht man etwas faltiger und blasser aus, denn Fasten entwässert. Aber danach schwärmen die Fastenden (und ihre Angehörigen und Freunde) meist von schönerer, frischerer und jüngerer Haut. Es scheint, dass Fasten ein Konkurrent der ästhetischen Dermatologie ist.

Wir können uns also (etwas) schöner essen. Medizinisch ist das nicht wichtig, aber ich denke, es ist ein guter Motivationsverstärker, um gerade in jüngeren Jahren einen Anreiz für gesunde Ernährung und Fasten zu setzen. Dann bleibt man auch in späteren Lebensjahren gesünder, beschwerde- und schmerzfreier – das Wichtigste, um frisch und entspannt auszusehen.

Lebensverlängerung

Wie das Fasten bei einer gesunden Langlebigkeit eine große Rolle spielen kann, habe ich bereits ausführlich beschrieben (siehe S. 271 ff.). Daher lässt es sich auch keiner der Longevity-Gurus in den USA entgehen, irgendeine Form des Fastens selbst zu praktizieren und zu propagieren. Wer lange gesund leben möchte, sollte regelmäßiges Heil- oder Intervallfasten fest in sein Leben integrieren.

Der Verlust von Gewicht

Es geht beim Fasten primär nicht darum, Gewicht abzunehmen, aber natürlich merke ich in vielen Gesprächen, dass das Purzeln der Pfunde ein großes Thema ist. Wann immer es darum geht, ist es wichtig, darüber aufzuklären, dass es nicht nur das Fett ist, was wegschmilzt, sondern ebenso viel Wasser dabei ist. Glykogen bindet Wasser, und wenn wir vermehrt Glykogen abbauen, scheiden wir zwangsläufig viel Wasser aus. Zudem fördert das Fasten die Ausschüttung von diuretischen, wassertreibenden Hormonen. Zudem verliert der Körper durch das Absenken des Insulinspiegels Salze und Wasser.

Bei vielen Patienten muss ich also die Euphorie dämpfen, wenn sie vielleicht nach sieben Tagen sechs Kilogramm verloren haben. Physiologisch sind davon etwa 3,5 Kilogramm Wasser. Doch wir sollten darüber nicht enttäuscht sein, denn die Entwässerung ist ebenfalls gesund. Es sinkt der Blutdruck und wir fühlen uns insgesamt leichter.

Kehrt nach dem Fasten wieder ein Kilogramm Wasser zurück, ist das nicht der berühmte Jo-Jo-Effekt, wir füllen schlichtweg unseren Wasserhaushalt wieder auf. Die meisten wollen aber Fett reduzieren, am besten am Bauch. Wir können präzise berechnen, was da zusammenkommt. Biochemisch hat ein Gramm Fett neun Kilokalorien. Im menschlichen Fettgewebe findet sich aber nicht reines Fett, sondern auch noch Bindegewebe. Deshalb rechnet man mit sieben Kilokalorien pro Gramm Fett. Ein Mensch mittleren Lebensalters braucht durchschnittlich am Tag etwa 2200 und 2500 Kalorien; Frauen etwas weniger als Männer. Bauen wir zum Beispiel

300 Gramm Fett ab, kommen wir auf 2100 Kalorien Energie. Wer also beim Fasten pro Tag zum Beispiel in Form von Säften 200 Kalorien zu sich nimmt, hat ein tägliches Minus von etwa 2000 Kilokalorien und baut damit knapp 300 Gramm Fettgewebe an Bauch und Hüften ab. Auf diese Berechnung kann sich jeder verlassen.

Ein anderer Fallstrick: Je schneller der Körper abnimmt, desto mehr wehrt er sich gegen den Gewichtsverlust. Hat ein Patient über zehn Jahre 20 Kilogramm zugenommen und erwartet dann, dies in zwei Monaten oder gar zwei Wochen rückgängig machen zu können, muss er damit rechnen, dass ich den Kopf schüttele. Es ist nachhaltiger, langsamer Gewicht zu verlieren, auch beim Fasten. Deshalb bietet es sich beispielsweise an, zwei- bis dreimal im Jahr ein Scheinfasten durchzuziehen und dazwischen Intervallfasten zu praktizieren.

Der Biorhythmus und die Chronobiologie des Essens

Die Wissenschaft der biologischen Rhythmen, die Chronobiologie, hat schon früh herausgefunden, dass der reiskorngroße Nucleus suprachiasmaticus unser Dirigent, unsere »Master Clock« ist. Er steckt in einer Region des Zwischenhirns, die sich Hypothalamus nennt. Gesteuert wird seine Funktion vor allem durch das Licht, den Tag-Nacht-Rhythmus.

Nach dieser inneren Uhr richten sich sämtliche Organe und Körperstrukturen, bis hinein in die Blutzelle. Es wäre ungünstig, das reinste Chaos, wenn jede Zelle, jedes Organ nach seiner eigenen inneren Uhr arbeiten würde, ohne sich mit den anderen Körperteilen abzustimmen. Das wäre in etwa so, als wenn in einem Achter jeder im Boot seinen eigenen Takt rudern würde. Der Nucleus suprachiasmaticus ist wie der Schlagmann in einem Achter, nach ihm richten sich sämtliche biochemischen Prozesse aus. Wenn sich alle nach ihm richten, greifen die Prozesse wie Zahnräder ineinander und unser Körper funktioniert optimal. Neben dem Licht gibt es einen zweiten großen Dirigenten unserer inneren Uhr: die Mahlzeiten – ein treffendes Wort, weil es das »Mahl« und die »Zeiten« miteinander verbindet. Jedes Mal, wenn wir essen, takten wir die innere Uhr. Deshalb gehört das Intervallfasten als Methode streng genommen in den Bereich der Chronobiologie und nicht zur Ernährungswissenschaft.

Der Biorhythmus ist eine sehr fragile Angelegenheit. Zum einen gibt es genetisch unterschiedliche Programmierungen unserer Körper. Ich habe mich immer mal wieder darüber geärgert, dass ich fast acht Stunden Schlaf benötige, um fit zu bleiben. Meine Schwester schlief nur sechs Stunden und hinterließ am nächsten Morgen nach Familienfesten eindeutig den ausgeschlafeneren Eindruck. Neben der Schlafdauer gibt es auch eine Grundausrichtung, ob jemand Frühaufsteher oder Nachtschwärmer ist. Im Laufe des Lebens können wir Nuancen verändern, aber die Unterschiede bleiben grundsätzlich bestehen. Eine Nachteule wird eher Barmann und niemals glücklich darüber sein, eine Frühschicht um sechs Uhr morgens zu beginnen. Das war auch für mich persönlich einer der Gründe, nicht Chirurg zu werden. Die chirurgischen Abteilungen sind eher etwas für Lerchen, dort wird viel früher angefangen zu arbeiten als in den internistischen.

Zusätzlich gibt es Verschiebungen in den Lebensphasen. Ein Kleinkind ist früh müde und braucht viel Schlaf. Als Jugendlicher wird man immer später müde; entscheidend ist die hormonelle Umstellung in der Pubertät. Mein Kollege Achim Kramer von der Charité ist weltweit einer der führenden Forscher der Chronobiologie und in Interviews zu den unsinnigen Umstellungen auf die Sommer- beziehungsweise Winterzeit weist er stets darauf hin, dass es sinnvoller sei, würde für Jugendliche generell die Schule später beginnen. Das hat nichts mit Faulheit zu tun und ist nicht nur langen Partys geschuldet – Jugendliche sind biologisch Morgenmuffel.

Ab Mitte 20 werden die Menschen langsam wieder früher erträglich, bis irgendwann die »senile Bettflucht« eintritt, dieser etwas gemeine Ausdruck dafür, dass man ab einem gewissen Alter sehr gerne früh schlafen geht und dafür morgens früh aufsteht.

Diese Zusammenhänge sind wichtig für die Frage, wie wir unseren Stoffwechsel gesund und das Gewicht im Normalbereich halten können. Schon erwähnt hatte ich, dass Schlafmangel Übergewicht befeuert. Ebenso schlecht ist es, gegen seinen Biorhythmus anzuleben. Auch ist es nicht gut, am Wochenende einen völlig abweichenden Schlafrhythmus als an Arbeitstagen zu frönen, der Ernährungswissenschaftler Satchidananda Panda vom Salk Institute im kalifornischen La Jolla nennt es den »sozialen Jetlag«. Die Müdigkeit des Jetlags wird auch durch die Leber mitverursacht, die aus dem Takt geraten ist. Die Leber hat zu unterschiedlichen Tageszeiten unterschiedliche Funktionen, die gestört werden, wenn wir gegen unseren Biorhythmus leben.

Es ist also nützlich, seinen Chronotyp zu kennen. Als Abendmensch ist es nicht unbedingt sinnvoll, sich zwingend ein reichhaltiges Frühstück anzugewöhnen. Für den Morgentyp wäre dies der Fall. Es gibt inzwischen genetische Tests, mit denen man seinen Typ bestimmen lassen kann. Auch Fragebögen geben eine Orientierung, für mein Buch *Mit Ernährung heilen* habe ich einen solchen Fragebogen konzipiert. Eine gute Gelegenheit ist es, seinen Schlaf- und Wachrhythmus im Urlaub zu beobachten. Natürlich nicht nach ausgiebigen Feiern. Aber nach mehreren entspannten Tagen die Uhrzeit wahrzunehmen, bei der man ohne Wecker wach wird, liefert hilfreiche Hinweise. Wachen Sie dann immer noch um halb sieben auf, sind Sie mit Sicherheit ein Morgentyp.

Als Morgenmensch hat man grundsätzlich Vorteile gegenüber Eulen. Frühe Chronotypen schlafen in der Regel länger und besser, leben gesünder und sind beruflich etwas erfolgreicher. Das liegt natürlich an den Gegebenheiten der Arbeitswelt und der Berufskultur, die eher den Lerchen entgegenkommen. Einer meiner musikalischen Gitarrenidole, Keith Richards von den Rolling Stones, sagte einmal, dass er nie vor fünf Uhr morgens schlafen gehe. Dieser Rhythmus passt perfekt zu einer Branche, in der die Musik erst gegen Abend richtig losgeht.

Beim Intervallfasten besteht ein Teil der gesundheitlichen Vorteile darin, seinen Biorhythmus, seine innere Uhr zu stärken, sodass die Rudermannschaft wieder in einem harmonischen Takt funktioniert. Deshalb empfehle ich, wenn möglich, es sieben Tage die Woche durchzuziehen. Die meisten schaffen das aber nicht ganz. Laut Studien kapitulieren viele Menschen nicht in der Woche, sondern sonntags, mir geht es übrigens genauso. Es ist der »Cheat Day«, der Schummeltag.

Wir sollten deshalb kein schlechtes Gewissen bekommen, denn das Fasten sollte entspannt gehandhabt werden, damit kein Stress durch einen Perfektionswillen entsteht. Man darf nur beim Intervallfasten an weniger als fünf Tagen in der Woche keine zu großen Wirkungen erwarten. Es ist aber kein Beinbruch, wird das Intervallfasten phasenweise, zum Beispiel im Urlaub, ganz unterbrochen. Hauptsache, man macht danach wieder weiter.

Das Intervallfasten

Zusammen mit meinem Forschungsteam widmete ich mich von 2021 bis 2023 einem wissenschaftlichen Projekt mit einer eher nüchternen Aufgabe: Wir gingen der Frage nach, wie die führenden internationalen Fastenexperten die verschiedenen Methoden und Formen des Fastens definieren. Dazu beriefen wir eine Konferenz mit 38 internationalen Wissenschaftlern und Medizinern ein. Es folgten

Videokonferenzen und Abstimmungspapiere, am Ende hatten wir bei fast allen Themen hohe Übereinstimmungen, beim Intervallfasten war es besonders einhellig. Fastendauern von mindestens 14 und maximal 48 Stunden werden als Intervallfasten definiert. Damit wird auch deutlich, was das Faszinierende am Intervallfasten ist. Es geht nicht um die Art der Fastenspeisen, um begleitende Maßnahmen oder um die Ernährungsumstellung. Es geht allein um die Zeit des Fastens.

Intervallfasten ist der Ausweg aus der Misere der Diäten. Fast alle Diäten scheiterten, weil es gegen unsere Natur ist, über lange Zeit wenig zu essen oder Kalorien zu zählen. Kein Wunder, dass man sich nach einer Diät nichts mehr wünscht, als sich den Magen vollzuschlagen – was aber nur zur Folge hat, dass die Fettspeicher sich schneller als gewünscht wieder füllen. Für eine begrenzte Zeit gar nichts zu essen, fällt nach einer kurzen Phase der Eingewöhnung hingegen überraschend leicht.

Um den Erfolg des Intervallfastens zu verstehen, ist es wichtig, sich klarzumachen, dass die meisten Menschen in den industrialisierten Ländern heute vom Aufstehen bis zum Schlafengehen permanent essen, knabbern und trinken, also Kalorien zu sich nehmen. Das Leben besteht aus einer einzigen Mahlzeit. Erhebungen in den USA dokumentierten, dass dort durchschnittlich über 14 Stunden in der Wachphase Kalorien zu sich genommen werden. Diese Dauerernährung ist das Gegenteil dessen, was die Menschheit während des größten Teils ihrer Geschichte praktizierte, entsprechend ist unsere Biologie damit überfordert. Genau wissen wir nicht, wann der Mensch regelmäßige Zeiten für Frühstück, Mittag- und Abendessen festlegte und die Zwischenmahlzeiten und Snacks erfand. Aus Deutschland ist bekannt, dass es im Mittelalter nach und nach zur Gewohnheit wurde, nicht mehr nur zwei, sondern drei Mahlzeiten zu sich zu nehmen.

In der Medizin ist das Intervallfasten schon länger bekannt. Bereits im 19. Jahrhundert hat der 1839 in Pennsylvania geborene Fastenpionier Edward H. Dewey das verlängerte Nacht- oder Morgenfasten als Heilmittel empfohlen. Vor rund 20 Jahren hat das

Intervallfasten, angetrieben durch positive Forschungsergebnisse, dann zu neuer Bedeutung gefunden und ist zu einem weltweiten Trend geworden. Es hat nichts Künstliches an sich, es ist eine natürliche Ernährungsrhythmik, eine Rückbesinnung auf unser urmenschliches Erbe: Einst wurde gegessen, wenn Nahrung vorhanden war. Gab es nichts, musste der Körper mit dem Hunger zurechtkommen. Es gab kein elektrisches Licht und lange Zeit auch kein Feuer. Die Tageshelligkeit bestimmte den Essenrhythmus. Darum fällt unserem Stoffwechsel und unserem Verdauungsprogramm das Intervallfasten leicht, es war häufig der Normalfall.

Innerhalb des Zeitfensters von 14 bis 48 Stunden gibt es verschiedene Möglichkeiten des Intervallfastens: Man kann eine Pause der Nahrungsaufnahme von 14, 16 oder 18 Stunden einlegen, es sind aber ebenso ein oder zwei Tage in der Woche denkbar. Zunächst dominierten Formen mit tagelangem Fasten wie das 5:2 (zwei Tage pro Woche fasten, fünf Tage normal essen) oder das Alternate Day Fasting (jeden zweiten Tag fasten). Erfahrungen haben gezeigt, dass diese beiden Varianten wenig alltagstauglich sind. Die meisten Menschen hören nach wenigen Monaten wieder damit auf. Intervallfasten kann seine gesunden Wirkungen bis hin zur möglichen Lebensverlängerung aber nur entfalten, wenn es regelmäßig und am besten lebenslang durchgeführt wird.

Durchgesetzt hat sich vor diesem Hintergrund das tägliche Intervallfasten, im Englischen Time-Restricted Eating, TRE, genannt. Die Übersetzung »zeitreduziertes Essen« klingt etwas spröde, im Kern ist es ein verlängertes Nachtfasten. Nicht umsonst heißt das Frühstück in den angelsächsischen Ländern Breakfast. Wir müssen zu den sechs bis neun Stunden Schlaf nur davor oder danach weitere Stunden des Fastens hinzufügen – und schon haben wir ein feines Programm. Das geht über ein frühes Abendessen, das Weglassen des Abendbrots oder ein spätes Frühstücken bis zum Weglassen des Frühstücks. Frühstückt man zum Beispiel morgens um acht, hat man zehn Stunden Zeit zu essen, also bis 18:00 Uhr, um das 14:10-Intervallfasten einzuhalten. Ein solches Intervallfasten ist in der Regel leicht praktikabel. Beim etwas intensiveren 16:8 wird man in der Regel auf das Frühstück verzichten oder sehr früh zu Abend essen. Man kann auch noch länger fasten, bis in die Bereiche von 18:6 oder ganz radikal von 22:2. Ich halte es für zu radikal. Der Name dieses Fastens lautet »Warrior Diet«. Dahinter verbirgt sich der Gedanke, dass in Urzeiten die Männer den ganzen Tag jagten und abends die Beute verzehrten. Da ist also etwas Macho-Glorifizierung mit dabei.

Viel wichtiger als solche Turbo-Diäten ist die Summe der Fastenstunden über die Lebensdauer, also die Nachhaltigkeit. Es bringt wenig, wenn man nach acht Wochen 18:6- oder 16:8-Fasten sagt: »Fasten passt nicht in meinen Alltag. Ich habe daher für mich inzwischen beschlossen: 14:10 ist für mich idealer.« So lautet inzwischen auch die häufigste Empfehlung in meiner Sprechstunde.

Patientengeschichte – die Grenzen des Intervallfastens

Eine 51-jährige Patientin hatte vor neun Monaten mit dem Intervallfasten nach der 16:8-Methode begonnen. Ihr Ziel war es, endlich von ihrem Übergewicht runterzukommen. Sie hatte schon immer eine Neigung zu Übergewicht, aber seit fünf Jahren nahm sie immer weiter zu und brachte inzwischen 84 Kilogramm auf die Waage bei einer Körpergröße von 1,69 Meter. Sie hatte schon verschiedene Diäten ohne großen Erfolg hinter sich, unter anderem eine Low-Carb-Diät. Zudem litt sie unter hohem Bluthochdruck, unter Verdauungsstörungen und einigen Nahrungsunverträglichkeiten.

Die Patientin berichtete mir von ihrer Enttäuschung mit dem Intervallfasten. In den ersten drei Monaten nahm sie zwar drei Kilogramm ab, stagnierte dann aber. Sie erzählte, dass sie das Frühstück weglasse, dann meistens ein Essen in der Kantine einnehme, das aber nicht lange sättige. Meist habe sie gegen 15:00 Uhr schon wieder Hunger, trinke Kaffee und esse ein süßes Teilchen, abends würde sie dann mit der Familie die Hauptmahlzeit einnehmen. Dabei gebe es Pasta oder Kartoffeln, Fleisch oder Fisch, weiterhin Gemüse, Baguette oder Ciabatta. Nach dem Essen würde sie mit ihrem Mann bis gegen 21:00 Uhr noch ein Glas Wein trinken, gegen halb elf gehe sie schlafen.

Ich erklärte ihr, dass das sehr reichhaltige Abendessen mit viel Kohlenhydraten und dem Glas Wein die Wirkung des Intervallfastens schwächen würden. Auf meinen Vorschlag hin wollte sie versuchen, zu Mittag mehr zu essen, mit einer Vorspeise aus einer Suppe oder einem Salat. Ich riet ihr, auch ein Dessert zu nehmen und auf das Stück Kuchen am Nachmittag zu verzichten. Es gelang ihr, die Kohlenhydrate am Abend stark zu reduzieren und nur noch gelegentlich etwas Wein zu trinken – und zwar zum Essen.

Die Umstellungen lohnten sich, sie verlor in den nächsten zwei Monaten weitere drei Kilogramm, danach verlangsamte sich die Gewichtsabnahme. Vier Monate später erreichte sie ein Gewicht von 76 Kilogramm. Der Blutdruck normalisierte sich und die Unverträglichkeiten auf Nahrungsmittel wurden besser. Sie war zufrieden, hätte aber gerne noch mehr abgenommen. Ich versicherte ihr, dass es ein guter Erfolg sei, und mehr Gewichtsverlust sei mit Intervallfasten allein wohl nicht zu erreichen. Wolle sie weiter abnehmen, müsse sie vermutlich Sport treiben und ihre Ernährung optimieren.

Das Intervallfasten optimieren

Aufgrund meiner Erfahrungen befürworte ich, pragmatisch vorzugehen und nicht anzufangen, penibel Minuten zu zählen. Intervallfasten sollte keinen Stress bereiten, ich halte es für wichtiger, das eigene Gespür für seinen Körper wiederzuerlangen.

Geht etwas Milch im Kaffee zum Frühstück? Grundsätzlich ja, aber nur wenig, und am besten pflanzlich, denn tierisches Protein stört den Fastenmodus durch die Wirkung auf mTOR. Ein Milchkaffee ist definitiv ein Fastenbrecher, ein Espresso macchiato mit etwas Milchschaum vermutlich nicht. Ein Glas Wein oder ein Bier sind ebenso Fastenbrecher. Wer gerne Wein oder Bier trinkt, dem empfehle ich, es mit dem Abendessen zu trinken und danach nicht mehr. Intervallfasten ist definitiv geschäftsschädigend für Barbetriebe.

Am meisten diskutiert wird derzeit die Frage, ob eher am Frühstück oder am Abendessen gespart werden sollte. Studien belegen, dass die Verstoffwechselung der Kohlenhydrate morgens besser als abends funktioniert. Eine große Portion von Kohlenhydraten führt abends zu einem höheren Blutzuckeranstieg und zu mehr Fettbildung als morgens. Abends sind die Speichelsekretion und die Verdauungsenzyme in den Gallenwegen und der Bauchspeicheldrüse weniger aktiv als morgens. Auch wurde nachgewiesen, dass ein opulentes Frühstück den Appetit und Hungergefühle tagsüber besser im Zaum hält.

Nimmt man also drei Mahlzeiten als gesetzt an, ist Frühstücken wie ein Kaiser und Abendessen wie ein Bettler eine durchaus wissenschaftlich gestützte Empfehlung. Nun ist das Prinzip des Intervallfastens aber ein anderes. Durch die Reduzierung des Zeitfensters beim 16:8- oder 14:10-Fasten werden nicht mehr drei große Mahlzeiten gegessen. Damit schwindet die Bedeutung des Frühstücks. Eine Metastudie konnte zeigen, dass das Weglassen des Frühstücks in der Summe zu einer besseren Gewichtsabnahme führt als drei Mahlzeiten mit Frühstück. Eine Erhebung bei 800 000 Teilnehmern, die Intervallfasten praktizierten, ergab, dass die meisten Menschen sich für das Weglassen des Frühstücks oder ein spätes Frühstück entscheiden. Das Abendessen zu überspringen, ist unbeliebt. Zu Recht: Vereinsamung ist keine Lösung. Das Abendessen ist für die meisten Menschen der soziale, familiäre und entspannende Kulminationspunkt des Tages.

Zusammen mit der Ärztegesellschaft für Heilfasten und Ernährung (ÄGHE) veranstaltete ich mit meinem Team im Sommer 2023 an der Charité einen großen internationalen Fastenkongress. Die Fastenforscherin Krista Varady von der University of Chicago hatte in einer randomisierten Studie die Wirksamkeit des Intervallfastens über zwölf Monate im Vergleich zu einer kalorienreduzierten Ernährung und zu einer unveränderten Ernährung untersucht. Als TRE wählte sie ein 16:8 mit einem Essensfenster von 12:00 bis 20:00 Uhr. Das Ergebnis: Das Intervallfasten war genauso effektiv wie dauernd weniger zu essen und Kalorien zu zählen. In der

Diskussion nach ihrem Vortrag konfrontierte ich sie mit Daten, die belegten, dass das Frühstück in mancher Hinsicht gesünder sei als das Abendessen und fragte sie, warum sie nicht 16:8 mit einem Dinner-Verzicht ausgewählt hatte. Sie konterte: Die beste Medizin bringe nichts, wenn sie nicht eingenommen werde, und so sei es mit dem späten Fasten und einem Dinner-Cancelling. Ich musste ihr zustimmen: Es ist besser 16:8 oder 14:10 mit Abendessen als kein Intervallfasten zu praktizieren.

Auch in der Bevölkerung der Mittelmeerländer können wir sehen, dass es offenbar keine Probleme bereitet, abends spät zu essen und am nächsten Morgen nur starken Kaffee zu trinken und dazu einen Keks zu knabbern. Der Keks ist natürlich keine ideale Fastenspeise, aber sei's drum. Studien in Spanien und Frankreich konnten aber belegen, dass die Menschen dort noch größere gesundheitliche Vorteile hätten, wenn sie früher zu Abend essen würden. Nur macht das in diesen Ländern niemand.

Bei allem Pragmatismus empfehle ich jedoch, das Abendessen nicht zur üppigsten Mahlzeit werden zu lassen und nicht größere Mengen Kohlenhydrate (Pasta, Brot, Reis oder Kartoffeln) zu sich zu nehmen. Diese Rolle sollte das Mittagessen haben. In fast allen traditionellen medizinischen Heilverfahren, etwa im Ayurveda oder in der chinesischen Medizin, wird nahegelegt: reichlich zu Mittag zu essen. Eine Untersuchung von 2013 belegte, dass bei den Personen, die mehr als ein Drittel ihrer gesamten Tageskalorienmenge um die Mittagszeit aßen, das Risiko für Übergewicht am geringsten war. Menschen, die abends zu Völlerei neigten, hatten hingegen ein doppelt so hohes Risiko.

Lassen Sie sich nicht durch immer wieder auftauchende Presseberichte verunsichern, in denen behauptet wird, dass das Weglassen des Frühstücks schädlich für die Gesundheit sei. In einer der am stärksten in den Medien ausgewalzten spanischen Studie wurden Teilnehmer, die nicht frühstückten, über mehrere Jahre beobachtet. Bei ihnen wurde ein höheres Risiko für Herz-Kreislauf-Erkrankungen festgestellt. Viele Zeitschriften betitelten das Ergebnis mit Schlagzeilen wie: »Weglassen des Frühstücks – gefährlich für das

Herz«. Bei genauerer Betrachtung war die Interpretation der Ergebnisse verzerrt. Menschen, die das Frühstück unbewusst weglassen, haben oft viele Risikofaktoren wie Stress, Rauchen und überhaupt einen ungesunden Ernährungsstil. Die schnelle Zigarette ersetzte oftmals das Frühstück. Das hat nichts mit Intervallfasten zu tun.

Die 3+1-Regel

Wenn Sie sich noch nicht für das Intervallfasten entscheiden können, gibt es das kleine Intervallfasten zur Annäherung: Ich nenne es die 3+1-Regel. Sie bedeutet: drei Stunden vor dem Schlafengehen und in der ersten Stunde nach dem Aufstehen nichts zu essen und nichts Energiehaltiges zu trinken. Es gibt mehrere Gründe, warum drei Stunden Fasten vor dem Schlafengehen gut für uns sind. Zum einen erzeugt die Verdauung Wärme. Um in den nächtlichen Ruhemodus zu gelangen, muss der Körper aber abkühlen, die Körperkerntemperatur muss sinken, damit wir gut einschlafen und durchschlafen. Deshalb schlafen wir auch in Tropennächten mit einer Außentemperatur von über 20 Grad Celsius in der Regel schlechter. Zudem beginnt der Körper, etwa drei Stunden vor dem üblichen Einschlafzeitpunkt, Melatonin zu produzieren. Eine höhere Konzentration von Melatonin stört jedoch die Funktion von Insulin, sodass der Körper den Blutzucker schwerer abbauen kann und damit eher in Fett umwandelt.

Drei Stunden vor dem Schlafengehen nicht zu essen, ist an sich nicht schwer einzuhalten, die Herausforderung sind die Getränke. Wie schon erwähnt, haben Wein, Bier und Säfte zu viele Kalorien. Ein kleines Glas alkoholfreies Bier geht vermutlich noch. Und am Morgen, direkt nach dem Aufstehen, haben die meisten Menschen wenig Hunger. Es ist dann leichter, noch nicht zu essen. Viele frühstücken gleich nach dem Aufstehen aus Gewohnheit oder weil sie unter Zeitdruck stehen. Es ist vorteilhaft, den natürlichen Prozess des Aufwachens unbeeinflusst ablaufen zu lassen und nicht gleich in den ersten zehn Minuten des Tages einen starken Kaffee zu trinken. Wenn sich das Melatonin in der ersten Stunde abbaut und das vegetative Nervensystem anspringt, entsteht von alleine Wachheit.

Kaffee kann hier die biologische Eigendynamik stören. Ich selber habe etwas gebraucht, mir das anzugewöhnen, empfinde es aber inzwischen als viel größeren Genuss, erst 60 bis 90 Minuten nach dem Aufstehen meinen ersten Kaffee zu genießen und dann richtig wach zu werden.

Die Wirkung des Intervallfastens ist beeindruckend

Intervallfasten hat wie das Heilfasten eine lange Tradition. Besonders dem Pionier und brillanten Wissenschaftler Satchidananda Panda ist zu verdanken, dass es eine Renaissance erlebt. Panda analysierte die vorhandenen Tierstudien, die eine Lebensverlängerung durch Diäten mit reduzierter Nahrung belegten. Dabei fiel ihm ein Detail auf, das zuvor niemand bemerkt hatte. Die Studien hatten meist folgenden Versuchsaufbau: In der Gruppe der Mäuse, die unbegrenzt essen sollten, wurde fortlaufend Futter zur Verfügung gestellt. Bei der Gruppe von Mäusen mit begrenzter Menge wurde das Futter einmal täglich ausgegeben. Mäuse teilen sich ihr Essen nicht in Tagesrationen ein, sie futtern alles auf einmal. Die Mäuse mit reduzierter Nahrung bekamen also nicht nur weniger Kalorien vorgesetzt, sie praktizierten faktisch Intervallfasten: Die eine Mahlzeit des Tages war eine ziemliche Völlerei, der Rest des Tages bestand aus einer langen Essenspause.

Panda konzipierte daraufhin ein Schlüsselexperiment. Sein Team fütterte zwei Gruppen von Mäusen mit ungesundem Futter, viel Zucker, gesättigtem Fett und jeweils identischer Kalorienmenge. Die eine Hälfte der Mäuse hatte rund um die Uhr Zugang zu ihren Fressnäpfen. Die andere bekam eine 16-stündige Essenspause aufgezwungen. Bis zu diesem Versuch lautete ein unumstößliches Gesetz der Ernährungsmedizin: Ob jemand schlank oder dick ist, hängt allein von der Menge der zugeführten Kalorien ab. In Pandas Versuchen geschah jedoch etwas ganz Unerwartetes: Die Mäuse der ersten Gruppe wurden dick, entwickelten eine Fettleber, Entzündungen und Diabetes und wurden außerdem äußerst träge. Die Mäuse der zweiten Gruppe, die genau das Gleiche fraßen, aber einen veränderten Essensrhythmus hatten – nämlich zwischendurch

16 Stunden zu fasten –, blieben normalgewichtig, die Leber blieb gesund, es zeigten sich weniger Entzündungen im Körper, der Cholesterinspiegel sank. Die Mäuse wirkten auch frischer und jünger.

Das Ergebnis war eindeutig: Nicht die Menge der Kalorien, sondern die verkürzte Essensphase macht den großen Unterschied aus. Panda erklärte dieses Phänomen so: Ein Großteil der Stoffwechsel-, Verdauungs- und Energievorgänge im Körper wird von Clock-Genes, also Zeit-Genen, mitgesteuert. Diese kennen zwei Einflussfaktoren: den Wechsel von Tageslicht und Nachtdunkelheit und das Timing der Mahlzeiten. Panda fand zudem heraus, dass 1200 Gene im Fastenzustand aktiviert werden. Der Forscher war der erste, der diese Art des Fastens Time-Restricted Feeding nannte, als zeitbegrenztes Füttern. Da wir Menschen zumindest in unserer mittleren Lebensspanne selbst essen und nicht gefüttert werden, wurde für uns Menschen daraus später das Time-Restricted Eating, das zeitbegrenzte Essen, TRE.

Wer Intervallfasten beginnt und Übergewicht hat, nimmt schnell ab, meist drei bis vier Prozent des Körpergewichts in den ersten drei Monaten. Das sind bei einem Körpergewicht von beispielsweise 80 Kilogramm etwa zweieinhalb bis drei Kilogramm. Vielfach verlangsamt sich dieser Prozess danach, aber nach einem Jahr hat man im Durchschnitt fünf Kilogramm weniger auf den Rippen. Ein noch größerer Gewichtsschwund entsteht, indem man den Schwung des Intervallfastens nutzt, um sich gesünder zu ernähren. Überhaupt: Der Charme des Intervallfastens besteht zudem darin, dass man wieder lernt, zwischen Hunger und Appetit zu unterscheiden, die Suchtkomponente des Essens spürt und erfährt, wie man damit umgehen kann.

Inzwischen ist belegt, dass man durch die Begrenzung seiner Essenszeit automatisch weniger isst. Die meisten meiner Patienten, die 16:8 praktizieren, kommen mit zwei Hauptmahlzeiten und einem Zwischengang aus. Die kalorische Restriktion beim Intervallfasten beträgt zwischen 200 und 500 Kilokalorien am Tag. Krista Varady beschreibt in ihrer Zwölfmonatsstudie zum 16:8-Fasten eine Gewichtsabnahme von rund fünf Kilogramm. Es gibt einige kleinere Studien, die die Gewichtsabnahme noch genauer überprüften. Geht man bei einem 16:8-Fasten auf ein früheres Essensfenster von 8:00 bis 16:00 Uhr aus, nimmt man mehr Gewicht ab, ebenso ist es beim 18:6-Fasten von 8:00 bis 14:00 Uhr. In der Untersuchung der Forscherin Courtney Peterson von der University of Alabama erreichte eine TRE-Gruppe eine Gewichtsabnahme von 6,3 Kilogramm in nur 14 Wochen. Auch hier setzte die Essensperiode früh ein, die große Gewichtsabnahme resultiert vermutlich zudem aus der zusätzlichen Verbesserung des Biorhythmus und einen dadurch optimierten Stoffwechsel.

Der Tag, an dem ich erstmals realisierte, dass Intervallfasten eine hochwirksame Medizin sein kann, war, als ich 2015 eine Studie von Hana Kahleová, einer Endokrinologin am Institut für klinische und experimentelle Medizin in Prag, las. Es war eine kleine, aber methodisch hochwertige Untersuchung zum 16:8-Intervallfasten bei Diabetes Typ 2 mit 54 Patienten. Die erste Gruppe der Teilnehmer sollte eine präzise Menge an Nahrung und Kalorien auf sechs kleine Mahlzeiten pro Tag verteilen. Die andere Gruppe war damit beauftragt, 16:8 praktizieren, mit Dinner-Cancelling; nach 16:00 Uhr war für sie Schluss mit Essen. Die Ergebnisse nach nur zwölf Wochen waren beeindruckend: Bei den Intervallfastenden konnten nicht nur verbesserte Zuckerwerte, ein Rückgang der Fettleber und niedrigere Blutfette gemessen werden, sie hatten auch mehr an Gewicht verloren als die Probanden der Vergleichsgruppe. Noch einmal: Beide Gruppen hatten identisches Essen bekommen.

Die seit Jahrzehnten praktizierte Empfehlung für Diabetes-Patienten, auf Zwischenmahlzeiten nicht zu verzichten, war damit beerdigt. Mark Mattson wurde einmal in einem Interview gefragt, wieso Diabetologen auf die Idee verfallen wären, ihren Patienten Zwischenmahlzeiten zu empfehlen. Er antwortete, dass es wohl mit einer gewissen Bequemlichkeit der Ärzte zu tun gehabt habe, denn mit Zwischenmahlzeiten ließen sich die Medikamente einfacher einstellen. Zur Entlastung der Diabetologen sei erwähnt, dass bei Patienten, die mit Medikamenten behandelt werden, verständlicherweise der Wunsch besteht, eine Unterzuckerung zu vermeiden.

Zwischenmahlzeiten plus Insulin scheinen eine gleichmäßige und sichere Einstellung zu ermöglichen. Heute weiß man aber, dass Essen ohne Pausen für die langfristige Entwicklung einer Diabetes Typ 2 die schlechteste aller Ernährungsempfehlungen ist.

Intervallfasten mit 16:8 oder 14:10 führte in den meisten Studien dazu, dass sich Tiefe und Qualität des Nachtschlafs verbesserten. Dies ist besonders deutlich, wenn spät gefastet wird, also das Abendessen wegfällt oder früh eingenommen wird. Es ist zu vermuten, dass der gesunde Schlaf durch eine ungestörte Melatonin-Funktion, ein entspannteres vegetatives Nervensystem und eine kühlere Körpertemperatur zustande kommt.

Intervallfasten mit 16:8, 18:6 oder 14:10 bewirkt auch eine leichte Senkung eines erhöhten Blutdrucks. Daten aus Laborversuchen zeigen, dass das Herz besser gegen Durchblutungsstörungen geschützt ist. Ein gewisser Schutzeffekt vor Herzinfarkt könnte also bestehen. Diese Vermutung ist allerdings noch nicht durch Studien am Menschen ausreichend gesichert.

Bei Unverträglichkeiten für Nahrungsmittel, einem Reizdarmsyndrom und anderen Erkrankungen sehe ich regelmäßig, dass sich die Beschwerden durch ein Intervallfasten bessern. Das hängt vermutlich mit einer guten Wirkung auf das Darm-Mikrobiom zusammen. Zum anderen erlaubt eine längere Nahrungspause, dass der Darm sich ungestört reinigen kann. Es gibt den »Housekeeper-Reflex«, eine Fähigkeit des Dünndarms, sich selbst zu reinigen, wenn mehrere Stunden lang kein Essen anflutet. Das ist sehr nützlich, um die Funktionen des Darms zu stärken. Bei manchen Menschen mit entzündlichen Darmerkrankungen ist der Verlust des Gewichts aber zu groß, sie müssen das Intervallfasten dann beenden.

Neuere tierexperimentelle Studien fanden Hinweise, dass ein Intervallfasten auch Schmerzen und Entzündungen lindert. Unsere Erfahrung ist jedoch, dass dieser Effekt gering ausfällt. Wer Entzündungen und Schmerzen reduzieren möchte, sollte auf Heil- und Scheinfasten setzen.

Meine Empfehlung beim Intervallfasten: Beginnen Sie mit kleinen Stufen.

Stufe 1: Keine Snacks zwischendurch. Wenn Sie dennoch unbedingt etwas brauchen, sind Nüsse oder bittere Schokolade ideal. Sie stören die Ketogen-Komponente und die Autophagie am wenigsten.

Stufe 2: Abends keine kalorienhaltigen Getränke zu sich nehmen und nichts Ungesundes knabbern. Alkohol nur zum Essen trinken. Chips am Abend? Das sollten Sie vergessen. Wenn Sie unbedingt noch ein spätes Geschmackserlebnis benötigen, wählen Sie eine kleine Portion Radieschen oder Gurkenscheiben.

Das Intervallfasten selbst ziehen Sie nach 14:10 oder 16:8 drei Wochen lang konsequent durch. Erst danach sollten Sie an Ausnahmen denken. Ein bis zwei Tage, an denen Sie den Rhythmus verändern, sind anschließend in Ordnung (s. o., S. 363, »Schummeltage«).

Intervallfasten bei Schichtarbeit

Wie aber soll man intervallfasten, wenn man in Wechsel- oder Nachtschichten arbeitet? Diese Frage betrifft keine Minderheit, sondern 17 Millionen Deutsche, etwa ein Viertel der Beschäftigten. Panda, der Pionier des Intervallfastens, führte in San Diego die »Healthy Heroes«-Studie mit 150 im Schichtdienst arbeitenden Feuerwehrleuten durch. Eine Gruppe sollte ein 14:10-Intervallfasten durchführen, dabei sollten die Probanden selbst entscheiden, wie sie das Essensfenster von zehn Stunden legen, auch bei wechselnden Schichten. Eine zweite Gruppe sollte sich normal ernähren. Nach zwölf Wochen zeigte sich ein Vorteil für die Gruppe der Intervallfastenden. Ihre Teilnehmer schafften es, ihr Essensfenster auf elf Stunden zu reduzieren, die meisten auf die Zeit zwischen 9:00 Uhr und 19:00 Uhr. Die Lebensqualität nahm so zu, die Blutfette verbesserten sich, bei den Probanden mit einem hohen Herzrisiko stärkten sich die Werte für Blutzucker und Blutdruck. Ein gleichbleibendes Zehn- bis Elf-Stunden-Intervall bei Schichtarbeit stabilisiert also den Biorhythmus und die Gesundheit.

Die ersten drei Wochen sind am herausforderndsten, sind sie überstanden, beginnt sich der Körper an den neuen Essensrhythmus zu gewöhnen. Nach sechs Wochen bilanzieren Sie: Wie fühlen Sie sich, wie ist Ihr Schlaf? Hat sich das Gewicht verändert? Wenn die Pluspunkte überwiegen, sollten Sie weitermachen, an mindestens sechs von sieben Tagen. Das Zeitfenster können Sie im Verlauf nach ihren eigenen Bedürfnissen weiter optimieren.

Das Mittagessen sollte Ihre kalorienreichste und vor allem kohlenhydratreichste Mahlzeit sein. Abends können Sie für Proteine sorgen, am besten durch Tofu, Hülsenfrüchte, Tempeh oder Milchprodukte wie Joghurt, etwas Quark oder Käse. Morgens und tagsüber viel Tageslicht tanken.

Ist der Glykogenspeicher nach einem Intervallfasten von acht oder zehn Stunden über Nacht fast geleert ist, kann der Übertritt in den Fastenstoffwechsel beschleunigt werden, indem man morgens eine mittlere sportliche Ausdauerbelastung von 30 Minuten durchführt. Dadurch geht der Stoffwechsel quasi im Turbogang in den Fastenstoffwechsel und zur Ketonbildung über. Da ein Intervallfasten gerade für Sportler meiner Erfahrung nach einige Leistungsvorteile bringt – unter anderem durch den verbesserten Schlaf –, ist eine Trainingseinheit sinnvoll, bevor man morgens isst. Sport hat zudem einen appetithemmenden Effekt, sodass sich das Intervallfasten dann mühelos noch um ein bis zwei Stunden verlängern lässt.

Quintessenz: das Fasten

- Heilfasten wirkt in seiner Breite beeindruckend, ich setze es bei Erkrankungen wie Rheuma, chronischen Schmerzsyndromen, Bluthochdruck, Diabetes Typ 2, Reizdarm, chronisch-neurologischen Erkrankungen, Erschöpfungssyndromen und leichter Depression ein.
- Zusammen mit der Ernährung ist das Heilfasten die Königsdisziplin der Naturheilkunde, für mich sogar der gesamten

Prävention und Gesundheitserhaltung. Was das Fasten in kurzer Zeit erreicht, ist einzigartig.

- Je öfter Sie das Heilfasten praktizieren, desto leichter fällt es Ihnen. Ich empfehle Fastenphasen von fünf bis sieben Tagen, am besten zwei- bis viermal im Jahr.
- Finden Sie heraus, was sich beim Intervallfasten unkompliziert in Ihren Alltag integrieren lässt und womit Sie sich wohlfühlen. Wenn Sie durchhalten, haben Sie enorme gesundheitliche Vorteile. Berücksichtigen Sie eine Eingewöhnungsphase. Viele Menschen scheuen das Intervallfasten, weil sie glauben, dass es sie schwächt, wenn sie eine Mahlzeit weglassen. Aber fast immer stellt sich der Körper nach drei bis vier Wochen um. Der nagende Hunger verschwindet.
- Generell sind Heil- und Intervallfasten mit erfreulichen Gewichtsverlusten verbunden. Aber an erster Stelle steht der Gewinn an körperlicher und seelischer Gesundheit.

Meine Behandlungskonzepte bei den häufigsten chronischen Erkrankungen

Die meisten krankheitsbedingten Todesfälle unserer westlichen Gesellschaften sind vermeidbar. Sie hängen vielfach damit zusammen, was wir essen. 70 Prozent der chronischen Erkrankungen, an denen wir mit zunehmendem Alter leiden, haben ihre Ursache mit in falscher Ernährung.

Diese Erkrankungen sind ein Alarmsignal und ein Zeichen der Überlastung. Der Körper, sein Verdauungs- und Immunsystem mit einer erstaunlichen Fähigkeit der Selbstregulation und Selbstheilung kommt an seine Grenzen. Im Folgenden gebe ich Ihnen meine Erfahrungen und Erkenntnisse aus dem Klinikalltag in 15 Behandlungskonzepten bei den häufigsten chronischen Erkrankungen weiter. Sie eignen sich auch zur Vorbeugung.

1. Übergewicht

Vergessen Sie die unzähligen Diäten und Abnehmprogramme – sie alle sind gescheitert. Es führt kein Weg daran vorbei: Mit zunehmenden Lebensjahren müssen wir dafür sorgen, weniger Energie zu uns zu nehmen. Ein 60-Jähriger besitzt weniger Muskelmasse als ein 30-Jähriger, darum verbrennt er grundsätzlich weniger Kalorien; der Grundumsatz sinkt. Bewegt man sich dann noch weniger, nimmt man zwangsläufig zu. Doch hat sich das Fett erst einmal an den Hüften, am Bauch und im Bauchraum festgesetzt, braucht es Zeit und Geduld, es wieder loszuwerden.

Das sage ich nicht, um Sie zu entmutigen, aber entscheidend für den Fortschritt beim Abnehmen sind realistische Ziele. Ein Kilogramm weniger im Monat ist bereits eine Erfolgsgeschichte.

Die Basis sollte dabei eine traditionelle, vollwertige und pflanzenbetonte Ernährung sein. Verzichten Sie auf Alkohol oder reduzieren Sie ihn deutlich. Süße Getränke sind tabu. Auf Wurst sollten Sie verzichten, auch auf Geflügelfleisch. Geflügel fördert unter allen Fleischsorten potenziell am stärksten eine Gewichtszunahme. Schuld daran sind die extremen Bedingungen der Massentierhaltung, die Belastungen mit Hormonen und anderen Zusatzstoffen geben die Tiere an die Menschen weiter.

Selbst mit kleinen Änderungen beim Essen lassen sich langfristig erstaunliche Erfolge erzielen, wenn sie zur Gewohnheit werden. Nehmen Sie zu Kohlenhydraten stets etwas Essig zu sich. Und beginnen Sie Ihre Mahlzeit nicht mit Pasta oder Brot, sondern essen Sie zuerst Gemüse, Salat oder Hülsenfrüchte und erst danach die Kohlenhydrate. Sorgen Sie für eine ausreichende, aber nicht zu üppige pflanzliche Proteinzufuhr, denn Proteine sättigen gut. Bitterstoffe stimulieren die Produktion von Verdauungsenzymen in Galle und Bauchspeicheldrüse und die Fettverdauung. Zum Abnehmen empfehle ich, täglich bitteres Gemüse wie Radicchio, Chicorée, Brokkoli, Artischocken oder Wildpflanzen wie Löwenzahn zu essen. Bevorzugen Sie leicht bitteres Olivenöl.

Ein besonders guter Sattmacher ist Hirse, probieren Sie mal einen Hirsebrei. Zu Ihren Mahlzeiten sollten Sie regelmäßig Grünblättriges hinzufügen, wie Salat, Spinat oder Mangold. Die Blätter enthalten satt machende Thylakoide und stimulieren die Appetitbremse GLP-1. Nutzen Sie zudem das Potenzial folgender Gewürze: Ingwer, Chili, Kreuzkümmel, Schwarzkümmel und Knoblauch. Reduzieren Sie Salz, es fördert die Ausschüttung des Hungerhormons Ghrelin und vermindert die Wärmebildung bei der Verdauung.

Essen Sie nicht, wenn Sie akut gestresst sind. Ruhen Sie sich vor der Mahlzeit aus. Langes Kauen hilft Ihrer Verdauungsqualität ebenso wie einige Hundert Schritte nach einer Mahlzeit zu gehen. Trinken Sie 20 bis 30 Minuten vor dem Essen ein bis zwei Gläser Wasser. Kaffee, grüner Tee und Hibiskustee sind Getränke, die beim Abnehmen unterstützen. Achten Sie auf ausreichend Schlaf. Heil- und Scheinfasten können eine sehr gute Initialzündung sein, Ihre

Bemühungen zu unterstützen, dauerhaft das Gewicht zu reduzieren. Auch das Intervallfasten kann ein guter Einstieg sein, mit den Methoden 16:8 oder, wenn das nicht gut umsetzbar ist, 14:10. Am besten mit einem frühen Abendessen.

Lesen Sie zum Thema Übergewicht auch meine ausführlichen Empfehlungen auf den Seiten 207 ff.

2. Bluthochdruck

Etwa 25 Millionen Deutsche leiden unter Bluthochdruck. Meist findet sich keine organische Ursache, die ärztliche Diagnose lautet »essentielle Hypertonie«. Inzwischen wissen wir, dass sich hinter dieser Volkskrankheit bis auf wenige Ausnahmen kein Schicksal verbirgt, sondern ein ungesunder Lebensstil mit zu viel und falscher Ernährung. Es gibt eine Menge gut verträglicher Medikamente, bei vielen Patienten schlagen sie allerdings nicht mehr an. Oder die Dosis muss immer mehr hochgefahren werden. Ich möchte Ihnen ans Herz legen, sämtliche Möglichkeiten auszuschöpfen, den Kampf um den Bluthochdruck mit einer Ernährungsumstellung zu versuchen:

Grundsätzlich ist es bei Bluthochdruck wichtig, viel Kalium und wenig Natrium, letztlich also Salz, zu konsumieren. Kaliumreich sind fast alle Pflanzen. Besonders hervorragende Kaliumquellen sind Blattgemüse, Süßkartoffeln, Hülsenfrüchte und Nüsse (Walnüsse und ungesalzene Pistazien, eine Handvoll täglich). Versuchen Sie, ein bis zwei Monate konsequent Salz zu reduzieren. Wie Sie das schaffen können, habe ich weiter oben beschrieben (siehe S. 169 ff.).

Eine vegetarische, pflanzenbetonte oder vegane Ernährung ist die ideale Basis für eine langfristige Blutdrucksenkung. Auch mediterranes Essen senkt erhöhten Blutdruck.

Kein Fleisch und kein Alkohol – oder beides zumindest stark reduziert.

Drei Portionen Vollkornbrot am Tag senken den Blutdruck genauso stark wie ein modernes Blutdruckmedikament.

Superfoods zum Senken des Blutdrucks sind außerdem: Leinsamen (erhitzt unbegrenzt, roh maximal zwei Esslöffel täglich), Omega-3-Fettsäuren aus Lein-, Algen-, Walnuss- oder Rapsöl, Hibiskustee oder grüner Tee (zwei bis drei Tassen täglich), Rote-Bete-Saft (0,25 bis 0,5 Liter täglich), nitratreiches Gemüse wie Spinat, Rucola oder Mangold (eine Portion täglich), Olivenöl (täglich), bittere Schokolade (minimal 10 Gramm, maximal 50 Gramm pro Tag), Obst wie Granatapfel oder Blaubeeren (täglich eine Handvoll), sowie Sojaprodukte wie Tofu, Edamame, Tempeh oder Sojamilch (täglich eins bis zwei Portionen).

Heilfasten über mindestens fünf bis sieben Tage hat in der Regel einen hervorragenden blutdrucksenkenden Effekt. Auch Intervallfasten senkt den Blutdruck. Weitere Möglichkeiten sind einmal wöchentliche Entlastungstage mit Reis oder Hafer.

3. Diabetes Typ 2 und Fettleber

Von Diabetes Typ 2, einst als eine Alterserscheinung angesehen, sind inzwischen fast zehn Prozent der Bevölkerung in Deutschland und mehr und mehr junge Menschen betroffen. Fehlernährung, Übergewicht und Bewegungsmangel und damit einhergehende Insulinresistenz sind fast immer die Verursacher. Die Fettleber ist eine Folge von Adipositas und Diabetes Typ 2. Neue Medikamente senken wirksam den Blutzuckerspiegel und das Gewicht, sie kontrollieren die Symptome und schützen vor Folgeerkrankungen. Ihr Manko: Sie können Diabetes nicht heilen. Setzt man sie ab, kehrt der alte Zustand wieder zurück. Mit einem Zusammenspiel aus Heilfasten, Intervallfasten und einer pflanzenbetonten, ballaststoffreichen Ernährung mit wenig Zucker und einfachen Kohlenhydraten lässt sich der Diabetes an der Wurzel packen, das sehe ich regelmäßig bei meinen Patienten. Hierbei sind die Ballaststoffe in Gemüse, Hülsenfrüchten und Vollkorngetreide immens wichtig. Meiden Sie Zucker und Weißmehl. Und verzichten Sie unbedingt auf Süßstoffe. Balsamico-Essig, Balsamico-Creme oder Apfelessig glätten den Anstieg des Blutzuckers. Sie mögen sich wundern, aber auch bei Diabetes befürworte ich süße Früchte, etwa dunkle Beeren und Äpfel. Ein Extrakt aus Brokkoli hat eine ähnliche Wirkung wie das wichtigste Diabetesmedikament Metformin. Bei regelmäßigem Verzehr von Olivenöl sowie täglich 30 Gramm Nüssen können Sie einer Diabeteserkrankung vorbeugen.

Wenn Sie es systematisch angehen wollen, probieren Sie eine Haferkur, sie ist eine moderate Form des Fastens und hilft dem Zuckerstoffwechsel. Kochen Sie morgens, mittags und abends jeweils 80 Gramm Vollkornhaferflocken in Wasser oder ungesalzener Gemüsebrühe. Als Gewürze eignen sich Pfeffer, Curry, Kurkuma, Zimt oder frische Kräuter. Ein Teelöffel gehobelte Mandeln sind erlaubt. Dazu können Sie Rohkost essen, zum Beispiel Gurke oder Kohlrabi.

Täglich Kichererbsen, Linsen oder Bohnen führen zu einer verbesserten Regulation des Blutzuckers. Fermentiertes Gemüse und Joghurt fördern das Mikrobiom und sind damit günstig bei Diabetes.

Auf jeden Fall sollten Sie die resistente Stärke etwa in kalten Nudeln, Kartoffeln, Reis, Mais oder grünen Bananen nutzen, um die Fettleber zu bekämpfen und das Mikrobiom zu stärken. 2023 veröffentlichte ein Forscherteam aus China, Deutschland und Finnland spektakuläre Ergebnisse einer Studie mit 200 Patienten, die eine Fettleber hatten. Sie gaben ihnen täglich ein Pulver mit 20 Gramm resistenter Stärke zu den Mahlzeiten. Der Fettgehalt in der Leber war vier Monate später bei der Gruppe, die resistente Stärke erhielt, von 25 auf 13 Prozent gefallen, bei der Kontrollgruppe nur von 23 auf 21 Prozent. Die Forscher vermuteten, dass es nicht nur die Gewichtsabnahme war, die den Effekt erzeugte, sondern die Veränderung des Mikrobioms. Sie übertrugen daraufhin Proben des Stuhlgangs der Studienteilnehmer auf Mäuse mit Übergewicht und Fettgehalt. Hier reichte der Mikrobiom-Transfer, um die Fettleber wegzuzaubern.

Bei Diabetes hilft auch langsames Essen, dadurch tritt das Sättigungsgefühl schneller ein und hält länger an, in der Folge wird weniger Insulin ausgeschüttet.

Heilfasten wirkt sich bei Diabetes Typ 2 sehr günstig aus, insbesondere bei einer zusätzlichen Fettleber. Schon nach wenigen Tagen verbessern sich Blutzuckerspiegel und Insulinresistenz deutlich. Für die Fettleber sind leicht modifizierte Formen des Fastens (siehe S. 333 ff.) ideal. Eine Fettleber reduziert sich damit meist um die Hälfte, sie kann bei zwei- bis dreimaligem Fasten im Jahr ganz verschwinden.

4. Gefäßverkalkung, Herzinfarkt und Schlaganfall

Die moderne Kardiologie ist ein Segen bei der Therapie eines akuten Herzinfarkts, bei Rhythmusstörungen und einem Schlaganfall. Meist liegt schon über viele Jahre eine chronische Erkrankung der arteriellen Blutgefäße zugrunde, eine Arteriosklerose. Diese bleibt durch die medizinischen Eingriffe letztlich unbeeinflusst, sie kann sogar weiter fortschreiten, wenn die Risikofaktoren erhöhte Blutfette, erhöhter Blutdruck, Übergewicht, Stress und/oder Rauchen nicht angegangen werden. Fatal ist zudem, dass die Einnahme eines präventiven Medikaments vieles richten wird, es schränkt aber in erster Linie die Motivation und Bereitschaft ein, etwas im Leben zu ändern.

Dabei können Sie bei bestehenden oder drohenden Herz-Kreislauf-Erkrankungen durch einen gesunden Lebensstil mit Nikotinverzicht, Fasten, gefäßschützender Ernährung, Stressreduktion und Bewegung Ihr Herz schützen und es wieder kräftigen. Bei einer Arteriosklerose werden mit einer veganen, fettarmen Ernährung und einer mediterranen Diät die besten Ergebnisse erzielt. Im Übrigen helfen die Lebensmittel, die ich beim Blutdruck aufgelistet habe. Weiterhin empfehle ich dunkle Beeren wie Blaubeeren und Brombeeren, sie reduzieren das Herzinfarktrisiko. Zur Prävention sind Oliven-, Lein- und Rapsöl geeignet. Knoblauch und rote Zwiebeln halten die Gefäße geschmeidig. Walnüsse, Pecannüsse und Mandeln senken den Cholesterinwert, den Blutdruck und reduzieren das Gewicht; zudem verbessern sie das Fettsäureprofil. Ingwer senkt den Triglyceridspiegel und verbessert die Blutzuckerregulation, Kurkuma die Cholesterinwerte. Hülsenfrüchte reduzieren das Arteriosklerose-Risiko (ungesalzene Erdnüsse haben ebenfalls diese Eigenschaft). L-Arginin, diese wertvolle Aminosäure in Kürbiskernen, Mandeln, Pinienkernen, Hülsenfrüchten und Erdnüssen wirkt blutdrucksenkend und gefäßentspannend. Rote Bete und anderes nitrathaltiges Gemüse wie Spinat, Salat, Mangold, Rucola sind effektiv zur Blutdrucksenkung und Verbesserung der Gefäßelastizität. Granatapfelsaft – wer täglich 0,1 Liter davon trinkt, erwirkt eine verbesserte Durchblutung der Herzkranzgefäße.

Die Risikofaktoren, die zu koronarer Herzkrankheit und Schlaganfall führen, können sowohl durch Intervallfasten als auch durch periodisches Heilfasten nachhaltig behandelt werden. Bei akuten Ereignissen wie einem Herzinfarkt oder einem Schlaganfall sollte bis drei Monate im Anschluss nicht heilgefastet werden, weil das Herz noch zu instabil ist. Bei bestehender Herzinsuffizienz kann gefastet werden, gerade die entwässernde Wirkung ergänzt die Medikamente sehr gut. Fasten Sie in diesem Fall aber bitte nur unter ärztlicher Betreuung in einer Klinik.

5. Nierenerkrankungen

Unsere Nieren verrichten Höchstleistungen: Innerhalb von 24 Stunden filtern sie bis zu 150 Liter Blut und produzieren daraus ein bis zwei Liter Urin. Eine chronische Nierenerkrankung mit zunehmendem Verlust der Nierenfunktion kann durch Entzündungen, Autoimmunerkrankungen oder eine langjährige Einnahme von Schmerzmitteln hervorgerufen werden. Am häufigsten kommt es zu einer Schädigung durch chronische Erkrankungen wie Diabetes und Bluthochdruck, die wiederum die Gefahren eines Herzinfarkts oder Schlaganfalls erhöhen. Für eine chronische Nierenschwäche besteht leider keine Heilung. Wichtig ist, den Funktionsverlust der Nieren zu stoppen oder abzubremsen. Vermeiden Sie alle nierenschädigenden Medikamente und lassen Sie die Risikofaktoren

(Bluthochdruck, Diabetes, erhöhter Cholesterinspiegel) behandeln. Das ist auch das zentrale Ziel der Ernährungstherapie. Deshalb sind die Empfehlungen zur Ernährung bei Nierenerkrankungen dieselben wie bei Bluthochdruck (S. 380), Diabetes (S. 381) und Arteriosklerose (S. 383).

Zusätzlich gibt es einige Besonderheiten. Reduzieren Sie bei einer chronischen Nierenerkrankung die Zufuhr von Protein, vor allem von tierischem Protein. Fisch und Geflügel setzen die Nieren unter Stress, Hyperfiltration genannt. Ein zusätzlicher Nutzen einer proteinarmen Ernährung entsteht, da diese Ernährung basisch ist – sie funktioniert so nach dem gleichen Prinzip wie die Medikamente gegen eine Niereninsuffizienz. Die basische Ernährung verzögert die Verschlechterung einer bestehenden Nierenerkrankung. Säurebelastend sind hingegen Fleisch, Milchprodukte, Fisch, Cola-Getränke und große Mengen an Getreide. Auch Phosphat, das ebenfalls in Wurst und Brot steckt, kann die Säurebelastung erhöhen. Ungünstig sind ebenso Phosphatzusätze in Lebensmitteln. Vermeiden Sie Produkte mit den phosphorhaltigen Zusatzstoffen E 338, E 343, E 450, E 452, E 1410, E 1412, E 1413 oder E 1414. Die Nahrung bei Nierenerkrankungen sollte zudem salzarm sein. Trinken Sie reichlich Flüssigkeit bei Nierensteinen oder wiederkehrenden Blaseninfekten.

Bevor es die Dialyse gab, rieten Nierenspezialisten ihren Patienten zu Fasten- und Durstkuren. Oft besserte sich dadurch der Zustand der Nieren, allerdings hielt der Effekt nie lange an. Nachdem die künstliche Blutwäsche etabliert war, wurde nicht mehr gefastet. Dabei kann ein Heilfasten Erkrankungen wie Diabetes Typ 2 oder Bluthochdruck, die zu Niereninsuffizienz führen können, deutlich verbessern. Ich empfehle ein ärztlich begleitetes Fasten mit Kontrolle der Nierenwerte. Ein Intervallfasten eignet sich gut bei Nierenerkrankungen und kann selbstständig durchgeführt werden.

Die 15 wichtigsten Lebensmittel für den täglichen Bedarf

Immer wieder gebe ich Essensempfehlungen, die sich ähnelten, etwa, sich primär pflanzlich, vollwertig oder mediterran zu ernähren, um gesund, vital und kraftvoll zu bleiben oder wieder zu werden. Es gibt zudem einzelne Super-Lebensmittel, die ihren Teil dazu beitragen, uns länger leben zu lassen.

Diese sollten Sie möglichst jeden Tag zu sich nehmen:

- Vollkornbrot und Vollkornpasta
- Hülsenfrüchte und Tofu
- Haferflocken
- Beeren, frisch oder aus der Tiefkühltheke
- Wurzelgemüse, Kreuzblütler-Gemüse aller Art (Brokkoli, Möhren, Kohl etc.)
- Salat oder grünblättriges Gemüse
- Gemüse wie Paprika, Zucchini, Chicorée, Aubergine oder Tomate
- Äpfel und saisonales Obst
- Fermentiertes: Joghurt (Kuh, Ziege, Schaf, vegan), Sauerkraut, Kimchi, Tempeh
- Olivenöl
- Lein- und Algenöl
- Bittere Schokolade
- Leinsamen: zwei bis drei Teelöffel
- Nüsse und Mandeln
- Mindestens drei Gewürze.

6. Arthrose

Die Hauptursache für Arthrose ist das Alter. Kaum ein 40-Jähriger leidet unter Arthrose, mit 80 Jahren sieht das anders aus. Die Knorpelschicht an den Gelenken wird zunehmend dünner, es kommt zu Verknöcherungen an den Gelenkrändern. Überbeanspruchung und Überlastung als Ursache einer Arthrose wie in früheren Zeiten, als noch mehr körperlich und weniger am Bildschirm gearbeitet wurde, sind heute selten. Aber es gibt noch andere Faktoren, die entscheiden, wie lange unsere Gelenke geschmeidig und schmerzfrei bleiben. Zu nennen sind die genetische Disposition (vor allem bei Arthrose an den Händen) sowie die Ernährung. Die Beschwerden bei Arthrose sind nämlich oft entzündungsbedingt oder werden zumindest durch eine entzündliche Komponente verstärkt. Daher werden in der Forschung neue Medikamente erprobt, die Entzündungen blockieren. Schmerzmedikamente wie Ibuprofen oder Diclofenac wirken ebenfalls entzündungshemmend.

Bei Arthrose empfehle ich zunächst, ein bestehendes Übergewicht anzugehen. Das ist oft gar nicht so einfach, wenn man durch eine Knie-, Hüft- oder Sprunggelenksarthrose nicht mehr gut laufen kann und Sport zur Last wird. Neben einer Physio- und Schmerztherapie ist deshalb eine Ernährungsumstellung entscheidend. Der Zusammenhang zwischen Übergewicht und Arthrose insbesondere in den Knie- und Hüftgelenken hat nicht nur mit der vermehrten Gewichtsbelastung zu tun. Durch die zusätzlichen Kilos setzt das Mikrobiom Entzündungsstoffe frei, die die Entzündung in den Gelenken anfachen. Eine Ernährung, die antientzündlich und gewichtsreduzierend wirkt, sowie Intervallfasten zur Gewichtsreduktion und Heilfasten zur Entzündungshemmung, kombiniert mit dosierter Bewegung, Wärme- und Kälteanwendungen und Yoga können dafür sorgen, dass Sie Ihre Arthrose kaum oder gar nicht (mehr) spüren.

Die Arachidonsäure ist eine mehrfach ungesättigte Fettsäure, die nur in tierischen Fetten in relevanter Menge vorkommt. Wenn sie reichlich mit der Nahrung in den Körper gelangt, werden daraus entzündungsfördernde Signalstoffe, die Eicosanoide, synthetisiert. Durch den Verzicht auf oder zumindest die Reduktion von Fleisch, Wurst, Fisch und Milchprodukten können Sie die Arachidonsäure ausbremsen. Omega-3-Fettsäuren führen zur Synthese von entzündungshemmenden Eicosanoiden. Diese sollten also reichlich aufgenommen werden, durch Leinsamen, Lein-, Algen- und Rapsöl, grünes Blattgemüse, Soja sowie Nüsse. Eine zu starke Säurebelastung durch Proteine und phosphorhaltige Nahrung kann Entzündungsreize im Bindegewebe und in der Umgebung des Gelenks setzen. Mit einer nicht zu proteinreichen Ernährung können Gelenkschmerzen bei Arthrosen oft reduziert werden. Mit nur geringen Mengen an Milchprodukten ernähren Sie sich basisch und puffern die Säuren ab.

Die Beschwerden einer aktiven Arthrose, also einer Arthrose mit Entzündungszeichen, lassen sich durch Kurkuma, Ingwer und Safran lindern, ebenso durch Gemüse- und Obstsorten mit viel Vitamin C (Zitrusfrüchte, Sanddorn, Hagebutte; Letzteres allerdings nur als kalt zubereitetes Mus, erhitzter Hagebuttentee hat keine nennenswerte Wirkung). Auch Gewürzmischungen aus Kreuzkümmel, Koriander oder Muskat sind entzündungshemmend, weiterhin Bockshornklee, Kardamom und Chili. Essen Sie zudem viel farbiges Gemüse, alles Grünblättrige, zudem Brokkoli, Rosenkohl, Blumenkohl, Meerrettich, Radieschen, Rucola und Grünkohl. Entzündungshemmend wirken ebenso Blaubeeren, Erdbeeren und Kirschen. Bei Kirschen beruht dies auf einer spezifischen Hemmung von Entzündungsstoffen (ähnlich wie bei Ibuprofen).

Beim Heilfasten werden die Gelenke durch eine Gewichtsabnahme rasch entlastet, zusätzlich wird die entzündungsfördernde Arachidonsäure innerhalb weniger Tage fast vollständig aus dem Körper verbannt. Außerdem werden spezielle entzündungshemmende Effekte initiiert. Intervallfasten hat keine oder nur wenig ausgewiesene Effekte bei Arthrose. Es ist aber gut geeignet, um das Gewicht zu reduzieren.

7. Rheuma

Die rheumatoide Arthritis kann heute sehr gut mit modernen Medikamenten behandelt werden. Die Möglichkeiten der Ernährung und des Fastens empfehle ich unbedingt als zusätzliche Therapie zu nutzen. So hat eine mediterrane oder pflanzenbasierte Kost einen geringen Anteil von Arachidonsäure und reichlich Polyphenole und Ballaststoffe – das schont das Mikrobiom, sorgt generell für eine Entzündungshemmung und lindert damit die Beschwerden.

Viele Patienten haben die Erfahrung gemacht, dass bestimmte Nahrungsmittel einen rheumatischen Schub auslösen können. Häufig ist dies bei Fleisch und Milchprodukten der Fall. Wird mehrfach nach speziellen Lebensmitteln eine Verschlechterung festgestellt, sollten diese gemieden werden. Allerdings kann sich die Reaktion durch Lebensumstände, Alter und Stress wieder ändern. Aus diesem Grund sollten die verdächtigten Lebensmittel nach einiger Zeit erneut getestet werden. Studien an der Charité konnten zeigen, dass Autoimmunprozesse durch Salz getriggert werden, in der Nahrung sollte folglich möglichst wenig Salz sein.

Bei einer individualisierten lakto-vegetarischen Ernährung nach den Prinzipien des Ayurveda, bei der neben Fisch und Fleisch auch auf Eier verzichtet wird, habe ich bei unseren Patienten öfter eine nachhaltige Verbesserung ihrer Beschwerden beobachten können. Im Wesentlichen werden antientzündliche Gewürze eingesetzt, zugleich wird auf Nachtschattengewächse wie Tomaten, Auberginen, Paprika und Kartoffeln verzichtet. Die Gerichte werden überwiegend warm zubereitet. Es hilft, einen bestimmten Essensrhythmus einzuhalten.

Einzelne Nahrungsmittel, die bei Rheuma helfen können, sind identisch mit denen, die ich unter Arthrose aufgeführt habe.

Die wirksamste antirheumatische Methode in der Ernährungsmedizin ist das Heilfasten. Otto Buchinger, der Pionier des Heilfastens, erfuhr es am eigenen Körper. Seine rheumatischen Gelenkentzündungen besserten sich durch wiederholtes längeres Fasten in beeindruckender Weise. In unserer Klinik beobachten wir bei

Patienten mit rheumatoider Arthritis, dass sie schon nach wenigen Fastentagen Schmerzlinderung und eine Abschwellung der Gelenke registrieren. Um den Effekt des Fastens zu halten, ist es wichtig, danach auf eine gesunde Ernährung zu achten. Intervallfasten hat nur leichte entzündungshemmende Effekte. Eine Wirkung ist vor allem dann zu erwarten, wenn zudem Übergewicht besteht.

8. Reizdarmsyndrom

Unter einem Reizdarmsyndrom leiden in den Industrieländern schätzungsweise bis zu 20 Prozent der Bevölkerung. Ursache sind eine Überempfindlichkeit der Darmwände und eine gestörte Darmflora; Darminfekte, aber auch Stress sind wichtige Auslöser. Eine Kombination aus einer niedrigen Schmerzschwelle der Darmschleimhaut und Verdauungsstörungen führen dazu, dass die Darmbewegungen Beschwerden verursachen. Die Verdauung ist unregelmäßig, vermehrt treten Durchfall, Verstopfung und Blähungen auf.

Es gibt kaum medikamentöse Therapieansätze. Bescheidene Erfolge lassen sich zuweilen mit dem Antibiotikum Rifaximin, Probiotika oder dem Antidepressivum Amitriptylin erzielen. Bei der Ernährung ist die FODMAP-Diät (Abkürzung für: Fermentierbare Oligo-, Di-, Monosaccaride und Polyole) am besten untersucht. Bei ihr meiden Betroffene konsequent alle Lebensmittel, die blähen und schwer verdaulich sind. FODMAP-Anteile finden sich unter anderem in Süßigkeiten, Brot und Getreide sowie im Kohlgemüse. Diese Diät wird über acht Wochen durchgeführt, es werden einzelne Lebensmittel auf ihre Verträglichkeit hin ausprobiert. Das FODMAP-Prinzip ist jedoch etwas kompliziert und schränkt die Ernährungsvielfalt ein. Wer sich dafür entscheidet, lässt sich am besten von einer professionellen Ernährungsberatung begleiten.

Beim Reizdarm gibt es ein grundsätzliches Dilemma: Einige Nahrungsmittel, die für die Darmbakterien wichtig und positiv sind, etwa inulinreiches Wurzelgemüse, Hülsenfrüchte oder Vollkornbrot, können die Symptome zunächst verstärken. Aber sie füttern die guten Bakterien, sorgen für deren Vermehrung und nützen langfristig. Daher empfehle ich, durchaus auch solche Nahrungsmittel zu essen, die zunächst Beschwerden verursachen – zumindest in kleinen Mengen. Achten Sie auf die Qualität der Nahrungsmittel und auf die Zubereitung, manche Gewürze schwächen die blähende Wirkung ab. Und kauen Sie die Speisen gut und langsam. Grundsätzlich sollten Sie Schonkost bevorzugen, das bedeutet: möglichst keine Rohkost, sondern gedünstetes oder gedämpftes Gemüse. Oder es kurz im Wok anbraten. Die asiatische Küche ist das beste Beispiel für eine gesunde, schonende Kost, die in der Regel auch von einem empfindlichen Darm problemlos verarbeitet wird. Besonders die ayurvedische Ernährung zeichnet sich beim Reizdarmsyndrom durch eine sehr gute Verträglichkeit aus. In einer vergleichenden Studie meiner Arbeitsgruppe unter Leitung meines Kollegen Christian Keßler ließ sich ein der FODMAP-Diät vergleichbarer Effekt erzielen. Ich empfehle, diese unbedingt zu probieren, wenn sich durch die bisherigen Maßnahmen die Beschwerden nicht zufriedenstellend gebessert haben.

Trinken Sie nichts zu einer Mahlzeit, vor allem nichts Kaltes. Man geht davon aus, dass die verdauenden Enzyme die Nahrung verdünnen und die so entstandene Flüssigkeit die Magenwände stärker dehnen. Dadurch wird die Speise zu früh in den Dünndarm weitergeleitet und verursacht Probleme.

Essen Sie nicht, wenn Sie akut gestresst oder müde sind. Gönnen Sie sich stattdessen zuerst Ruhe oder führen eine Entspannungsübung durch. Verzichten Sie auf Alkohol, er ist ein entzündlicher Reiz für die Darmschleimhaut, sie wird dadurch durchlässiger und Entzündungen können sich verstärken.

Geben Sie Ihren Darmbakterien gutes Futter: Essen Sie präbiotische Ballaststoffe, Fermentiertes ist auch nützlich, hier ist aber die Verträglichkeit individuell sehr unterschiedlich. Haben Sie den Eindruck, dass Sie Gluten oder Weizen nicht vertragen, obwohl eine Zöliakie ausgeschlossen wurde, empfiehlt sich ein Selbstversuch. Verzichten Sie mehrere Wochen lang auf Gluten und beobachten Sie, ob sich das positiv auf Ihren Darm auswirkt.

Meiden Sie bei einem Reizdarm vor allem Industrie-Essen, Zusatzstoffe (keine Wurst!) und Zucker. Hilfreich sind täglich ein Teelöffel Kurkuma (ohne Fett und Pfeffer), Ingwer, Beerenblättertee, Bitterstoffe oder Amara-Tropfen, Fenchel-, Kümmel-, Kamillen-, Melissen- oder Anistee. Bei Durchfall empfehle ich Heilerde, Flohsamen, Leinsamen und Leinsamenschleim sowie Heidelbeeren (getrocknet oder als Heidelbeer-Muttersaft).

Ein Heil- oder Scheinfasten über fünf bis sieben Tage kann ich nur jedem anraten. Die Darmschleimhaut wird nachweislich regeneriert, das Mikrobiom kann neu aufgebaut werden. Insbesondere das Fasten nach der Mayr-Methode (siehe S. 55 ff.) ist zu empfehlen. Beim Intervallfasten ist die Studienlage noch dünn, aber viele Patienten berichten von einer Besserung ihrer Beschwerden. Besonders wichtig ist die Einhaltung der 1+3-Regel, sodass der Darm nachts entlastet wird und sich die Darmreinigung entfalten kann.

9. Hauterkrankungen

In meiner Sprechstunde und in der Klinik behandele ich viele Patienten mit Hauterkrankungen wie Schuppenflechte (Psoriasis), Neurodermitis oder Rosacea. Obwohl die Psoriasis eine starke erbliche Komponente aufweist, berichten die meisten Betroffenen, dass Stress und eine falsche Ernährung die Symptome verschlechtern können. Psoriasis-Patienten sollten vor allem Alkohol, gesättigte Fette und arachidonsäurereiche Nahrungsmittel (Fleisch, Wurst, Eier und Milchprodukte) meiden oder deutlich reduzieren. Patienten mit Zöliakie leiden häufiger unter Psoriasis. Ich rate zu einem Versuch mit einer glutenfreien Ernährung, aber nur dann, wenn Untersuchungen des Bluts wirklich Zöliakie-Antikörper nachgewiesen haben. Ballaststoffe und Fermentiertes bringen das Mikrobiom wieder ins Lot.

Konkret empfehle ich: Kurkuma, Lein-, Algen-, Raps-, Weizenkeim- und Schwarzkümmelöl, Leinsamen, Walnüsse, grünen Tee, Granatapfel, Ingwer, Safran und Quercetin-haltige Lebensmittel wie

Äpfel, Kapern, rote Trauben, Zwiebeln, Brokkoli, Grünkohl, Beeren und Sanddorn.

Heilfasten führt bei der Mehrzahl der Psoriasis-Patienten mit Haut- und/oder Gelenkbeschwerden zu einer Besserung. Es entlastet den Stoffwechsel und die Leber und reduziert Stress. Dadurch beruhigen sich das vegetative Nervensystem sowie Puls, Blutdruck und die Atemfrequenz. Heilfasten gefolgt von Intervallfasten und einer Ernährungsumstellung können langfristig das Gewicht normalisieren.

Die Neurodermitis ist schwieriger zu behandeln als die Psoriasis. Bei vielen Patienten bessern sich die Beschwerden im Rahmen eines ein- bis zweiwöchigen Heilfastens, oft kehren diese aber später zurück. Darum empfiehlt sich nach dem Fasten, auf bestimmte Lebensmittel zu verzichten, etwa auf Zucker und Fruchtzucker.

Aktuelle Daten deuten darauf hin, dass Pro- und Präbiotika, die das Mikrobiom unterstützen, hilfreich sind. Daher empfehle ich Ballaststoffe und fermentierte Lebensmittel wie rohes Sauerkraut, Brottrunk, Tempeh oder Bio-Joghurt. In manchen Fällen helfen Extrakte aus Gamma-Linolensäure – eine ungesättigte Omega-6-Fettsäure, die in Mandeln, Sesam, Traubenkern- und Nachtkerzenöl, schwarzen Johannisbeeren sowie Leinöl vorkommen. Auch hier empfehle ich, die ayurvedische Ernährungstherapie auszuprobieren. Ich kenne einige Patienten, deren Haut sich darunter deutlich verbesserte.

Bei der Rosacea, auch Gesichts- oder Kupferrose genannt, leiden Patienten durch ein Erröten und Aufblühen der Gesichtshaut. Als Ursache wird eine Störung der Gefäßnerven vermutet. Stress, Wärme, Kälte, Sonneneinstrahlung, Alkohol (Wein) und scharfe Gewürze können eine Rosacea verstärken oder triggern. Es gibt keine gesicherten Daten aus der Ernährungstherapie für Rosacea, ich beobachte aber immer wieder deutliche Erfolge mit Heil- und Intervallfasten. Beim längeren Heilfasten kommt es für gewöhnlich in den ersten Tagen zu einer leichten Zunahme der Rötung, ab dem dritten oder vierten Tag bessert sich jedoch die Haut. Danach sollten sich Intervallfasten und eine mediterrane oder vegetarische Ernährung anschließen.

10. Allergien und Asthma

Immunerkrankungen wie Allergien, Heuschnupfen und allergisches Asthma nehmen seit Jahren zu. In einer großen Beobachtungsstudie mit mehr als 180 000 Kindern korrelierte eine erhöhte Allergierate mit hohen Mengen an Fast Food und gesättigten Fetten, während Obst und Gemüse vor Allergien schützten. Eine mediterrane oder vegetarische Ernährung mit wenig gesättigten Fetten können das Allergie- und Asthmarisiko ebenfalls reduzieren. Der Schutz beginnt schon im Mutterleib. Ein gestörtes Mikrobiom und ein hoher Stresslevel sind weitere auslösende Faktoren.

Von unserem Immunsystem wird viel verlangt. Zum einen soll es schnell und tatkräftig feindliche Angriffe abwehren, gleichzeitig aber nicht den eigenen Körper schaden. Ein allergischer Schock ist das Paradebeispiel für eine Überreaktion, bei der das Immunsystem diese Balance nicht halten kann und extrem auf einen Auslöser (zum Beispiel Bienengift) reagiert. Nur wenige Nahrungsmittel sind bekannt, mit denen wir zugleich das Immunsystem stimulieren und eine Überreaktion vermeiden können. Dazu gehören Bierhefe und Hafer mit den darin enthaltenen Beta-Glucanen. Hefe- oder Haferflocken können als Nahrungsergänzung in der Allergiezeit unter das Essen gemischt werden. Ein Versuch mit Präbiotika und Ballaststoffen kann sinnvoll sein, um das Mikrobiom zu unterstützen. Essen Sie weniger Getreide, vor allem weniger Brot.

Die meisten Allergiker reagieren im Frühjahr auf Birkenpollen, im Sommer auf Gräser- und Roggenpollen. Achten Sie bei einer Pollenallergie und bei Heuschnupfen auf eine mögliche Kreuzallergie. So können Kern- und Steinobst sowie Karotten bei einer Birkenpollenallergie Symptome auslösen, analog ist es mit Sellerie bei einer bestehenden Beifußpollen-Allergie. Versuchen Sie aber, Ihre Ernährung nicht zu sehr einzuschränken.

Interessant ist eine neue Sichtweise auf Nahrungsmittelallergien. Schwere Reaktionen treten am häufigsten bei Kuhmilch, Hühnerweiß und Erdnüssen auf. Bisher gab es nur zwei anerkannte Strategien: erstens das Vermeiden der Allergene und zweitens das

Mitführen eines Notfallsets. Inzwischen empfiehlt man eine Desensibilisierung. Statt der Vermeidung wird also eine kontrollierte Begegnung mit dem Allergen (etwa dem Erdnussprotein), streng kontrolliert durchgeführt. Diese Therapie sollte aber stets ein erfahrener Allergologe durchführen. Eine sehr erfolgreiche Prävention der Erdnussallergie mit Verminderung des Risikos um fast 80 Prozent kann eine möglichst frühe Beikost bei Kindern erwirken. Dabei werden wegen der Gefahr des Erstickens keine ganzen Erdnüsse, sondern Erdnussbutter oder -mehl zum Essen gegeben. Bei Neurodermitis besteht ein höheres Risiko, eine Erdnussallergie zu entwickeln.

In unserer Klinik haben wir bei Allergien gute Erfahrungen mit regelmäßigem Heil- und Scheinfasten gemacht. Da diese Therapiemethode einen starken Einfluss auf das Mikrobiom hat, scheint mir dieser Effekt wichtig zu sein. Einige Patienten haben mir berichtet, dass sich ihre Allergien durch Intervallfasten (16:8) verbessert haben.

11. Migräne

Migräne ist eine mit großen Schmerzen verbundene und äußerst quälende Erkrankung. Immerhin: Durch die Einführung einer sehr wirkungsvollen Medikamentengruppe namens Triptane und neuerer Antikörper sind die Betroffenen der Erkrankung nicht mehr so schutzlos ausgeliefert wie früher. Triptane heilen aber die Migräne nicht, im Gegenteil: Bei langfristiger und intensiver Einnahme (zehn bis zwölf Tabletten pro Monat) können sie genauso wie andere Schmerzmittel die Erkrankung sogar verschlimmern. Neben einer genetischen Komponente spielen auch Umweltfaktoren und der Lebensstil als Auslöser eine Rolle. Die Zahl der Patienten hat in den vergangenen Jahrzehnten stark zugenommen hat. Wichtige ursächliche Elemente sind Schlafmangel, Stress, hormonelle Faktoren und die Ernährung.

Vielen Patienten ist dies vertraut: Sie essen ein bestimmtes Nahrungsmittel – und unmittelbar danach kommt es zu einem Anfall.

Versuchen Sie die Lebensmittel zu identifizieren, die eine Migräne auslösen. Ein Kopfschmerz-Tagebuch kann hierbei helfen. Ich empfehle nicht nur, eine solche Trigger-Nahrung zu meiden, sondern generell eine Ernährung zu wählen, die die Migräne bessern kann.

Lebensmittel, die einen Anfall auslösen können, enthalten oft Histamin, also Käse (Hartkäse), Geräuchertes, Fisch in Dosen, Hülsenfrüchte, Schokolade, Kakao und Rotwein (überhaupt Alkohol). Je frischer ein Lebensmittel ist, desto weniger Histamin findet sich in ihm.

Vermeiden Sie Tyramin-haltige Lebensmittel. Tyramin blockiert das Enzym Diaminoxidase, das für den Histamin-Abbau zuständig ist. Entsprechend sollten folgende Nahrungsmittel weggelassen werden: Zitrusfrüchte, Bananen, Erdbeeren, Avocado, Nüsse, Hefe, Würzmittel wie Brühwürfel, Sojasauce. Weiterhin kann Kaffee ein Migräneauslöser sein, er kann manchmal hingegen auch helfen.

Wählen Sie eine pflanzenbetonte, vollwertige Ernährung, möglichst mit wenig Zusatzstoffen. Bevorzugen Sie Bio-Produkte, sie enthalten wenig bis gar keine Konservierungsstoffe und Geschmacksverstärker, die ebenso im Verdacht stehen, Migräneanfälle zu initiieren.

Machen Sie einen großen Bogen um Zucker, überhaupt Süßes und Weißmehl: Es wird vermutet, dass eine Zuckerbelastung und der danach abfallende Insulinspiegel eine Migräne hervorrufen kann. Omega-3-Fettsäuren können schützen, daher empfehle ich Lein-, Algen-, Raps- und Sojaöl sowie Walnüsse und viel grünes Blattgemüse.

Magnesium kann prophylaktisch wirken, das Mineral findet sich in Hülsenfrüchten, Nüssen, Getreidekeimen und magnesiumreichem Mineralwasser. Folsäure scheint bei der Migräneprophylaxe zu helfen: Folsäure (lat. folia = Blätter) kommt im Blattgemüse und vielen anderen Gemüsesorten vor. Ingwerextrakte können bei einem Migräneanfall ähnlich wirksam sein wie Triptane. Trinken Sie bei beginnender Migräne einen starken Ingwertee. Bitterstoffe und bittere Nahrungsmittel werden in der Naturheilkunde traditionell bei sich ankündigender Migräne eingesetzt.

Heil- oder Scheinfasten können zu einer deutlichen Verbesserung der Migräne führen. Allerdings kann zu Beginn des Heilfastens eine schwere Migräneattacke auftreten. Selbsthilfemaßnahmen wie Einreiben mit Minzöl, heiße Fußbäder und gegebenenfalls Medikamente überbrücken diesen Zustand. Für Patienten mit Migräne ist es oft besser, keine stark abführenden Maßnahmen anzuwenden, kein Glaubersalz, sondern nur ein wenig Bittersalz. Besonders wichtig ist es, während des Fastens ausreichend zu trinken. Ich empfehle bei Migräne ein Scheinfasten noch mehr als ein Heilfasten, und das zwei- bis dreimal im Jahr. Bei den meisten Patienten verringern sich die Häufigkeit der Anfälle und die Intensität des Kopfschmerzes.

Für das Intervallfasten existieren bislang keine Daten. Jedoch berichten mir immer wieder Patienten, dass sich dadurch ihre Migräne gebessert habe. Da Intervallfasten auch die Schlafqualität optimiert, ist hierdurch ein weiterer günstiger Effekt möglich.

12. Depression

Es gibt inzwischen wissenschaftliche Daten, die eine Wirksamkeit von Ernährungstherapien bei Depression belegen (siehe S. 290 ff.). Wichtig ist indes, dass Sie nie ohne ärztlichen Rat Ihre Medikamente absetzen sollten. In Anlehnung an mehrere klinische Studien empfehle ich folgende Ernährung:
Sie sollten täglich reichlich Vollkornprodukte, Obst und Gemüse – mehr als sechs Portionen! –, Olivenöl, Hülsenfrüchte sowie Milchprodukte (am besten Joghurt und/oder reifen Käse) sowie einmal täglich Nüsse zu sich nehmen. Süßigkeiten, Zucker, Süßstoffe Weißmehl, Frittiertes, Fast Food, Wurst und gesüßte Getränke stehen auf der Verzichtsliste. Versuchen Sie nicht, Ihren Zuckerkonsum etwa durch den Wechsel auf Diät-Cola zu reduzieren.

Der Verzicht auf Fleisch und Eier reduziert die Arachidonsäure, die zu mehr depressiver Stimmung führen kann – vermutlich durch die entzündungsfördernde Wirkung. Leichte Entzündungsimpulse übersetzt das Gehirn nicht mit Schmerzen, sondern mit Depression.

Wer sich nicht vegetarisch ernähren möchte, sollte die mediterrane Ernährung versuchen.

Besonders polyphenolreiches Obst und Gemüse sind zu empfehlen: Beeren, dunkle und bittere Gemüse, Salat und Grünblättriges. Aber auch Kakao, daher ist Bitterschokolade mein Tipp. Eine neue Studie belegte einen stimmungshebenden Effekt für Vitamin C und Kiwi innerhalb weniger Tage. Für Tomaten gibt es ebenso Hinweise auf eine antidepressive Wirkung. Unter den Getränken ist Kamillentee durch seinen hohen Polyphenolgehalt und die antientzündliche Wirkung ein guter Ratschlag.

Einige Gewürze haben in höherer Dosierung ebenfalls antidepressive Wirkungen. Man kann diese, wenn man nicht immer seine Speisen damit würzen möchte, als Extrakte oder Ergänzungspräparate einnehmen, insbesondere Safran, Chili, Kreuzkümmel, Kardamom, Ingwer, Kurkuma und Zimt.

Heil- und Scheinfasten haben meist eine stimmungshebende, nicht selten sogar euphorisierende Wirkung. Zurückzuführen ist dies aller Wahrscheinlichkeit nach auf die erhöhte Freisetzung von Serotonin, Endorphinen und weiteren Neurotransmittern im Gehirn. Da Fasten Schmerzen und Entzündungen reduziert, kann es darüber hinaus auch eine positive Wirkung auf die Stimmung entfalten. Intervallfasten kann bei der Gewichtsreduktion helfen und die Schlafqualität verbessern, hat aber keine spezifisch antidepressive Wirkung.

13. Neurologische Erkrankungen: Multiple Sklerose, Parkinson, Alzheimer und Demenz

Multiple Sklerose (MS), eine chronische Autoimmunerkrankung der Nervenzellen, die zumeist in Schüben verläuft, nimmt an Häufigkeit zu. In der medikamentösen Therapie gab es in den letzten Jahren große Fortschritte durch neue Antikörpertherapien und Biologika, eine Heilung ist aber noch nicht in Sicht. Wissenschaftliche Daten weisen auf einen Vorteil bei einer mediterranen und pflanzenbasierten Ernährung hin. Das betrifft vor allem die Prävention, auf eine aktive MS hat sie nur eine geringe Heilwirkung.

Meine Ernährungsempfehlung bei MS lautet: Verzichten Sie auf oder reduzieren Sie Fleisch, Wurst und Eier. Diese enthalten viele gesättigte Fette und Arachidonsäure und fördern dadurch Entzündungen.

Verzehren Sie Milchprodukte nur in kleinen Mengen, am besten probiotische (Joghurt, Kefir). Gebrauchen Sie wenig Salz. Verwenden Sie viele Omega-3-Fettsäuren, etwa aus Lein-, Algen- und Rapsöl, und Walnüsse. Und essen Sie Kurkuma, auch als Ergänzungspräparat.

Menschen mit MS weisen sehr häufig ein gestörtes Mikrobiom auf. Oftmals finden sich zu wenig gute Darmbakterien, die entzündungshemmende kurzkettige Fettsäuren produzieren. Eine dieser Fettsäuren ist Propionsäure, und dessen Salz, das Propionat, hat eine ganze Reihe günstiger Effekte auf die Erkrankung und deren Immunologie. Kurzkettige Fettsäuren können das Wachstum der Darmbakterien maximal unterstützen, sodass diese vermehrt die guten Fettsäuren produzieren. Das geschieht, indem Sie viele Ballaststoffe, Polyphenole und Fermentiertes essen, auf Industrie-Essen, Süßstoff sowie Wurst verzichten und die Speisen mit gesättigten Fetten und Zucker reduzieren. Unter den Gemüsen sind diejenigen mit viel Inulin besonders wertvoll: Chicorée, Artischocken, Schwarzwurzel, Pastinaken, Spargel, Zwiebeln und Kohl. Für die Verträglichkeit ist es manchmal notwendig, langsam aufzudosieren. Auch resistente Stärke in kalten Kartoffeln, Pasta, Mais und Reis fördert diese Bakterien. Nach Ergebnissen neuerer Forschungsarbeiten der Universität Mainz kann ein besonders in Weizen enthaltenes Protein eine MS verschlechtern. Noch fehlt die Bestätigung in großen Studien. Aber ein Versuch, über drei Monate auf Weizen zu verzichten, kann helfen, herauszufinden, ob man davon profitiert.

Ein Heilfasten mit nachfolgendem Intervallfasten verbessert die Lebensqualität, beeinflusst aber nicht den neurologischen Verlauf der Erkrankung. Grundsätzlich hat das Intervallfasten weniger entzündungshemmende Wirkung als das Heilfasten. Immer mal wieder gibt es aber beeindruckende Fälle. Eine 48-jährige Patientin, die schon zehn Jahre an MS erkrankt war, hörte von unserer laufenden Studie zum Fasten und zu MS an der Charité. Sie begann daraufhin selbstständig ein 16:8-Intervallfasten. Innerhalb von wenigen Wochen besserte sich ihr Befund so stark, dass sie auf den Rollstuhl verzichten konnte. Dies ist sicherlich eine Ausnahme, aber ein Hinweis, dass es sich lohnen kann, das Potenzial des Fastens für sich zu überprüfen, gerade da das Intervallfasten unkompliziert und verträglich ist.

Beim Morbus Parkinson kommt es zu einer langsam fortschreitenden Zerstörung von Nervenzellen im Mittelhirn, der Substantia nigra. In ihr wird Dopamin produziert. Der zunehmende Mangel an Dopamin führt zu Bewegungsstörungen, Zittern und einer allgemeinen Verlangsamung der Bewegung. Als Ursache werden Störungen im Mikrobiom sowie Umweltgifte diskutiert. Schon dem Namensgeber der Erkrankung, James Parkinson, fiel auf, dass Jahre vor Ausbruch der Erkrankung bei seinen Patienten Verdauungsstörungen wie Verstopfung auftraten. Zudem veränderte sich Jahre vor den ersten Symptomen die Zusammensetzung des Mikrobioms.

Interessanterweise existieren die für die Krankheit verantwortlichen dopaminergen Nerven auch in unserem Bauchhirn und die für die Parkinson-Erkrankung typischen Zellstörungen wurden ebenso in Darmzellen nachgewiesen. Es scheint also, als ob Morbus Parkinson tatsächlich im Darm seinen Ursprung hat und erst dann das Gehirn befällt. Dass die Krankheit im Darm beginnen könnte, darauf deutet ein Kuriosum in der Parkinson-Forschung: Bei Menschen, denen in jungen Jahren der Blinddarm entfernt wurde, besteht ein auffallend geringeres Risiko, an Morbus Parkinson zu erkranken. Forscher fanden ein Protein namens Alpha-Synuclein, das sich sowohl im Blinddarm als auch in der Substantia nigra bei Parkinson-Patienten krankhaft angereichert hatte. Womöglich wandert dieses Protein aus dem Blinddarm ins Hirn und schädigt dort die Nervenzellen, insbesondere wenn weitere Störfaktoren wie etwa Pestizide aus unserem Essen hinzukommen. Das würde erklären, warum unter der Landbevölkerung das Entfernen des Blinddarms gut vor

Parkinson schützt. Diese ist nämlich vermehrt den Pestiziden der Äcker ausgesetzt.

Bewegung ist bei Parkinson wichtig und wirksam, offenbar auch Krafttraining. Das Peptid Irisin, das beim Menschen nach Sport von Muskelzellen freigesetzt wird, hat in Tierstudien den Abbau von Alpha-Synuclein in den Hirnzellen beschleunigt und dadurch das Fortschreiten der Erkrankung vermindert. Wird eine Parkinson-Erkrankung diagnostiziert, rate ich umgehend, die Zufuhr von Umweltgiften und Schwermetallen zu reduzieren. Am einfachsten gelingt das, indem man auf Fisch, Fleisch, Eier und Milchprodukte verzichtet oder diese zumindest stark reduziert.

Achten Sie auf eine vollwertige und pflanzenbetonte Ernährung. Bekannt ist, dass Kaffee mit seinem Koffeingehalt Parkinson vorbeugt, eine heilende Wirkung ist bei bereits bestehender Erkrankung jedoch nicht möglich. Der Verzehr von Tomaten, Paprika und Auberginen wirkt möglicherweise ebenfalls präventiv. Menschen, die größere Mengen und regelmäßig Beeren, Äpfel und Nüsse essen, sind besser vor Parkinson geschützt.

Patienten mit Parkinson haben wegen ihrer Geschmacksstörungen oft ungesunde Nahrungsgewohnheiten, sie essen viel Süßes, Salziges und Fettes und sind dennoch oft nicht übergewichtig. Heil- oder Scheinfasten sind sinnvoll, der Stoffwechsel kann sich dadurch verbessern. Ob ein Effekt auf die Erkrankung selbst erzielbar ist, ist Gegenstand aktueller Forschung.

Alzheimer ist die häufigste Form der Demenz. Die weltweit niedrigsten Alzheimerraten weisen die ländlichen Regionen Indiens auf, in denen sich die Menschen überwiegend lakto-vegetarisch ernähren. Das Risiko, an Alzheimer zu erkranken, erhöht sich deutlich mit dem Anstieg des Cholesterinspiegels. Ein weiterer Faktor ist Alkohol. Schon kleine Mengen täglich (etwa 100 Milliliter Wein, also weniger als ein Glas) können Hirnbereiche wie den Hippocampus, in dem das Kurzzeitwissen ins Langzeitgedächtnis überführt wird, schädigen. Besonders die mediterrane Ernährung mit ihrem hohen Gemüse- und Obstanteil schneidet hinsichtlich der Prävention von Demenz gut ab. Auch eine Kombination aus vollwertiger, pflanzenbetonter Nahrung, Bewegung und mentalem Training beugt bei gesunden älteren Menschen den Abbau der Gedächtnisleistung vor. Besteht schon eine Demenz, ist der Einfluss der Ernährung auf die Erkrankung allerdings gering. Dennoch empfehle ich bei einer beginnenden kognitiven Störung oder familiärer Demenz-Belastung nachfolgende Nahrungsmittel: Äpfel (der Wirkstoff Quercetin in der Schale beugt einer Gedächtnisschwäche vor), dunkle Schokolade (die sekundären Pflanzenstoffe verbessern kognitive Fähigkeiten), grünen Tee (das Antioxidans Epigallocatechin scheint Gedächtnisverlust und Nervenschädigung vorzubeugen), Walnüsse (die Omega-3-Fettsäuren stimulieren in Verbindung mit weiteren sekundären Pflanzenstoffen die Gehirnareale), Blaubeeren, Safran (hilft gegen das Vergessen), Brokkoli (der Wirkstoff Sulforaphan kann die Therapie von Alzheimer unterstützen) und Weizenkeime (die beste Quelle für Spermidin, siehe S. 330).

Heilfasten unterstützt möglicherweise eine Therapie bei milden Vorstufen der Demenz und wirkt auch präventiv vor Alzheimer. Eventuell werden beim Fasten vermehrt nervenstärkende Stoffe ausgeschüttet und die für Alzheimer typischen Eiweißplaques, die sich auf die Nervenzellen legen, verstärkt abgebaut. Bei schon bestehender Demenz kann und sollte allerdings nicht mehr gefastet werden.

14. Krebserkrankungen

Krebserkrankungen unterscheiden sich, was die Risikofaktoren, die Ursachen und den Verlauf betrifft, erheblich voneinander. Gemeinsam ist allen Krebsformen das unkontrollierte Zellwachstum. Bei der Entstehung bestimmter Krebsformen ist der Lebensstil mit entscheidend, so zum Beispiel bei Lungenkrebs durch das Rauchen. Andere Krebsarten wie eine Leukämie oder Hirntumore treten unabhängig vom Lifestyle auf. Eine familiäre Disposition und andere genetische Faktoren wie Spontanmutationen im Lauf des Lebens sind weitere Ursachen. Grundsätzlich spielt auch die

Art der Ernährung eine Rolle, allerdings nicht im gleichen Maße wie bei einem Herzinfarkt oder Bluthochdruck. Der Anteil der Ernährung als Auslöser wird auf etwa 30 Prozent für alle Krebsarten geschätzt.

Wir können also etwas tun, und natürlich plädiere ich dafür, unsere Chancen nicht ungenutzt zu lassen. So schützt eine vollwertige, mediterrane und pflanzenbetonte Ernährung vor Brustkrebs und verhindert Rezidive. Zur Prävention von Darmkrebs lohnt der Verzicht auf Fleisch und der vermehrte Verzehr von Ballaststoffen. Wer an Darmkrebs erkrankt ist, reduziert nach neueren Studiendaten sein Rückfallrisiko deutlich, indem er viel Ballaststoffe und Nüsse isst. Patienten mit Prostatakrebs ernähren sich optimal vegan. Wer das nicht schafft, sollte wenigstens Milch, Eier und Geflügel links liegen lassen. Einer Studie zufolge vervierfachen drei bis fünf Portionen Geflügel pro Woche die Wachstumsraten von Prostatakrebsgewebe.

Alkoholverzicht oder zumindest eine Einschränkung von alkoholischen Getränken reduziert eindeutig das allgemeine Krebsrisiko. Rotwein scheint aufgrund des in der Schale der Rotweintraube enthaltenen Resveratrols am wenigsten krebsfördernd zu sein. Ich empfehle, lieber die roten Trauben ohne Alkohol zu essen.

Eine konstante Zufuhr krebshemmender Substanzen über die Nahrung stärkt das Immunsystem und damit seine Fähigkeit, Krebszellen auszubremsen. In ihrem Bestseller *Krebszellen mögen keine Himbeeren* haben die kanadischen Forscher Richard Béliveau und Denis Gingras 2017 einige entsprechende Nahrungsmittel zusammengestellt. Allerdings: So verlockend die Aussicht sein mag, sich allein durch Zwiebeln, Tomaten oder Apfelsinen vor Krebs zu schützen, so warne ich vor falschen Hoffnungen. Kein isoliert gegessenes Nahrungsmittel ist eine Wunderwaffe, die gegen Krebs schützt.

Da die meisten untersuchten Lebensmittel aber auch bei vielen anderen Erkrankungen vorbeugend und unterstützend wirken, empfehle ich sie in die Nahrung zu integrieren: Kreuzblütler (Brokkoli, Brokkoli-Sprossen, Grünkohl, Rosenkohl, Blumenkohl,

Rucola, Kresse, Rettich), grünen Tee, rote Trauben mit Kernen, Knoblauch, Zwiebeln, Pilze (zum Beispiel Shiitake oder Champignons), Olivenöl, Oliven, Kurkuma, Beeren (Blaubeeren, Brombeeren, schwarze Johannisbeeren), Sojaprodukte, Petersilie, Kaffee, Nüsse, Vollkorngetreide, Äpfel und Birnen (mit Schale).

Die meisten Fastenforscher gehen davon aus, dass sich vor allem das intermittierende Fasten zur Krebsprävention eignet. So zeigte sich in Studien, dass Fasten die wichtigen Faktoren, die auch das Wachstum von Krebszellen anregen, wie IGF-1 oder mTOR, reduziert und gleichzeitig die Schutzfaktoren fördert. Frauen, die nach einer Brustkrebserkrankung täglich mindestens 13 Stunden intermittierend fasteten, wiesen zudem ein um 30 Prozent verringertes Rückfallrisiko auf. Diese Zusammenhänge müssen nicht zwingend ursächlich sein, die vorhandenen Daten weisen aber in diese Richtung. Ich empfehle dann Intervallfasten, wenn damit weitere Erfolge für die Gesundheit zu erwarten sind, etwa bei zusätzlicher Diagnose von Adipositas, Diabetes Typ 2, Bluthochdruck oder Schlafstörungen.

15. Infekten vorbeugen

Spätestens wenn die Tage kürzer und kälter werden, wird uns allen bewusst, wie wichtig ein gut funktionierendes Immunsystem für unsere Gesundheit und unsere Lebensqualität ist. Und natürlich hat auch die Pandemie uns allen vor Augen geführt, wie entscheidend es für die Ansteckung, den Verlauf und die Schwere einer viralen Erkrankung sein kann. Wir können unser Immunsystem zweifellos in Form bringen: durch einen gesunden Lebensstil, durch Bewegung und Sport, weniger Stress, eine Kneipp-Therapie und Kältetraining und – durch Ernährung. Oder bei ungesundem Essen können wir es auch schwächen.

Essen Sie vollwertig, pflanzlich und abwechslungsreich, darunter viel Gemüse, Gewürze, Obst, Beeren und Nüsse. Der Verzehr von fünf Prozent mehr Obst und Gemüse reduzierte in den USA die

Krankenhauseinweisungen infolge von Grippeerkrankungen um zwölf Prozent. Zudem verbessern Gemüse und Obst die Effektivität von Impfungen. Das liegt an den sekundären Pflanzenstoffen, den Bitterstoffen, Polyphenolen und Senfölen. Quercetin, das sich in Zwiebeln, Kapern, Äpfeln, Birnen, Beeren, Grünkohl oder Holunder findet, fördert die Wirksamkeit von Zink im Körper. Zink wiederum hat sich als effektiv gegen typische virale Erkältungserkrankungen erwiesen. Myricetin, das ebenfalls antiviral agiert, findet sich in Tomaten, Orangen, vielen Beeren sowie in Knoblauch. Ein guter Speiseplan, der den Viren Paroli bietet, besteht unter anderem aus Sellerie, Petersilie, Kamille, Ingwer und Kurkuma. Ingwer und Kurkuma, bevorzugt in Bio-Qualität, sollten am besten samt Schale verwendet werden, denn direkt unter ihr finden sich die Wirkstoffe in konzentrierter Form. Schließlich ist noch Honig zu erwähnen, der kalt geschleudert auch Wirkungen gegen Viren und Bakterien entfalten kann.

Der Übergang von Ernährung und Gewürzen zu Heilpflanzen ist fließend. Einige Pflanzen besitzen ausgeprägte antivirale Eigenschaften, hervorheben möchte ich: Schwarzen Holunder, Thymian, Primel, Fenchel, Eukalyptus, Süßholz, grünen Tee, Pelargonienwurzel und Zistrose. Traditionell werden auch Melisse und Sternanis eingesetzt. Weitere Gewürze mit einer gewissen antiviralen Wirkung: Salbei, Lorbeerblätter, Zwiebel, Oregano, Rosmarin und Gewürznelken. Viele dieser Arzneipflanzen können Sie auch als Tee trinken. Beim Anflug eines Infekts, am besten in den ersten 48 Stunden, macht es Sinn, den Tee in kleinen Schlucken im Mund zu gurgeln. Dann können sich die Inhaltsstoffe lokal an der Stelle, wo sich die Viren vermehren, entfalten.

Ältere Menschen sind stärker durch Infekte gefährdet, weil ihr Immunsystem ebenso altert, Immunoseneszenz genannt. Neben Sport, Bewegung und Meditation ist Fasten eine der Möglichkeiten, das Immunsystem wieder zu »verjüngen«. Auch die durch Fasten angekurbelte Autophagie, die den Abbau und die Neuverwertung geschädigter DNA übernimmt, dient der Abwehr von Bakterien und Viren. Für die Prävention ist es am besten, ein- bis zweimal jährlich ein Heil- oder Scheinfasten über fünf bis sieben Tage durchzuführen.

Zink, besonders in Form von Lutschtabletten, reduziert bei viralen Erkältungserkrankungen etwas die Symptome und kürzt die Dauer der Erkältung um ein bis zwei Tage ab. Auch Magnesium hat eine unterstützende Wirkung für die Infektabwehr. Spermidin kann die Autophagie ankurbeln – auf diese Weise beschleunigt es möglicherweise auch die Entsorgung von Viren. Im Laborversuch hat Spermidin die Vermehrungsrate von MERS, Verwandten des SARS-CoV-2-Virus, gebremst. Über die Stärke unserer Immunabwehr entscheidet zudem die Zusammensetzung der Darmbakterien. Allerdings ist es bisher nicht gelungen, für einen bestimmten Infekt gezielt Probiotika zu finden. Ich empfehle, wie zur Prävention vieler weiterer Erkrankungen, Ihr Mikrobiom in Form zu bringen.

Auf den folgenden Seiten finden Sie exemplarische Ernährungspläne für je eine Woche, saisonal ausgerichtet als Pläne für Frühling/Sommer und Herbst/Winter.

Meist arbeiten wir am Immanuel Krankenhaus Berlin nicht mit festen Ernährungsplänen, sondern stimmen diese je nach Ausgangssituation und Erkrankung individuell auf die Patienten ab. Die folgenden Übersichten, die wir eigens für dieses Buch erstellt haben, sind als Anregung und Inspiration gedacht, wie eine optimal gesunde und abwechslungsreiche Ernährung gestaltet werden kann. Sie sind lacto-vegetarisch gehalten, da ich mich selbst so ernähre, das heißt vegetarisch mit Milchprodukten. Eine vegane Alternative ist angegeben. Die Mahlzeiten liefern die optimalen Nährstoffe, viele Ballaststoffe und sind wenig energiedicht, das heißt, sie machen mit relativ wenigen Kalorien satt und unterstützen so die Gewichtsabnahme.

Natürlich sind die Geschmäcker verschieden und die Zeit, die man zum Zubereiten hat, variiert. Die Pläne müssen daher natürlich nicht 1:1 umgesetzt werden. Sehen Sie es als Idee. Die Gerichte können auch getauscht oder wiederholt werden. Für den zeitknapperen beruflichen und familiären Alltag sind Brotmahlzeiten mit Salat oder Rohkoststicks bei guter Verdaulichkeit vermehrt möglich. Und wenn die Zeit gar zu knapp ist, dürfen es auch ein Vollkornbrot mit Hummus mit ein paar Radieschen und Tomatenscheiben sein oder eine Vollkornpasta mit Pesto, Petersilien- oder Basilikumblättern und Parmesan. Für mich sind zum Frühstück Overnight Oats – über Nacht eingeweichte Haferflocken – unschlagbar. Sie können in Wasser, Pflanzendrinks oder auch in Joghurt eingeweicht werden. Die eingeweichten Haferflocken sind sehr gut verdaulich, zudem wird das Enzym Phytase aktiviert, das die Phytinsäure in den Haferflocken abbaut und so die Verfügbarkeit der vorher gebundenen Mineralstoffe und deren Aufnahme in unseren Körper erhöht.

Probieren Sie aus, was für Sie möglich ist und was Ihnen schmeckt!

Exemplarischer lacto-vegetarischer Ernährungsplan – Frühling/Sommer

Mahlzeiten	Tag 1	Tag 2
Frühstück	**Overnight-Oats** Haferflocken, geschroteten Leinsamen, gehackte Mandeln und eine Handvoll frische Beeren in Joghurt geben. Als Topping: gehackte Kürbiskerne, frische Beeren und Leinöl	**Obstsalat** mit verschiedenen Beeren, dazu Joghurt, gehackte Mandeln/Haselnüsse, Kokoschips und geschroteten Leinsamen und Leinöl
vegane Alternative*	Pflanzenjoghurt wählen	Pflanzenjoghurt wählen
Mittagessen	**Gebackene Auberginen-Scheiben mit Tomaten-Sugo** dazu Rucolasalat mit Gurke und Feta / oder Räuchertofu	**Grüner-Spargel-Salat** mit Feta, frischen Erdbeeren und Basilikumblättern. Dressing aus Balsamicoessig, Honig, Pfeffer und Olivenöl (Spargel in der Pfanne anbraten), dazu Vollkornbaguette
vegane Alternative*		mit Mandeln
Abendessen	**Kartoffelspalten und Ofengemüse** mit Kräuterquark oder Hummus, dazu Kopfsalat mit Kefirdressing	**Gebratene Tofu- oder Tempeh-Scheiben**, abgelöscht mit Sojasauce. Dazu angedünsteter Chicorée und Radicchio mit Oliven, dazu Basmatireis
vegane Alternative*	Pflanzenquark/-joghurt wählen	

Tag 3	Tag 4
Vollkornbrot mit Frischkäse und/oder 1 Scheibe Käse, zum Beispiel Emmentaler/Bergkäse oder mit etwas Butter + Honig und Mandelmus sowie einen kleingeschnittenen Apfel oder anderes Obst	**Joghurt oder Magerquark**, gerührt mit etwas Haferdrink und Leinöl, dazu geschroteten Leinsamen, gehackte Haselnüsse und Mandeln sowie geschnittene Aprikosen und Minzblätter
pflanzlicher Aufstrich, Hummus, Sojakräuterquark	Sojaquark mit Sesammus vermengen
Warmer Salat mit gebratenem Fenchel, Zucchini und Lupinen-Tempeh, dazu Feldsalat mit Kirschtomaten. Mit roten Johannisbeeren und Kürbiskernen als Topping. Als Dressing Zitronensaft und Olivenöl, dazu Vollkornbaguette	**Radicchiosalat** mit geraspelter Möhre, Fenchel, Apfel und Belugalinsen. Mit Zitronensaft und Oliven- oder Leinöl verfeinern. Geschroteter Sesam und Erdnüsse als Topping
Linsennudeln, dazu gebratene Pilze, Zwiebeln, frischer Spinat und Feta als Topping	**Vollkornpasta** mit schwarzen Bohnen, Brokkoli in Olivenöl mit Kräutern und Parmesan, dazu Rucolasalat
mit Tofu	

Mahlzeiten	Tag 5
Frühstück	**Overnight-Oats** Haferflocken, geschroteten Leinsamen, gehackte Mandeln und Aprikosen mit Haferdrink in eine Schüssel geben und über Nacht kühl stellen. Als Topping: gehackte Kürbiskerne, Kokoschips und Leinöl
vegane Alternative*	Haferdrink mit Calcium wählen
Mittagessen	**Vollkornspaghetti mit Gemüse**, dazu etwas Hummus mit aufgerösteten Brotscheiben oder weißen Bohnen aus dem Glas
vegane Alternative*	
Abendessen	**Zucchininudeln** mit frischen Tomaten, Oliven, frischen Basilikumblättern und Parmesan
vegane Alternative*	mit gehackten Mandeln

* **bei einer längerfristigen veganen Ernährung sind einige kritische Nährstoffe besonders zu betrachten. Für Vitamin B_{12} ist eine Supplementierung notwendig.**

Tag 6	Tag 7
Vollkornbrot mit Frischkäse und/oder 1 Scheibe Käse oder mit etwas Butter + Honig und Mandelmus, dazu ein Stück Obst	**Porridge** Feine Haferflocken und geschrotete Leinsamen mit einem Wasser-Haferdrink-Gemisch aufkochen, ggf. mit Vanille abschmecken. 1 Handvoll frische Beeren unterheben. Als Topping: Kokoschips, gehackte Kürbiskerne und Leinöl
pflanzlicher Aufstrich, vegane Butter-Alternative	Haferdrink mit Calcium wählen
Mediterraner Vollkornnudelsalat mit Cocktailtomaten, Oliven, getrockneten Tomaten, Rucolablättern und Thymian. Dazu Balsamicoessig-Öl-Dressing	**Mangoldgemüse** mit Tomatensauce, dazu Polenta mit Rosmarin und Olivenöl
Blumenkohl-Gemüse-Pfanne, gewürzt mit Knoblauch- & Currypulver. Erdnüsse und Sesam als Topping (den Blumenkohl raspeln als Reis-Alternative), dazu ggf. Kräuterquark	**Warmer Salat** mit gebratenen Pilzen, Räuchertofu und Lauchzwiebeln, dazu Kopfsalat, Löwenzahn und Cocktailtomaten, dazu getoastete Dinkelbrotscheiben
Sojaquark mit Sesammus und Kräutern vermengen	

Verwenden Sie auch mit EPA/DHA angereichertes Leinöl für kalte Speisen/Toppings und zum Kochen/Braten vorwiegend Olivenöl.

Exemplarischer lacto-vegetarischer Ernährungsplan – Herbst/Winter

Mahlzeiten	Tag 1	Tag 2
Frühstück	**Porridge** Feine Haferflocken, geschroteten Leinsamen und 1 Handvoll TK-Brombeeren mit Wasser-Haferdrink-Gemisch aufkochen, mit Zimt abschmecken. Als Topping: Weizenkeime, gehackte Walnüsse und Leinöl	**Overnight-Oats** Haferflocken, geschroteten Leinsamen, gehackte Mandeln und 1 Handvoll TK-Himbeeren in Joghurt geben und kühl stellen, ggf. morgens etwas warmen Haferdrink unterrühren. Als Topping: gehackte Kürbiskerne und Leinöl
vegane Alternative*	Haferdrink mit Calcium wählen	Pflanzenjoghurt wählen z.B. Sojajoghurt
Mittagessen	**Brokkoli-Süßkartoffel-Kartoffel-Topf** mit Feta und gehackten Mandeln als Topping	**Ofengemüse mit Chicorée**, dazu Frischkäse, Kräuterquark oder Hummus
vegane Alternative*	mit gehackten Mandeln	Hummus
Abendessen	**Kürbissuppe** mit Räuchertofu-Einlage. Kürbiskerne als Topping	**Gebratene Tofu- oder Tempeh-Scheiben**, mit Sojasauce abgelöscht, mit Karotten-/Apfelsalat und Dinkelvollkornbrot
vegane Alternative*		

Tag 3	Tag 4
Porridge Haferflocken, geschrotete Kürbiskerne, geschroteten Leinsamen, mit Wasser-Haferdrink-Gemisch aufkochen; 1 Handvoll TK-Beeren unterheben, mit Zimt/Kardamom abschmecken. Als Topping: Kokosraspeln, gehackte Erdnüsse und Leinöl	**Joghurt oder Magerquark**, gerührt mit etwas Haferdrink und Leinöl, dazu geschroteten Leinsamen, gehackte Haselnüsse und Mandeln, 1 Handvoll TK-Beeren auftauen und dazugeben
	Pflanzenjoghurt oder Sojaquark mit Sesammus vermengen
Vollkornbrot mit Frischkäse und/oder 1 Scheibe Käse, oder Kräuterquark, dazu Kresse und Rucola oder Feldsalat mit Walnüssen	**Topinambur-Kartoffel-Karotten-Rösti** mit Feldsalat und Joghurt-Mandarinen-Dressing
pflanzlicher Aufstrich	Pflanzenjoghurt
Spinat (frisch oder TK) mit Ingwer und indischer Gewürzmischung und **Paneer- oder Feta-Käse**, dazu Vollkornreis oder Vollkornpasta nach Präferenz	**Dal:** indischer Mungbohneneintopf mit Blattspinat und Zwiebeln, dazu ggf. Vollkornreis
Tofu natur oder geräuchert	

Mahlzeiten	Tag 5
Frühstück	**Vollkornbrot** mit Frischkäse und/oder 1 Scheibe Käse, zum Beispiel Emmentaler oder Bergkäse und/oder Kräuterquark, dazu Kresse und Gemüsesticks
vegane Alternative*	pflanzlicher Aufstrich
Mittagessen	**Pellkartoffeln** mit Kräuterquark und Leinöl, dazu geriebener Sellerie-Möhren-Apfel-Rohkostsalat
vegane Alternative*	Sojaquark
Abendessen	**Warmer Salat:** Feldsalat mit gebratenem Fenchel, Champignons, getrockneten Tomaten und Tempeh. Mit Feta und Kürbiskernen als Topping
vegane Alternative*	mit gehackten Mandeln

*** bei einer längerfristigen veganen Ernährung sind einige kritische Nährstoffe besonders zu betrachten. Für Vitamin B_{12} ist eine Supplementierung notwendig.**

Tag 6	Tag 7
Obstsalat mit Apfel und Orange, dazu Walnüsse und geschroteten Leinsamen und Sesam, ggf. etwas Joghurt dazugeben	**Porridge** Haferflocken, geschroteten Leinsamen mit Wasser-Haferdrink-Gemisch aufkochen und 1 geriebenen Apfel unterheben, mit Zimt abschmecken. Als Topping: Weizenkeime, gehackte Haselnüsse und Leinöl
Pflanzenjoghurt	Haferdrink mit Calcium wählen
Vollkornnudeln mit Rucola, Tomaten, Oliven, getrockneten Tomaten und Feta	**Lauch-Tofu-Suppe** mit Kürbiskernen als Topping
mit gehackten Mandeln	
Spitzkohlpfanne mit Sahne abgelöscht, gewürzt mit Muskat und Pfeffer, dazu Vollkornbrot	**Ofengemüse** mit Frischkäse, Kräuterquark oder Hummus, dazu Sauerkraut-Apfel-Rohkost
Hafersahne	mit Hummus oder Sojaquark

Verwenden Sie auch mit EPA/DHA angereichertes Leinöl für kalte Speisen und als Topping und zum Kochen/Braten vorwiegend Olivenöl.
Hinweis: In der kalten Jahreszeit sind warme Speisen, vor allem zum Frühstück, meist angenehmer. Spüren Sie in sich hinein, was Ihnen guttut.

Der kranke Planet

Wie wir mit unserer Ernährung das Weltklima retten können

Es hört sich wie eine verrückte Idee an: Die Menschheit beschließt, weil sie ausnahmsweise einmal vernünftig, besonnen und solidarisch handelt, eine weltweite Ernährungswende zu vollziehen. Sie einigt sich in einem weltweiten Zehnjahresprogramm darauf, die besten Empfehlungen gegen die Emissionen von Treibhausgasen, zum Erhalt der Biodiversität, zu weniger Verbrauch von Wasser und Land und zum Tierwohl umzusetzen. Am Anfang gibt es einen ziemlichen Widerstand. Schon bald zeigen sich jedoch erste Erfolge.

Essen geht nicht nur uns etwas an

Ist diese Idee wirklich so verrückt? Durch die Ausrichtung auf gesunde Nahrungsmittel sinkt deren Preis, prekäre Arbeitsbedingungen in der Massentierhaltung haben ein Ende, Bauern können wieder ursprünglicher arbeiten. China, Indien und die Länder Afrikas verständigen sich darauf, den Fehlern des Westens nicht nachzueifern, sondern es gleich besser zu machen. Internationale Wissenschaftlerteams berechnen, dass erste Fortschritte beim Kampf gegen den Klimawandel sichtbar würden und die Biodiversität nicht mehr abnehme. Die Aufregung um die Ernährungswende legt sich und verflüchtigt sich wie vor Jahren der Ärger um das Rauchverbot in Gaststätten und endet in allgemeiner Zustimmung. Die Menschen fragen sich, wie man so lange auf diesem Irrweg verharren konnte und warum sie die Wende nicht schon viel früher vollzogen haben.

Dieses Szenario ist nur eine Utopie. Aber es macht mir Freude, darüber nachzudenken und Sie daran teilhaben zu lassen. Diese Utopie steht auf einem fundierten Boden. Und wenn wir für uns, für unsere Gesundheit, für die Lebensqualität vor allem unserer Enkel auf dieser Erde etwas Gutes tun wollen, gibt es einen einfachen gemeinsamen Nenner: Wir müssen handeln und unsere Ernährung ändern.

Wir leben schon zu lange über unsere Verhältnisse. Unser Grundfehler in dieser marktwirtschaftlich dominierten Welt war es, die Regeln der kapitalistischen Gewinnmaximierung auf die Produktion unserer Lebensgrundlage, der Nahrungsmittel, zu übertragen. Das ging so lange gut, wie wir noch deutlich weniger Menschen waren und die Ausbeutung unserer Erde nicht weiter auffiel. Inzwischen sind wir bei den Kipppunkten angekommen, wir haben kaum noch Zeit, unsere Lebensgrundlage zu bewahren und nachfolgenden Generationen eine lebenswerte Welt zu überlassen. Der portugiesische UN-Generalsekretär António Guterres fasste es 2022 so zusammen: Das augenblickliche Verhalten der Menschheit sei »ein selbstmörderischer Krieg gegen die Natur«. Und in dieser Tragödie spielt die Ernährung eine Hauptrolle.

Der Weg zur Hölle war mit guten Absichten gepflastert. Diese Redewendung fällt mir bei der Frage ein, wie es dazu kommen konnte, dass wir mit unserer Ernährung das Leben auf der Erde gefährdet haben. Die Landwirtschaft und die Bauern, die Ernährungsindustrie und die Ernährungswissenschaft hatten allesamt hehre Ziel, sie wollten die Menschen satt machen, Hunger und Mangel vermeiden. Die Entwicklung von Dünger, die Einführung von Maschinen in der Landwirtschaft, die hochtechnisierte Produktion von Lebensmitteln, Kühlketten und moderne Transporttechniken, Veterinärmedizin, Pestizide und neue Saatgutsorten – all diese Fortschritte führten zu einer gigantischen Steigerung der Nahrungsmittelproduktion.

Erkenntnisse von Physiologen, Agrar- und Lebensmittelingenieuren, Chemikern, Biologen, Unternehmern und Ärzten machten dies möglich. Auch die Sicherheit der Lebensmittel profitierte davon. Dann aber setzten sich Partikularinteressen, Lobbyismus, Gier, Bequemlichkeit und der ganz große Appetit durch. Die evolutionär entwickelten Belohnungssysteme unseres Gehirns waren denkbar schlecht geeignet für die einsetzende Überflutung mit süßen, salzigen, fettigen, energiedichten und tierischen Nahrungsmitteln. Der gemeinschaftliche Erfolg der Nahrungsindustrie ist ein Pyrrhussieg, er hat zu hohe ökologische Kosten für die Erde, er hat große Schäden hinterlassen für das Klima, die Wasserressourcen, die Biodiversität, das Tierwohl – und letztlich auch für uns. Und wenn wir so weitermachen und nicht gegensteuern, bringt er uns um.

Das herausforderndste Problem unseres Ernährungsnotstands ist nicht das Bevölkerungswachstum der Menschen, vielmehr ist es die Bevölkerungsexplosion der Nutztiere. Machen wir uns dies deutlich: Die bewohnbare Fläche der Erde beträgt 106 Millionen Quadratkilometer. Davon sind 48 Millionen Agrarflächen, 37 Millionen dienen allein der Viehwirtschaft und nur elf Millionen werden für die Herstellung anderer Lebensmittel genutzt. Besonders grotesk: Rund zehn Prozent der Getreideproduktion in den USA dient der menschlichen Ernährung, 90 Prozent hingegen der Tierfütterung. Selbst in Deutschland landet mehr als die Hälfte der Getreideernte in den Futtertrögen.

Getreide oder Soja für die Produktion von Fleisch einzusetzen, ist eine enorme Verschwendung von Ressourcen und trägt entscheidend zum Hunger in der Welt bei. Das immer wieder auftretende Argument, Fleisch sei unersetzlich, weil es wichtige Eiweiße liefere, ist schlichtweg Unsinn. Die Wahrheit ist, dass aus der verfütterten pflanzlichen Menge Protein vergleichsweise wenig Protein aus Fleisch entsteht. Bei der Umwandlung von pflanzlichem zu tierischem Eiweiß gehen zudem je nach Tierart 60 bis 90 Prozent der Nahrungsenergie verloren. Besonders schlecht ist dieses Verhältnis bei Rindfleisch.

Dass Fleischhunger und Durst auf Milch(-Produkte) enorm zur Emission der Treibhausgase beitragen, ist seit Langem bekannt – die Hauptgründe sind riesige Waldrodungen, nicht nur im Amazonas-Gebiet, das bei der Verdauung von Rindern und Schafen entstehende Methan und die energieintensive Herstellung von Industrie-Essen. Berechnungen zeigen, dass die derzeitige Ernährung der Weltbevölkerung für 30 Prozent der Treibhausgase, für 70 Prozent des Wasserverbrauchs, 70 Prozent der Abnahme der Biodiversität und für 80 Prozent der Landrodungen verantwortlich ist. Auf die tierischen Nahrungsmittel entfallen rund 55 Prozent der nahrungsbedingten Treibhausgase, sie liefern aber nur 18 Prozent der Kalorien und 37 Prozent des Proteins. Unser Fleischhunger ist einer der großen Klimakiller, auf seine Kappe gehen mehr Treibhausgase als der Verkehr von Autos, Schiffen und Flugzeugen weltweit.

Die Nutztierhaltung verschlingt enorme Mengen Wasser: Für ein Kilogramm Rindfleisch werden 16 000 Liter Wasser benötigt, für ein Kilo Weizen sind es etwa 1500, für ein Kilo Kartoffeln 130 Liter. Bei Gemüse und Obst sind leider die gesunden Avocados die größten Wasserverbraucher. Wie das Wasserproblem die gesamte Ökologie einer Landschaft gefährden kann, ist besonders in Spanien zu sehen. Aus wirtschaftlichen Gründen baute man hier in den vergangenen Jahren immer mehr wasserintensives Obst und Gemüse an:

Orangen, Tomaten, Avocados, Erdbeeren. Diese Entwicklung führte etwa in der andalusischen Provinz Huelva dazu, dass die großen Vogelreservate akut bedroht sind, weil das Grundwasser durch Brunnenbohrungen dramatisch abgesunken ist. Die Erdbeerproduktion sofort aufzugeben, ist aber schwierig, es hängen 150 000 Arbeitsplätze daran. Nachdem die konservative Volkspartei, die Partido Popular, versprach, die illegale Wasserentnahme zu legalisieren, gewann sie die Wahl in der Provinz. Wir können dazu beitragen, den ersten Schritt zu tun: Erdbeeren nur dann essen, wenn sie bei uns wachsen, oder sie einmachen, wie es meine Großmutter getan hat.

Wasser, das wir trinken, trägt auch zum Treibhausgaseffekt bei. Es geht um die immensen Transportwege von Flaschenwasser. Mineralwasser der italienischen Edelmarke San Pellegrino schmeckt vorzüglich, aber wenn es nach Berlin transportiert wird, um bei mir auf dem Tisch zu stehen, ist die CO_2-Belastung eindeutig zu groß.

Ein Drama ist weiterhin der zunehmende Verlust gesunden Bodens. Etwa ein Drittel der Erdfläche ist schon angeschlagen. Pestizide, zu viel Dünger, zu große Landmaschinen zerstören die Biologie im Erdreich. Wo sich sonst im Boden Millionen von Mikroorganismen, Insekten, Asseln und Milben befinden, ist bei intensiv bewirtschafteten Äckern kaum mehr Leben. Die Böden erodieren und werden unergiebiger.

Ein Einwand gegen Veränderungen ist, dass zwar über 80 Prozent der weltweiten landwirtschaftlichen Nutzflächen für Fleisch- und Milcherzeugung verwendet werde, aber dass dieses Gras- und Weideland nicht anders genutzt werden könne. Doch, es kann: etwa für nachwachsende Rohstoffe, für Wald oder Biogas. Natürlich gibt es Flächen, die am besten weiter als Weideflächen genutzt werden, zum Beispiel hügeliges, steiles Gelände oder Böden mit geringer Bodentiefe. Aber es bleiben genug Flächen, die wieder biologisch aufgebaut werden können. Kritiker halten entgegen, dass das Methan der Wiederkäuer zwar sehr stark erderwärmend wirke, es aber weniger schlimm als befürchtet sei, weil sich Methan schneller als CO_2 abbaue. Es stimmt, dass Methan eine kürzere

Halbwertzeit hat, aber das nützt uns nichts, sobald die Kipppunkte einmal erreicht sind.

Kommen wir einem solchen Kipppunkt bei der Erderwärmung nämlich immer näher, wird es ungemütlich; es ist ein Teufelskreis. Wir haben hierzulande erlebt, wie in den letzten Sommern weite Teile des Ackerlands regelrecht verbrannten und wie weltweit neues gesucht wird und dazu weitere Waldgebiete benötigt werden. Was viele nicht wissen: Reis ist ebenfalls ein Treiber der Erderwärmung. Bei dessen Anbau bildet sich durch die bakterielle Zersetzung von organischen Substraten in den überfluteten Reisfeldern Methan. Reis ist daher ein nur begrenzt zukunftsgeeignetes Nahrungsmittel.

Planetary Health Diet – die Planetarische Ernährung ist der Ausweg

Glücklicherweise gibt es nicht nur die Hoffnung auf einen Wandel, es existieren sogar konkrete Lösungsvorschläge, damit wir uns mit unserer Ernährung nicht selbst vernichten. 2016 wurde die EAT-Foundation gegründet. Unter der Schirmherrschaft des Fachblatts *The Lancet* formierte sich dann die EAT-Lancet-Kommission, eine Gruppe von 37 führenden Wissenschaftlern aus den Bereichen Ernährungswissenschaft, Medizin, Klimaforschung, Landwirtschaft und Politikwissenschaft. Die Kommission leiteten der schon öfter erwähnte Harvard-Epidemiologe Walter Willett sowie Johan Rockström, schwedischer Forscher und Direktor des Potsdam-Instituts für Klimafolgenforschung. Sie veröffentlichten 2019 einen aufsehenerregenden Report. Auf der Basis umfangreicher wissenschaftlicher Daten und Modelle entwickelten sie eine Strategie für eine optimale Ernährung, eine Art Musterspeisekarte für Mensch und Planet. Das Konzept »One Health« war rechnerisch komplex, vom Grundgedanken her aber einfach, nämlich Dinge nicht mehr zu trennen, die nicht trennbar sind: die Gesundheit der Menschheit und die Gesunderhaltung der Erde.

Durch diesen wissenschaftlich fundierten Speiseplan, auch Planetary Health Diet genannt oder Planetarische Ernährung, sollten verschiedene Probleme gleichzeitig gelöst werden. Etwa, dass über 800 Millionen Menschen auf der Welt hungern, die übrigen jedoch durch die Nahrung immer übergewichtiger und kränker werden und die Erde dabei zerstört wird. Der Report machte klar, dass die wichtigste Kraft der globalen Umweltzerstörung unsere Lebensmittelproduktion ist. Sie ist damit auch der schnellste und mächtigste Hebel, um die Erde wieder zu einem gesunden Ort werden zu lassen. Neben konkreten Ernährungsempfehlungen weist der Report auf die große Bedeutung einer geringeren Verschwendung von Lebensmitteln hin, Ziel sollte hier eine Halbierung sein.

Die Umsetzung der planetaren Ernährung würde dazu führen, dass jährlich elf Millionen vorzeitige Todesfälle durch Über- und Fehlernährung vermieden werden könnten, zehn Milliarden Menschen könnten damit bis 2050 gesund und ausreichend ernährt und die Naturzerstörung durch die Produktion unseres Essens gestoppt werden.

Und was kommt auf den planetarischen Teller? Eine vollwertige Ernährung mit viel Gemüse, Hülsenfrüchten, Obst, Nüssen und Vollkorngetreide, dazu etwas Milch und Milchprodukte und sehr wenig Fleisch, hochverarbeitete Nahrung sowie Zucker. Also nichts spektakulär Neues. Die Planetary Diet kann vegan umgesetzt werden, aber auch mit kleinen Mengen tierischer Produkte. Wer gelegentlich einen Festtagsbraten essen möchte, kann ihn weiterhin genießen.

Für viele Menschen in den westlichen Ländern bedeutet Planetary Diet indes eine große Veränderung. Die Empfehlung für den täglichen Verzehr lautet: 14 Gramm rotes Fleisch, 29 Gramm Geflügel, 28 Gramm Fisch und 13 Gramm Eier. Das heißt: ein kleines Fischfilet pro Woche, ein Steak alle zwei Wochen und 200 Gramm Geflügel sowie ein bis zwei Eier pro Woche. Für Milch werden 250 Gramm pro Tag veranschlagt, das entspricht ein bis zwei Gläsern am Tag (oder etwa Käse).

Die Planetary Health Diet für die Hosentasche

Empfohlene Menge in Gramm pro Tag (möglicher Spielraum)		Beispielportionen
Fleisch	Rind/Schwein: 15 g (0–30) Geflügel: 30 g (0–60)	1 Steak + 2 Hähnchenschenkel in 14 Tagen
Fisch	30 g (0–100)	1 Fischgericht pro Woche
Eier	13 g (0–25)	1 Ei pro Woche
Milch	250 g (0–500)	1 Glas Milch pro Tag oder 1 Stück Käse pro Woche
Getreide	230 g	1 Teller Nudeln + 2 Scheiben Brot
Kartoffeln	50 g (0–100)	1 Kartoffelgericht pro Woche
Obst	200 g (100–300)	1 Apfel + 1 Handvoll Beeren
Gemüse	300 g (200–600)	1 Salat-/Gemüseteller
Hülsenfrüchte	75 g (0–100)	1 Teller Linsensuppe oder 1 Liter Sojamilch
Nüsse/Samen	50 g (0–75)	Etwa 1 Handvoll Nüsse/Samen
Fett/Öl	gesättigt: 12 g (0–12) ungesättigt: 40 g (20–80)	2 EL Pflanzenöl + 5 Walnüsse + 5 St. Schokolade
Zucker	30 g (0–30)	1 Glas Saft oder 4 Schokoladenkekse

Quelle: The EAT-Lancet Commission; modifiziert nach KLUG e.V. – Deutsche Allianz Klimawandel und Gesundheit

Ein internationales Forscherteam hat 2023 zusätzliche Berechnungen veröffentlicht, wie sich die Belastungen der Umwelt und des Klimas entsprechend unserer Essgewohnheiten weiterentwickeln werden. Es ist eindeutig: Wenn wir nichts ändern, werden wir bei wachsender Bevölkerung neue Erdflächen, besonders Waldflächen, für die Herstellung tierischer Nahrungsmittel opfern müssen. Die Stickstoffbelastung des Ackerlands würde um etwa 40 Prozent wachsen, der Wasserverbrauch um sechs Prozent, die Emissionen von Treibhausgasen um 15 Prozent, die Biodiversität würde weiterhin abnehmen. Die Ausbeutung der Erde würde also ungebremst weitergehen. Schaffen wir es jedoch, in einem Zeitraum von 15 Jahren wenigstens um die Hälfte weniger tierische Lebensmittel zu essen (und wegzuschmeißen), würde laut diesen Berechnungen die Freisetzung von Treibhausgasen bis zum Jahr 2050 sinken. Würden zusätzliche Maßnahmen ergriffen, um die frei werdenden Flächen der Vieh- und Futtermittelproduktion aufzuforsten, können wir noch mehr erreichen: Das 1,5-Grad-Ziel des Pariser Klima-Übereinkommens wäre erreichbar.

Catherine Ivanovich und Kolleginnen der Columbia University in New York haben die Bedeutung der Ernährung für die Erderwärmung noch genauer berechnet. Ihr Ausgangspunkt war, dass schon zu viel Zeit vergangen ist, um das 1,5-Grad-Ziel noch zu erreichen. Würden wir unsere Ernährung unverändert fortführen, würde dies zu einer weiteren Erwärmung von 0,7 bis 0,9 Grad führen, völlig unabhängig vom Verbrennen fossiler Brennstoffe. Die gute Nachricht war aber auch hier: Wenn wir uns auf eine weltweite Diät verständigen, die die Verschwendung von Lebensmitteln verringern, und eine reduzierte Tierhaltung anstreben, begleitet von einem verantwortungsvollen Management, was Fütterung und Gülle betrifft, könnten wir relativ problemlos 55 Prozent dieser eintretenden Erwärmung verhindern.

Aber es wird nicht einfach, dieses Ziel durchzusetzen. China, Indien und die Länder Afrikas haben einen Nachholbedarf bei Fleisch und Milch, sie wiederholen gerade die Fehler, wie sie die westlichen Nationen zuvor gemacht haben – selbst wenn es erste Anzeichen dafür gibt, dass die Regierungen in China und Indien das Problem erkannt haben. Zudem wird es notwendig sein, dass die Länder, die seit Jahrzehnten »tierisch« über ihre Verhältnisse gelebt haben, nun besonders konsequent eine pflanzliche Ernährung umsetzen und die Emissionen der Ernährungsindustrie reduzieren.

Walter Willet und sein Team berechneten jedoch nicht nur die Folgen für das Klima, sondern ebenso die Konsequenzen für die Gesundheit, wenn wir uns auf die Reise einer Planetary Diet begeben. Basis der Untersuchung war die Nurses'-Health-Studie mit 116 430 US-amerikanischen Krankenpflegern und -pflegerinnen. Sie fanden heraus, dass die pflanzenbetonte planetarische Ernährung mit einem 23 Prozent niedrigeren Risiko für Herz-Kreislauf-Erkrankungen, 30 Prozent reduzierten Treibhausgasen sowie einer geringeren Nutzung von Ackerland, Wasser und Dünger verbunden ist.

Das Team erstellte auch eine Rangliste von Verursachern der Treibhausgase. Dabei stach Fleisch mit 31 Prozent hervor, es folgten Milchprodukte mit 13,2 Prozent, Geflügel mit 9,3 Prozent, erst dann kamen Gemüse mit 4,6 Prozent, Hülsenfrüchte mit 0,9 Prozent und Vollkorngetreide mit 0,8 Prozent. Beim Landverbrauch sahen die Relationen ähnlich aus. Beim Wasserverbrauch war Gemüse nur wenig besser als Fleisch und Wurst. Geringere Mengen Wasser benötigten Milchprodukte und Geflügel, noch weniger Hülsenfrüchte und Vollkorngetreide. Fazit dieser umfangreichen Studie: Je pflanzlicher und vollwertiger die Krankenpfleger und -pflegerinnen aßen, desto weniger klimaschädlich und umso persönlich gesünder waren sie.

So schaffen wir die Ernährungswende

Dass Essen ein emotionales Thema ist, ist klar. Zudem profitiert eine Milliardenindustrie an unserer Ernährung. Es ist folglich mit einem großen Gegenwind für die notwendige Ernährungswende zu rechnen – das ist nicht anders als beim Abschied von den fossilen Brennstoffen Kohle, Öl und Gas. Die Menschheit verhält sich wie ein Patient, der aus Angst vor dem, was kommen könnte, die Diagnose nicht hören will, erst recht die Therapie scheut. Aber Erkrankungen kümmern sich nicht darum, ob wir sie verdrängen, weder bei uns Menschen noch bei der Erde. Wenn wir in Zukunft so essen wie bisher, ist die Dramaturgie klar: Die Erde wird sich weiter erwärmen, die Erderhitzung wird den Ertrag der Landwirtschaft reduzieren, Hunger wird zu Völkerwanderungen und Wassermangel und schließlich zu Kriegen führen. Die Abnahme der Biodiversität bringt neue Pandemien und Antibiotikaresistenzen mit sich – der Tod auf Intensivstationen wird zunehmen. Nochmals: Wir debattieren hier nicht über grün-alternative Meinungen, niemand will uns ohne Not verbieten, was uns Freude und Genuss bereitet. Aber weil es um unsere Zukunft geht, lohnt es sich, auf das Schnitzel und die Wurst zu verzichten – zumal jeder Einzelne am Ende davon profitieren wird, von weniger Krankheiten, von einem kraftvolleren und längeren Leben.

Einige Maßnahmen lassen sich schneller umsetzen, andere brauchen einen längeren Atem. Ein großes Problem ist derzeit die schon erwähnte Verschwendung von Nahrung. 2015 haben die Vereinten Nationen 17 Nachhaltigkeitsziele in der Agenda 2030 verabschiedet. Eines davon ist die Halbierung der Lebensmittelvergeudung. Weltweit gehen 13 Prozent der produzierten Lebensmittel nach der Ernte auf dem Weg zum Handel verloren. Weitere 17 Prozent vom Handel bis zum Esstisch. Allein die Herstellung dieser ungenutzten Nahrung hat viele Treibhausgase ausgestoßen. In Deutschland werden nach offiziellen Angaben jährlich rund elf Millionen Tonnen Essen weggeworfen, Hauptverursacher sind die privaten Haushalte mit einem Anteil von 60 Prozent. Wir alle können ohne großen Aufwand und ohne Verzicht diesen Irrsinn sofort beenden. Anfangen können wir, indem wir nicht zu große Packungen kaufen, auch wenn sie im Sonderangebot sind. Wir sollten verstehen, dass das Mindesthaltbarkeitsdatum, das auf den Produkten steht, nicht bedeutet, dass man nach dessen Ablauf das Produkt wegwerfen muss. Entscheidend ist, wie es riecht, aussieht und schmeckt. Man kann den eigenen Sinnen vertrauen.

Nicht verspeiste Gerichte können aufgewärmt oder am nächsten Tag mit zur Arbeit genommen werden. Das Aufwärmen kenne ich noch von meiner Großmutter, die ich als Kind als sehr sparsam empfand. Im Rückblick aber hat sie alles richtig gemacht und fast nie etwas weggeschmissen. Bei ihr gab es oft Resteessen und Eintopf. Aktionen wie Foodsharing, »Lebensmittelrettung« und die Tafeln eignen sich, um das Ausmaß der Verschwendung zu reduzieren. Im Restaurant habe ich mir angewöhnt, übrig gebliebene Speisen mitzunehmen, nach einem Doggy Bag zu fragen. Und das nicht schamhaft, sondern mit gutem Gewissen.

Aber das ist nur ein kleiner Beitrag. Insgesamt wird es die Ernährungswende womöglich noch schwerer haben, sich durchzusetzen, als die Energiewende. Jeder Vorschlag, auf Wurst- oder Fleischprodukte zu verzichten, Veggie-Tage in Kitas oder Schulkantinen einzuführen, wurde oftmals mit großer Entrüstung abgelehnt, als würde eine Bratwurst weniger in der Woche zum Weltuntergang führen. Die Taktik der Empörung kennen wir von der Tabak- und Zuckerindustrie, sie soll Verunsicherung erzeugen und ist oft von »Mietmäulern« (bezahlten Wissenschaftlern der Lobbyisten) gesteuert, die die Fakten verzerren.

Besonders hitzig ist die Debatte ums Fleisch. Die Gründe, warum Fleisch und Wurst so gerne gekauft werden, sind neben dem Geschmack, der leichten Zubereitung und der Macht der Gewohnheit auch der Preis. Die Massentierhaltung sorgt für einen relativ niedrigen Preis, die verborgenen Kosten sind uns jedoch nicht bewusst oder wir blenden sie aus. Der Preis für Fleisch sähe anders aus, würden wir etwa die Kosten für unsere Gesundheit, den Klimawandel, den Wasserverbrauch und die Biodiversität zusätzlich berechnen. Es ist zudem skandalös, dass tierische Produkte in Deutschland einen reduzierten Mehrwertsteuersatz von sieben Prozent haben, während Gemüse und Obst mit 19 Prozent belastet werden.

Für Furore sorgte 2023 die einwöchige Kampagne »Wahre Kosten« des Discounters Penny. In dieser Woche wurden die Lebensmittel mit den unsichtbaren ökologischen Folgekosten ausgewiesen, berechnet von Wissenschaftlern. Auf einmal kosteten dann 400 Gramm Wiener Würstchen nicht mehr 3,19 Euro, sondern 6,01 Euro. Der Schnittkäse sprang von 2,49 Euro auf 4,84 Euro und

200 Gramm Mozzarella von 89 Cent auf 1,55 Euro. Der Preisaufschlag bei Bio-Wurst und Bio-Fleisch war etwas geringer, lag aber immer noch bei 50 bis 60 Prozent. Wie erwartet sank die Nachfrage sofort. Natürlich soll die Umsetzung eines wahren Preises Lebensmittel nicht generell verteuern. Aber würden im Gegenzug Gemüse, Obst, Nüsse, Hülsenfrüchte und Vollkornbrot billiger, müssten die Gesamtkosten nicht steigen. Im Gegenteil.

Was wir ebenfalls gern verdrängen sind das Tierleid, die Transportbedingungen der Tiere, die Arbeitssituation der Menschen in den Schlachthäusern, der Energieverbrauch und vieles andere mehr.

Selbstverständlich soll unser Essen keine komplizierte, mit Schuld und schlechter Laune belastete Angelegenheit werden. Aber ein wenig mehr Problembewusstsein ist angesichts der Größe der vor uns liegenden Herausforderungen angebracht. Es ist wie mit den medizinischen Präventionsmaßnahmen. Wir können sehr ungesund leben und alle Vorsorgeuntersuchungen ignorieren. Den Darmkrebs beeindruckt das weniger. Er tut nur irgendwann viel mehr weh.

»Das beste Fleisch ist Fruchtfleisch.« Dieses Zitat des Ernährungswissenschaftlers Claus Leitzmann nutze ich bei Vorträgen, um charmant zum Fleischverzicht zu animieren. Hierzulande liegt der Verzehr derzeit pro Kopf bei rund einem Kilogramm wöchentlich. Regelmäßiger und hoher Fleischkonsum ist, wie schon erwähnt, für viele Zivilisationsleiden mit verantwortlich. Durch den Verzehr von Wurstwaren – und das beginnt schon bei 50 Gramm am Tag, das entspricht einem Wiener Würstchen oder ein bis zwei Scheiben Schinken – vergrößert sich das Risiko für Darmkrebs um 18 Prozent, für Herz-Kreislauf-Leiden um 42 Prozent, für Diabetes sogar um 50 bis 60 Prozent.

Forscher an der Stanford University ließen 22 eineiige Zwillingspaare vier Wochen lang Unterschiedliches essen. Ein Zwilling sollte sich vollwertig vegan ernähren, sein Geschwister vollwertig mit tierischen Nahrungsmitteln. Letzteres beinhaltete täglich eine Portion Fleisch oder Geflügel, ein Ei, eine Portion Fisch und eineinhalb Portionen Milchprodukte. Nach vier Wochen wurde verglichen. Die Veganer gewannen. Das »schlechte« LDL-Cholesterin sank bei ihnen von 110,7 auf 95,5 Milligramm, der Insulinspiegel um 20 Prozent und das Gewicht um 1,9 Kilogramm. Bei der Mischkost gab es keine nennenswerten Veränderungen.

Die Studie war klein, aber da genetische Faktoren bei eineiigen Zwillingen keinen Einfluss hatten, ist die Aussagekraft groß. Ich erwähne solche Untersuchungen zur pflanzlichen, veganen Ernährung gerne, weil immer wieder und unverständlicherweise vor den Gefahren der veganen Ernährung gewarnt wird. Richtig ist: Die vegane Ernährung bringt, wenn sie vollwertig ist, viele Vorteile. Eine Ernährung mit sehr vielen tierischen Nahrungsmitteln birgt hingegen ziemlich viele Gefahren. Einer der möglichen Nachteile veganer Ernährung ist ein erhöhtes Risiko für Osteoporose. Das liegt aber nicht an irgendeinem Nährstoffmangel durch die vegane Ernährung, sondern daran, dass Veganer meist schlanker sind. Knochen werden stärker durch Krafttraining und Gewichtsbelastung. Das Gewicht stimuliert beim Laufen, Springen oder Gehen den Knochenaufbau. Ausnahmsweise gibt es hier also einmal einen Vorteil, wenn man mehr Gewicht hat.

All jene, für die vegan oder vegetarisch nicht infrage kommt, können mit einer flexitarischen Ernährung Vorteile für sich und für den Planeten erzielen – also einer Ernährungsform, bei der Obst, Gemüse, Nüsse und Hülsenfrüchte die Hauptrolle spielen, aber Fleisch und Fisch nicht ganz weggelassen werden.

Viele Konsumenten sind von rotem auf weißes Fleisch umgestiegen, in dem Glauben, zumindest der eigenen Gesundheit damit etwas Gutes zu tun. Rotes Fleisch stammt vom Rind, Schwein oder vom Lamm. Menschen, die ihren Fleischverzehr reduzieren möchten, verzichten meist auf Schweinefleisch, da sie vermuten, dass es besonders ungesund ist. Rindfleisch und Lammfleisch sind jedoch keineswegs gesünder. Lediglich weißes Fleisch, also Geflügel, schneidet bei den Risikoberechnungen etwas besser ab, jedenfalls bei den Herzerkrankungen. Für Übergewicht und einige Krebserkrankungen trifft das aber nicht zu. Bei Geflügel gibt es zudem andere Probleme: Mit der völlig enthemmten Massentierhaltung, dem massiven Gebrauch von Medikamenten wie Antibiotika, der

Entstehung von Zoonosen, also Infektionskrankheiten, die von Tieren auf Menschen und umgekehrt übertragbar sind, und nicht wenigen Lebensmittelskandalen ist Geflügel für mich in der Gesamtbetrachtung keinen Deut besser.

Auf Fleisch zu verzichten, ist in erster Linie eine Willensentscheidung. Wir Menschen sind stark auf unsere Gewohnheiten fixiert und die Belohnungszentren in unserem Gehirn sind dementsprechend programmiert. Die Aussicht auf befriedigenden Genuss ist eine trickreiche Erfindung der Evolution: Empfinden wir Vorfreude (etwa bei dem Gedanken an ein Schnitzel), wird das Gehirn mit Neurotransmittern oder Hormonen geflutet. Das schafft Freude, und ein anderer Teil unseres Gehirns erinnert uns bei nächster Gelegenheit an das Glücksgefühl, das bei einem Schnitzel aufgekommen war – und lässt uns erneut so handeln. Wieder und wieder. Wollen wir eine Gewohnheit ändern, geht es also nicht ganz ohne Entzug. Das zu wissen ist wichtig, damit wir nicht ohne Vorwarnung mit diesem Mir-fehlt-etwas-Gefühl konfrontiert werden. Dieses Empfinden hält ohnehin nicht lange an. Ich selbst war Anfang 40, als ich beschloss, mich vegetarisch zu ernähren. Schon vorher hatte ich nur noch einmal pro Woche Fleisch gegessen, das Tierwohl hat mich schließlich motiviert, ganz darauf zu verzichten. Ich fand es nicht fair, dass trotz vielfältiger Alternativen ein Tier sterben muss und mit großer Wahrscheinlichkeit davor ein leidvolles Leben hatte, nur damit ich satt werde.

Das Tierwohl ist mir bisher bei der Planetary Diet zu kurz gekommen. Er wird zwar erwähnt, aber nur am Rande. Wir Menschen sind sehr gespalten, was Tiere anbelangt. Haustiere wie Katzen und Hunde werden fast wie Familienmitglieder behandelt, Schweine, Hühner oder Rinder hingegen gequält und gedankenlos gegessen. Der irische Dramatiker George Bernard Shaw formulierte es so: »Tiere sind meine Freunde, und ich esse meine Freunde nicht.« Und der russische Schriftsteller Lew Nikolajewitsch Tolstoi befand, dass Vegetarismus als Kriterium gelte, »an welchem wir erkennen können, ob das Streben des Menschen nach moralischer Vollkommenheit echt und ernst gemeint ist«. Biologie und Medizin haben längst belegt, dass Tiere fühlen, sich freuen und ängstigen und uns mehr ähnlich sind, als wir denken.

Anfangs fiel es mir schwer, ganz auf Fleisch und Fisch zu verzichten, aber das währte nicht lange. Die meisten Patienten, die aus gesundheitlichen Gründen nicht mehr zu Fleisch und Wurst greifen, haben einen Vorteil. Sie erkennen sehr rasch einen gesundheitlichen Benefit. Ein gangbarer Weg könnte sein, den Fleischkonsum nach und nach zu reduzieren. Wenn Sie sich einen dauerhaften Verzicht (noch) nicht vorstellen können, empfehle ich Ihnen eine Challenge, eine Herausforderung. Ernähren Sie sich drei Monate lang vegetarisch. Beobachten Sie in dieser Zeit Ihren Energielevel und eventuell auftretende oder sich bessernde körperliche Beschwerden. Und als Vegetarier müssen Sie auf Umami, den herzhaften Geschmack, den vor allem gebratenes oder gegrilltes Fleisch liefert, nicht verzichten: Er steckt auch in geschmorten Pilzen oder anderem Gemüse, gebratenem Tempeh, Tofu, Sojasauce oder reifem Käse.

Sicher, jede einseitige Ernährung birgt Nachteile, das gilt für jede Diät ebenso wie für die vegane Ernährung. Es kommt vor allem darauf an, sich vollwertig zu ernähren. Als »Puddingvegetarier« bezeichnet man Menschen, die sich zwar fleischlos, aber eben nicht vollwertig ernähren. Ein veganer Speiseplan, der morgens süße Cornflakes und Marmeladenbrot, mittags weiße Pasta mit Tomatensoße und abends eine Tofu-Wurst mit Pommes vorsieht, ist ungesund. Vollwertig vegan ist jedoch eine hervorragend gesunde Ernährung, genauso wie die vegetarische, die traditionell-mediterrane Ernährung oder die planetare Diät. Sie brauchen etwas Kenntnisse über Ernährung, und es gilt auf kritische Nährstoffe zu achten, allen voran Vitamin B12 (siehe S. 327 f.). Oder Eisen: Durch den hohen Fleischverzehr sind die Eisenwerte bei uns generell eher zu hoch – das fördert das Risiko für Diabetes, Bluthochdruck, Fettleber und Herz-Kreislauf-Erkrankungen. Vegetarierinnen mit starker Regelblutung sollten allerdings auf einen ausreichend hohen Eisenspiegel achten. Vollkorngetreide, Hülsenfrüchte, Saaten, Nüsse und Gemüse sind eisenhaltig. Für die Aufnahme pflanzlichen Eisens ist Vitamin C förderlich. Wer unter Eisenmangel leidet, sollte also zum

Planetary Health Diet

Ein planetarischer Gesundheitsteller sollte etwa aus einem halben Teller Gemüse, Obst und Nüssen bestehen; die andere Hälfte, angezeigt nach Kalorienanteil, sollte aus Vollkornprodukten, pflanzlichen Proteinquellen, ungesättigten Pflanzenölen, Milchprodukten und (optional) geringen Mengen tierischer Proteinquellen bestehen.

Quelle: The EAT-Lancet Commission

Vollkornbrot einen Streifen Paprika essen oder frisch gepressten Orangensaft trinken.

Es lohnt sich, bei der Ernährung umzusteigen, es jedenfalls zu versuchen. Nach meiner Erfahrung und auch der von mir beratenen Patienten sind die Veränderungen gar nicht so schwer, wie anfänglich oft befürchtet wird. Alles beginnt mit dem ersten Schritt. Bald merkt man, dass sich eine neue kulinarische Welt eröffnet – denn wenn wir ehrlich sind, schmeckt bei der Currywurst vor allem der Ketchup und beim Wiener Schnitzel die Panade. Testen Sie die Planetary Diet, sei sie vegan oder vegetarisch mit Milch oder mit gelegentlichen Portionen Fleisch oder Fisch.

Oder probieren Sie Fleischersatz. Wer nicht gleich die Nase rümpft, sollte darauf einen zweiten Blick riskieren. Denn unabhängig davon, was die Lebensmittelindustrie gerade an Fleischersatz erfindet und ausprobiert, ob Burger oder Schnitzel aus Soja, Erbsen oder Lupine – alles kommt dem Klimaschutz zugute, hilft der Erde und dem Tierwohl. Fast in jedem Supermarkt gibt es heute Regale mit Sojaschnitzel, Linsenburgern, Seitanwürstchen oder Lupinenfilets. Selbst die großen Fleischkonzerne sind in den Markt mit Fleischersatz eingestiegen, wohl wissend, dass hier lukrative Zukunftsaussichten bestehen. Dabei wenden sich die Angebote weniger an längst überzeugte Vegetarier und Veganer – sie verspüren meist gar kein Bedürfnis mehr nach einem Fleischfeeling im Mund –, sondern an Flexitarier und Menschen, die gerade beginnen, sich vom Fleisch zu verabschieden. Laut einer Erhebung von Statista konsumieren inzwischen 18 Prozent der Deutschen regelmäßig Tofuwürste, Seitanschnitzel oder Hackbällchen aus Erbsen. 2018 lag der Pro-Kopf-Absatz dieser Fleischersatzprodukte bei etwa 180 Gramm pro Jahr, 2022 waren es schon 440 Gramm – und 2024 wird ein Anstieg auf ein halbes Kilo pro Person erwartet.

In Form, Farbe, Geschmack werden die pflanzlichen Schnitzel und Würstchen den tierischen immer ähnlicher. Es ist ein bisschen wie beim alkoholfreien Bier, das anfänglich bescheiden schmeckte und inzwischen allgemein akzeptiert ist. Die Herstellung von Fleischersatzprodukten funktioniert nach einfachen Prinzipien. Tierisches Eiweiß und Fette, die Stoffe, aus denen sich Fleisch und Wurst im Wesentlichen zusammensetzen, werden durch pflanzliche ersetzt (aus Sojabohnen, Erbsen, Bohnen etc.). In Asien sind solche Nahrungsmittel seit Jahrhunderten etabliert. Meist werden einige Gewürze, Salze und Aromen zugegeben, um einen ähnlichen Geschmack wie bei einer Wurst oder einem Schnitzel zu erzeugen.

Wie gesund diese Produkte wirklich sind, lässt sich derzeit schwer festmachen. Positiv zu Buche schlagen der geringere Gehalt an gesättigten Fetten und Häm-Eisen, das in größeren Mengen zellschädigend wirkt, und die in ihnen enthaltenen Ballaststoffe. Nachteilig sind der hohe Verarbeitungsgrad und der Salzgehalt. Beides trifft aber genauso auf Würste und andere Fleischprodukte zu, diese enthalten zudem das sehr ungesunde Pökelsalz. Eine Studie der Stanford University mit 36 gesunden Teilnehmern über acht Wochen zeigte, dass der Verzehr pflanzlicher Burger und anderem Fleischersatz gesundheitlich gegenüber den Rindfleischpendants Vorteile mit sich brachte, auf das LDL-Cholesterin, das Körpergewicht und weitere Marker der Herzgesundheit. Eine einzelne Studie erlaubt aber noch keine Empfehlung, hier sind noch weitere Daten abzuwarten.

Bei den Fleischersatzprodukten sollten Sie Bio-Ware vorziehen, sie enthält weniger Zusatzstoffe. Laut dem Forschungsinstitut für pflanzenbasierte Ernährung findet sich dort meist nur ein Zusatzstoff pro Produkt, bei konventionellen sind es 3,5. Manchmal höre ich bei meinen Vorträgen den Einwand, dass es doch ökologisch bedenklich sei, Soja und Tofu zu essen, dafür würde ja der Regenwald abgeholzt. Die Wahrheit ist, dass über 90 Prozent des Sojaanbaus für die Tierfütterung verwendet werden. Für ein Sojaschnitzel muss kein Baum sterben. Außerdem: Die meisten veganen Würstchen und Schnitzel werden inzwischen mit Soja oder Getreide aus Deutschland oder Nachbarländern produziert. Und beim Einfluss auf das Klima punkten Fleischersatzprodukte deutlich. Für die Herstellung einer veganen Bratwurst werden 1,7 Kilogramm CO2 ausgestoßen, für ein Kilogramm Tofu sind es 2,3 Kilogramm, für Rindfleisch hingegen 13 Kilogramm, für Schweinefleisch und Geflügel zwischen vier und fünf Kilogramm Kohlendioxid.

Fleischersatz ist aber nur eine Art Brückentechnik. Am besten ist es, gleich auf Gemüse, Nüsse, Obst, Getreide und Hülsenfrüchte umzustellen. Menschen, die aber gewohnt sind, neben den Kartoffeln und Erbsen ein braun gebratenes Stück Fleisch auf dem Teller vorzufinden, fällt es womöglich leichter, damit ihre Essgewohnheit zu verändern.

Im Gegensatz dazu sehe ich im Kunstfleisch, auch kultiviertes Fleisch genannt, eine Zukunftstechnologie. Da Fleisch den meisten Menschen gut schmeckt, ist davon auszugehen, dass auf absehbare Zeit nicht alle darauf verzichten wollen – Planetarische Diät und Tierschutz hin oder her. 2014 wurde ein erster Burger-Patty aus Laborfleisch präsentiert. Der niederländische Wissenschaftler Mark Post hatte ihn entwickelt, er kostete 250 000 Euro. Der Geschmack wurde als etwas fade und trocken beschrieben. Inzwischen geht die Entwicklung aber mit großer Schnelligkeit voran. Post schätzt, dass weltweit statt 1,5 Milliarden Rinder lediglich 30 000 Tiere nötig seien, um den Bedarf an kultiviertem Fleisch zu decken. Dabei wird in hoch entwickelten Zellkulturprozessen Fleisch aus Rinderzellen gezüchtet. Inzwischen haben etliche Unternehmen Zulassungen für ihre Produktion bekommen. In den USA und in Singapur werden Putensteaks aus Kunstfleisch in Restaurants angeboten, Gäste behaupten, sie schmeckten wie normales Geflügel. Der Preis sinkt kontinuierlich, aber bislang ist die Produktion sehr teuer.

Die ökologischen und ethischen Vorteile liegen auf der Hand. Kunstfleisch braucht keine Ställe, keine Tierhaltung, kein Tierfutter, wahrscheinlich auch keine Antibiotika, keine Entsorgung von Exkrementen, kein Schlachten. Aber ganz ohne lebende Tiere geht es noch nicht. Notwendig ist die Biopsie von Muskelzellen, um daraus die Muskelstammzellen zu gewinnen. Bisher wird für die Nährlösung weiterhin eine gewisse Menge Kälberserum benötigt, das wohl in Zukunft nicht mehr notwendig sein wird. Für die Herstellung werden die Muskelzellen zusammen mit Proteinen, Kohlenhydraten, Fetten und Mineralstoffen in einen Tank auf 37 Grad Celsius erhitzt. Ökologisch wird es vermutlich erst, wenn die Tanks viel größer und energieeffizienter werden. Weltweit arbeiten derzeit mehr als 150 Biotech-Firmen an Zellen von Schweinen, Hühnern, Fischen, Garnelen, Enten und Rindern. Gebastelt werden Filets, Nuggets, sogar Speckstreifen und echt aussehende Scampis.

Bei oberflächlicher Betrachtung widerspricht dieses Kunstfleisch unserem Bedürfnis nach natürlicher Nahrung. Die Italiener können damit nichts anfangen, die Regierung hat dessen Import und

Produktion verboten. Die Schweiz hingegen möchte es zulassen. Mir erscheint die Perspektive interessant. Das Argument, dass Fleisch aus dem Labor unnatürlich sei, zieht meines Erachtens nicht. Die konventionelle Tierhaltung ist auch alles andere als natürlich. In unseren Köpfen haben wir oft noch das Bild von einer glücklichen Kuh auf der Weide. Die Wahrheit sieht brutal anders aus. Ob das Kunstfleisch am Ende aber gesünder ist als richtiges Fleisch, wird sich zeigen müssen.

Meine Quintessenz

- Das anfangs von mir beschriebene Szenario muss keine Utopie bleiben. Handeln wir überlegt und entschlossen, ist ein Happy End möglich. Für mich bedeutet Klimaschutz nichts anderes als eine globale Naturheilkunde, eine Heilkunde für die Erde. Künftige Generationen werden ungläubig den Kopf schütteln, erkennen sie im Rückblick, wie verschwenderisch ihre Ahnen mit der Natur umgingen und damit auch noch der eigenen Gesundheit schadeten. Wollen wir wirklich, weil es uns nicht gelingt, weniger Schnitzel und Steaks zu essen, die Zukunft der Erde gefährden?
- Wir sollten die Ärmel hochkrempeln und die Ernährungswende anpacken, die Massentierhaltung beenden, pflanzlich oder zumindest überwiegend pflanzlich essen. Und das Ackerland, das wir nicht mehr benötigen, aufforsten und renaturieren.
- Unsere Ziele lohnen sich: Mehr Gesundheit für uns Menschen, weniger Hunger, eine Regeneration der Natur, weniger Tierleid und obendrauf das Ausbremsen des Klimawandels. Wenn die Erde gesund ist, können auch wir leichter gesund bleiben. Die Gleichung gilt zudem umgekehrt. Das sollte uns alle motivieren.

Aktuelle Informationen und Angebote zum Thema Fasten und Ernährung finden Sie unter:

- **www.prof-michalsen.de**
- **www.naturheilkunde.immanuel.de**
- **www.aerztegesellschaft-heilfasten.de**
- **Deutsche Gesellschaft für Ernährung: www.dge.de**
- **www.nutritionfacts.org**
- **Verein für unabhängige Gesundheitsberatung: www.ugb.de**
- **Salufast: www.salufast.com**

Der Darm

Bosco N, Noti M. The aging gut microbiome and its impact on host immunity. Genes Immun. 2021;22:289–303

Corbin KD et al. Host-diet-gut microbiome interactions influence human energy balance: a randomized clinical trial. Nat Commun. 2023 May 31;14(1):3161

Darwich AS, Aslam U, Ashcroft DM, Rostami-Hodjegan A. Meta-analysis of the turnover of intestinal epithelia in preclinical animal species and humans. Drug Metab Dispos. 2014;42:2016–22

Ferreiro AL, Choi J, Ryou J et al. Gut microbiome composition may be an indicator of preclinical Alzheimer's disease. Science Transl Med. 2023 15;700

Heddes M et al. The intestinal clock drives the microbiome to maintain gastrointestinal homeostasis. Nat Commun. 2022;13:6068

Liu Y et al. Gut Microbiome Fermentation Determines the Efficacy of Exercise for Diabetes Prevention. Cell Metab. 2020 Jan 7;31(1):77–91

Nogal A et al. Genetic and gut microbiome determinants of SCFA circulating and fecal levels, postprandial responses and links to chronic and acute inflammation. Gut Microbes. 2023;15:2240050

Thaiss CA et al. Microbiota Diurnal Rhythmicity Programs Host Transcriptome Oscillations. Cell. 2016;167:1495–1510

Valles-Colomer M, Segata N et al. The person-to-person transmission landscape of the gut and oral microbiomes. Nature. 2023;614:125–135

Wilmanski T et al. Healthy aging and the human gut microbiome: why we cannot just turn back the clock. Nat Aging. 2022;2:869–871

Die Leber

Assini JM et al. Naringenin prevents obesity, hepatic steatosis, and glucose intolerance in male mice independent of fibroblast growth factor 21. Endocrinology. 2015;156:2087–102

Cueto-Galán R et al. Changes in fatty liver index after consuming a Mediterranean diet: 6-year follow-up of the PREDIMED-Malaga trial. Med Clin. 2017;23;148:435–443

Demant M et al. Metabolic effects of 1-week binge drinking and fast food intake during Roskilde Festival in young healthy male adults. Eur J Endocrinol. 2021;185:23–32

Drinda S et al. Effects of Periodic Fasting on Fatty Liver Index-A Prospective Observational Study. Nutrients. 2019;11:2601

He K, Li Y, Guo X, Zhong L, Tang S. Food groups and the likelihood of non-alcoholic fatty liver disease: a systematic review and meta-analysis. Br J Nutr. 2020 Jul 14;124(1):1–13

Jarmakiewicz-Czaja S et al. Effect of Nigella sativa on Selected Gastrointestinal Diseases: Curr. Issues Mol. Biol. 2023;45:3016–3034

Kahleova H et al. Effect of a Low-Fat Vegan Diet on Body Weight, Insulin Sensitivity, Postprandial Metabolism, and Intramyocellular and Hepatocellular Lipid Levels in Overweight Adults: A Randomized Clinical Trial. JAMA Netw Open. 2020;3:e2025454

Koopman KE et al. Hypercaloric diets with increased meal frequency, but not meal size, increase intrahepatic triglycerides: a randomized controlled trial. Hepatology. 2014;60:545–53

Simons N et al. Effects of fructose restriction on liver steatosis (FRUITLESS); a double-blind randomized controlled trial. Am J Clin Nutr. 2021;113:391–400

Tian S et al. Sulforaphane Regulates Glucose and Lipid Metabolisms in Obese Mice by Restraining JNK and Activating Insulin and FGF21 Signal Pathways. J Agric Food Chem. 2021;69:13066–13079

Wu YK et al. Sulforaphane ameliorates non-alcoholic fatty liver disease in mice by promoting FGF21/FGFR1 signaling pathway. Acta Pharmacol Sin. 2022;43:1473–1483

Yang K et al. The Efficacy of Panax ginseng for the Treatment of Nonalcoholic Fatty Liver Disease: A Systematic Review and Meta-Analysis of Preclinical Studies. Nutrients. 2023;15:721

Yasolka Meir A et al. Effect of green-Mediterranean diet on intrahepatic fat: the DIRECT PLUS randomised controlled trial. Gut. 2021;70:2085–2095

Zhang Y et al: Epigallocatechin-3-gallate ameliorates hepatic damages by relieve FGF21 resistance and promotion of FGF21-AMPK pathway in mice fed a high fat diet. Diabetol Metab Syndr. 2022;14:53

Richtig essen

Andrade AM et al. Eating slowly led to decreases in energy intake within meals in healthy women. J Am Diet Assoc. 2008;108:1186–91

Breit S et al. Vagus Nerve as Modulator of the Brain-Gut Axis in Psychiatric and Inflammatory Disorders. Front Psychiatry. 2018;9:44

Hamada Y et al. The number of chews and meal duration affect diet-induced thermogenesis and splanchnic circulation. Obesity. 2014;22:E62–9

Hamada Y, Hayashi N. Chewing increases postprandial diet-induced thermogenesis. Sci Rep. 2021;11:23714

Mathiesen SL. Music to eat: A systematic investigation of the relative importance of tempo and articulation on eating time. Appetite. 2020;155:104801
Mogilevski T et al. Transcutaneous vagal nerve stimulation protects against stress-induced intestinal barrier dysfunction in healthy adults. Neurogastroenterol Motil. 2022;34:e14382
Naska et al. Siesta in healthy adults and coronary mortality in the general population. Arch Intern Med. 2007;167:296–301
Neuser MP et al. Vagusnerve stimulation boosts the drive to work for rewards. Nat Commun. 2020;11:3555
Ni S et al. Associations of eating speed with fat distribution and body shape vary in different age groups and obesity status. Nutr Metab. 2022;13:19–63
Reddy NL et al. Enhanced thermic effect of food, postprandial NEFA suppression and raised adiponectin in obese women who eat slowly. Clin Endocrinol. 2015;82:831–7
Sakurai M et al. Self-reported speed of eating and 7-year risk of type 2 diabetes mellitus in middle-aged Japanese men. Metabolism. 2012;61:1566–1571
Smit HJ et al. Does prolonged chewing reduce food intake? Fletcherism revisited. Appetite. 2011;57:295–8
Tao L et al. Association between self-reported eating speed and metabolic syndrome in a Beijing adult population: a cross-sectional study. BMC Publ Health. 2018;18:855
Tasali E et al. Effect of Sleep Extension on Objectively Assessed Energy Intake Among Adults With Overweight in Real-life Settings: A Randomized Clinical Trial. JAMA Intern Med. 2022 Feb7:e218098
Yuan S-Q. Association Between Eating Speed and Metabolic Syndrome: A Systematic Review and Meta-Analysis. Front Nutr. 2021; 8:700936

Vorbilder für unsere Ernährung

Aboul-Enein BH et al. Ancel Benjamin Keys (1904–2004): His early works and the legacy of the modern Mediterranean diet. J Med Biogr. 2020;28:139–147
Estruch R. Primary Prevention of Cardiovascular Disease with a Mediterranean Diet. N Engl J Med. 2013;368:1279–1290
Kurotani K et al. Quality of diet and mortality among Japanese men and women: Japan Public Health Center based prospective study. BMJ. 2016;352:i1209
Le Couteur D et al. New Horizons: Dietary protein, ageing and the Okinawan ratio. Age and Ageing. 2016;45:443–447
de Lorgeril M. Mediterranean alpha-linolenic acid-rich diet in secondary prevention of coronary heart disease. Lancet. 1994;343:1454–9
Poulain M et al. Identification of a geographic area characterized by extreme longevity in the Sardinia island: the AKEA study. Exp Gerontol. 2004;39:1423–9
Willcox BJ et al. Caloric restriction, the traditional Okinawan diet, and healthy aging: the diet of the world's longest-lived people and its potential impact on morbidity and life span. Ann N Y Acad Sci. 2007;1114: 434–55

Kohlenhydrate

Aune D et al. Whole grain consumption and risk of cardiovascular disease, cancer, and all cause and cause specific mortality: systematic review and dose-response meta-analysis. BMJ 2016;353:i2716
Fukagawa NK et al. High-carbohydrate, high-fiber diets increase peripheral insulin sensitivity in healthy young and old adults. Am J Clin Nutr. 1990;52:524–8
Johnston CS et al. Examination of the antiglycemic properties of vinegar in healthy adults. Ann Nutr Metab. 2010;56:74–9
Khezri S et al. Beneficial effects of Apple Cider Vinegar on weight management, Visceral Adiposity Index and lipid profile in overweight or obese subjects receiving restricted calorie diet. J Funct Food. 2018;43:95–102
Page KA et al. Circulating glucose levels modulate neural control of desire for high-calorie foods in humans. J Clin Invest. 2011;121:4161–9
Romo-Romo A. Sucralose decreases insulin sensitivity in healthy subjects. Am J Clin Nutr. 2018;108:485–491
Witkowski M et al. The artificial sweetener erythritol and cardiovascular event risk. Nat Med. 2023 Mar;29:710–718
Zeevi D et al. Personalized Nutrition by Prediction of Glycemic Responses. Cell. 2015; 163:1079–1094
Zevallos VF. Nutritional Wheat Amylase-Trypsin Inhibitors Promote Intestinal Inflammation via Activation of Myeloid Cells. Gastroenterology. 2017;152:1100–1113
Zurbau A et al. The effect of oat β-glucan on postprandial blood glucose and insulin responses: a systematic review and meta-analysis. Eur J Clin Nutr. 2021 Nov;75(11):1540–1554

Fette

Abdelhamid AS et al. Omega-3 fatty acids for the primary and secondary prevention of cardiovascular disease. Cochrane Database of Syst Rev. 2020 Feb 29;3(3):CD003177

ASCEND Study Collaboration Group. Effects of n-3 Fatty Acid Supplements in Diabetes Mellitus. N Engl J Med. 2018;379:1540–1550
Asokan S et al. Effect of oil pulling on plaque induced gingivitis: a randomized, controlled, triple-blind study. Indian J Dent Res. 2009;20(1):47–51
Bhatt DL et al. Cardiovascular Risk Reduction with Icosapent Ethyl for Hypertriglyceridemia. N Engl J Med. 2019; 380:11–22
Bjermo H. Effects of n-6 PUFAs compared with SFAs on liver fat, lipoproteins, and inflammation in abdominal obesity: a randomized controlled trial. Am J Clin Nutr. 2012;95:1003–12
Blundell JE et al. Dietary fat and the control of energy intake: evaluating the effects of fat on meal size and postmeal satiety. Am J Clin Nutr. 1993;57:772S–777S
Burr ML et al. Is fish oil good or bad for heart disease? Two trials with apparently conflicting results. J Membr Biol. 2005;206:155–63
Chernev A. The dieters paradox. Consumer Psychology. 2011;21:178–83
Choi IY et al. A Diet Mimicking Fasting Promotes Regeneration and Reduces Autoimmunity and Multiple Sclerosis Symptoms. Cell Rep. 2016;15:2136–2146
Danforth E Jr. Diet and Obesity. Am J Clin Nutr. 1985; 41:1132–45S
Duarte AC et al. The effects of coconut oil on the cardiometabolic profile: a systematic review and meta-analysis of randomized clinical trials. Lipids Health Dis. 2022;21:83
Dulloo AG et a. Normal caffeine consumption: influence on thermogenesis and daily energy expenditure in lean and postobese human volunteers. Am J Clin Nutr. 1989 Jan;49:44–50
Fernández de la Puebla RA et al. A reduction in dietary saturated fat decreases body fat content in overweight, hypercholesterolemic males. Nutr Metab Cardiovasc Dis. 2003;13:273–7
Gardner CD. Effect of Low-Fat vs Low-Carbohydrate Diet on 12-Month Weight Loss in Overweight Adults and the Association With Genotype pattern. The DIETFITS Randomized Clinical Trial. JAMA. 2018;319:667–679
Harris AM et al. Does Non-Exercise Activity Thermogenesis Contribute to Non-Shivering Thermogenesis? J Therm Biol. 2006;31(8):634–638
Howard BV. Low-fat dietary pattern and risk of cardiovascular disease: the Women's Health Initiative Randomized Controlled Dietary Modification Trial. JAMA. 2006;295:655–66
Kim Y et al. Association between dietary fat intake and mortality from all-causes, cardiovascular disease, and cancer: A systematic review and meta-analysis of prospective cohort studies. Clin Nutr. 2021;40:1060–1070
Lu QY et al. Inhibition of prostate cancer cell growth by an avocado extract: role of lipid-soluble bioactive substances. J Nutr Biochem. 2005;16:23–30
Ludwig DS et al. Dietary fat: From foe to friend? Science. 2018;362(6416):764–770
Ludy MJ, Mattes RD. The effects of hedonically acceptable red pepper doses on thermogenesis and appetite. Physiol Behav. 2011;102:251–8
Namayandeh SM et al. Olive and sesame oil effect on lipid profile in hypercholesterolemic patients, which better? Int J Prev Med. 2013; 9:1059–62
Ness AR et al. The long-term effect of dietary advice in men with coronary disease: follow-up of the Diet and Reinfarction trial (DART). Eur J Clin Nutr. 2002;56:512–8
Peou S et al. Impact of avocado-enriched diets on plasma lipoproteins: A meta-analysis. J Clin Lipidol. 2016;10:161–71
Rodriguez-Leyva D et al. Potent antihypertensive action of dietary flaxseed in hypertensive patients. Hypertension. 2013;62:1081–9
Sala-Vila A et al.Plasma Omega-3 Fatty Acids and Risk for Incident Dementia in the UK Biobank Study: A Closer Look. Nutrients. 2023;15(23):4896
Wu A et al. Curcumin boosts DHA in the brain: Implications for the prevention of anxiety disorders. Biochim Biophys Acta. 2015;1852(5):951–61
Yoneshiro T et al. Recruited brown adipose tissue as an antiobesity agent in humans. J Clin Invest. 2013;123:3404–8

Ballaststoffe

Augustin LSA et al. Glycemic index, glycemic load and glycemic response: Scientific Consensus Summit from the International Carbohydrate Quality Consortium. Nutr Metab Cardiovasc Dis. 2015;25:795–815
Beyer PL, Flynn MA. Effects of high- and low-fiber diets on human feces. J Am Diet Assoc. 1978;72:271–7
Byrne C et al. Increased colonic propionate reduces anticipatory reward responses in the human striatum to high-energy foods. Am J Clin Nutr. 2016;104:5–14
Cherbut C et al. Involvement of small intestinal motility in blood glucose response to dietary fibre in man. Br J Nutr. 1994;71:675–85
Freeland KR et al. Adaptation of colonic fermentation and glucagon-like

peptide-1 secretion with increased wheat fibre intake for 1 year in hyperinsulinaemic human subjects. Br J Nutr. 2010;103:82–90
Greenway F et al. Fourteen weeks of treatment with Viscofiber increased fasting levels of glucagon-like peptide-1 and peptide-YY. J Med Food. 2007;10:720–4
Greger, Michael: How Not to Diet. München 2020
Howarth NC, Saltzman E, Roberts SB. Dietary fiber and weight regulation. Nutr Rev. 2001;59:129–39
Jumpertz R et al. Energy-balance studies reveal associations between gut microbes, caloric load, and nutrient absorption in humans. Am J Clin Nutr. 2011;94:58–65
O'Keefe SJD. Diet, microorganisms and their metabolites, and colon cancer. Nat Rev Gastroenterol Hepatol. 2016 12;13(12):691–706
Sandberg JC et al. Rye-Based Evening Meals Favorably Affected Glucose Regulation and Appetite Variables at the Following Breakfast. PLoS One. 2016;11(3):e0151985

Proteine
Ables GP, Johnson JE. Pleiotropic responses to methionine restriction. Exp Gerontol. 2017;94:83–8
Fontana L et al. Decreased consumption of branched-chain amino acids improves metabolic health. Cell Rep. 2016;16:520–30
Korat AVA et al. Dietary protein intake in midlife in relation to healthy aging – results from the prospective Nurses' Health Study cohort. Am J Clin Nutr. 2024;119:271–282
McCay CM, Crowell MF, Maynard LA. The effect of retarded growth upon the length of life span and upon the ultimate body size. J Nutr. 1935;10:63–79
Müller TD, Tschöp MH. Play down protein to play up metabolism? J Clin Invest. 2014;124:3691–3
Raubenheimer D, Simpson SJ. The geometry of compensatory feeding in the locust. Animal behaviour. 1993;45:764–70
Raubenheimer D, Simpson SJ. Eat like the animals. Houghton Mifflin Harcourt, Boston 2020
Simpson SJ et al. Geometric analysis of macronutrient intake in humans. Appetite. 2003;41:123–40
Simpson SJ, Raubenheimer D. Obesity: the protein leverage hypothesis. Obes Rev. 2005;6:133–42
Song M et al. Association of Animal and Plant Protein Intake With All-Cause and Cause-Specific Mortality. JAMA Intern Med. 2016;176:1453–1463

Salz
Haase S et al. Sodium chloride triggers Th17 mediated autoimmunity. J Neuroimmunol. 2019; 15;329:9–13
Ma H et al. Adding salt to foods and hazard of premature mortality. Eur Heart J. 2022;43:2878–2888
Messerli F. Salt and heart disease: a second round of »bad science«. Lancet. 2018;392:456–8
Neal B et al. Effect of salt substitution on cardiovascular events. New Engl J Med. 2021;385:1067–77
Wilck N et al. Salt-responsive gut commensal modulates T<sub>H</ sub>17 axis and disease. Nature. 2017;551:585–589
Yuan Y et al. Salt substitution and salt-supply restriction for lowering blood pressure in elderly care facilities: a cluster-randomized trial. Nat Med. 2023; 29: 973–981

Milch
Bundesanstalt für Landwirtschaft und Ernährung. www.ble.de/SharedDocs/Pressemitteilungen/DE/2023/230414_Milchbilanz.html
Kakkoura et al. Dairy consumption and risks of total and site-specific cancers in Chinese adults: an 11-year prospective study of 0.5 million people. BMC Med. 2022; 20: 134
Kiesswetter E et al. Effects of Dairy Intake on Markers of Cardiometabolic Health in Adults: A Systematic Review with Network Meta-Analysis. Adv Nutr. 2023 May;14(3):438–450
Michalsen, Andreas: Mit Ernährung heilen. München 2019
Ong AM et al. Fermented Milk Products and Bone Health in Postmenopausal Women: A Systematic Review of Randomized Controlled Trials, Prospective Cohorts, and Case-Control Studies. Adv Nutr. 2020 Mar 1;11(2):251–265
Wu Y et al. Dairy foods, calcium, and risk of breast cancer overall and for subtypes defined by estrogen receptor status: a pooled analysis of 21 cohort studies. Am J Clin Nutr. 2021;114:450–461

Industrie-Essen
Bonaccio M et al. Joint association of food nutritional profile by Nutri-Score front-of-pack label and ultra-processed food intake with mortality: Moli-sani prospective cohort study. BMJ. 2022;378:e070688
Corbin KD et al. Host-diet-gut microbiome interactions influence human energy balance: a randomized clinical trial. Nat Commun. 2023;14:3161
Crimarco A et al. A randomized crossover trial on the effect

of plant-based compared with animal-based meat on trimethylamine-N-oxide and cardiovascular disease risk factors in generally healthy adults: Study With Appetizing Plantfood-Meat Eating Alternative Trial (SWAP-MEAT). Am J Clin Nutr. 2020;112:1188–1199
Narula N et al. Association of ultra-processed food intake with risk of inflammatory bowel disease: prospective cohort study. BMJ.2021;374:n1554
Rico-Campà A et al. Association between consumption of ultra-processed foods and all cause mortality: SUN prospective cohort study. BMJ. 2019;365:l1949
van Tulleken, Chris, BBC: UK doctor switches to 80 % ULTRA-processed food diet for 30 days. www.youtube.com/watch?v=T4PFt4czJwo
Wang L et al. Association of ultra-processed food consumption with colorectal cancer risk among men and women: results from three prospective US cohort studies. BMJ. 2022;378:e068921

Übergewicht
Boschmann M, Steiniger J, Franke G, Birkenfeld AL, Luft FC, Jordan J. Water drinking induces thermogenesis through osmosensitive mechanisms. J Clin Endocrinol Metab. 2007;92:3334–7
Darcey VL et al. Dietary fat restriction affects brain reward regions in a randomized crossover trial. JCI Insight, 2023; 8:e169759
Flanagan EW et al. New insights in the mechanisms of weight-loss maintenance: Summary from a Pennington symposium. Obesity. 2023;31:2895–2908
Hanssen MJ et al. Short-term cold acclimation improves insulin sensitivity in patients with type 2 diabetes mellitus. Nat Med. 2015;21:863–5
Kao ES et al. Polyphenolic extract from Hibiscus sabdariffa reduces body fat by inhibiting hepatic lipogenesis and preadipocyte adipogenesis. Food Funct. 2016;7:171–82
Mozaffarian D. Perspective: Obesity – an unexplained epidemic. Am J Clin Nutr. 2022;115:1445–50

Umweltgifte
Agboola SA et al. The effect of an organic food intervention treatment on biomarkers of exposure to lead and cadmium in primary school children of Cyprus. Environ Res. 2023;216:114675
Ax E et al. Circulating levels of environmental contaminants are associated with dietary patterns in older adults. Environ Int. 2015;75:93–102
Baudry et al. Association of Frequency of Organic Food Consumption With Cancer Risk: Findings From the NutriNet-Santé Prospective Cohort Study. JAMA Intern Med. 2018;178:1597–1606
Defarge N et al. A Roundup herbicide causes high mortality and impairs development of Chrysoperla carnea (Stephens) (Neuroptera: Chrysopidae). Science of The Total Environment. 2023;865:161158
Deutsche Gesellschaft für Endokrinologie. www.endokrinologie.net/files/download/hormontag-2017-pressemappe.pdf
Eidgenössisches Departement des Innern EDI Bundesamt für Gesundheit BAG Direktionsbereich Verbraucherschutz. 2017-bpa-factsheet-de
Gao Z et al. Investigation of antibiotic resistance genotypic and phenotypic characteristics of marine aquaculture fish carried in the Dalian area of China. Front. Microbiol. 2023;14:1222847
Hyland C et al. Urinary Glyphosate Concentrations among Pregnant Participants in a Randomized, Crossover Trial of Organic and Conventional Diets. Environ Health Perspect. 2023;131:77005
Li Y et al. Fish intake and risk of melanoma in the NIH-AARP diet and health study. Cancer Causes Control. 2022;33:921–928
Michalsen, Andreas: Mit Ernährung heilen. München 2019
Myers JP et al. Concerns over use of glyphosate-based herbicides and risks associated with exposures: a consensus statement. Environ Health. 2016 Feb 17;15:19
Pauly JL et al. Inhaled cellulosic and plastic fibers found in human lung tissueCancer Epidemiology, Biomarkers and Prevention. 1998;7:419–28
Suran M. Microplastics Are Found Outside in Nature and Inside the Body-but Evidence of Health Risks Is Inconclusive. JAMA. 2022;328:911–913
Yan Z et al. Analysis of Microplastics in Human Feces Reveals a Correlation between Fecal Microplastics and Inflammatory Bowel Disease Status. Environ Sci Technol. 2022;56:414–421

Für ein langes Leben
Beelman RB et al. Is ergothioneine a »longevity vitamin« limited in the American diet? J Nutr Sci. 2020;9:e52
Dorling JL et al. Effects of caloric restriction on human physiological, psychological, and behavioral outcomes: highlights from CALERIE phase 2. Nutr Rev. 2021;79:98–113
Fadnes LT et al. Estimating impact of food choices on life expectancy: A modeling

study. PLOS Medicine. 2022;19:e1003889
Feng L, et al. The association between mushroom consumption and mild cognitive impairment: a community-based cross-sectional study in singapore. J Alzheimers Dis. 2019;68:197–203
García-Villalba R et al. Time course production of urolithins from ellagic acid by human gut microbiota. J Agric Food Chem. 2013;61:8797–806
Gorbunova V et al. The World Goes Bats: Living Longer and Tolerating Viruses. Cell Met. 2020; 32,July 7
Halliwell B et al. Ergothioneine – a diet-derived antioxidant with therapeutic potential. FEBS Lett. 2018;592:3357–3366
Harari, Yuval Noah: Homo Deus. Eine Geschichte von Morgen. München 2023
Herskind AM et al. The heritability of human longevity: a population-based study of 2872 Danish twin pairs born 1870–1900. Hum Genet. 1996;97:319–323
Hindhede M. Journal oft he American Medical Association (JAMA) 1920;74(6):381–382
Hofer SJ et al. Mechanisms of spermidine-induced autophagy and geroprotection. Nat Aging. 2022;2:1112–1129
Kaeberlein, Matt: Is aging solvable. www.youtube.com/watch?v=S-wiG69hFDQ
Kim Y et al. Higher diet quality relates to decelerated epigenetic aging. Am J Clin Nutr. 2022;115:163–70
Olhansky SJ. Is life extension today a Faustian bargain. Front Med. 2017;4:2017.00215
Ornish D et al. Effect of comprehensive lifestyle changes on telomerase activity and telomere length in men with biopsy-proven low-risk prostate cancer. Lancet Oncol. 2013;14:1112–1120
Paul BD, Snyder SH. The unusual amino acid L-ergothioneine is a physiologic cytoprotectant. Cell Death Differ. 2010;17:1134–1140
Pencina KM et al. Nicotinamide Adenine Dinucleotide Augmentation in Overweight or Obese Middle-Aged and Older Adults: A Physiologic Study. J Clin Endocrinol Metab. 2023;108:1968–1980
Ruby JG et al. Estimates of the Heritability of Human Longevity Are Substantially Inflated due to Assortative Mating. Genetics. 2018;210:1109–24
Sinclair, David: Das Ende des Alterns. Köln 2019
Smith E et al. Ergothioneine is associated with reduced mortality and decreased risk of cardiovascular disease. Heart. 2020;106(9):691–697
Strom A, Jensen RA. Mortality from circulatory diseases in Norway 1940–1945. Lancet. 1951;1:126–129
Thomas C et al. A naturally occurring polyacetylene isolated from carrots promotes health and delays signatures of aging. Nat Commun. 2023;14:8142
Tian J et al. Green tea catechins EGCG and ECG enhance the fitness and lifespan of Caenorhabditis elegans by complex I inhibition. Aging (Albany NY). 2021;13:22629–22648
Waziry R et al. Effect of long-term caloric restriction on DNA methylation measures of biological aging in healthy adults from the CALERIE trial. Nat Aging. 3, 248–257 (2023)
Yang JH et al. Loss of epigenetic information as a cause of mammalian aging. Cell. 2023;186:305–326.

Bio

Barański M et al. Higher antioxidant and lower cadmium concentrations and lower incidence of pesticide residues in organically grown crops: a systematic literature review and meta-analyses. Br J Nutr 2014;112:794–811
Baudry J et al. Association of Frequency of Organic Food Consumption With Cancer Risk: Findings from the NutriNet-Santé Prospective Cohort Study. JAMA Intern Med. 2018;178:1597–1606
Munné-Bosch S et al. Fruit quality in organic and conventional farming: advantages and limitations. Trends Plant Sci. 2024;23:S1360–1385
Rahman A et al. A Comprehensive Analysis of Organic Food: Evaluating Nutritional Value and Impact on Human Health. Foods. 2024;13:208
Spector T: Spoon-Fed: Why almost everything we've been told about food is wrong. Vintage, London, 2020
Umweltbundesamt: abgerufen 10. Dez. 2023: https://www.umweltbundesamt.de/umwelttipps-fuer-den-alltag/essen-trinken/biolebensmittel

Essen als Beitrag zur Lebensqualität

Bayes J et al. The effect of a Mediterranean diet on the symptoms of depression in young males: a randomized controlled trial. Am J Clin Nutr. 2022;116:572–580
Bizzozero-Peroni B et al. Nut consumption is associated with a lower risk of depression in adults: A prospective analysis with data from the UK Biobank cohort. Clin Nutr. 2023;42:1728–1736
Francis HM et al. A brief diet intervention can reduce symptoms of depression in young adults – A randomised controlled trial. PLOS ONE. 14(10): e0222768
Jacka FN et al. A randomised controlled trial of dietary improvement for adults with major depression (the

'SMILES' trial). BMC Med. 2017;15:23
Kontogianni MD et al. A High Polyphenol Diet Improves Psychological Well-Being: The Polyphenol Intervention Trial. Nutrients. 2020;12:2445
Krikorian R et al. Early Intervention in Cognitive Aging with Strawberry Supplementation. Nutrients. 2023;15:4431
Nikolova VL et al. Acceptability, Tolerability, andEstimates of Putative Treatment Effects of Probiotics as Adjunctive Treatment in Patients With Depression. JAMA Psychiatry. 2023;80:842–847
Samuthpongtorn C et al. Consumption of Ultraprocessed Food and Risk of Depression. JAMA Netw Open. 2023;6:e2334770

Die Geheimnisse unserer Lebensmittel

Andersen G et al. Gingerol Facilitates CXCL8 Secretion and ROS Production in Primary Human Neutrophils by Targeting the TRPV1 Channel. Mol Nutr Food Res. 2023;67:e2200434
Chiva-Blanch G et al. The non-alcoholic fraction of beer increases stromal cell derived factor 1 and the number of circulating endothelial progenitor cells in high cardiovascular risk. Atherosclerosis. 2014;233:518–524
Chiva-Blanch G et al. Dealcoholized Red Wine Decreases Systolic and Diastolic Blood Pressure and Increases Plasma Nitric Oxide. Circulation Research. 2012;111:1065–1068
Chiva-Blanch G et al. Effects of red wine polyphenols and alcohol on glucose metabolism and the lipid profile: a randomized clinical trial. Clin Nutr. 2013;32:200–6
Chrastina M et al. Crocus sativus L. Extract (Saffron) Effectively Reduces Arthritic and Inflammatory Parameters in Monotherapy and in Combination with Methotrexate in Arthritis. Nutrients. 2023;15:4108
Clark WF et al. Effect of Coaching to Increase Water Intake on Kidney Function Decline in Adults With Chronic Kidney Disease: The CKD WIT Randomized Clinical Trial. JAMA. 2018;319:1870–1879
Cruz-Correa M et al. Combination treatment with curcumin and quercetin of adenomas in familial adenomatous polyposis. Clin Gastroenterol Hepatol. 2006;4:1035–8
Elmenhorst D et al. Caffeine Occupancy of Human Cerebral A1-Adenosine Receptors: In Vivo Quantification with [18F] CPFPX and PET. J Nucl Med. 2012; 53:1723–1729
Fukuda T et al. Supplementation with Matured Hop Bitter Acids Improves Cognitive Performance and Mood State in Healthy Older Adults with Subjective Cognitive Decline. J Alzheimers Dis. 2020;76(1):387–398
Global Burden of Disease Alcohol Collaborators. Alcohol use and burden for 195 countries and territories, 1990–2016: a systematic analysis for the Global Burden of Disease Study 2016. Lancet. 2018;392:1015–1035
Hahn J et al. Vitamin D and marine omega 3 fatty acid supplementation and incident autoimmune disease: VITAL randomized controlled trial. BMJ. 2022;26;376:e066452
Hege M et al. An iso-α-acid-rich extract from hops (Humulus lupulus) attenuates acute alcohol-induced liver steatosis in mice. Nutrition. 2018;45:68–75
Larsson SC et al. Appraisal of the causal effect of plasma caffeine on adiposity, type 2 diabetes, and cardiovascular disease: two sample mendelian randomisation study. BMJ Med. 2023; 31;2:1–8
Loftfield E et al. Association of Coffee Drinking With Mortality by Genetic Variation in Caffeine Metabolism: Findings From the UK Biobank. JAMA Intern Med. 2018;178:1086–1097
Marzani B et al. New multi-targeting strategy in hair growth promotion: in vitro and in vivo studies. G Ital Dermatol Venereol. 2018;153:338–343
Musazadeh V et al. Saffron, as an adjunct therapy, contributes to relieve depression symptoms: An umbrella meta-analysis. Pharmacol Res. 2022;175:105963
Walker EG et al. Anextract of hops (Humulus lupulus L.) modulates gut peptide hormone secretion and reduces energy intake in healthy-weight men: a randomized clinical trial. Am J Clin Nutr. 2022;115:925–940
Wang Z et al. Effectiveness of Curcuma longa Extract for the Treatment of Symptoms and Effusion-Synovitis of Knee Osteoarthritis: A Randomized Trial. Ann Intern Med. 2020;173:861–869

Fasten

Bauersfeld SP et al. The effects of short-term fasting on quality of life and tolerance to chemotherapy in patients with breast and ovarian cancer: a randomized cross-over pilot study. BMC Cancer 2018;18:476
Boers et al. Association of Screen Time and Depression in Adolescence. JAMA Pediatr. 2019;173:853–859
Chaix A et al. Time-restricted feeding is a preventative and therapeutic intervention against diverse nutritional challenges. Cell Metab 2014;20:991–1005

Garaulet M et al. Timing of food intake predicts weight loss effectiveness. Int J Obes. 2013;37:604–11
Heinrich U, et al. Green tea polyphenols provide photoprotection, increase microcirculation, and modulate skin properties of women. J Nutr. 2011;141:1202–8
Jamshed H et al. Effectiveness of Early Time-Restricted Eating for Weight Loss, Fat Loss, and Cardiometabolic Health in Adults With Obesity: A Randomized Clinical Trial. JAMA Intern Med. 2022;182:953–962
Kahleova H et al. Eating two larger meals a day is more effective than six smaller meals in a reduced-energy regimen for patients with type 2 diabetes: a randomised crossover study. Diabetologia. 2014;57:1552–60.
Kogevinas M et al. Effect of eating patterns on breast/prostate cancer risk. Int J Cancer. 2018;143:2380–2389
Lin S et al. Time-Restricted Eating Without Calorie Counting for Weight Loss in a Racially Diverse Population: A Randomized Controlled Trial. Ann Intern Med. 2023;176:885–895
Manoogian ENC et al Feasibility of time-restricted eating and impacts on cardiometabolic health in 24-h shift workers: The Healthy Heroes randomized control trial. Cell Metab. 2022;34:1442–1456
Mattson, Mark, TheIHMC: www.youtube.com/watch?v=WJnWgkpmFSU
Michalsen, Andreas: Mit Ernährung heilen. Insel Verlag, Berlin 2019
Müller H et al. Fasting followed by vegetarian diet in patients with rheumatoid arthritis: a systematic review. Scand J Rheumatol. 2001;30:1–10
Palomar-Cros A et al. Dietary circadian rhythms and cardiovascular disease risk in the prospective NutriNet-Santé cohort. Nat Commun 2023; 14: 7899
Purba MB. Skin wrinkling. Can food make a difference? J Am Coll Nutr. 2001;20:71–80
Sievert K et al. Effect of breakfast on weight and energy intake: systematic review and meta-analysis of randomised controlled trials. BMJ 2019;364:l42
Tapan K et al. Modulation of cutaneous aging with calorie restriction in Fischer 344 rats: a histological study. Arch Facial Plast Surg. 2005;7:12–6
Torres L et al. Retention, fasting patterns, and weight loss with an intermittent fasting app: large-scale, 52-week observational study. JMIR Mhealth Uhealth. 2022;10:e35896

Planetary Health Diet

Clarc M et al. Estimating the nevironmental impacts of 57,000 food products. Proc Natl Acad Science. 2022;16;119(33):e2120584119
Crimarco A et al. A randomized crossover trial on the effect of plant-based compared with animal-based meat. Study With Appetizing Plantfood-Meat Eating Alternative Trial. Am J Clin Nutr. 2020;112:1188–1199
Ivanovich CC et al. Future warming from global food consumption. Nat. Clim. Chang. 13:297–302
Kozicka M et al. Feeding climate and biodiversity goals with novel plant-based meat and milk alternatives. Nature Comm 2023;14:5316
Landry MJ et al. Cardiometabolic Effects of Omnivorous vs Vegan Diets in Identical Twins: A Randomized Clinical Trial. JAMA Netw Open. 2023;6(11):e2344457
Musicus AA et al. Health and environmental impacts of plant-rich dietary patterns: a US prospective cohort study. Lancet Planet Health 2022;6:e892–900
Poore J, Nemecek T. Reducing food's environmental impacts through producers and consumers. Science. 2018;360(6392):987–992
Steffen W et al. Sustainability. Planetary boundaries: guiding human development on a changing planet. Science. 2015; 347:1259855
Tilman D et al.Global diets link environmental sustainability and human health. Nature. 2014;515:518–522
Willett W et al. Food in the Anthropocene: the EAT-Lancet Commission on healthy diets from sustainable food systems. Lancet. 2019;393:447–492

Danksagung

Mein besonderer Dank gilt dem gesamten Ärzte-, Therapeuten- und Pflegeteam der Naturheilkunde am Immanuel Krankenhaus Berlin, insbesondere dem Leitungsteam mit Susanne Frank, Dr. Ursula Hackermeier, Priv.-Doz. Dr. Christian Keßler, Dr. Barbara Koch und Dipl.-Psych. Christel von Scheidt für die gemeinsame Arbeit am Thema der gesunden Ernährung und des Fastens.

Meinen Patientinnen und Patienten, die mich jeden Tag aufs Neue mit ihren Therapieerfolgen inspirieren und die wichtigste Quelle der Fasten- und Ernährungsforschung sind.

Der Geschäftsführung des Immanuel Krankenhauses Berlin und der Immanuel Albertinen Diakonie für die fortwährende Unterstützung und Weiterentwicklung der Abteilung für Naturheilkunde.

Den kooperierenden Wissenschaftlern der Charité Berlin und vieler weltweiten Universitäten für den Austausch und das Voneinander-Lernen, u.a. Valter Longo, Frank Madeo, Claudio Vernieri, Krista Varady, Courtney Peterson, Michael Boschmann und Claus Leitzmann. Erst im Austausch entsteht gute Forschung und lässt sich das Wissen zu einer Quintessenz zusammenführen.

Meinem gesamten Forschungsteam und den Koordinatoren Priv.-Doz. Dr. Christian Keßler, Priv.-Doz. Dr. Michael Jeitler; meiner Arbeitsgruppe zur Fastenforschung um Dr. Daniela Koppold mit Etienne Hanslian und Carolin Breinlinger sowie Prof. Dr. Georg Seifert und Prof. Dr. Benno Brinkhaus und ihren Arbeitsgruppen.

Dipl.-Oec. Alexandra Prüß für die Mitarbeit an den Ernährungsplänen und für den erfolgreichen Aufbau der Akademie für Integratives Fasten (AIF) zusammen mit Dr. Daniela Koppold und Christel von Scheidt.

Der Ärztegesellschaft Heilfasten & Ernährung (ÄGHE) für den jahrzehntelangen Einsatz für die Fastentherapie und die wichtigen Kongresse.

Dr. Lisa M. Pörtner, Charité, für den Austausch zum Thema Planetare Ernährung, Dr. Robin Mesnage, King's College London, und der Klinik Buchinger Wilhelmi für den Austausch zum Thema Pestizide, Dr. Stefan Kabisch, Charité, für den Austausch zum Thema Ballaststoffe, Dr. Markus Keller, Forschungsinstitut für pflanzenbasierte Ernährung, für das Update zu Vitamin B12.

Den Chefärzten des Lanserhofs Dr. Elke Benedetto-Reisch, Dr. Katharina Sandtner, Dr. Jan Stritzke sowie Dr. Henning Sartor für den fruchtbaren Austausch zu den Themen Fasten, Ernährung und Darmgesundheit.

Dr. Nicolas Gros, Andy Graf und Max Jürgens von Salufast GmbH für die gemeinsame Entwicklung von Fasten-Apps und Fasten-Boxen und die schöne gemeinsame Arbeit an der Digitalisierung von Konzepten zum Fasten und der Naturheilkunde.

Besonderer Dank gilt auch dem Team mit Udo Ludwig, Regina Carstensen und Eva Römer, die meine Manuskripte zu einem Buch ordneten und vereinten.

Last, not least danke ich meiner Frau Ileni für die fortwährende Unterstützung und Geduld während der nicht selten zeitraubenden Phasen beim Schreiben dieses Buches.